Creo 5.0

中文版实用教程

Creo 5.0 ZHONGWENBAN
SHIYONG JIAOCHENG

孙小捞　杨春荣　主　编　●

常云朋　贾利晓　副主编　●

孟　瑾　杨德芹　参　编　●

U0345165

化学工业出版社

·北京·

本书是编者多年来在企业工作和从事 CAD/CAM 教学以及三维设计认证培训工作的心得与体会。

　　本书注重理论和范例相结合，全面介绍了 Creo 5.0 中文版基本特征和部分高级特征的创建方法和技巧，内容丰富，范例典型，帮助读者全面掌握 Creo 5.0 中文版的基本原理和一般过程。主要内容包括：Creo 5.0 简介及基本操作、参数化草绘绘制、特征分类与基准特征、基础特征的创建、工程特征创建、其他常用特征的创建、特征操作与编辑、基本曲面特征创建与编辑、创建参数化模型、创建装配体、二维工程图、实体造型综合实例，并配有范例和练习题。

　　为方便读者练习，将各章中使用的范例源文件、范例结果文件以及每章的练习题源文件和结果文件均放在所附资源中；为方便老师教学，配套有 PPT 课件。

　　本书适用于高等院校机电类专业学生以及从事产品开发设计工作的工程技术人员。

图书在版编目（CIP）数据

Creo 5.0 中文版实用教程 / 孙小捞，杨春荣主编 .—北京：化学工业出版社，2019.8
ISBN 978-7-122-34536-3

Ⅰ．①C… Ⅱ．①孙… ②杨… Ⅲ．①计算机辅助设计—应用软件—教材 Ⅳ．① TP391.72

中国版本图书馆 CIP 数据核字（2019）第 095818 号

责任编辑：高钰　　　　　　　　　　　　文字编辑：陈喆
责任校对：王鹏飞　　　　　　　　　　　装帧设计：刘丽华

出版发行：化学工业出版社（北京市东城区青年湖南街 13 号　邮政编码 100011）
印　　刷：三河市延风印装有限公司
787mm×1092mm　1/16　印张 24$\frac{1}{2}$　字数 601 千字　2019 年 9 月北京第 1 版第 1 次印刷

购书咨询：010-64518888　　　　　　　　售后服务：010-64518899
网　　址：http://www.cip.com.cn

前言

　　Creo 5.0 中文版软件是美国参数技术公司（Parametric Technology Corporation，PTC）开发的高档三维参数化设计软件，是目前国内外应用最为广泛的一款 CAD/CAM/CAE 软件，在中国有很多研究院所和企业采用该软件进行设计、仿真、分析和加工，其功能的强大、应用的广泛、使用的方便、掌握相对容易等优势已经得到了广大用户和爱好者的一致认可。Creo 5.0 中文版本操作简便，大大提高了设计效率。

　　本书是我们多年来在企业工作、从事教学以及三维造型设计认证培训的心得与体会。本书内容主要包括 Creo 5.0 中文版界面基本操作、2D 参数化草图的绘制及编辑技巧、基准特征的创建、三维实体基础特征和高级实体造型特征的创建、其他常用特征的创建、特征的操作、曲面特征的创建、参数化模型的创建、装配的创建、二维工程图的创建、实体造型综合实例等，并配有范例和练习题。通过对本书的系统学习，相信读者一定能熟练运用 Creo 5.0 进行产品设计和开发，更好地完成自己的工作。

　　本书所附资源使用说明：

　　1. 为了方便读者练习，各章中使用的配套资源文件、范例结果文件以及每章的练习题源文件和结果文件可通过以下途径获得：

　　① 登录百度云盘 https://pan.baidu.com/s/lw_kXrgk J5YM_ROXQFuKHPQ（提取码：zsgk）下载。

　　② 发邮件到 lysx14@163.com 或 cipedu@163.com 获取。

　　下载后放到硬盘某个盘符下（假设盘符为 E 盘），则范例源文件的目录为 E:\ 第 5 章 \ 范例源文件，范例结果文件目录为 E:\ 第 5 章 \ 范例结果文件。此外还有一个"提高练习"文件夹（包含草绘练习、造型练习、曲面造型和装配练习 4 个文件夹）也放在教学资源中，它是一些比较复杂的实例，读者可以打开这些文件，研究其造型方法和技巧，以提高自己的应用水平。

　　此外，教学资源中还放置了一个配置文件 config.pro，可以将其拷贝到读者的 Creo 5.0 安装目录下的 text 目录下使用。教学资源中还提供了 format.dtl 和 detail.dtl，在作工程图时使用，供读者参考。

　　2. 本书的内容已制作成用于多媒体教学的 PPT 课件，并将免费提供给采用本书作为教材的院校使用。如有需要，请发电子邮件至 cipedu@163.com 或 lysx14@163.com 获取，或登录 www.cipedu.com.cn 免载下载。

　　本书由洛阳理工学院教授、高级工程师孙小捞，杨春荣高级工程师任主编；洛阳理工学院常云朋副教授、贾利晓副教授任副主编，孟瑾讲师和杨德芹副教授参加编写。具体分工如下：第1、12章由贾利晓编写，第2章由孙小捞编写，第3、5、6章由孟瑾编写，第4、7章由常云朋编写，第8、9章由杨德芹编写，第10、11章由杨春荣编写。全书由孙小捞、杨春荣统稿。

本书编写过程中得到郑州诺祺电子科技有限公司（PTC合作伙伴）总经理许天彬的大力支持，在此表示衷心感谢。

由于我们水平有限，书中难免有不足之处，恳请读者批评指正。

编　者

2019年5月

目录

第5章 工程特征创建 166

第 8 章　基本曲面特征创建与编辑　　257

第12章　实体造型综合实例　353

参考文献　356

第**1**章

Creo 5.0 简介及基本操作

学习目标：本章主要介绍 Pro/ENGINEER 产生、发展历史，以及 Creo 5.0 的主要功能特点和基本操作方法；鼠标的使用、界面定制、模型显示以及对象的选取方法都非常重要，要熟练掌握。

1.1 Pro/ENGINEER 和 Creo 简介

下面介绍 Pro/ENGINEER 和 Creo 的产生、发展和功能特点。前期软件叫 Pro/ENGI-NEER，后期更名为 Creo（包含 Pro/ENGINEER），现在最新版本为 Creo Parametric 5.0。

本书主要介绍 Creo Parametric 5.0 软件操作，本书以后所有章节 Creo Parametric 5.0 都简称为 Creo 5.0。

1.1.1 Pro/ENGINEER 和 Creo 的产生及发展

PTC 于 1985 年成立，总部位于美国马萨诸塞州尼达姆市。1988 年 PTC 发布了 Pro/EN-GINEER 软件的第一个版本。1998 年 PTC 收购了其竞争对手 CV（Computer Vision）公司，逐渐发展为当今世界上最大的软件公司之一。

Pro/ENGINEER 经历了 20 余年的发展后，技术上逐步成熟，版本不断更新。其版本分别为 Pro/E R20、Pro/E 2000i、Pro/E 2000i2、Pro/E 2001、Pro/E Wildfire1.0、Pro/E Wildfire 2.0、Pro/E Wildfire 3.0 和 Pro/E Wildfire 5.0 以及 Creo 1.0、Creo 2.0、Creo 3.0、Creo 4.0 和 Creo 5.0。PTC 提出的单一数据库、参数化、基于特征和全相关的三维设计概念改变了 CAD 技术的传统观念，逐渐成为当今世界 CAD/CAE/CAM 领域的新标准。PTC 致力于研究产品协同商务解决方案，用来帮助分散型制造商提高产品开发效率，现已成为 CAD/CAE/CAM/PDM 领域最具代表性的软件公司之一。

PTC 以 Pro/E（Creo）为代表的软件产品，总体设计思想体现了 MDA（Mechanical Design Automation）软件的新发展思路，因此也成为全球最大的、发展最快的 MDA 厂商之一。1993 年《工业周刊》杂志将 Pro/E 命名为"年度先进技术"。1995 年《商业周刊》杂志将 PTC 列为"美国 1000 家最有价值公司"之一，并以其市价跻身"福布斯 500 强"，排名第 390 位。1996 年行业分析机构 Daratech 称 PTC 为 CAD/CAM/CAE 软件全球供应商第一位。

Pro/E（Creo）可谓全方位的 3D 产品开发软件，它集零件设计、曲面设计、工程图制作、产品装配、模具开发、NC 加工、管路设计、电路设计、钣金设计、铸造件设计、造型设计、逆向工程、同步工程、自动测量、机构仿真、应力分析、有限元素分析和产品数据管理等功能于一体。

Pro/E（Creo）是 PTC 的旗舰产品，是业界领先的三维计算机辅助设计和制造的产品开发解决方案。它提供了强大的数字设计能力，具有创建高级、优质产品模型和设计方案并造就一流产品的能力。2018 年 3 月发布的 Creo 5.0 是目前的最新版本。

在全球使用 Pro/E（Creo）的公司有 ABB、空中客车、奥迪、波音、Sun、通用动力、洛克希德·马丁、英格索兰、施耐德电气、大众、精工爱普生、英特尔、西门子、IBM、埃森哲、联想、毕博、凯捷永安、计算机科学公司和博敦等。

Pro/E（Creo）在中国也广泛应用在航天、航空、国防、汽车、造船、兵工、机械、电讯、电子、高科技、工业设计、模具、家电、玩具等行业。其中在长春一汽、东风汽车、沈阳飞机厂、船舶总公司、海尔、联想、华为、上海大众、美的、春兰、长虹、格力、中国一拖集团等中国优秀企业应用得也很成功。

1.1.2　Creo 5.0 的新特点

Creo 5.0 提供许多增强功能，可帮助用户克服影响设计效率的重大障碍。

（1）传统功能效率提升

Creo 5.0 持续通过关注用户体验和增强核心能力，为客户提供更高的生产力水平。Creo 5.0 摆脱了找菜单的体验，扩展和改进了智能浮动工具栏。同时新增和增强了螺旋扫描、草图区域、透视模式、带圆角拔模、钣金展平表示、非 G2 链接。

（2）拓扑结构优化设计

产品的物理设计经常受到现有设计及实践的限制，而全新的 "Creo Topology Optimization Extension" 功能基于一系列设定目标和约束条件，工程师可以定义目标和限制，创建经优化的参数化几何。以前需要几周才能完成的任务，如今在 Creo 5.0 中只需几秒就能搞定，因为无需重新创建几何。

（3）面向 3D 打印的设计

Creo 5.0 能让用户设计、优化、print check 并以增材方式制造部件，而无需使用多种软件。由于 Creo 5.0 简化了流程，减少了重新创建模型的需要，用户可以把更多时间用在真正重要的事情上，那就是设计。Creo 5.0 针对 Materialise 推出了 "Creo Additive Manufacturing Plus Extension"，将这些功能扩展至金属部件，让客户直接通过 Creo 5.0 打印工业生产部件。

Creo 5.0 强化了晶格创建等功能，工程师可以创建复杂可变的晶体结构。无论是使用聚合物还是金属，Creo 5.0 都能满足需求，因为它不仅支持 Stratasys 和 3D Systems 的塑料打印机，还支持启用 Materialise 的打印机库。

（4）面向模具高速加工

高速加工技术是采用高转速、快进给、小切深和小步距来提高切削加工效率的一种加工方式，在模具加工领域有着广泛应用。PTC 在 Creo 5.0 版本中加入了此功能。该功能可以让工程师轻松地对面向一次性和小批量生产的复杂设计进行加工。此外，如果设计完全在 Creo 5.0 中进行，当设计发生更改时，用户可以轻松地重新生成刀具路径。

（5）计算流体力学仿真

这是专为 CAD 用户打造的全面"Creo Flow Analysis（CFD 扩展功能）"解决方案。在设计过程的早期，即在对原型进行投资之前，就能帮助工程师发现和修复围绕产品的液流或气流问题。CFD 扩展功能是一个计算流体动力学（CFD）的解决方案，能让设计人员、工程师和分析人员直接在 Creo 中模拟流体流动问题。CAD 和 CFD 之间的无缝工作流程能让用户尽早整合分析，并了解产品的功能与性能。

（6）增强现实设计评审

Creo 5.0 都会提供 AR 功能。仅需单击几下，工程师便可以直接在模块中创作和发布 AR 体验。Creo 5.0 中的新功能可管理创建的 AR 体验的访问，工程师能够将 3D 模型叠加在现实世界中的物理产品上，这大大提升了工程师对模型进行评估和改进的能力。通过该功能，团队的每个成员可以在全球任何地方进行可视化、可交互的产品设计并提供设计反馈。同时，项目参与者可以与产品的 3D 模型进行互动。

以上 6 点就是 PTC 最新发布的 CAD 软件 Creo 5.0 的最新功能，通过整合这些业界顶级的技术，PTC 实现了强强联合，让设计师可以更好更快地进行产品的创新和设计。不管是常规的机械设计还是流体分析等，都可以非常好地在 Creo 5.0 里面完成，同时结合物联网的技术，让实际的物理数据代替假设，做更精准的设计，提升产品的价值，为设计人员带来极致的设计体验。

1.1.3　Creo 5.0 的核心设计思想

在当今许多 CAD 软件互相争雄的年代，具有先进设计理念的软件才能被越来越多的用户接受和使用，并逐渐拥有较大的市场份额。作为软件用户，在使用软件之前必须深刻领会软件的典型设计思想。在 Creo 5.0 中，可设计多种类型的模型。但是，在开始设计项目之前，需要了解几个基本设计概念。下面重点介绍 Creo 5.0 的核心设计思想。

（1）设计意图

设计模型之前，需要明确设计意图，这是最关键的。设计意图根据产品规范或需求来定义产品的用途和功能。捕获设计意图能够为产品带来价值和持久性。这一关键概念是 Creo 5.0 基于特征建模过程的核心。

（2）实体建模

使用 Creo 5.0 可以轻松而快捷地创建三维实体模型，使用户直观地看到零件或装配部件的实际形状和外观。这些实体模型和真实世界中的物体一样，具有密度、质量、体积和重心等属性，这也是实体模型具有极大应用价值的重要原因。如图 1.1 所示就是一个较复杂的箱体上盖实体模型。对实体模型可以进行质量分析以获得较为详细的质量属性参数，如体积、面积、重心、质量、惯性张量等，如图 1.2 所示。当实体模型更改时，其质量属性也会相应自动更改。此外，通过分析工具还可以测量实体模型上距离、长度等参数。

对实体建模的详细介绍参见本书第 4 章的内容。

（3）基于特征建模

特征是 Creo 5.0 中最惹眼的概念。简单地说，特征就是一组具有特定功能的图元，是设计者在一个设计阶段完成的全部图元的总和。初次使用 Creo 5.0 的用户肯定对特征感到亲切，因为 Creo 5.0 以最自然的思考方式从事设计工作，如孔、开槽倒圆角等均被视为零件设计的基本特征，用户除了充分掌握设计思想之外，还在设计过程中导入实际的制造思想。也正因

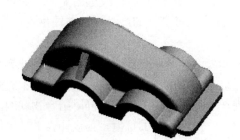

图 1.1　箱体上盖实体模型　　　　　图 1.2　模型分析

为以特征作为设计的单元，可随时对特征做合理的、不违反几何的顺序调整、插入、删除、重新定义等修正动作。

特征是模型上的重要结构，例如特征可以是生成零件模型的一个正方体，也可以是模型上被切除的一段材料，还可以是用来辅助设计的一些点、线、面。一个特征并不仅仅包括一个图形单元，使用阵列的方法创建的多个相同结构其实也是一个特征。

1）特征建模的原理

特征是 Creo 5.0 中模型组成和操作的基本单位。Creo 5.0 零件建模从逐个创建单独的几何特征开始，采用搭积木的方式在模型上依次添加新的特征。在修改模型时，找到需要进行修改的特征，然后对其进行修改，由于组成零件模型的各个特征相对独立（其实特征之间还有相关性），在不违背特定特征之间基本关系（一般情况下为父子关系）的前提条件下，再生模型即可获得修改后的设计结果。

Creo 5.0 为设计者提供了一个非常优秀的特征管理管家，即模型树。模型树按照模型中特征创建的先后顺序展示了模型的特征构成，这不但有利于用户充分理解模型的结构，也为修改模型时选取特征提供了最直接的手段。很多操作都可以直接在模型树中选取特征，然后单击右键进行操作。

使用 Creo 5.0 构建的实体模型一般是由一系列特征组成。如图 1.3 所示的是连接板零件的设计过程，其特征建模的步骤如下。

- 创建一个拉伸特征，确定模型的整体形状和大小。
- 在模型两端建立孔特征。
- 在模型上表面边缘处建立圆角特征。

2）特征的分类

在 Creo 5.0 中，特征的种类很丰富，不同的特征有不同的特点和用途，创建方法也有较

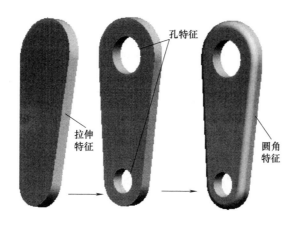

图 1.3　连接板零件特征建模的步骤

大差异。在设计中常常用到以下几类特征：实体特征、曲面特征和基准特征，将在后面详细介绍。

（4）参数化设计

Creo 5.0 创建的模型以尺寸数值作为设计依据。特征之间的相关性使得模型成为参数化模型。因此，如果修改某特征，而此修改又直接影响其他相关（从属）特征，则 Creo 5.0 会动态修改那些相关特征。此参数化功能可保持零件的完整性，并可保持设计意图。

在早期的 CAD 软件中，为了获得准确形状的几何图形，设计时必须确定各个图元的大小和准确位置。系统根据输入的信息生成图形后，如果要对图形进行形状改变则比较困难，因而设计灵活性差。

1）尺寸驱动理论

Creo 5.0 引入了参数化设计思想，大大提高了设计灵活性。根据参数化设计原理，绘图时设计者可以暂时舍弃大多数烦琐的设计限制，只需抓住图形的某些典型特征绘出图形，然后通过向图形添加适当的约束条件规范其形状，最后修改图形的尺寸数值，经过系统再生后即可获得理想的图形，这就是"尺寸驱动"理论。

例如在参数化的设计环境下绘制一个边长为 20.00 的正六边形，设计如下步骤即可完成，如图 1.4 所示。

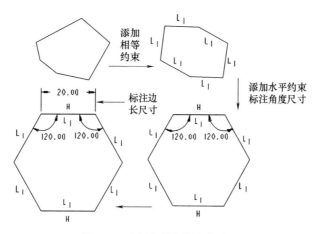

图 1.4　正六边形的设计步骤

① 绘制首尾相连的任意 6 条线段。

② 在 6 条线段上加上相等约束条件，使 6 条线段相等。

③ 给最上边和最下边的 2 条线段加上水平约束条件，标注边之间的夹角，然后修改夹角为"120°"，使其成为正六边形。

④ 标注边长尺寸并修改边长尺寸的数值为"20.00"。

2）设计意图的变更

Creo 5.0 软件强大之处在于其三维设计功能。在三维模型设计中，参数化设计的最重要体现就是模型的修改功能。Creo 5.0 提供了完善的修改工具和编辑定义工具，通过这些工具，可以方便地修改模型的参数，变更设计意图，从而变更模型设计。

在修改模型时，以特征作为修改的基本单元。选取要修改的特征，然后使用特征编辑定义工具即可修改截面图、模型属性等特殊参数。而模型上的大部分参数的修改都可以通过直接使用特征修改工具来实现。在参数化设计中，特征中的每一个参数都为设计者修改提供了入口，提供了特征修改的一条途径，是模型形状的控制因素。

特征设计参数有 2 种。

● 特征定形参数：用来确定特征大小和形状的尺寸参数。

● 特征定位参数：确定特征在基础实体特征上的放置位置的参数。

通过修改特征定形参数，可以改变模型的大小和形状，而修改特征定位参数，可以改变特征在基础特征上的位置。

3）参数化模型的创建

除了通过模型上的尺寸作为模型编辑入口之外，还可以通过参数和关系式创建参数化模型，修改各个参数后再生模型即可获得新的设计效果。这样创建的模型能快速变更形状和大小，从而大大提高设计效率。

如图 1.5 所示是一个参数化齿轮的所有参数，任意修改其中之一都可以改变齿轮的设计意图。如图 1.6 所示是设计参数化齿轮时所使用的关系式，这些关系式将严格约束各参数之间的关系，使得不管参数怎样变化，模型怎么改变，却总是保持齿轮的形状，而不会变成别的零件，如图 1.7 和图 1.8 所示的是齿轮齿数从 20 修改到 40，修改前后的结果图。

图 1.5　齿轮模型中的参数

图 1.6　齿轮模型中的关系式

图 1.7　修改前齿数 20 的齿轮模型　　　　　图 1.8　修改后齿数 40 的齿轮模型

（5）父子关系

在渐进创建实体零件的过程中，可使用各种类型的 Creo 5.0 特征。某些特征，出于必要性，优先于设计过程中的其他多种从属特征。这些从属特征从属于先前为尺寸和几何参照所定义的特征。这就是通常所说的父子关系。参数化设计的一个重要特点就是设计过程中将在各特征之间引入父子关系。父子关系是在建模过程中各特征之间自然产生的。在建立新特征时，所参照的现有特征就会成为新特征的父特征，相应的新特征会成为其子特征。如果更新了父特征，子特征也就随之自动更新。父子关系提供了一种强大的捕捉方式，可以为模型加入特定的约束关系和设计意图。如果隐含或删除父特征，Creo 5.0 会提示对其相关子特征进行操作。

（6）单一数据库

所谓单一数据库就是在模型创建过程中，实体造型模块、工程图模块、模型装配模块以及数控加工模块等重要功能单元共享一个公共的数据库。设计者不管在哪个模块中修改数据库中的数据，模型都会随时更新，系统中的数据是唯一的。不论在 3D 还是 2D 图形上做尺寸修改，其相关的 3D 实体模型或 2D 图形均自动修改，同时装配、制造等相关设计也会自动修改，这样可以确保数据的正确性，并且避免反复修改浪费时间。

（7）相关性

因为 Creo 5.0 零件建模从逐个创建单独的几何特征开始，所以在新设计过程中新特征参照其他特征时，这些特征将和所参照的特征相互关联。通过相关性，Creo 5.0 能在"零件"模式外保持设计意图。在继续设计模型时，可添加零件、组件、绘图和其他相关对象（如管道、钣金件或电线）。所有这些功能在 Creo 5.0 内都完全相关。因此，如果在任意一级修改设计，项目将在所有级中动态反映该修改，这样便保持了设计意图。

1.2　Creo 5.0 中文版的用户界面

Creo 5.0 的界面有了较大的改进。新版软件的界面不再采用单一的蓝色背景（背景可以由用户根据个人爱好定制），同时基本上摒弃了原来冗长的瀑布式菜单，取而代之的是对设计操作更具有智能引导作用的操控板界面。

Creo 5.0 的用户界面内容丰富，友好而且使用方便。打开 Creo 5.0 一个模型文件的用户界面如图 1.9 所示。主要由以下部分组成：

① "快速访问"工具栏：在"快速访问"工具栏布置了较多的图形按钮，也可以自己定义添加图形按钮。

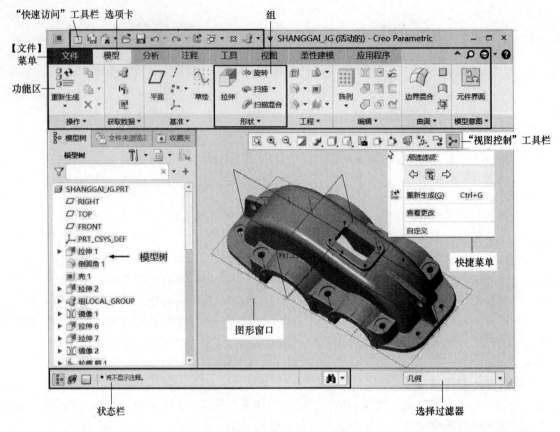

图 1.9　Creo 5.0 的用户界面

　　不管在功能区中选择了哪个选项卡，"快速访问"工具栏都可用。默认情况下，它位于 Creo Parametric 窗口的顶部。它提供了对常用按钮的快速访问，比如用于打开和保存文件、撤消、重做、重新生成、关闭窗口、切换窗口等操作的按钮。此外，可以自定义"快速访问"工具栏来包含其他常用按钮和功能区的层叠列表。

　　②【文件】菜单：包含用于管理文件模型、为分布准备模型以及设置 Creo Parametric 环境和配置选项的命令。

　　③ 功能区：包含【模型】、【分析】、【注释】、【工具】、【视图】、【柔性建模】和【应用程序】等选项卡，每一个选项卡包含很多组，组中包含很多图形按钮，用户可以从中选择使用。

　　④"视图控制"工具栏：在界面的图形区域也布置了一个工具栏，这里一般放置视图操作和其他图形按钮，称为"视图控制"工具栏。

　　"视图控制"工具栏被嵌入到图形窗口顶部。工具栏上的按钮控制图形的各种操作。可以隐藏或显示工具栏上的按钮。

　　通过单击右键并从快捷菜单中选取【位置】，可以更改"视图控制"工具栏的放置位置。

　　⑤ 导航区：在界面的左侧，由 3 个选项卡组成。3 个选项卡为【模型树】、【文件夹浏览器】和【收藏夹】。单击导航区 按钮可以显示模型树，单击导航区 按钮可以显示文件夹浏览器，单击导航区 按钮可以显示收藏夹。

　　⑥ 浮动工具栏：浮动工具栏是快捷菜单的一部分，而快捷菜单是与选定对象相关的上

下文用户界面。在图形窗口、模型树或绘图树上进行选择后，会立即显示浮动工具栏。浮动工具栏会显示常用和所需命令。它还会显示与扩展上下文相关的命令，例如在零件模式下，如果创建拉伸，并选择一条拉伸边，则在此情况下，显示的命令适用于所有特征拉伸。可以使用浮动工具栏上的命令对选定对象执行各种操作。例如，选择一条边，浮动工具栏会显示特定于该边的命令。

⑦ 状态栏：这是用户和计算机进行信息交流的主要场所。在设计过程中系统通过状态栏提示用户当前正在进行的操作和下一步要进行的操作，并记录在设计过程中出现过的信息提示及结果。系统通过状态栏显示不同的图标给出不同种类的信息，如表 1-1 所示。

设计者在设计过程中要养成随时观看状态栏信息的习惯，不要只管埋头操作，不看计算机的提示信息，不响应计算机的要求。

表 1.1　状态栏的基本信息

提示图标	信息类型	示　　例
➡	系统提示	选取一个参照（例如曲面、平面或边）以定义视图方向
●	系统信息	特征成功重定义
🔣	错误信息	截面必须包含此特征的几何图元
⚠	警告信息	拉伸 _2 完全在模型外面，模型没改变
⊗	危险信息	当 Creo Parametric 进行冗长计算时出现，单击中止计算

⑧ 选择过滤器：用来筛选被选取对象的种类，分为特征、几何、基准、面组及注释等。

•【特征】：选取模型上的特征。

•【几何】：选取模型上的点、线和面等几何要素。

•【基准】：选取模型上的基准特征。

•【面组】：选取模型上的曲面和面组。

•【注释】：选取模型上的注释。

•【零件】：选取模型上的单个零件，在组件模式下才可以使用该选项。

⑨ 操控板：Creo 5.0 版本的重要界面元素，当用户创建新特征时，系统使用操控板收集该特征的所有参数，用户一一确定这些参数的数值后即可生成该特征，如果用户没有指定某个参数数值，系统将使用默认值。

图 1.9 中没有显示操控板图样，可以参看后续内容。

1.2.1　启动 Creo 5.0

启动 Creo 5.0 的方式主要有 3 种：

① 如果计算机桌面上有 Creo Parametric 5.0.0.0 快捷方式图标，直接双击即可。

注意：现在的鼠标比较灵敏，双击时可能打开多个 Creo Parametric 5.0.0.0 程序，导致程序启动缓慢，甚至计算机死机。可以采用左键选中 Creo Parametric 5.0.0.0 快捷方式图标，按键盘上 Enter（回车）键，这样保证只打开一个 Creo Parametric 5.0.0.0 程序。

② 选择【开始】→【PTC】→【Creo Parametric 5.0.0.0】即可。

③ 左键选中 Creo Parametric 5.0.0.0 快捷方式图标，单击右键，在弹出的右键快捷菜单中选取【打开（O）】即可。

1.2.2　设置工作目录

在 Creo Parametric 5.0 中，工作目录的设置非常重要。因为系统默认的工作目录是"我的文档"，这样每次工作时 Creo 5.0 都会直接将零件文件和 Trail 文件保存在"我的文档"中，给文件的管理造成很大的困难。建议在每次开始绘图时都要先设置好工作目录，设置工作目录以后，保存文件、打开旧文件的工作窗口都会在指定的目录中进行，这样更方便管理，节约工作时间。工作目录的设置方法有两种：

① 如果 Creo Parametric 5.0.0.0 已经启动，此时工作目录的设置可通过下拉菜单【文件】→【管理会话】→【选择工作目录】来设定，选好目录后单击 确定 即可。

注意：此种方法设置的工作目录只对当前操作有效，重新启动操作系统或关闭 Creo Parametric 5.0.0.0 后就不再是工作目录，又会回到系统默认的工作目录。

② 这种工作目录是 Creo Parametric 5.0.0.0 启动后默认的工作目录。设定工作目录的方法与第一种工作目录设定方法大不相同。首先，必须保证在桌面上有 Creo Parametric 5.0.0.0 快捷方式图标，如果没有，可以自己创建。然后，用鼠标右击 Creo Parametric 5.0.0.0 快捷方式图标，在弹出的对话框中选择【属性】，单击切换到【快捷方式】选项卡，在【属性】对话框中更改"起始位置"的目录为用户自己预先设定的目录，然后单击 确定 按钮即可。

1.2.3　模型树简介

模型树窗口，如前面图 1.9 所示，一般它位于窗口的左侧。其主要功能是按照特征创建的先后顺序以及特征的层次关系显示模型创建过程的所有特征，便于设计者查看模型的构成，同时方便特征的修改和编辑。

在模型树的顶部有两个弹出式菜单：【显示】菜单 ▤▾ 和【设置】菜单 ⛭▾，单击菜单后显示如图 1.10 和图 1.11 所示的菜单。

图 1.10　【显示】菜单　　　　　　　　　　　图 1.11　【设置】菜单

（1）【显示】菜单

●【层树】：打开图层管理器，使用图层管理模型。将不同的特征分类放置于不同的层树上以便对其进行不同的操作。系统提供的默认图层主要有基准平面、默认基准平面、基准轴线、基准曲线、基准点、基准坐标系和默认坐标系。可以新建层，也可以对现有的层进行隐藏、删除、重命名等操作。

注意：图层的状态不会自动保存，即使保存了模型也不行。可以通过【视图】下面的

【可见性】→【状况】→【保存状况】，保存层的状态；或在层窗口内右击，在快捷菜单中选择【保存状态】即可。

- 【展开全部】：展开模型上的全部特征。
- 【全部折叠】：折叠模型上的全部特征。
- 【预选突出显示】：加亮预选模型树项目的几何。
- 【突出显示几何】：加亮所选模型树项目的几何。
- 【在树中自动定位】：在模型树中自动定位。单击图形中特征，模型树中会对应高亮选中。
- 【显示弹出式查看器】：显示弹出式查看器。

（2）【设置】菜单

- 【树过滤器】：设置过滤器，过滤掉模型上不显示的项目类型。凡是希望显示的项目，要在如图1.12所示的【模型树项】对话框中对应名称前添加"√"标记。

图1.12　【模型树项】对话框

- 【树列】：指定在模型树窗口中显示的信息内容。在如图1.13所示的【模型树列】对话框中，选定【不显示】列表框中的内容，然后单击 >> 按钮，将其送入【显示】列表框，则会在模型树窗口中显示相关信息，使用类似的方法通过单击 << 按钮也可以取消某些项目的显示。
- 【打开设置文件】：载入以前保存的模型树配置文件。
- 【保存设置文件】：保存当前编辑的模型树配置文件。
- 【应用来自窗口的设置】：使用来自其他窗口的配置。
- 【保存模型树】：以文本格式保存模型树信息。

使用模型树可以方便地对模型上的特征进行操作。直接在模型树窗口中选取特征标识，在模型树上将红色显示对应特征的边线，表示该特征被选中。然后单击鼠标右键，系统会弹出如图1.14所示的右键快捷菜单。

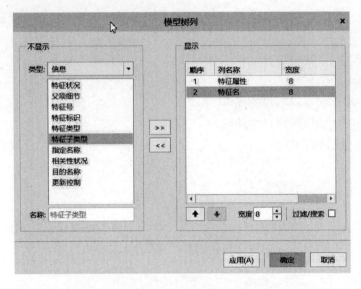

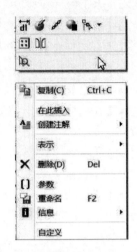

图 1.13 【模型树列】对话框　　　　图 1.14　右键快捷菜单

使用模型树，可以方便地对特征进行【删除】、【编辑尺寸】、【编辑定义】和【阵列】等
操作，详细介绍请参看第 7 章。

1.2.4　新建图形文件

单击【文件】→【新建】或用左键单击"快速访问"工具栏中的□按钮，出现如图 1.15
所示的【新建】对话框。【类型】设置为"零件"，
【子类型】设置为"实体"。零件名称可以采用系统
默认的 prt0001，也可以修改，建议采用比较有代表
意义的名字，如 xiangti，中文意思是箱体零件。注
意模板的使用，选中【使用默认模板】，将使用系统
提供的默认设计模板进行设计。如果取消选定【使
用默认模板】，可以自己选择其他设计模板，一般情
况下要使用毫米 - 牛顿 - 秒实体零件（mmns_part_
solid）模板。如果系统默认的已经是 mmns_part_
solid 模板，可以选中【使用默认模板】即可。默认
模板可以通过配置文件的设置来指定。

注意：使用不同的模板文件进行设计时，采用
的设计单位将不同，在我国要采用"米制"单位制
进行设计。

请注意，Creo 5.0 已经支持中文文件名了。

图 1.15　【新建】对话框

1.2.5　打开图形文件

单击【文件】→【打开】或左键单击"快速访问"工具栏中的按钮，出现如图 1.16 所
示【文件打开】对话框，浏览到指定的目录，选择要打开的文件，双击要打开的文件名或单击
【打开】按钮即可打开所需的文件。单击【预览】，可以预览要打开的图形，如图 1.16 所示。

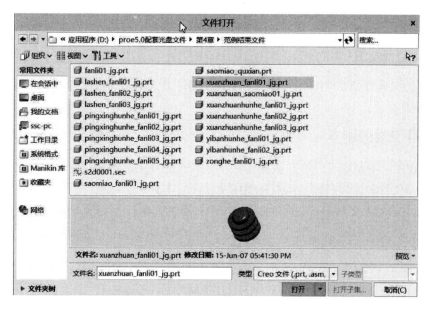

图 1.16　【文件打开】对话框

1.2.6　存储图形文件及版本

单击【文件】→【保存】，单击"快速访问"工具栏中的 回 按钮，出现如图 1.17 所示的对话框，单击 确定 按钮即可保存图形文件。

注意：Creo 5.0 在保存文件时不同于其他一般的软件，系统每执行一次存储操作并不是

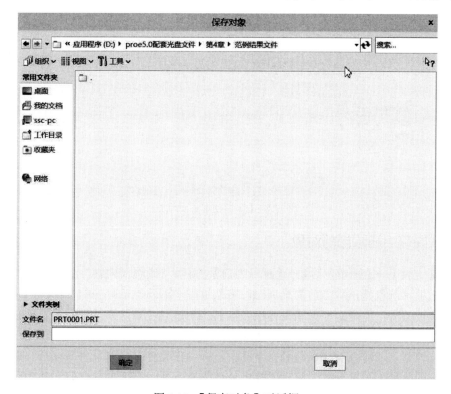

图 1.17　【保存对象】对话框

简单地用新文件覆盖原来的旧文件，而是在保留文件前期版本的基础上新增一个版本文件。在同一设计过程中多次存储的文件将在文件名的后缀（扩展名）添加序号以示区别，序号数字越大，文件版本越新。

例如：一个文件在设计过程中进行了 3 次保存，那么文件分别为 prt0001.prt.1、prt0001.prt.2 和 prt0001.prt.3。

1.2.7　保存文件的副本

Creo 5.0 系统不允许设计者在执行文件存储时改变目录位置和文件名称，如果确实要改变文件的存储位置和文件名称，就需要使用【保存副本】功能。

单击主菜单上【文件】→【另存为】，选择【保存副本】选项，出现如图 1.18 所示的对话框，浏览到指定的目录，在"新文件名"处输入新的文件名，单击 确定 按钮即可。

也可以单击"快速访问"工具栏中的 按钮，这样速度更快。

注意：需要将 按钮定制到"快速访问"工具栏才可以，具体方法参考本章 1.3.1 节。

图 1.18　【保存副本】对话框

1.2.8　从内存中删除当前对象

单击【文件】→【管理会话】→【拭除当前】，可以从进程（内存）中清除文件，系统提供了两个选项：选取【拭除当前】选项时，将从进程中清除当前打开的文件，同时该模型的设计界面也被关闭，但是文件仍然保存在磁盘上；当选取【拭除未显示的】选项时，将清除系统曾经打开，现在已经关闭，但是仍然驻留在进程（内存）中的文件。

注意：从进程中拭除文件的操作很重要。打开一个文件并对其进行修改后，即使并没有保存修改后的文件，但是如果关闭该文件窗口再重新打开，会发现得到的文件却是修改过的版本。这是因为修改后的文件虽然被关闭，但是仍然驻留在进程中，而系统总是打开进程中文件的最新版本。因此，只有将进程中的文件拭除后，才能打开修改前的文件。另外，在不同目录中存放相同文件名而内容却不同的文件，打开其中一个后，再打开另外一个，会出现版本冲突，系统提示输入"替代名称"来打开，这时也需要先进行拭除操作，然后才可以打开后面同名文件。

1.2.9　删除文件的旧版本和所有版本

单击【文件】→【管理文件】，将文件从磁盘上彻底删除，要谨慎操作。删除文件时，系统提供两个选项。当选取【删除旧版本】选项时，系统将保留该软件的最新版本，删除掉其他旧版本；当选取【删除所有版本】时，系统将彻底删除该软件的所有版本，一定要考虑好再删除。

1.2.10　关闭窗口

单击【文件】→【关闭】，关闭当前设计窗口对应的文件，但不退出 Creo 5.0 系统。

注意：此时被关闭的文件仍然在内存（进程）中，可以通过拭除操作从内存中清除。

1.2.11　退出系统

单击【文件】→【退出】，退出 Creo 5.0 设计环境。

注意：退出前保存需要保存的文件，Creo 5.0 系统默认退出时不提示保存文件。单击窗口右上角的【关闭】按钮 X，也可退出系统。

1.3　用户界面的定制

Creo 5.0 的用户界面可以根据用户的喜好方便地进行个性化定制。如果定制后感觉不满意，想要回到 Creo 5.0 默认的定制状态，只要单击【重置】按钮即可。

1.3.1　定制"快速访问"工具栏

在"快速访问"工具栏的任意图标处单击右键，如图 1.19 所示，在出现的快捷菜单中，选择【自定义快速访问工具栏】，出现如图 1.20 所示的对话框，用户可以进行定制。也可以通过【文件】→【选项】进行定制。

选中当前可用的工具栏，单击➡，移动到右边栏中；如果取消，选中要取消的工具栏，单击➡即可，定制完毕后，单击 确定 按钮即可。

从快速访问工具栏中移除(R)
自定义快速访问工具栏(C)
在功能区下方显示快速访问工具栏(S)
自定义功能区(R)
☑ 最小化功能区(N)　　　　　Ctrl+F1

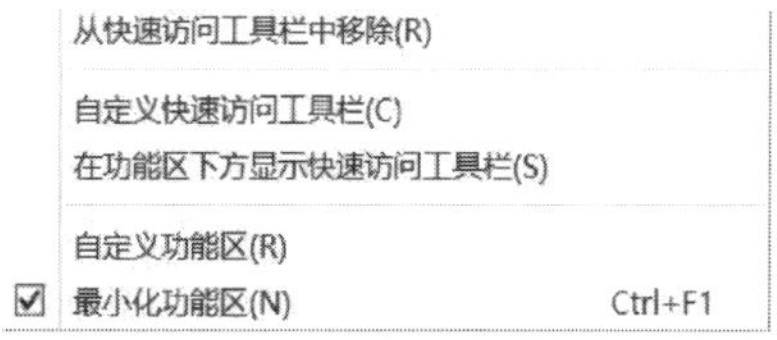

图 1.19　快捷菜单

1.3.2　定制功能区

在如图 1.21 所示的对话框中选中当前可用的功能，单击➡，移动到右边栏中；如果取消，选中要取消的功能，单击➡即可，定制完毕后，单击 确定 按钮即可。

1.3.3　窗口设置

如图 1.22 所示，在【窗口设置】中可以进行导航选项卡、模型树、浏览器、辅助窗口和图形工具栏等设置。

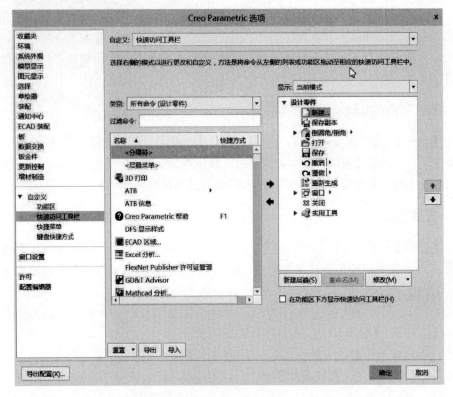

图 1.20 【Creo Parametric 选项】对话框（1）

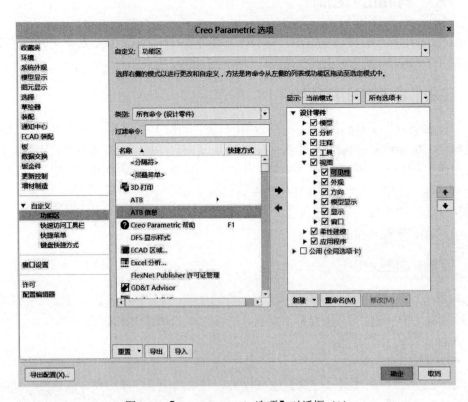

图 1.21 【Creo Parametric 选项】对话框（2）

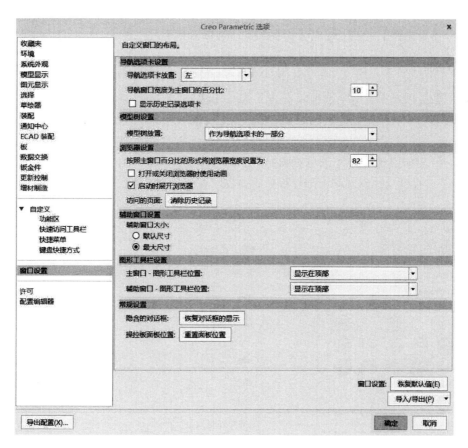

图 1.22　【Creo Parametric 选项】对话框（3）

1.4　视图操作

【视图】菜单主要用于设置模型的显示效果，内容包括模型的可见性、外观、方向、模型显示、显示以及窗口等。【视图】菜单如图 1.23 所示。

图 1.23　【视图】菜单

注意： 部分视图操作功能也可以通过相应的工具栏按钮（图标）来实现。

1.4.1　可见性

根据需要隐藏选定的特征或取消对已选定特征的隐藏，被选定为隐藏状态的非实体特征将不可见。选取【隐藏】选项可以隐藏选定的特征；选取【取消隐藏】选项可以取消对选定特征的隐藏；选取【全部取消隐藏】选项可以取消视窗内所有隐藏特征的隐藏。

另外，【可见性】选项卡还有【层】的操作选项。

1.4.2 外观

【外观】选项卡中有两个选项：【外观】和【场景】。

【外观】用于对模型进行着色渲染，增强视觉效果。

在产品设计过程中，需要改变某个零件或组件的零件颜色时，可以单击 ● 按钮右侧的三角 ，弹出如图 1.24 所示的总览画面，选择【外观管理器】选项，弹出如图 1.25 所示的外观编辑器，可以进行外观颜色的设置，也可以进行贴花和其他设置。

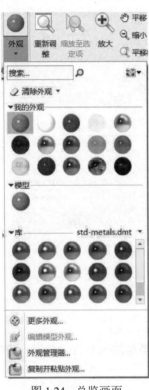

图 1.24 总览画面

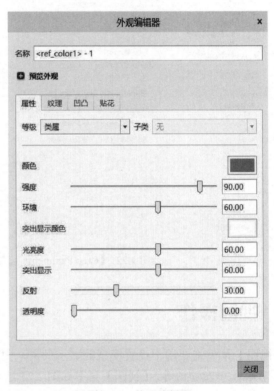

图 1.25 外观编辑器

【场景】是一组应用到模型的渲染设置。这些设置包括光源、背景和环境效果。有关场景的所有信息均存储在扩展名为 .scn 的文件中。

1.4.3 方向

设置观察模型的视角。在三维建模时，为了从不同视角更加细致全面地观察模型，可以使用该菜单选项设置对象的显示方向。如图 1.26 所示是【方向】选项卡中的功能。

【方向】选项卡中还包含视图的放大、缩小、平移、标准方向等功能。

1.4.4 模型显示

【模型显示】选项卡如图 1.27 所示，主要包含截面、管理视图、显示样式和透视图等功能，以下仅介绍前三项。

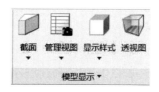

图1.26　【方向】选项卡　　　　　　　图1.27　【模型显示】选项卡

（1）【截面】

如图1.28所示。

（2）【管理视图】

选取该选项则弹出如图1.29所示视图管理器，有【简化表示】、【截面】和【层】等选项卡。

（3）【显示样式】

选取【显示样式】后，系统显示如图1.30所示6种显示样式。三维模型的6种显示方式的对比，如表1.2所示。

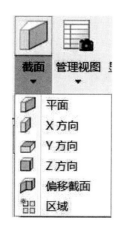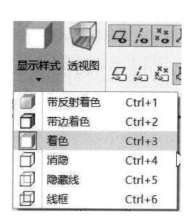

图1.28　截面　　　　　　图1.29　视图管理器　　　　　　图1.30　显示样式

表1.2　三维模型的6种显示方式

模型类型	线框	隐藏线	消隐	着色	带边着色	带反射着色
对应的图形工具栏按钮						
各种模型示意图						

1.4.5　显示

主要用于系统基准显示与否、基准标记显示与否。还可以用来显示或隐藏旋转中心，打开或关闭3D注释。

（1）【基准显示】

选取【基准显示】，可以设置是否显示基准特征，如图 1.31 所示。按下图标按钮显示，否则不显示对象。

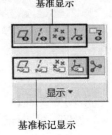

基准显示

（2）【注释显示】

打开或关闭 3D 注释及注释元素。图标按钮为 。

（3）【旋转中心】

显示或隐藏旋转中心。图标按钮为 。

（4）【基准标记】

用于关闭或显示平面标记、轴标记、点标记和坐标系标记。

基准标记显示

1.4.6　重画

图 1.31　基准显示

【重画】用于对视图区进行刷新操作，消除对视图进行修改后遗留在模型上的残影，以获取更加清晰整洁的显示效果。例如，在工程图的操作中，基准面、基准轴的开 / 关（显示 / 不显示）就需要进行重画操作。

图形工具栏中图标按钮为 。

1.5　Creo 5.0 中鼠标的用法

在 Creo 5.0 中鼠标的操作非常重要，熟练使用鼠标可以大大提高设计效率。

1.5.1　Creo 5.0 使用鼠标介绍

与早期的版本相比，Creo 5.0 不再支持使用二键鼠标来模拟三键鼠标的操作。三键鼠标是操作 Creo 5.0 的必备工具，如果使用没有中键的鼠标，设计根本无法进行。最好选择有中键（滚轮）的三键鼠标。

1.5.2　视图的移动、缩放和旋转

（1）用鼠标配合键盘按键进行视图的移动、缩放和旋转

在设计中，使用鼠标的 3 个功能键可以完成不同的操作，达到不同的目的。将鼠标的 3 个功能键与键盘上 Ctrl 和 Shift 键配合使用，可以在 Creo 5.0 系统中定义不同的快捷键功能，使用这些快捷键进行操作将更加简单方便，提高设计效率。

注意：鼠标功能键与 Ctrl 和 Shift 键配合使用时，要在按下 Ctrl 或 Shift 键的同时，操作鼠标的功能键，即按下左键、中键或右键。

表 1.3 列出了各类功能键在不同模型创建阶段的用途。

表 1.3　鼠标各功能键的基本用途

使用功能　　　鼠标的功能键	鼠标左键	鼠标中键	鼠标右键
二维草绘模式 （鼠标按键单独使用）	①绘制连续直线（样条曲线） ②绘制圆（圆弧）	①完成一条直线（样条线）开始画下一条直线（样条曲线） ②终止圆（圆弧） ③取消画相切弧	弹出快捷菜单（不同情况下，菜单不同）

续表

鼠标的功能键 使用功能		鼠标左键	鼠标中键	鼠标右键
三维模式	鼠标按键单独使用	选取模型	①旋转模型（无滚轮时按下中键，有滚轮时按下滚轮） ②缩放模型（有滚轮时转动滚轮）	在模型树窗口或工具栏中单击将弹出快捷菜单
	与 Ctrl 键或 Shift 键配合使用	无	①与 Ctrl 键配合并且上下移动鼠标：缩放模型 ②与 Shift 键配合并且移动鼠标：平移模型	无

注意：旋转时，如果已按下工具栏中图标 （旋转中心），则模型以此中心（也就是模型的中心）旋转；再单击此图标，则弹起，再进行旋转时，以鼠标当前位置为旋转中心旋转。

（2）使用视图工具栏中的缩放按钮进行视图的缩放

表 1.4 是缩放按钮的功能介绍。

表 1.4　缩放按钮功能介绍

按钮	功能	说　　明
	放大	单击此按钮，然后按住鼠标左键拖动，利用框选法选出要显示的部分
	缩小	单击此按钮，系统会自动依照比例缩小显示画面，可多次使用，依次缩小
	显示全部	单击此按钮，系统重新调整视图画面，使其能完全在屏幕上显示出来

1.6　Creo 5.0 的运行环境

Creo 5.0 可以运行在工作站和微型计算机平台上，能够运行于 UNIX、Windows NT 等多种操作系统，在 Windows 系统下推荐使用 Win 7 和 Win 10。随着软件功能的增强，Creo 5.0 对硬件配置的要求也相应提高。运行该软件的硬件基本配置推荐如下：

- P4 CPU 主频 2GHz 以上，最好采用 3.0GHz。
- 6GB 以上的硬盘空间。
- 3D 加速显示卡，要求支持 OpenGL 功能。
- 4GB 以上内存，最好在 8GB 以上。
- 20in（英寸，1in=2.54cm）以上彩色显示器，最好是 24in 以上彩色显示器。
- 三键鼠标，最好选用中键带滚轮的三键鼠标。

1.7　Creo 5.0 简体中文版的安装

与 Creo 5.0 的早期版本相比，Creo 5.0 的安装是比较简单的。新版本软件在安装方法上做了更加人性化的改进，安装过程中人工干预更少。

Creo 5.0 支持全中文界面，这给国内用户带来很大的方便。安装时请注意两个问题：必须获得 PTC 的软件使用授权文件"PTC_D_SSQ.dat"；暂时关闭防病毒软件。

1.7.1 授权文件修改

正确设置了系统环境变量并获取了软件使用授权文件"PTC_D_SSQ.dat"（注意：此文件与用户的计算机网卡的 MAC 有关，需要单个定制）之后，即可按照安装提示开始 Creo 5.0 简体中文版的安装工作。

① 取得 MAC 地址。按下键盘上的"■ +R 键"，弹出【运行】对话框，如图 1.32 所示。输入"CMD"然后确定，在弹出对话框的命令行中输入"ipconfig/all"，如图 1.33 所示。

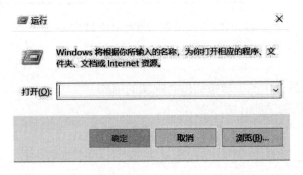

图 1.32　运行命令

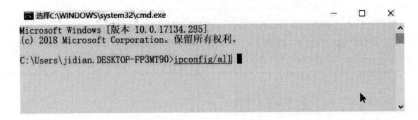

图 1.33　输入命令

② 回车弹出如图 1.34 所示界面，找到本机的 MAC 地址记下来。更简单的方法是：按

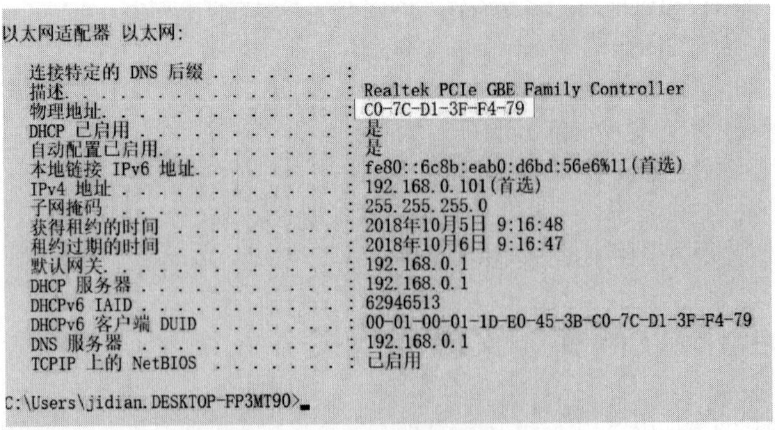

图 1.34　网卡物理地址界面

住左键在网卡的物理地址上扫过（此时会变白色），回车即可把地址复制到剪切板。注意扫地址时不能多扫（会加进去空格），也不能少扫。

③ 找到软件使用授权文件"PTC_D_SSQ.dat"，单击右键用记事本的方式打开，用替换的方法把里面 MAC 地址都替换成本机的 MAC 地址后保存。

1.7.2　Creo 5.0 简体中文版的安装

① 将安装文件复制到计算机硬盘某一个文件夹中。

② 找到安装文件夹中 setup.exe 这个文件双击，就弹出如图 1.35 所示的安装界面（1）。

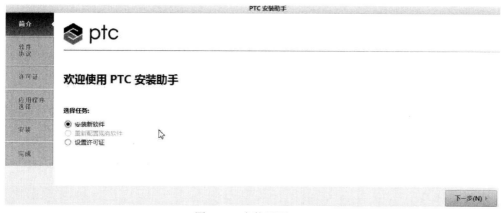

图 1.35　安装界面（1）

③ 单击"下一步"按钮，就弹出图 1.36 所示的安装界面（2），接受软件公司许可协议，单击"下一步"按钮，弹出如图 1.37 所示界面，单击左边的"+"号，浏览找到前面定制好

图 1.36　安装界面（2）

图 1.37　添加许可证文件

的许可证文件，单击"下一步"按钮。

　　④ 选择要安装的应用程序。

　　在如图 1.38 所示的应用程序选择界面中设置安装目录并选择所需要的应用程序，单击
【安装】按钮。

图 1.38　应用程序选择界面

⑤ 开始安装。

系统出现 1.39 所示的安装界面，出现安装进度条。

图 1.39　安装进度界面

⑥ 直到所有进度完成，如图 1.40 所示，单击【完成】按钮，到此 Creo 5.0 就安装完成了。

图 1.40　安装完成

1.8　系统配置文件的设置

系统配置文件用来配置 Creo 5.0 的外观和运行方式。完善的配置文件可以为用户营造一个称心的设计环境，提高设计效率。Creo 5.0 有 config.pro 这个系统配置文件。它是文本文件。配置文件中的每个设置项目称为配置选项。Creo 5.0 为每个配置选项预先定义了一个默认值，用户可以根据需要改变配置选项的值。

1.8.1　Creo 5.0 启动时读取配置文件的方式

启动 Creo 5.0 时首先读入一个名为"config.pro"的受保护的系统配置文件，用户可以利用"config.pro"的系统配置文件预设软件的工作环境和进行全局设置。

"config.pro"文件在 Creo 5.0 的安装目录下，如 Creo 5.0 安装在 C:\Program Files\PTC\Creo 5.0.0.0\Common Files\，则"config.pro"文件就存在"C:\Program Files\ PTC\Creo 5.0.0.0\Common Files\"下面。

1.8.2　"config.pro"配置文件的选项

- "config.pro"配置文件中的选项由两部分组成。
- config_option_name：选项名称。
- value：值。

例如，Creo 5.0 系统默认，在退出 Creo 5.0 时不提示用户保存已经修改的文件，这样会造成用户白白工作，为了避免这种情况的发生，就需要用户改变默认设置，系统默认值是"prompt_on_exit no"，可以将下列文本加到配置文件中（修改 no 为 yes 即可）：

prompt_on_exit　yes

这样系统在退出之前会提示用户保存当前编辑的文件。

1.8.3　设置"config.pro"选项

使用文本编辑器直接编辑配置文件：使用 Notepad（记事本）或 Microsoft Word 打开"config.pro"文件，然后直接添加或更改配置选项，保存即可。

通常情况下，"config.pro"文件的设置应在启动 Creo 5.0 进程之前进行修改。

1.9　Creo 5.0 读取其他软件文件

Creo 5.0 文件处理功能非常强大，可以读入其他设计软件生成的数据文件到 Creo 5.0 环境中使用，下面主要介绍读取 AutoCAD 和 NX 文件。

1.9.1　Creo 5.0 读取 AutoCAD 文件

单击【文件】→【打开】或单击"快速访问"工具栏中的 按钮，在弹出的【类型】对话框中浏览到 DWG（*.dwg），然后选择需要打开的文件即可。

注意：被打开的文件存在版本差异的问题。一般有一个合适的版本才能比较好地读入文件。

1.9.2　Creo 5.0 读取 NX 件

单击【文件】→【打开】或单击"快速访问"工具栏中的 📂 按钮，在弹出的【类型】对话框中浏览到 NX 文件（*.prt），然后选择需要打开的文件即可。

注意：被打开的文件存在版本差异的问题。一般有一个合适的版本才能比较好地读入文件。

1.10　Creo 5.0 和 IGES、STEP、STL 之间的转换

Creo 5.0 数据转换功能非常强大，可以通过各种文件格式接口进行转换，输出不同文件格式的文件，以供其他设计软件使用。

实际上 Creo 5.0 系统中【文件】菜单中的【打开】和【保存副本】就是 Creo 5.0 与其他 CAD 系统的一个文件格式接口，这在很多需要文件格式转换的场合非常有用。常用的主要有 IGES、STEP 和 STL。下面介绍文件的输入和输出。

- 输入文件。单击【文件】→【打开】或单击"快速访问"工具栏中的 📂 按钮，在弹出的如图 1.41 所示的对话框中，先把要打开的文件"类型"更改为需要的类型，然后浏览到要输入的文件，单击 **打开 (O)** 按钮即可。

```
所有文件 (*)
Creo 文件 (.prt, .asm, .drw, .frm, .mfg, .lay, .sec, .int, .g, .tmu, .tmz, .cem)
零件 (*.prt)
装配 (*.asm)
绘图 (*.drw)
格式 (*.frm)
制造 (.asm, .mfg)
记事本 (*.lay)
草绘 (*.sec)
交互(v.13之前) (*.int)
Granite 文件 (*.g)
设计探索会话 (.tmu, .tmz)
布局 (*.cem)
Creo View (.ol, .ed, .edz, .pvs, .pvz)
Creo Elements Direct (.bdl, .pkg, .sdp, .sda, .sdac, .sdpc)
IGES (.igs, .iges)
VDA (*.vda)
DXF (*.dxf)
中性 (*.neu)
lbl文件 (*.ibl)
点文件 (*.pts)
Simulate 结果(.rwd, .rwt, .mrs, .xdb)
```

图 1.41　打开其他格式文件的对话框

- 输出文件。单击【文件】→【另存为】→【保存副本】，在弹出的如图 1.42 所示的对话框中，先把"类型"更改为 IGES（*.igs）或 STEP（*.stp），然后在"新建名称"中输入新的文件名称，单击 **确定** 按钮即可输出给定格式的文件。

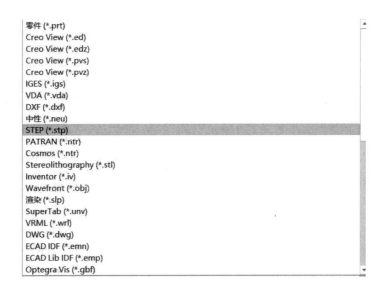

```
零件 (*.prt)
Creo View (*.ed)
Creo View (*.edz)
Creo View (*.pvs)
Creo View (*.pvz)
IGES (*.igs)
VDA (*.vda)
DXF (*.dxf)
中性 (*.neu)
STEP (*.stp)
PATRAN (*.ntr)
Cosmos (*.ntr)
Stereolithography (*.stl)
Inventor (*.iv)
Wavefront (*.obj)
渲染 (*:slp)
SuperTab (*.unv)
VRML (*.wrl)
DWG (*.dwg)
ECAD IDF (*.emn)
ECAD Lib IDF (*.emp)
Optegra Vis (*.gbf)
```

图 1.42　【保存副本】对话框

1.11　Creo 5.0 的常用功能模块

Creo 5.0 通过整合原来的 Pro/ENGINEER、CoCreate 和 Product View 三个软件后，重新分成各个更为简单而具有针对性的子应用模块。所有的这些模块通称为 Creo Elements，而原来的三个软件则分别整合为新的软件包中的一个子应用。

整合后如下：

① Pro/ ENGINEER：整合为 Creo Elements/Pro。

② CoCreate：整合为 Creo Elements/Direct。

③ Product View：整合为 Creo Elements/View。

整个 Creo 5.0 软件包含 30 个子应用，这些子应用被划分为四大应用模块。

① Any Role APPs（应用）。

② Any Mode Modeling（建模）。

③ Any Data Adoption（采用）。

④ Any BOM Assembly（装配）。

1.12　对象选择

对象选择的方式有两种，一种是在绘图区单击选取对象，另一种是在"模型树"单击特征名称进行选取。

（1）使用鼠标

单击鼠标左键，简称单击，可选取特征、命令、元件和各种图元素。这是最基本的方法。

注意： 在选取过程中，如果要连续选取几个相同性质的对象，可以先选取一个对象后，按住键盘上的 Ctrl 键，依次选取其他对象。

（2）使用过滤器

在如前面图 1.9 所示的界面中，有一个"选择过滤器"，对于比较复杂的模型或具有多个特征的组件（装配件），就可以使用该过滤器进行选取。该过滤器在不同的模块下会有不同的选项，如图 1.43 所示。

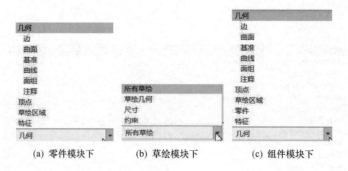

图 1.43　"选择过滤器"的 3 种选项

（3）曲线的选取

曲线的选取是指选取包括直线在内的线性几何实体，多个曲线构成曲线链。

1）相切链

① 选取实体上的一段棱边。

② 按下 Shift 键，保持（不要松开），移动鼠标指针到与所选棱边相切的任意棱边上，按下右键并保持，弹出如图 1.44（a）所示快捷菜单，选择【从列表中拾取】，弹出如图 1.44（b）所示对话框，在对话框中选择【相切】，单击【确定】按钮即可。

注意：如果相切链线段较少，也可以先选取一段，按下 Ctrl 键（保持不放），依次单击其他线段即可选中。

2）曲面环

① 选取实体上的一段棱边。

② 按下 Shift 键，保持（不要松开），移动鼠标指针到与所选棱边相切的任意棱边上，按下右键并保持，弹出如图 1.44（a）所示快捷菜单，选择【从列表中拾取】，弹出如图 1.45 所示对话框，在对话框中选择【曲面环】，单击【确定】按钮即可。

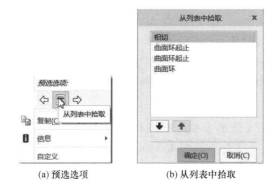

图 1.44　相切链选取

图 1.45　曲面环选取

（4）曲面的选取

1）环曲面

① 选取主曲面。

② 按下 Shift 键，保持（不要松开），移动鼠标指针到主曲面的边界上，按下右键，弹出如图 1.46 所示所示快捷菜单，在图 1.46 所示的菜单中选取【从列表中选取】，会弹出如图 1.47 所示的对话框，在列表中选择合适的曲面后，单击【确定】按钮即可。

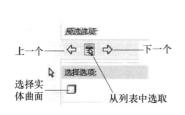

图 1.46　选取菜单

图 1.47　从列表中拾取

③ 单击【确认】，放开 Shift 键，环曲面即被选中。

2）实体曲面

① 选取实体的任意一个曲面。

② 按下鼠标右键（右击），保持 2 秒左右，会弹出一个快捷菜单，如图 1.46 所示。

③ 在快捷菜单中选取【选择实体曲面】，即可选中所有实体曲面。

④ 如果在如图 1.46 所示的快捷菜单中选取【下一个】或【前一个】按钮，即可选中前一个或下一个系统加亮的实体曲面；如果在如图 1.46 所示的快捷菜单中选取【从列表中选取】，会弹出如图 1.47 所示的对话框，在列表中选择合适的曲面后，单击【确定】按钮即可。

1.13 创建简单的零件模型

实体模型的创建主要放在第 4 章进行，本节只是简单创建 2 个零件供界面操作定制练习使用。

（1）圆盘（yuanpan）

操作步骤如下：

① 单击"快速访问"工具栏上的 □（新建）按钮，或单击【文件】→【新建】。

② 在弹出的对话框中，【类型】设置为【零件】，【子类型】设置为【实体】，【文件名】处输入名字 yuanpan（Creo 5.0 已经支持中文文件名，所以也可以输入圆盘），单击 确定，或单击鼠标中键。

③ 在出现的【模型】选项卡中单击【基准】组中的 ✎草绘 按钮，在出现的图 1.48 所示的【草绘】对话框的【放置】选项卡【草绘平面】下面的【平面】栏右边单击一下，然后单击模型中的"FRONT：F3"，结果如图 1.49 所示。

④ 单击 草绘 按钮，或单击鼠标中键，进入【草绘】选项卡。

⑤ 在【草绘】选项卡的工具栏中单击 ⊙ 圆 （圆心和点）按钮，鼠标左键单击中心线交点，拖动左键到适当位置，然后按下左键即可绘制一个圆，尺寸任意。单击【草绘】选项卡右边的 ✔确定 按钮，退出草绘状态。

⑥ 单击【形状】组中的【拉伸】工具图标按钮 ⬚拉伸，出现如图 1.50 所示的【拉伸】选项卡，单击【拉伸】选项卡上的 ✔ 按钮或单击鼠标中键，生成的三维图形如图 1.51 所示。

图 1.48 没有选择草绘平面前

图 1.49 选择了草绘平面后

图 1.50 【拉伸】选项卡

（2）方块（fangkuai）

操作方法和圆盘基本一样，只是在草绘时绘制一个长方形的图形即可，最后生成的三维图形如图 1.52 所示。

图 1.51　圆盘

图 1.52　方块

总结与回顾

本章主要介绍了 Creo 5.0 的界面组成、界面的定制以及一些基本操作方法。Creo 5.0 用户界面主要包含下拉菜单、"快速访问"工具栏、功能区以及系统信息栏等组成部分。其中下拉菜单、"快速访问"工具栏、功能区提供了大量的设计工具，用于完成各种设计操作，读者应该重点掌握。模型树是一个重点要素，应该重点掌握。

系统信息栏是设计过程中用户和计算机进行交流的接口，设计者要养成随时浏览系统信息的好习惯，了解系统当前的工作状态和计算机系统提出的要求（操作提示），及时响应。

配置好系统工作环境会对设计有很大帮助，用户应该先配置好系统，然后进行工作。

鼠标和键盘的配合使用在设计过程中是非常重要的，用户应熟练掌握其用法，才能提供工作效率。

对象的选取非常重要，要掌握各种对象的选取方法。

本章还介绍了 Creo 5.0 和其他软件之间的数据转换以及简单模型的创建过程。

思考与练习题

1. 模型有几种显示方式？各有什么特点？

2. 如果要将原来的文件保存成不同的文件名、不同的格式，或是存在不同的目录文件夹中，应该使用哪种方法来存盘？

3. 功能区中常用的有哪些工具图标？

4. 如何定制系统的颜色？

5. 模型树有什么作用？

6. 拭除文件和删除文件有什么区别？

7. 试着创建一个简单的实体零件，并进行视图操作。

8. Creo 5.0 怎样与其他软件进行数据交换？

第❷章

参数化草绘绘制

学习目标：本章主要学习参数化草绘（剖面）绘制。

二维平面图形（草绘截面或剖面）的绘制，是创建三维模型的基础。在创建三维模型时，通常先使用参数化草绘来创建剖面图，然后根据剖面图用各种造型方法生成三维特征。它引入了许多先进的设计理念，例如"尺寸驱动""参数化设计"以及特征约束等。

2.1 草绘工作环境

2.1.1 进入草绘模式

在主菜单中单击【文件】→【新建】或单击"快速访问"工具栏的 📄（新建）按钮，出现如图 2.1 所示的【新建】对话框。【类型】设置为【草绘】，输入文件名或采用系统默认名称，草绘文件的后缀为".sec"，单击 确定 按钮即可进入如图 2.2 所示的二维草绘界面。

图 2.1 【新建】对话框

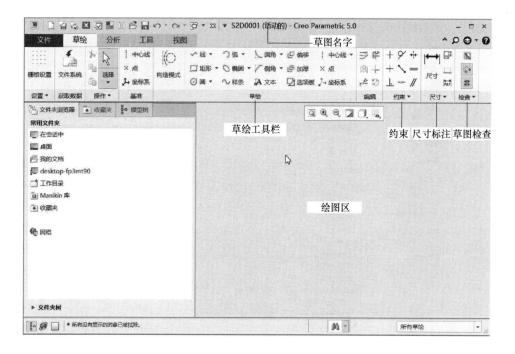

图 2.2 二维草绘界面

在二维草绘界面中，系统界面上增加了【草绘】选项卡，同时在【草绘】选项卡增加了专用于二维草绘的图形工具按钮（草绘工具栏）。

2.1.2 设置草绘器的优先选项

在进行二维草绘之前，首先需要配置设计环境。一个好的草绘环境应该符合设计者的个人习惯，同时也是工程设计标准化的需要，更是高效设计的必要条件。

单击【文件】→【选项】→【草绘器】，系统弹出如图 2.3 所示【Creo Parametric 选项】对话框。

在该对话框中可以对【对象显示设置】、【草绘器约束假设】、【精度和敏感度】、【拖动截面时的尺寸行为】、【草绘器栅格】、【草绘器启动】、【图元线型和颜色】和【草绘器诊断】等内容进行设置，以提高设计者设计效率。

（1）【对象显示设置】设置

在如图 2.3【对象显示设置】项目下面的复选框中勾选，即可显示对应内容。

• 【显示顶点】：选中该复选项后，将在视图上显示线段的顶点。

• 【显示约束】：选中该复选项后，将在视图上显示约束符号，例如垂直线上将显示"√"。

• 【显示尺寸】：选中该复选项后，将在视图上显示尺寸标注。

• 【显示弱尺寸】：选中该复选项后，将在视图上显示弱尺寸（系统自动标注的尺寸）。请注意：弱尺寸显示为灰色，并且不能被删除，但可以被用户修改转换成强尺寸，强尺寸显示为黄色。

• 【显示帮助文本上的图元 ID 号】：显示帮助文本上的图元 ID。

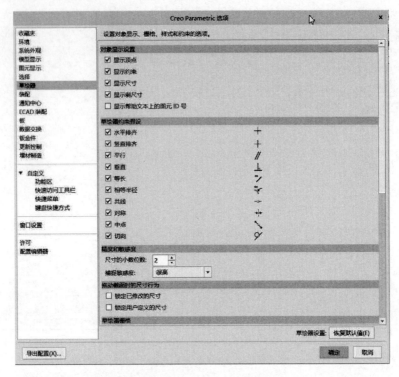

图 2.3 【Creo Parametric 选项】设置（1）

（2）【草绘器约束假设】设置

如图 2.3 所示，在【草绘器约束假设】项目下面提供了系统在设计时可以使用的约束类型。选中复选框时，该约束被启用，否则，禁用该约束。

- 【水平排齐】：使选定的图元处于水平状态。
- 【竖直排齐】：使选定的图元处于竖直状态。
- 【平行】：指定一个图元与另一个图元平行。
- 【垂直】：指定一个图元与另一个图元垂直。
- 【等长】：指定一个图元与另一个图元具有相同的长度尺寸。
- 【相等半径】：指定一段圆弧与另一段圆弧具有相同半径。
- 【共线】：指定一个图元与另一个图元处于共线状态。
- 【对称】：指定一个图元与另一个图元关于特定参照对称。
- 【中点】：指定一个图元位于另一个图元的中点。
- 【切向】：指定两个图元处于相切状态。

（3）【精度和敏感度】设置

如图 2.3 所示，在【精度和敏感度】项目下面提供了【尺寸的小数位数】和【捕捉敏感度】供用户设置。

【尺寸的小数位数】一般设置为 3 位即可。

【捕捉敏感度】设置有【很高】、【高】、【中】、【低】、【很低】选项供用户选择，一般情况选择【很高】即可。

（4）【拖动截面时的尺寸行为】设置

如图 2.3 所示，设置是否需要锁定已修改的尺寸和用户定义的尺寸。

- 【锁定已修改的尺寸】：选中该复选项后，将锁定视图上的尺寸。
- 【锁定用户定义的尺寸】：锁定用户定义的强尺寸，以便移动。

（5）【草绘器栅格】设置

如图 2.4 所示，【草绘器栅格】用于设置是否显示栅格和捕捉到栅格，以及栅格角度、栅格类型和栅格间距类型等。

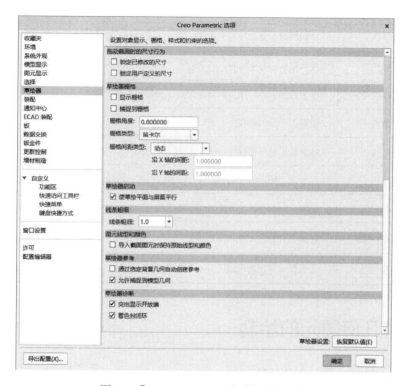

图 2.4　【Creo Parametric 选项】设置（2）

① 可以设置栅格线倾斜角度以及栅格类型。通过设置栅格倾斜角度可以获得倾斜的栅格线；可以使用笛卡儿坐标系和极坐标系两种栅格类型。

②【栅格间距类型】：用于设置栅格线之间的间距大小。可以采用动态设置和静态设置两种方法。采用静态设置时，输入 X 和 Y 方向的间距尺寸即可。

（6）【草绘器启动】设置

如图 2.4 所示，选中复选框后，进入草绘界面时，草绘平面与屏幕平行，这符合早期版本用户的设计习惯。

（7）【图元线型和颜色】设置

【图元线型和颜色】：选中该复选项后，决定是否在复制 / 粘贴时保留原始线型和颜色，并从文件系统或草绘器调色板中导入 .sec 文件。

（8）【草绘器诊断】设置

如图 2.4 所示，设置【草绘器诊断】选项。

2.1.3　常用图形工具按钮

Creo 提供了大量的图形工具按钮供设计者使用。表 2.1 列出了在二维草绘中用到的部分图形工具按钮的用途。这些工具按钮的一些开关在二维绘图时用来控制尺寸、几何约束、栅格、截面顶点的显示与否。

表 2.1　二维草绘图形工具按钮功能

图标	名称	功　　能
⊢⊣	尺寸开关	控制视图上尺寸的显示与否。按下时开，显示尺寸，弹起时关，不显示尺寸
⊥//	约束开关	控制约束的显示与否。按下时开，显示约束，弹起时关，不显示约束
▦	栅格开关	控制栅格的显示与否。按下时开，显示栅格，弹起时关，不显示栅格
◪	截面顶点开关	显示截面顶点。按下时显示顶点，弹起时不显示顶点
↺	撤消	撤消上一步的操作
↻	重做	恢复到撤消前的样子
▤	复制	复制选中的项目
▣	粘贴	粘贴复制的项目
▤	选择性粘贴	粘贴含有特殊更新的复制项目
⬚	选取	选取位于框内的项目

2.2　基本几何图元的绘制

二维图形主要由点图元和线图元组成。绘制二维图形时，系统能动态地标注尺寸和约束。同时，在用户更改了图元的参数信息后系统能够自动再生图元。

在讲述绘制图元的方法之前，简要介绍一下下面常用术语的含义。

● 图元：构成二维图形的基本组成单元，如点、直线、圆弧、圆、样条曲线、文本以及坐标系等，一个二维图形是由多个图元拼合而成的。

● 参考图元：绘制和标注二维草图时所参考的图元。

● 尺寸：图元大小、图元之间位置的度量。

● 约束：定义图元之间相互位置关系的条件，例如"平行""相等"等。在已经有的约束图元旁边会显示相应的约束符号。

● 关系：表达图元尺寸之间联系的式子，用于在一个图元尺寸变化时约束另一个尺寸随之发生变化。

● 弱尺寸：绘制图元时，由系统自动创建的尺寸。弱尺寸以青色显示。

● 强尺寸：由用户创建的尺寸以及被用户修改的尺寸是强尺寸。强尺寸以棕色显示。

● 冲突：两个或多个强尺寸或约束出现相互矛盾的现象，称为冲突。冲突必须加以解决，才能进行下一步的设计。

● 参数：参数是草绘中的辅助元素，由符号和数值两部分组成。

下面将基本绘图工具作一个简单介绍，如图 2.5 所示是【草绘】组的命令图标按钮，详细的功能将在后面介绍。

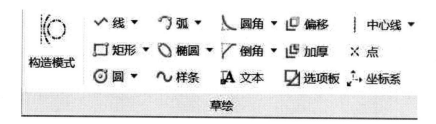

图 2.5　【草绘】组的命令图标按钮

草绘环境下鼠标的使用方法如下：

① 草绘时，可以单击鼠标左键在绘图区选择点、单击鼠标中键可以终止绘图操作或退出绘图命令。

② 当不处于绘制图元状态时，按住 Ctrl 键单击，可以选取多个图元；右击时，会显示带有最常用草绘命令的快捷菜单。

2.2.1　绘制点和参考坐标系

（1）点的绘制

在【草绘】组中单击 × 点 按钮，可以进行点的绘制，这个点是构造点。

特别注意：工具栏的按钮右边如果有小三角 ▾ ，说明设计方法有 2 种以上，单击小三角 ▾ 可以看到全部设计方法，然后单击合适的命令按钮即可进行设计。

点常用来辅助尺寸标注或用作草绘线条的参考，在设计管路和电缆布线时使用较多。鼠标左键在需要创建点的地方单击即可创建点，如图 2.6 所示。

（2）坐标系的绘制

在【草绘】组中单击 ⟂坐标系 按钮，可以进行坐标系的绘制，这个坐标系是构造坐标系，如图 2.7 所示。

坐标系常用来辅助图形定位或辅助特征的建立，如后面要介绍的旋转混合、一般混合特征等。鼠标左键在需要设置构造坐标系的地方单击即可绘制，如图 2.7 所示。

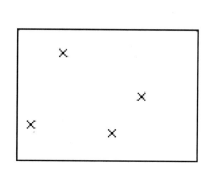

图 2.6　点的绘制

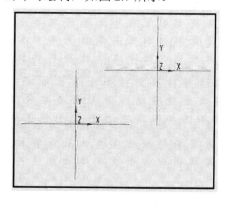

图 2.7　坐标系的绘制

2.2.2　绘制直线

在【草绘】组中单击 ∿线命令按钮，可以进行直线的绘制。可以绘制 2 种直线，如图

2.8 所示。

① 绘制两点直线：单击 ✓ 线按钮，单击鼠标左键进行绘制。

② 绘制相切直线：单击 ✕ 按钮，左键选定两个图元，系统自动创建与这两个图元都相切的直线，鼠标选定图元的位置，决定绘制相切直线的起点和终点位置。

在绘制直线时，单击鼠标左键确定直线通过的点，要退出绘制直线，单击鼠标中键即可。也可以单击其他绘图按钮或 ▷ 按钮退出绘制直线状态。

绘制的直线效果如图 2.9 所示。

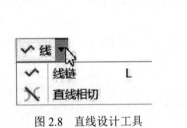

图 2.8　直线设计工具

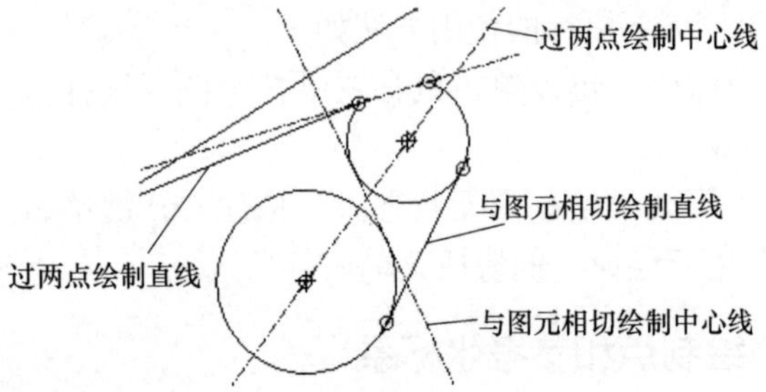

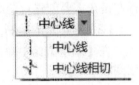

图 2.9　直线和中心线绘制效果

2.2.3　绘制中心线

在【草绘】组中单击 | 中心线 ▾ 命令按钮，可以进行中心线的绘制。可以绘制 2 种中心线，如图 2.10 所示。

① 绘制中心线：单击 | 中心线 ▾ 命令按钮，单击鼠标左键进行绘制。

② 绘制相切中心线：单击 | ☆　中心线相切　命令按钮，然后选定两个图元，可以创建与这两个图元相切的中心线。

绘制的中心线效果如图 2.9 所示。

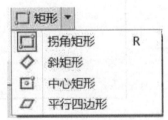

图 2.10　中心线设计工具

2.2.4　绘制矩形

在【草绘】组中单击 □ 矩形 ▾ 命令按钮，可以进行矩形的绘制，如图 2.11 所示，共有 4 种绘制方法。拐角矩形是指定两点作为矩形的对角线起点和终点，以此来确定矩形大小。此外还有斜矩形、中心矩形和平行四边形 3 种绘制方法。

① 拐角矩形绘制。单击【拐角矩形】绘图命令后，在绘图工作区任意位置单击鼠标左键确定矩形的第一个对角点，再移动鼠标调整矩形的大小，在合适的位置（即矩形对角线的第二个对角点）单击鼠标左键即可。

② 斜矩形绘制。单击【斜矩形】绘图命令后，在绘图工作区任意位置单击鼠标左键确定矩形的第一个点，拖动鼠标到合适位置确定矩形的一个边，然后拖动鼠标到另外一个位置，单击确定矩形的另外一个边即可。

图 2.11　矩形绘制工具

③ 中心矩形绘制。单击【中心矩形】绘图命令后，在绘图工作区任意位置单击鼠标左键确定矩形的中心点，然后拖动鼠标到合适位置单击确定矩形的一个角点（对角线点），即

可完成绘制。

　　④ 平行四边形绘制。单击【平行四边形】绘图命令后，在绘图工作区任意位置单击鼠标左键确定矩形的第一个点，拖动鼠标到合适位置确定矩形的一个边，然后拖动鼠标到另外一个位置，单击确定平行四边形的另外一个边即可。

　　绘制的各种矩形如图 2.12 所示。

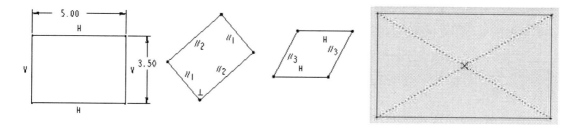

图 2.12　绘制的各种矩形

2.2.5　绘制圆

　　在【草绘】组中单击 圆 命令按钮，可以进行圆的绘制，如图 2.13 所示。

　　圆的绘制方法共有 4 种，下面分别介绍。

　　① 过圆心和圆上一点绘制圆：在【草绘】组中单击 圆 命令按钮后，单击鼠标左键确定这一点为圆心，拖动鼠标到适当位置（在拖动过程中按不按鼠标左键均可）调整圆的半径后，再次单击鼠标左键确定圆上一点，完成圆的绘制。

　　② 绘制同心圆：在【草绘】组中单击 同心 命令按钮后，首先在已有的圆或圆弧上单击一下（也可以选取圆心），拖动鼠标到适当位置，再次单击鼠标左键确定圆上一点，即可绘制同心圆。单击中键结束圆的绘制。

　　③ 绘制通过 3 点的圆：在【草绘】组中单击 3点 命令按钮后，依次用鼠标单击左键选取 3 个点，即可创建通过这 3 个点的圆。

　　④ 绘制与 3 个图元相切的圆：在【草绘】组中单击 3相切 命令按钮后，首先选取要相切的第一个图元，然后选取第二个图元，最后选取第三个图元，系统会自动创建与这 3 个图元相切的圆。

　　绘制的各种圆图形如图 2.14 所示。

图 2.13　圆的绘制工具

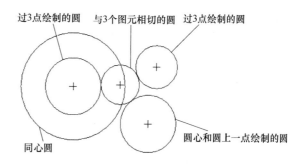

图 2.14　圆的绘制

2.2.6 绘制圆弧

在【草绘】组中单击 弧 命令按钮，可以进行圆弧的绘制，如图 2.15 所示。

圆弧的绘制方法比较多，共有 5 种，下面分别介绍。

① 绘制通过 3 点的圆弧：单击图 2.15 中 3点/相切端 按钮后，选取第一点作为圆弧的起点，选取第二点作为圆弧的终点，拖动鼠标到适当位置，单击左键确定第三点作为圆弧上的一点即可绘制通过这 3 点的圆弧。如果起点和终点选择在图元上，通过选择适当的第三点则可创建与该图元相切的圆弧。

② 使用圆心和端点绘制圆弧：单击图 2.15 中 圆心和端点 按钮后，首先选取一个点，系统将产生一个以该点为圆心的虚线圆，移动鼠标调整圆的半径后，在虚线圆上选取两点来截取一段圆弧。

③ 绘制与 3 个图元相切的圆弧：单击图 2.15 中 3相切 按钮后，首先选取要相切的第一个图元，这个图元上的一点将作为放置圆弧的起点，然后选取第二个图元，此图元上的一点将作为放置圆弧的终点，最后选取第三个图元，系统会自动创建与这 3 个图元相切的圆弧。

④ 绘制同心圆弧：单击图 2.15 中 同心 按钮后，首先在已有的圆或圆弧上单击一下（也可以选取圆心），系统将显示一个与该圆或圆弧同心的虚线圆，移动鼠标确定圆弧的半径，然后在该虚线圆上选择两点截取一段圆弧即可。

⑤ 绘制锥圆弧：单击图 2.15 中 圆锥 按钮后，先指定锥圆弧的第一个端点，再指定锥圆弧的第二个端点，系统会用一中心线将两端点连接起来，最后选取锥圆弧的一个肩点（锥圆弧上重要的控制点，位于圆弧的"肩"部，故称肩点），通过这 3 点确定一段锥圆弧。如图 2.16 所示是用以上各种方法创建的各种弧。

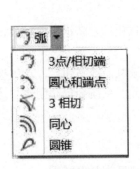

图 2.15　圆弧的绘制工具

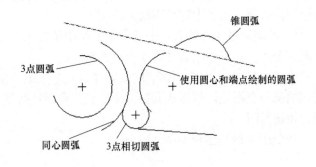

图 2.16　绘制的各种弧

注意：圆锥中有一个 RHO 值表示锥形弧的曲率，范围在 0.05 ~ 0.95。其值越大，则曲线越尖锐；反之，其值越小，曲线越平缓。

2.2.7 绘制椭圆

有 2 种方法绘制椭圆，如图 2.17 所示。

① 绘制椭圆方法 1，轴端点椭圆：在图 2.17 中单击 轴端点椭圆 按钮后，先用鼠标

左键单击选取一点作为椭圆的第一个轴端点，然后拖动鼠标到另外位置单击确定轴的另一个端点（实际上也确定了椭圆的轴长），拖动鼠标调节椭圆的另外轴长，再单击左键即可。

注意：根据鼠标拖动位置的不同，长轴和短轴会互换位置。

② 绘制椭圆方法 2，中心和轴椭圆：在图 2.17 中单击  中心和轴椭圆 按钮后，先用鼠标左键单击选取一点作为椭圆的圆心，然后拖动鼠标到另外位置单击确定轴的一个端点（实际上也确定了椭圆的半轴长），然后拖动鼠标适当调节椭圆的长轴和短轴，再单击左键即可。

注意：根据鼠标拖动位置的不同，长轴和短轴会互换位置。如图 2.18 所示是用以上各种方法创建的椭圆。

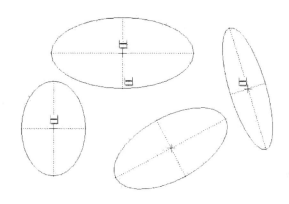

图 2.17　绘制椭圆方法　　　　　　　图 2.18　绘制的椭圆

2.2.8　绘制样条曲线

在图 2.5【草绘】组中单击 样条 命令按钮，可以进行样条曲线的创建。

在选中绘制样条曲线的工具后，在工作区内使用鼠标左键确定样条曲线的起点，然后移动鼠标在适当的位置单击左键确定第二点，再移动鼠标依次确定第三点以及更多的点，系统会根据确定的点自动绘出通过刚才确定点的样条曲线。鼠标左键单击的点为样条曲线的控制点。如图 2.19 所示为创建的样条曲线。

下面简单介绍一下样条曲线的编辑。

（1）延伸样条曲线

① 选中样条曲线，双击鼠标左键，出现如图 2.20 所示的【样条】选项卡后，按住 Ctrl 和 Alt 键，然后在要延伸样条曲线的一侧单击鼠标左键。

图 2.19　创建的样条曲线　　　　　　图 2.20　【样条】选项卡

② 移动鼠标并依次单击鼠标左键，新增样条曲线端点。

（2）添加新点或删除点

① 如果要在样条曲线中添加新点，在需要添加新点的位置单击右键（注意，右击后保

持按下右键 2s），然后选择【添加点】即可。

② 如果要在样条曲线中删除点，先选中需要删除点，然后单击右键（注意，右击后保持按下右键 2s），选择【删除点】即可。

绘制好的样条曲线，还可以通过拖动控制点来修改样条曲线的形状。

2.2.9 绘制圆角

用【圆角】工具可以绘制 4 种样式的圆角，如图 2.21 所示。

① 创建圆形圆角：在图 2.21 中单击 ﹨ 圆形 命令按钮后，依次选择两个图元即可。此时创建的圆角会以构造线显示圆角拐角。

② 创建圆形修剪圆角：在图 2.21 中单击 ﹨ 圆形修剪 命令按钮后，依次选择两个图元即可。此时创建的圆角不会以构造线显示圆角拐角。

③ 创建椭圆形圆角：在图 2.21 中单击 ﹨ 椭圆形 按钮后，依次选择两个图元即可。

④ 创建椭圆形修剪圆角：在图 2.21 中单击 ﹨ 椭圆形修剪 按钮后，依次选择两个图元即可。

绘制的圆角如图 2.22 所示。

图 2.21 圆角绘制工具

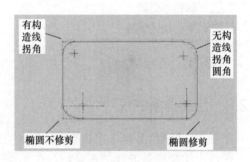

图 2.22 绘制的圆角

2.2.10 绘制倒角

在图 2.23 中单击 ╱ 按钮，可以进行倒角的绘制。

使用【倒角】工具可以绘制 2 种样式的倒角，其中倒角方法倒完角后会用构建线延伸，而倒角修剪则不会用构建线延伸，如图 2.24 所示。

图 2.23 倒角绘制工具

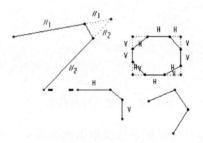

图 2.24 绘制的倒角

2.2.11　绘制文本

在图 2.5【草绘】组中单击 **A 文本** 按钮，可以进行文本的创建。

选中文本创建工具后，系统会要求设计者在工作区指定两点并用一条直线将两点连接起来，系统通过直线的方向和长度来判断所要创建文本的放置方向以及文字的高度，随后打开如图 2.25 所示的【文本】对话框。【文本】对话框中各参数用途如下。

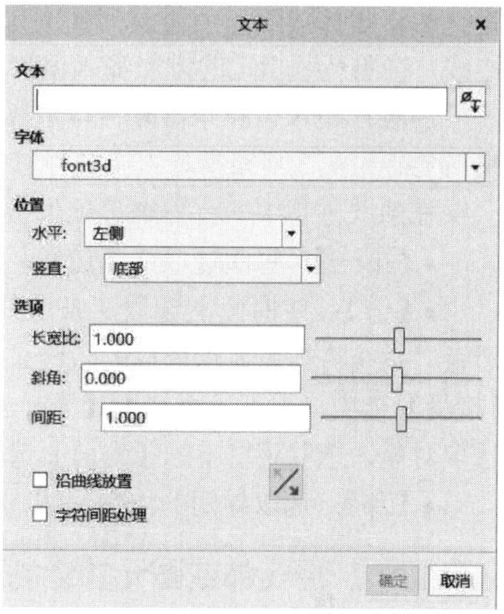

（1）【文本】分组框

在【文本】分组框中设置以下两项内容。

- 在文本框中输入文本内容。

- 单击图 2.25 右侧的 （文本符号），系统将弹出如图 2.26 所示的【文本符号】面板，可以将需要的符号选中添加到文本内容中。

（2）【字体】分组框

【字体】分组框用于设置文本样式。

（3）【位置】分组框

设置文本的起始点位置。以文本起点为基准，来确定文本的相对位置。

图 2.25　【文本】对话框

（4）【选项】分组框

- 设置文字长宽比：通过调节滑块或在【长宽比】文本框中输入比例值即可进行设置。

- 设置文字的倾斜角和方向：通过调节滑块或在【斜角】文本框中输入角度值即可进行设置。

注意：角度为正时，文字向顺时针方向倾斜；角度为负时，文字向逆时针方向倾斜。

- 设置文本之间的字符间距。

- 沿曲线放置文本。如果选中 ☑ 沿曲线放置，可以沿指定的曲线放置文本，单击 按钮将改变文本放置侧。如图 2.27 所示是创建文本的示例。

图 2.26　【文本符号】面板

图 2.27　创建文本的示例

如果要修改文本内容和样式，先选中要修改的文本，然后双击鼠标左键即可。也可以先选中要修改的文本，然后单击右键，在弹出的右键快捷菜单中选取 命令进行修改。

2.2.12 偏移实体或图元的边创建图元

偏移实体或图元的边来创建图元。在图 2.5【草绘】组中单击 偏移，接着选取实体的边线，按照系统指定的方向输入偏移的距离即可。

注意：输入偏移距离时，与系统指定的方向相同，距离输入正值，如果偏移的方向与系统指定的相反，则距离输入负值即可。

在选取过程中，有三个选项供操作者使用。

- 【单一】：每次选取一条边线，如果同时按下 Ctrl 键，则可以选取多条边线。
- 【链】：在曲面上选取两条边线或选取边界曲线上的两个图元来指定一条光滑连接的边链，系统将加亮显示选取的边链。如果接受系统选取的边链，可以在【选取】菜单中选取【接受】选项，否则可以选取【下一个】选项，此时系统会用加亮显示的方式提示下一个可选取对象，选取菜单中的【先前】选项可以选取上一个边链。
- 【环】：选取封闭的边界曲线。

2.2.13 加厚实体或图元的边创建图元

加厚图元的边来创建图元。在图 2.5【草绘】组中单击 加厚，接着选取图元的边线，按照系统提示先输入加厚的厚度，在指定的方向输入偏移的距离即可。

在选取过程中，有三个选项供操作者使用，如图 2.28 所示。

图 2.28 中【单一】、【链】和【环】与偏移实体的边来创建图元意义相同。在【端封闭】选项框下面有三种选项可以选择。

- 【开放】：加厚的图元与源图元之间不连接，是开放状态。
- 【平整】：加厚的图元与源图元直线之间连接，是平整状态。
- 【圆形】：加厚的图元与源图元圆形之间连接，是圆形状态。

3 种加厚效果如图 2.29 所示。

图 2.28 【类型】选择框

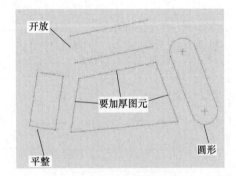

图 2.29 3 种加厚效果

2.2.14 选项板

此功能为用户提供了一个预先定义形状的定制库，用户可以根据需要很方便地输入到活动（当前）草绘中。这些形状位于选项板中。在活动草绘中使用形状时，可以对其进行调整大小、平移和旋转操作。

使用选项板中的形状类似于在活动截面中输入相应的截面。选项板中的所有形状均以缩略图的形式出现，并带有定义截面文件的名称。这些缩略图以草绘模式几何的默认线型和颜色进行显示。

草绘器选项板中具有表示截面类别的选项卡，每个选项卡都有唯一的名称，且至少包含某个类别的一种截面，系统默认共有 4 种选项卡，如图 2.30 ～图 2.33 所示。

- 【多边形】：包含常规多边形，如图 2.30 所示。
- 【轮廓】：包含常用的轮廓，如图 2.31 所示。
- 【形状】：包含其他常见形状，如图 2.32 所示。
- 【星形】：包含常规的星形形状，如图 2.33 所示。

图 2.30　多边形库

图 2.31　轮廓库

图 2.32　形状库

图 2.33　星形库

此外，如果工作目录中已有后缀为 .sec 的草绘文件，会显示工作目录的名字和里面存储的草绘文件名字，如图 2.34 所示，"Documents"是工作目录，根据自己需要所建，工作目录一般情况下不一样。

草绘器选项板中还有一个预览窗口，如图 2.30 所示。当选中某一个形状缩略图后，在预览窗口中将会出现本形状的预览效果。这些图元可以是草绘模式几何、构建几何、内部尺寸和约束。

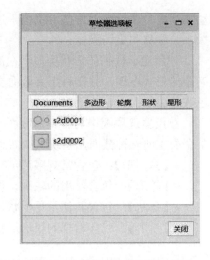

图 2.34 工作目录中的草绘文件

2.2.15 将一般图元转化为构造图元

如果要将绘制的一般图元转化为构造图元，可以选中要转化的图元，单击右键，在弹出的右键快捷菜单中选取其中的【切换构造】命令 即可，如图 2.35 所示。

反之，也可以选中构造图元将其转化为一般图元，方法同上。

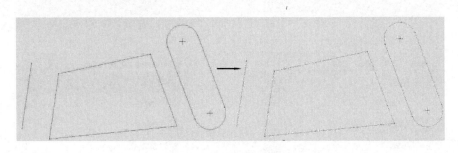

图 2.35 切换构造图元

2.2.16 构造模式

如果在图 2.5 中将 命令按钮按下，则后面绘制的线、矩形、圆、弧、椭圆、样条、圆角和倒角均以构造图元显示。如果没有将 命令图标按下，则绘制的不是构造图元。

2.2.17 投影实体的边创建图元

如果在已经有实体的情况下创建草绘，则在【草绘】组中会出现 投影 图标，可以利用此命令直接从实体模型上选取边线来创建图元，此时创建的图元上会出现使用边约束符号 。

在选取过程中，有三个选项供操作者使用。

• 【单一】：每次选取一条边线，如果同时按下 Ctrl 键，则可以选取多条边线。

• 【链】：在曲面上选取两条边线或选取边界曲线上的两个图元来指定一条光滑连接的边链，系统将加亮显示选取的边链。如果接受系统选取的边链，可以在【选取】菜单中选取【接受】选项，否则可以选取【下一个】选项，此时系统会用加亮显示的方式提示下一个可选取对象，选取菜单中的【先前】选项可以选取上一个边链。

• 【环】：选取封闭的边界曲线。

2.3　编辑几何图元

在使用各种基本工具创建各种图元以后，往往还需要使用图元编辑工具编辑图元。借助图元编辑工具可以提高设计效率，还可以对已经存在的图元进行修剪或拼接以获得更加完整的二维图形。

2.3.1　选取几何图元

在编辑图元之前，必须首先选中要编辑的图元对象。Creo 5.0 提供了丰富的图元选取方法，在设计时根据需要选择使用。

最简单直接的方法是在草绘选取状态下，使用鼠标左键单击要选取的图元，被选中的图元将显示为红色。如不在选取状态，请单击【操作】组中的 ![]命令按钮即可。还有一种更简单的方法，如果还处在草绘或其他编辑状态，单击鼠标中键即可回到选取状态，此时，![]按钮被按下，证明此时已经处于选取状态。

注意： 在很多情况下都需要处于选取状态，如进行单个尺寸的修改等。用鼠标左键单击一次只能选取一个图元，效率较低，还可以使用另一种高效的选取方法，即框选的方法，使用鼠标左键在视图区拖动画一个矩形框，可以选中所有位于矩形框内的图元，但如果某一图元仅有部分位于矩形框内，则不会被选中。

以上 2 种方法要么选中一个，要么整个矩形框内的图元都被选中，如果一次要选取多个不连续的对象，则需要使用键盘辅助。方法是先按住 Ctrl 键，然后使用鼠标左键依次在需要选取的图元上单击即可。

同时按下 Ctrl+Alt+A，可以选中视图内的所有内容。

在图 2.36 所示【操作】组中单击【选择】下面小三角 ![]，系统弹出如图 2.37 所示的选项，系统提供了丰富的图元选取工具。

下面介绍这些选择工具的基本用法。

- 【依次】：每次选中一个图元。
- 【链】：选中首尾相接的一组图元。
- 【所有几何】：选中视图中的所有几何图元，但不包含尺寸和约束等非几何对象。
- 【全部】：选取视图中的全部内容。包含几何图元、尺寸标注和约束等内容。

图 2.36　【操作】组中的选择　　　　　　　图 2.37　图元选取工具

2.3.2　修剪几何图元

修剪图元中包括删除多余或不必要的线段、将一图元分割为多个图元以及延长图元到指定参照等操作。

（1）动态修剪线段

在图 2.38 所示【编辑】组中单击 删除段 命令按钮就可以进行图元修剪工作。

左键选中要删除的线段即可。如果需要删除的图元线段较多，可以按下鼠标左键，拖动鼠标画出一条曲线，如图 2.39（a）所示，与该曲线相交的图元线段均会被删除，如图 2.39（b）所示。

注意：选中图元后，按键盘上的 Del 键也可以删除图元。中心线必须先选中，然后按键盘上的 Del 键才能删除。

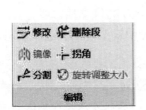

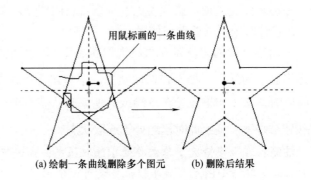

　　　　　　　　　　　　　　(a) 绘制一条曲线删除多个图元　　　(b) 删除后结果

图 2.38　【编辑】组　　　　　　　　　　　图 2.39　删除多个图元

（2）拐角

在图 2.38 所示【编辑】组中单击 拐角 命令按钮即可。拐角操作是指裁剪或者延伸两个图元以获得顶角的形状。系统提示选取两个图元，如果选中的图元已经相交，则以交点为界，删除选取位置另一侧的图元，如图 2.40 所示。如果选中的图元并不相交，则系统会延长其中一个图元使之与另一个图元相交后，再按照前述方法进行拐角删除，如图 2.41 所示。如果延长一个图元不能获得交点，系统同时延长两个图元以获得交点，如图 2.42 所示。

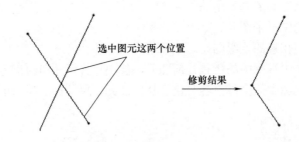

图 2.40　拐角修剪示例（1）

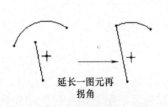

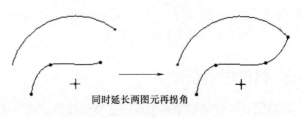

图 2.41　拐角修剪示例（2）　　　　　　　图 2.42　拐角修剪示例（3）

（3）图元分割

使用分割工具可以将一线段、圆或圆弧分割成数小段，使之成为各自独立的线段，然后可以对每个独立的线段进行编辑。

在图 2.38 所示【编辑】组中单击 分割 命令按钮即可。分割操作比较简单，在需要分割的位置插入分割点即可。如图 2.43 和图 2.44 所示是一个分割示例，它将一段弧分成 3 段。也可以将整个圆或者线段分成多段。

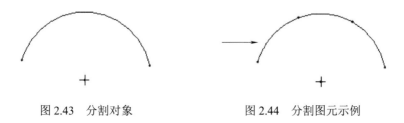

图 2.43　分割对象　　　　　图 2.44　分割图元示例

注意：在实际设计过程中，经常要使用动态修剪（删除段）、图元拐角和图元分割工具对图元进行编辑，以取得满足设计要求的图形。在使用分割时，一次最多只能分割两条相交的线段，如果有三条线段相交于一点，若在交点处分割，则只有两条线段被分割。

2.3.3　几何图元的复制

当一个二维图形包含许多大小、形状完全相同的图元时，一个一个地画就太浪费时间了。Creo 提供了图元的复制操作，可以提高设计效率。

要点提示：在进行复制操作之前一定要先选中要进行复制操作的图元，对应的复制工具按钮才会加亮。

在【编辑】组中单击 命令按钮，再在【编辑】组中单击 命令按钮（或在绘图区按下右键，在弹出的快捷菜单中选择【粘贴】选项），然后在绘图区中单击，系统会弹出如图 2.45 所示的【粘贴】对话框，在对话框中可以对图元副本的水平和垂直位置进行调整（系统

图 2.45　【粘贴】对话框

给出了图元几何中心和图元副本几何中心的水平和垂直默认值，修改这 2 个数值即可），也可以对图元副本的大小和放置角度进行设置。在绘图工作区内出现如图 2.46 所示的带有虚线方框的图元副本。单击副本的旋转轴（几何中心），移动鼠标即可拖动图元副本到合适位置，最后在【粘贴】对话框中单击 按钮，完成复制工作。

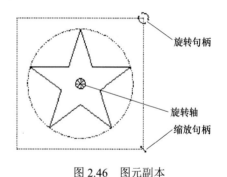

图 2.46　图元副本

要点提示： 在对图元进行平移、缩放和旋转时都需要指定一个旋转轴，默认情况下，旋转轴位于虚线方框的几何中心处，单击旋转轴并拖动图形可以移动图形的位置。在旋转轴上单击鼠标右键（保持按下右键），拖动鼠标，可以将旋转轴拖放到新的位置，如图 2.47 所示。

除了通过设置【粘贴】对话框的参数来改变图元的大小和旋转角度以外，还可通过拖动旋转句柄和缩放句柄来旋转和缩放图形，但此法不能精确确定数值。

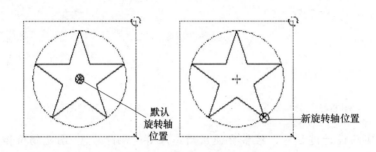

图 2.47　改变旋转轴的位置

2.3.4　几何图元的镜像

镜像用于为选定的图元创建关于指定中心线对称的副本。它以用户指定的中心线为基准，在中心线的另一侧与源图元等距的位置产生一个与源图元完全一致的图元副本。

要点提示： 用户首先必须绘制中心线，其次必须选中要进行镜像的图元，镜像图标按钮才会加亮。

操作步骤如下：先选中要镜像复制的图元，然后在图 2.38 所示【编辑】组中单击 镜像 按钮，系统弹出【选取】对话框提示选取参照中心线，选取一条中心线即可进行镜像操作。如图 2.48 所示是镜像后结果。

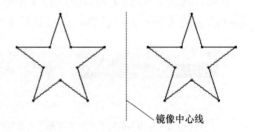

图 2.48　镜像操作示例

2.3.5　几何图元的旋转和调整大小

在复制图元时曾经打开了【粘贴】对话框，通过对其中的参数进行设置可以完成图元的平移、缩放与旋转操作，但并不是对选定的图元进行缩放和旋转，而是对其副本进行缩放和旋转。要对选定的图元进行平移、缩放和旋转需要用几何图元的【旋转调整大小】。

先选取要编辑的图元，然后在图 2.38 所示【编辑】组中单击 旋转调整大小命令按钮，系统会弹出和图 2.45 一样的【粘贴】对话框，选择合适的参照，在对话框中设置相应的平移、缩放比例和角度即可。可以同时进行平移、缩放和旋转操作，如图 2.49 所示是既设置了旋转角度又设置了缩放比例的情况，也可以单设置平移、比例或角度操作。与复制图元的操作类似，也可以通过拖放图形上的缩放句柄和旋转句柄进行操作，但是不如在对话框中输入数值准确。

图 2.49   旋转角度和调整大小示例

2.3.6   直线的操纵

利用 Creo 5.0 中的图元操纵功能，可以方便地移动、旋转和拉伸图元。

① 直线移动。在绘图区将鼠标指针 移动到直线上，按下左键不放，同时拖动鼠标，此时鼠标指针变为 ，直线就可以移动了，如图 2.50 所示。

② 直线旋转。在绘图区将鼠标指针 移动到直线的一个端点上，按下左键不放，同时拖动鼠标，此时鼠标指针变为 ，直线以远离鼠标指针的另外一个端点为轴心进行旋转，如图 2.51 所示。

③ 直线拉伸。在绘图区将鼠标指针 移动到直线的一个端点上，按下左键不放，同时沿直线平行方向拖动鼠标，此时鼠标指针变为 ，直线以远离鼠标指针的另外一个端点为轴心进行拉伸（可以拉长或缩短）。

图 2.50   直线移动

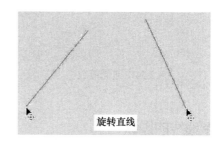

图 2.51   直线旋转

2.3.7   圆的操纵

① 圆缩放。在绘图区将鼠标指针 移动到圆上，按下左键不放，同时拖动鼠标，此时鼠标指针变为 ，可以看到圆变大或缩小，达到合适的大小时，松开鼠标左键即可，如图 2.52 所示。

② 圆移动。在绘图区将鼠标指针 移动到圆心上，按下左键不放，同时拖动鼠标，此时鼠标指针变为 ，可以看到圆随着鼠标指针一起移动，达到合适的位置时，松开鼠标左键即可，如图 2.53 所示。

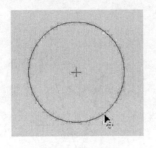
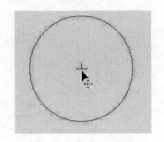

图 2.52　圆缩放　　　　　　　　　图 2.53　圆移动

2.3.8　圆弧的操纵

① 圆弧缩放。在绘图区将鼠标指针 移动到圆弧上，按下左键不放，同时拖动鼠标，此时鼠标指针变为 ，可以看到圆弧半径变大或缩小，达到合适的大小时，松开鼠标左键即可，如图 2.54 所示。

② 圆弧移动。在绘图区将鼠标指针 移动到圆弧圆心上，按下左键不放，同时拖动鼠标，此时鼠标指针变为 ，可以看到圆弧随着鼠标指针一起移动，达到合适的位置时，松开鼠标左键即可，如图 2.55 所示。

③ 圆弧旋转。在绘图区将鼠标指针 移动到圆弧一个端点上，按下左键不放，同时拖动鼠标，此时圆弧以另外一个端点为固定点旋转，圆弧的包角也随着变化，达到设计意图时，松开鼠标左键即可。

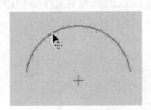
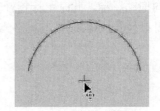

图 2.54　圆弧缩放　　　　　　　　图 2.55　圆弧移动

2.3.9　样条曲线的操纵

① 样条曲线调整。在绘图区将鼠标指针 移动到样条曲线的一个中间控制点上，按下左键不放，同时拖动鼠标，此时鼠标指针变为 ，可以看到样条曲线形状在变化，达到设计意图时，松开鼠标左键即可，如图 2.56 所示。

② 样条曲线旋转。在绘图区将鼠标指针 移动到样条曲线的一个端点上，按下左键不放，同时拖动鼠标，此时样条曲线以另外一个端点为固定点旋转，样条曲线的大小也随着变化，达到设计意图时，松开鼠标左键即可，如图 2.57 所示。

2.3.10　点和坐标系的操纵

点和坐标系的操纵比较简单，在绘图区将鼠标指针 移动到点上，按下左键不放，同时拖动鼠标，此时鼠标指针变为 ，移动点到合适位置，松开鼠标左键即可。

图 2.56　样条曲线调整

图 2.57　样条曲线旋转

坐标系的操纵和点一样。

2.4　尺寸标注

尺寸在 Creo 5.0 的二维图形中，是作为图形的一个重要组成部分而存在的。尺寸驱动的基本原理就是根据尺寸数值的大小来精确确定模型的形状和大小。尺寸驱动简化了设计过程，增加了设计自由度，使设计者在绘图时不必设计出精确的形状，而只需绘制图形的大致轮廓，然后通过修改尺寸来再生准确的模型。

一个完整的尺寸一般包括尺寸数字、尺寸线、尺寸界线和尺寸箭头等部分。

要点提示：在绘制几何图元时，系统自动标注的尺寸称为弱尺寸，用户不能手动删除。弱尺寸显示为青色。

在图 2.58 所示的【尺寸】组中，有尺寸标注按钮命令。

要点提示：鼠标中键是放置尺寸数字的位置确认键，再次单击中键，可以退出当前标注状态。在标注完尺寸后，如果尺寸的放置位置不美观，可以再次单击鼠标中键，退出标注状态或单击 按钮，然后左键选取尺寸数字，按下鼠标左键拖动数字到合适位置，松开左键即可。

图 2.58　【尺寸】组

2.4.1　标注线性尺寸

线性尺寸指线段的长度，或点、线间等图元的距离，标注方法有 6 种。

（1）标注单一线段的长度

在图 2.58 所示的【尺寸】组中单击 按钮，选取要标注的线段，然后移动鼠标到要放置尺寸数字的位置再单击鼠标中键，即可完成该线段的尺寸标注，如图 2.59 所示。也可以标注斜线的长度。

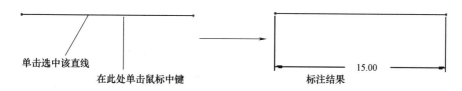

单击选中该直线

在此处单击鼠标中键

标注结果

15.00

图 2.59　线段的尺寸标注

（2）标注两平行线之间的距离

在图 2.58 所示的【尺寸】组中单击 按钮，选取要标注的平行线，然后移动鼠标到要放置尺寸数字的位置再单击鼠标中键，即可完成该线段的尺寸标注，如图2.60所示。

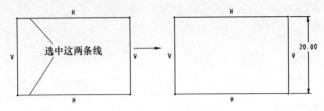

图 2.60　平行线的标注

（3）标注点到直线的距离

在图2.58所示的【尺寸】组中单击 按钮，先选择一点，再选择一条直线，然后移动鼠标到要放置尺寸数字的位置再单击鼠标中键，即可完成点到直线的尺寸标注，如图2.61所示。

要点提示：选择点和直线的顺序与结果没有关系。

（4）标注圆弧到直线的距离

在图2.58所示的【尺寸】组中单击 按钮，先选择圆弧，再选择一条直线，然后移动鼠标到要放置尺寸数字的位置再单击鼠标中键，即可完成圆弧到直线的尺寸标注。

要点提示：选择点和圆弧的顺序与结果没有关系，但是圆弧的选择位置与标注结果有很大关系，如图2.62所示为圆弧选择位置不同的标注结果。

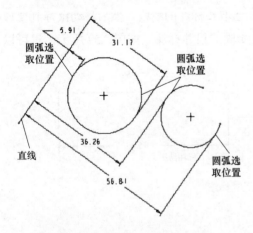

图 2.61　点到直线标注

（5）标注两点的距离

在图2.58所示的【尺寸】组中单击 按钮，先选择一点，再选择另一点，然后移动鼠标到要放置尺寸数字的位置再单击鼠标中键，即可完成两点的尺寸标注。

要点提示：选择点和点的顺序与结果没有关系，但是鼠标中键的单击位置与标注结果有很大关系，如图2.63所示为中键单击位置不同的标注结果。

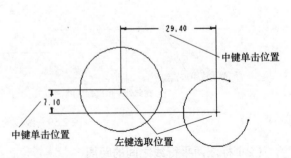

图 2.62　圆弧到直线的距离标注　　　　图 2.63　两点之间距离的标注

（6）标注两圆弧之间的距离

在图 2.58 所示的【尺寸】组中单击 ⟷ 尺寸 按钮，先选择一个圆弧，再选择另一个圆弧，然后移动鼠标到要放置尺寸数字的位置再单击鼠标中键，可以标注水平和垂直尺寸。

如图 2.64 所示是标注结果。

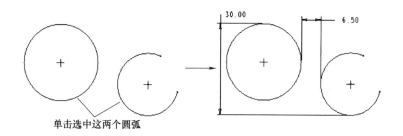

图 2.64　两圆弧之间距离的标注

2.4.2　标注直径尺寸

直径的标注比较简单，鼠标左键双击选中要标注的圆或圆弧，在圆或圆弧外适当位置单击中键即可。通常对大于 180°的圆弧进行直径标注。圆和圆弧的直径标注结果如图 2.65 所示。

2.4.3　标注半径尺寸

半径的标注和直径相似，鼠标左键单击选中要标注的圆或圆弧，在圆或圆弧外适当位置单击中键即可，通常对小于 180°的圆弧进行半径标注。圆和圆弧的半径标注结果如图 2.65 所示。

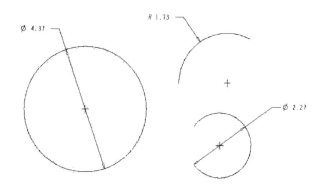

图 2.65　圆和圆弧直径与半径标注

注意： 直径标注尺寸线有 2 个箭头，而半径标注只有一个箭头，直径标注尺寸前面系统自动加 φ，半径标注尺寸前面系统自动加 R。

2.4.4　标注角度尺寸

角度标注指的是标注两直线的夹角或圆弧的角度，也可以标注样条曲线端点的相切角度

（参看 2.4.5 节标注样条曲线尺寸），这里介绍标注直线和圆弧的角度。

（1）标注两直线的夹角

在图 2.58 所示的【尺寸】组中单击 按钮，接着依次选择两线段，根据要标注的角度是锐角还是钝角用鼠标中键确定标注数字的位置，在标注数字位置单击鼠标中键即可。

（2）标注圆弧角度

在图 2.58 所示的【尺寸】组中单击 按钮，先单击圆弧的第一个端点，然后在圆弧圆心上单击，最后在圆弧的第 2 个端点单击，移动鼠标到要标注数字的位置，单击鼠标中键即可。两种方法的标注示例如图 2.66 所示。

注意：如果在圆弧的第 1 个端点和第 2 个端点单击，然后单击圆弧本身，移动鼠标到要标注数字的位置，单击鼠标中键，则标注的是圆弧的长度（弧长）。

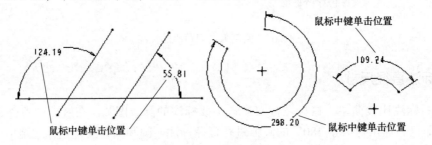

图 2.66　角度标注示例

2.4.5　标注样条曲线尺寸

样条曲线是由多个控制点所产生的曲线，标注样条曲线通常是标注样条曲线上各控制点的距离，以及起点和终点的相切角度。

（1）控制点距离标注

在图 2.58 所示的【尺寸】组中单击 按钮，接着依次选择样条曲线的起点及第一个控制点，然后移动鼠标到要放置尺寸数字的位置，单击鼠标中键即可。重复刚才的步骤，标注其他控制点和终点的距离。根据需要，也可以标注控制点之间的距离。

（2）端点相切角度的标注

左键单击线条曲线、样条曲线端点、线条中心线或几何中心线（不分顺序），在尺寸数字的放置处单击鼠标中键即可标注切线角度。

样条曲线的标注结果如图 2.67 所示。

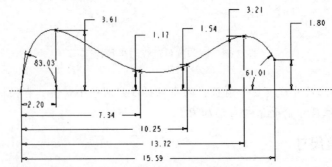

图 2.67　样条曲线的标注

2.4.6 对称标注

可以关于一条中心线或几何中心线进行对称标注，步骤如下。图 2.68 是一个对称标注的示例。

① 鼠标左键单击选择要标注的图元。

② 鼠标左键单击对称的中心线。

③ 鼠标左键再次单击选择要标注的图元。

④ 单击鼠标中键，确定数字放置的位置。

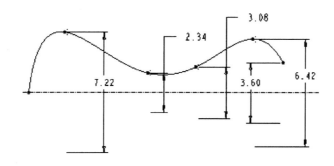

图 2.68　对称标注示例

2.4.7 其他尺寸标注

在图 2.58 所示【尺寸】组中，还有【周长】、【基线】和【参考】命令供用户使用。

（1）【周长】命令

使用该选项可以创建周长尺寸。执行周长标注指令后，选择要标注周长的线段（多选要按下 Ctrl 键），然后单击一个尺寸（作为变量尺寸），即可标注周长。

例如：要控制一个矩形的周长尺寸。单击周长标注指令后，按下 Ctrl 键，单击矩形的四条边，选择完后，单击中键确认，然后单击一

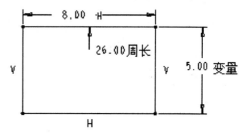

图 2.69　周长标注示例

个尺寸。这时周长尺寸便标出来了，尺寸后面跟"周长"，单击的尺寸将会在数值后面加上"变量"，这个尺寸由周长控制，不能更改其尺寸，周长标注示例如图 2.69 所示。

（2）【基线】命令

基线用来作为一组尺寸标注的公共基准线，一般来说都是水平或竖直的。在直线、圆弧的圆心以及线段端点处均可以创建基线，方法是选择直线或参考点后，单击鼠标中键，对于水平或竖直的直线，系统直接创建与之重合的基线；对于参考点，系统弹出【尺寸定向】对话框，该对话框用于确定是创建经过该点的水平基线还是垂直基线。基线上有"0.00"标记，如图 2.70 所示。

（3）【参考】命令

使用该选项可以创建参考尺寸。参考尺寸仅用于显示模型或图元的尺寸信息，而不能像基本尺寸那样驱动尺寸，且不能直接修改该尺寸，但在修改模型尺寸后参考尺寸将自动更

新。参考尺寸的创建与基本尺寸类似，为了与基本尺寸区别，在参考尺寸后面添加"参考"的符号，如图 2.70 所示。

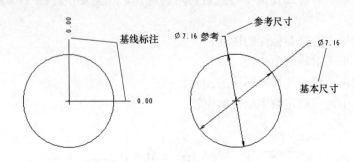

图 2.70　标注示例

2.5　图元尺寸操作

参数化设计方法是 Creo 的核心设计理念之一，其中最明显的体现就是在初步创建图元时不必过多考虑图元的尺寸，而只需绘出大致的轮廓，然后通过修改尺寸再生即可完成图形的绘制。

草绘要点：在草绘时，最好在绘制完第一个图元（素）时，立即修改尺寸为所要设计的正确尺寸。如先绘制第一个圆，立即修改圆的直径为正确值。或者先绘制第一条线段，立即修改线段值为正确值，然后再绘制其他图元。这样草绘的绘制和编辑会比较方便。

图元的尺寸显示与否由"视图控制"工具栏 ⊕ ⊕ ⊖ ◢ ◻ 中的草绘显示过滤器中 下面的 ☑ 尺寸显示 控制，复选框勾选即可显示。

2.5.1　尺寸修改

对尺寸的修改有 3 种方法。

（1）双击修改尺寸

此方法是在【操作】组中单击 选择 按钮，或连续单击鼠标中键，使其被按下。直接在图元尺寸数字上双击鼠标左键，然后在打开的尺寸文本框中输入新的尺寸数值，再按键盘上的 Enter 键即可完成尺寸的修改，同时系统立即对图元形状再生，如图 2.71 所示。这种方法适合修改的尺寸不太多，图元形状比较简单，一个一个进行尺寸修改不至于引起图形大的变形的情况。如果修改的尺寸很多，可能会引起图形的变形，推荐使用第 2 种方法。

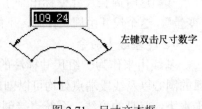

图 2.71　尺寸文本框

（2）使用【编辑】组中的【修改】命令

在【编辑】组中单击 修改 命令按钮，然后选中要进行修改的尺寸，打开如图 2.72 所示【修改尺寸】对话框。

使用此种方法可以修改尺寸值、样条曲线和文本，可以一次修改多个尺寸。

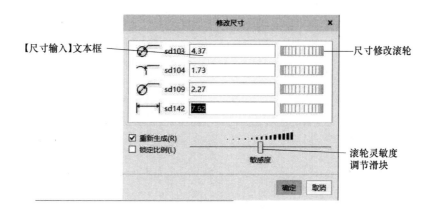

图 2.72 【修改尺寸】对话框

【修改尺寸】对话框用法如下。

• 修改尺寸数值：在尺寸文本框输入新的数值，移动鼠标到下一个文本框或按下键盘 Enter 键即可。也可以调节尺寸修改滚轮修改尺寸，但不精确。要选取多个要修改的尺寸，先单击 修改 按钮，然后在要修改的尺寸上单击鼠标左键。

• 调节灵敏度：调节滚轮灵敏度滑块，可以改变用尺寸修改滚轮修改尺寸时尺寸数值增减量的大小。

• 【重新生成】：选中该选项，每修改一个尺寸，系统会立即使用新尺寸动态再生图元，否则，将在单击【确定】按钮关闭【修改尺寸】对话框后再生图形。

• 【锁定比例】：选中该选项，在调整一个尺寸的大小后，图形上其他同种类型尺寸同时被自动以同等比例进行调整，从而使整个图形上的同类尺寸被等比例缩放。一般情况下不选中该选项。

要点提示：在实际使用中，动态再生图形既有优点也有缺点，优点是修改尺寸后可以立即看到修改效果，缺点是当一个尺寸修改前后的数值相差较大时，图形再生后变形严重，这不利于对图形的继续编辑，一般情况下建议不要勾选【重新生成】选项。

（3）使用右键快捷菜单

在选定的尺寸上单击鼠标右键，然后在弹出的右键快捷菜单中选中 修改 命令，也可以打开【修改尺寸】对话框。

2.5.2 尺寸强化

在进行二维草绘设计时，系统会自动标注尺寸，这些尺寸为弱尺寸。在选择状态下，鼠标移动到若尺寸上，停顿几秒，尺寸后面会显示"弱"字。弱尺寸系统显示为青色，并且不能被删除（可以通过设置不显示弱尺寸），但可以被用户转换成强尺寸，这就是尺寸强化，强尺寸显示为棕色。双击选中要进行强化的弱尺寸，修改尺寸，即可强化。

弱尺寸和强尺寸如图 2.73 所示。

要点提示：每当修改一个弱尺寸值或在一个关系中使用它时，该尺寸就变为加强尺寸。加强一个尺寸时，系统按四舍五入对其圆整。

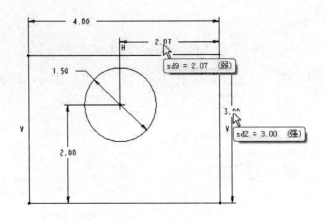

图 2.73　弱尺寸和强尺寸

2.5.3　尺寸的锁定

弱尺寸和强尺寸均可被锁定。单击左键选中要进行锁定的尺寸，然后单击右键在弹出的右键快捷菜单中选择 🔒 命令，即可进行尺寸的锁定，锁定的尺寸显示为橘红色，并且在选择状态下，鼠标移动到尺寸上停顿几秒时，会显示"锁定"符号，如图 2.74 所示。当锁定截面上所有的尺寸时，只允许移动截面。锁定的尺寸仍然可以修改。

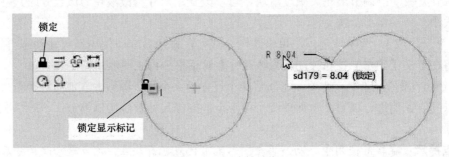

图 2.74　尺寸的锁定

2.5.4　尺寸的删除

系统的弱尺寸不能被删除，只能删除强尺寸。鼠标左键单击选中要删除的尺寸，按键盘上的 Del 键即可删除。或左键击选中要删除的尺寸，单击右键在弹出的快捷菜单中选择【删除】即可。

2.6　几何约束

约束是参数化设计中的一种重要设计工具，它通过在相关图元之间引入特定的关系来制约设计结果。在进行二维草绘设计时，系统会自动标注弱尺寸，同时也显示图形的约束条件。系统会自动判断约束的条件，用户也可以手动设置。

图元的约束显示与否由"视图控制"工具栏 🔍 🔍 🔍 🔍 ▱ ▱ ▦ 中的草绘显示过滤器中 ▦ 下面的 ☑ ⼁↳约束显示 控制，复选框勾选即可显示。

在【约束】组中，有如图 2.75 所示的 9 种约束供用户使用。约束显示为浅绿色。

图 2.75　【约束】组

2.6.1　几何约束类型

系统提供的几何约束类型共 9 种，如图 2.75 所示，其功能介绍如表 2.2 所示。

表 2.2　几何约束功能介绍

按钮	显示符号	功能说明	选择的图元
╋	H	使直线竖直	一直线
		选取两点，使它们位于同一垂直线上	两点
╋	V	使直线水平	一直线
		选取两点，使它们位于同一水平线上	两点
⊥	⊥	使两图元互相垂直	两图元
⊘	⊘	使直线与圆弧（圆）相切	直线与圆弧（圆）
		使圆弧（圆）与圆弧（圆）相切	圆弧（圆）
＼	⊿	将另一个图元的端点或草绘点放置在直线的中点	一直线与一点
─○─	─	使两直线共线	两直线
		使两端点或草绘点共点	两点
		使选择的点在直线的方向向量上	端点或草绘点与一直线
⇥⇤	→ ⋮ ←	使直线或端点关于中心线对称	直线或端点
＝	＝	使图元等长、等半径或等曲率	两图元
∥	∥	使两直线平行	两直线

（1）竖直约束示例

单击图 2.75 所示【约束】组中的 ╋ 按钮，选定目标直线，使其竖直，如图 2.76 所示。也可以选定两点，使其过选定两点的直线处于竖直状态，如图 2.77 所示。

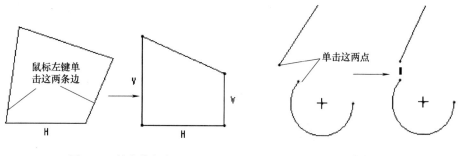

图 2.76　使直线竖直　　　　　　　　图 2.77　使过两点的直线竖直

（2）水平约束示例

单击图 2.75 所示【约束】组中的━按钮，选定目标直线，使其水平，如图 2.78 所示。也可以选定两点，使其过选定两点的直线处于水平状态，如图 2.79 所示。

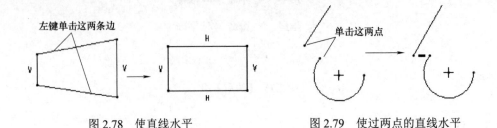

图 2.78　使直线水平　　　　　　图 2.79　使过两点的直线水平

（3）垂直约束示例

单击图 2.75 所示【约束】组中的⊥按钮，选定要相互垂直的直线使其处于垂直（正交）约束，如图 2.80 所示。也可以在一直线与圆弧之间加入垂直约束，如图 2.81 所示。

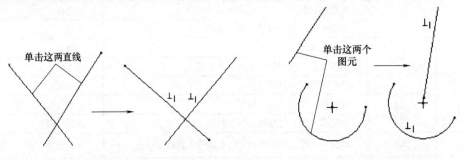

图 2.80　使两直线垂直　　　　　　图 2.81　使直线和圆弧垂直

（4）相切约束示例

单击图 2.75 所示【约束】组中的ᓅ按钮，选定要相互相切的直线和圆弧（圆）使其处于相切约束，如图 2.82 所示。也可以在圆弧（圆）与圆弧（圆）之间加入相切约束，如图 2.83 所示。

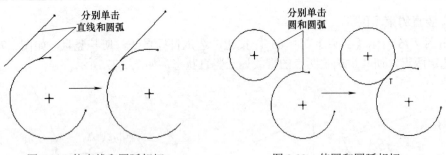

图 2.82　使直线和圆弧相切　　　　　　图 2.83　使圆和圆弧相切

（5）中点约束示例

单击图 2.75 所示【约束】组中的↘按钮，单击左键选取点和直线，即可使选定的点位于直线的中点，如图 2.84 所示。

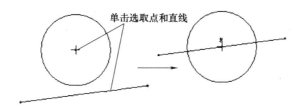

图 2.84　使点放置到直线的中点

（6）共点或共线约束示例

单击图 2.75 所示【约束】组中的 ⊷ 按钮，单击左键选取两直线即可使两直线共线，如图 2.85 所示。

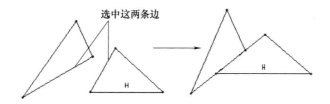

图 2.85　两直线共线

也可以选取两点使其共线，如图 2.86 所示。

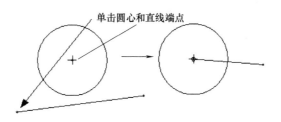

图 2.86　两点共线

（7）对称约束示例

单击图 2.75 所示【约束】组中的 ⊹ 按钮，先选择中心线后，然后选取两个顶点，即可使两顶点关于中心线对称，如图 2.87 所示。

要点提示：对称约束对称线必须是构造中心线或几何中心线。选取顶点和中心线的顺序不影响约束结果。

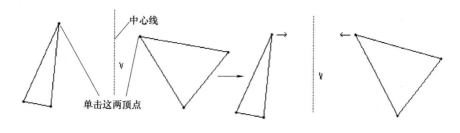

图 2.87　对称约束

（8）相等约束示例

单击图 2.75 所示【约束】组中的 ▬ 按钮，选择需要进行等长约束的两个图元，如直线。可以选择两个圆弧（圆）使其半径相等，还可以选取两曲线，使其具有相等的曲率半径，如图 2.88 所示。

要点提示： 在添加等长或等半径约束条件时，如果两个图元都没有处于完全约束状态，则添加约束条件后，二者尺寸趋向中间值，然后相等。如果有一个图元完全约束，添加约束条件后，没有约束的图元尺寸会等于完全约束的图元尺寸。

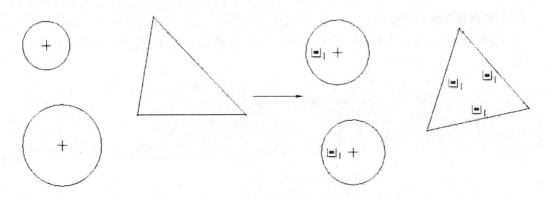

图 2.88   等长约束

（9）平行约束示例

单击图 2.75 所示【约束】组中的 ∥ 按钮，选择需要进行平行约束的两条直线即可添加平行约束，如图 2.89 所示。

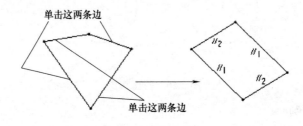

图 2.89   平行约束

2.6.2   取消约束条件

注意： 在 Creo 设计中，图形不能过度约束（过约束），也不能欠约束（部分约束）。

在绘图时常常会出现多重约束的情况，太多的约束条件有时会互相干扰，这时候就需要取消约束条件。方法是单击左键选中要取消的约束，然后单击右键，在弹出的右键快捷菜单中选取【删除】即可。选中要取消（删除）的约束，按键盘上的 Delete 键也可以取消（删除）约束。

2.6.3   解决过度约束

当图形所有的弱尺寸都被强尺寸所取代，这时如要再添加尺寸标注或增加约束，就会变成过度约束，系统会出现如图 2.90 所示的【解决草绘】对话框，要求删除多余的尺寸或约束。可以删除尺寸或几何约束，以解决冲突。

如图 2.90 所示，各个按钮选项说明如下。

●【撤消】：撤消刚刚添加的导致草绘截面的尺寸或约束冲突的操作，回到没有冲突之前的状态。

●【删除】：选择冲突中需要删除的尺寸或约束，然后单击 删除(D) 按钮即可删除。

●【尺寸〉参考】：将选择的尺寸设为参考尺寸，该尺寸后面会出现"参考"字样。参考尺寸不能被修改，只能删除。

●【解释】：单击此按钮会在绘图区的消息窗口中显示该尺寸或约束的相关说明。

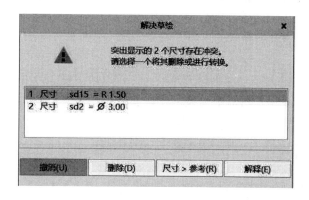

图 2.90　【解决草绘】对话框

2.7　草绘器诊断工具

这个功能的推出对初学者帮助很大，他们再也不用为草绘失败找不到原因而浪费时间，可以大大提高设计效率。利用此功能可以对几何图元轮廓封闭内部着色，检查图元是否有开放端点、图元是否重合，如图 2.91 是草绘创建时【检查】组中的草绘器诊断工具样式。如果是在特征创建阶段进入的草绘界面，还可以单击【特征要求】按钮，检查当前草绘是否满足当前特征要求，图 2.92 是特征创建时【检查】组中的草绘器诊断工具样式。

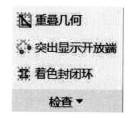

图 2.91　草绘创建时【检查】组中的草绘器诊断工具

图 2.92　特征创建时【检查】组中的草绘器诊断工具

（1）重叠几何

该功能用于对几何图元是否重叠进行检查。在草绘完成后，单击图 2.91 中的 重叠几何 按钮，系统对草绘图元进行检查，如果有重叠几何，系统会在重叠图元的端点处显示一个小圆圈，提示设计者进行修改。

（2）突出显示开放端 ⟨⟩

加亮不为多个图元共有的草绘图元的顶点。它可以检查图元端点是否开放（也就是端点是否重合），如果端点不开放（重合），系统不做任何显示，如果端点开放，系统在开放端点处加亮显示（红色点）。单击上工具箱中的 **突出显示开放端** 按钮，如果有开放的端点，系统会在开放端点处进行加亮显示，以提醒设计者注意，如果没有开放端点，系统不做提示。可以将此按钮一直处于按下状态，以随时进行检查。

（3）着色封闭环

它可以对草绘图元的封闭链内部着色，以确定草绘是否正确。单击图 2.91 中的 **着色封闭环** 按钮，如果草绘正确，内部就可以着色，否则就不行。可以将此按钮一直处于按下状态，以随时进行检查。

（4）特征要求

在特征创建阶段，进入草绘截面创建草绘时，可以单击图 2.92 中" **特征要求**"命令按钮，系统会判断当前草绘是否满足当前特征要求，并给出提示信息，供设计者参考。如图 2.93 所示为不满足特征要求的提示信息，图 2.94 所示为满足特征要求的提示信息。

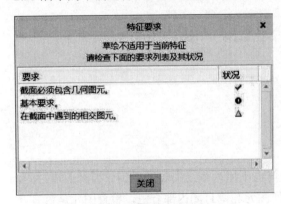
图 2.93　不满足特征要求的提示信息

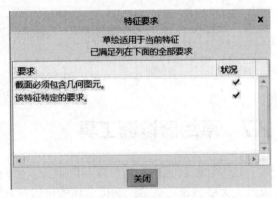
图 2.94　满足特征要求的提示信息

2.8　草绘绘制技巧

虽然 Creo 具有捕捉设计者意图和参数化草绘的优点，但是在草绘时还是应该注意培养一些好的习惯，以便设计中减少错误，降低工作量，提高设计效率。

要点提示：请注意以下几点。

（1）草绘绘制要点

①绘制尺寸和形状大致符合实际的草图。如果绘制的草图在尺寸和形状上大致准确，那么在添加、修改尺寸和几何约束时，草图就不会发生大的变化。

②在绘制完第一个图元时，建议立即修改尺寸。这样，以后绘制的图元就会与已经修改了尺寸的图元有一定的尺寸参考关系，后面绘制的图元就不会在尺寸上有大的差异，便于草图的绘制。

③使用复制或阵列的方法。对于重复简单的几何图元，可以先草绘其中一个图元的草图，特征生成后，采用特征复制或阵列的方法生成其他部分，这样可以减少草图中的几何图

元数量。也可以在草绘中采用图元复制的方法生成其他形状相同而比例不同的图元，具体操作参看图元的复制章节。

注意：在草绘环境下，没有图元的阵列功能，只能在特征生成后才能使用阵列功能。

④ 一次绘制的图形不要过于复杂。不要试图一次完成一张复杂图形的绘制，最好分几步进行。用单一实体对象的草图比用多个对象的草图更便于以后编辑修改操作，复杂的几何形状可以由简单的实体对象组合而成。

⑤ 采用夸大画法。绘制小角度时，可以先绘制一个大角度，然后修改成小角度。因为小角度线系统会自动认为是水平或垂直，导致绘不出来。

⑥ 使用镜像和对称约束时，一定要绘制中心线或几何中心线。

⑦ 导入已经保存的草绘或其他软件绘制的二维图形。如果原来已经保存了形状相同而比例不同的图形，可以通过单击如图 2.95 所示【获取数据】组中的【文件系统】命令按钮，在打开的如图 2.96 所示【打开】对话框中，选取适当格式的文件，在绘图区单击，然后在出现的如图 2.97 所示的【导入截面】对话框中输入合适的比例和旋转角度，单击✔按钮即可。

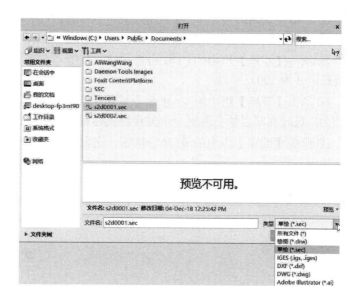

图 2.95　【获取数据】组中
的【文件系统】命令按钮

图 2.96　【打开】对话框

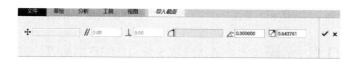

图 2.97　【导入截面】对话框

⑧ 充分利用草绘诊断工具，解决草绘中出现的问题。

（2）完整草绘截面要点

草绘截面如果要生成实体特征，此时的截面为完整截面。在绘制完整的草绘截面时，注意以下 4 个方面。

① 一般情况下，外轮廓（外截面）一定要封闭，也就是起点和终点重合，且路径只有一条，即从起点出发，沿一条路径转一圈后回到起点。如果回到起点的路径多于一条，则草绘截面不正确。

② 外轮廓中可以嵌套（包含）内轮廓，内轮廓（内截面）也必须封闭，并且内轮廓不能和外轮廓相交，内轮廓之间也不能相交。

③ 内轮廓中不能再嵌套内轮廓，也就是说只能嵌套 1 层，不能有 1 层以上的嵌套，如果嵌套多于 1 层，在特征生成后会不符合逻辑。

④ 截面内的图元不允许有重合（复）的图元。例如，绘制了两个圆心和半径均一样的圆；绘制了一段长线段，又在长线段上绘制了一段短线段或者和长线段一样长的线段。

2.9 草绘创建实例

（1）五角星的绘制

① 单击"快速访问"工具栏中的 按钮，在打开的【新建】对话框中，"选择"类型为【草绘】，文件名称为"Five_Star"，后缀 .sec 不用输入，单击 **确定** 按钮。

② 单击【草绘】组中的 圆 命令按钮，以圆心和半径方法，大致绘制一个圆，然后修改直径尺寸为 100。

③ 单击【草绘】组中的 线 命令按钮，绘制 5 条边，注意绘制时每条边的端点要约束在圆上，这时在端点处会出现一个重合约束标记，结果如图 2.98 所示。

④ 单击【约束】组中的 命令按钮，选取较靠上的一条边，添加水平约束，结果如图 2.99 所示。

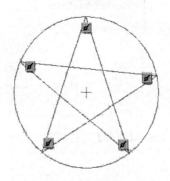 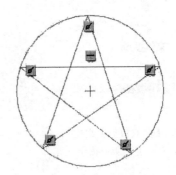

图 2.98　绘制圆和 5 条边　　　　　　图 2.99　添加水平约束

⑤ 单击【约束】组中的 按钮，依次选取 5 条边，注意添加等长约束的选择顺序，先选择参照边，再选择目标边，结果如图 2.100 所示。

⑥ 实际上图形已经是正五角星了。单击【尺寸】组中的 命令按钮，标注两条边的夹角，显示角度为 36°，系统显示冲突，删除掉一个端点在圆上的约束，此时一条边在圆上的重合约束取消了，如图 2.101 所示。单击外圆，然后单击右键，选取快捷菜单中的 （切换构造），圆变成虚线圆，圆的作用是辅助作图，结果如图 2.102 所示。最后结果文件参看所附资源"第 2 章 \ 范例结果文件 \Five_Star.sec"。

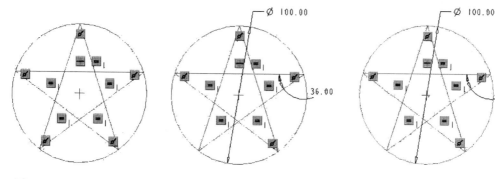

图 2.100　添加等长约束　　　图 2.101　标注夹角　　　图 2.102　切换成虚线圆

（2）支架的绘制

① 单击"快速访问"工具栏中的 按钮，在打开的【新建】对话框中，类型为【草绘】，文件名称为"Zhi_Jia"，后缀 .sec 不用输入，单击 确定 按钮。

② 单击【草绘】组中的 中心线 ▾ 命令按钮，在绘图区绘制一条竖直几何中心线。

③ 单击【草绘】组中的 线 命令按钮，绘制如图 2.103 所示的图形（不包括圆）。

④ 单击【草绘】组中的 圆 命令按钮，绘制一个圆心在竖直中心线上的圆，如图2.103所示。

⑤ 单击【约束】组中的 命令按钮，选取右上的一条边，添加相切约束。再选取 命令按钮，选取最上面的水平线和圆心，使圆心和直线重合（共线）。结果如图 2.104 所示。

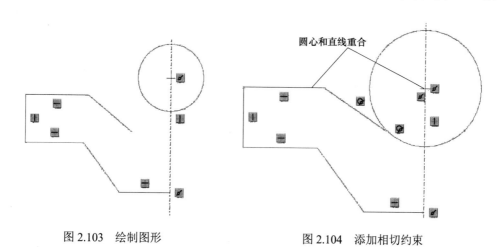

图 2.103　绘制图形　　　　　　图 2.104　添加相切约束

⑥ 单击【编辑】组中的 删除段 按钮，进行图元的修剪，结果如图 2.105 所示。

⑦ 单击【草绘】组中的 按钮，在如图 2.105 所示的位置绘制一个点（此点为以后的标注尺寸时使用，此点可以是点或几何点）。

⑧ 单击【草绘】组中的 圆形修剪 按钮，倒出如图 2.106 所示的各个圆角。

⑨ 如果尺寸没有显示，单击"视图控制"工具栏中的草绘显示过滤器，勾选复选框 ☑ 尺寸显示 。单击【尺寸】组中的 按钮，选取中心线和前面添加的点，标注点到中心线的距离。

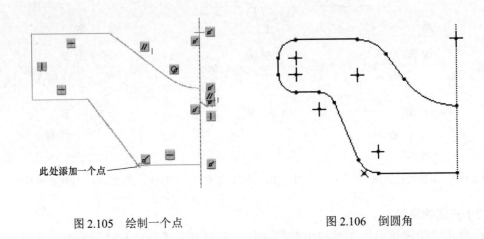

此处添加一个点

图 2.105　绘制一个点　　　　　　　　图 2.106　倒圆角

⑩ 单击【编辑】组中的 ≡ 修改 按钮，选中所有要进行修改的尺寸，在文本框中按图 2.107 所示的尺寸进行修改，修改完毕后，单击对话框中的【确定】按钮退出。

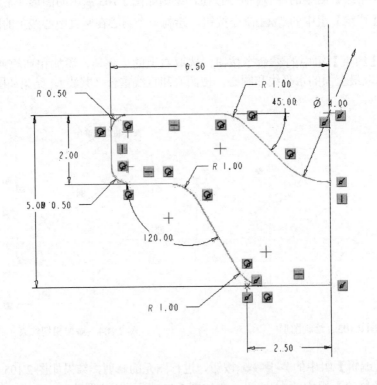

图 2.107　修改尺寸

⑪ 用鼠标左键框选除中心线外的所有图元，然后单击【编辑】组中的 按钮，接着选取中心线，完成镜像操作，完成后如图 2.108 所示，在快捷访问工具栏上单击 （保存）图标按钮，保存文件。最后结果文件参看所附资源"第 2 章 \ 范例结果文件 \Zhi_Jia. sec"。

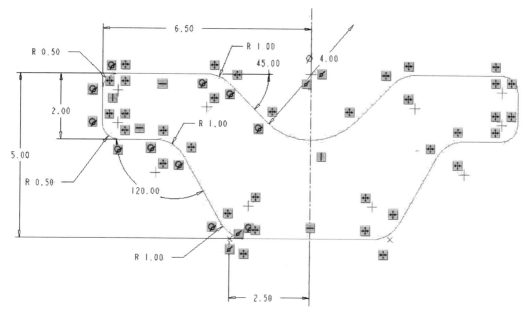

图 2.108 镜像后图形

总结与回顾

本章重点介绍了草绘环境的设置、基本几何图元的绘制、图元的编辑、尺寸的标注以及几何约束。在最后给出了 2 个操作实例，以便于加深理解，提高草绘能力。

几何图元的绘制、编辑，尺寸的标注以及约束的使用是本章的重点，书中给出了草绘的技巧，希望读者在实际应用中熟练掌握，以提高效率。

特别要注意的是，在草绘模式下，要选取图元，一定要进入选取模式。

思考与练习题

1. 什么是弱尺寸？什么是强尺寸？二者有何区别？

2. 约束共有几种？分别是什么？约束的作用是什么？

3. 创建如图 2.109 所示的图形，并标注尺寸（参看第 2 章 \ 练习题结果文件 \ex02.3_jg.sec）。

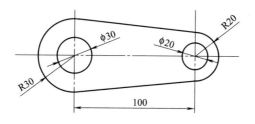

图 2.109 思考与练习题 3 图

4. 创建如图 2.110 所示的图形并标注尺寸（参看第 2 章 \ 练习题结果文件 \ex02.4_

jg.sec）。

5. 创建如图 2.111 所示的图形，并标注尺寸（参看第 2 章 \ 练习题结果文件 \ex02.5_jg.sec）。

6. 创建如图 2.112 所示的图形，并标注尺寸（参看第 2 章 \ 练习题结果文件 \ex02.6_jg.sec）。

7. 创建如图 2.113 所示的图形，并最后标注尺寸（参看第 2 章 \ 练习题结果文件 \ex02.7_jg.sec）。

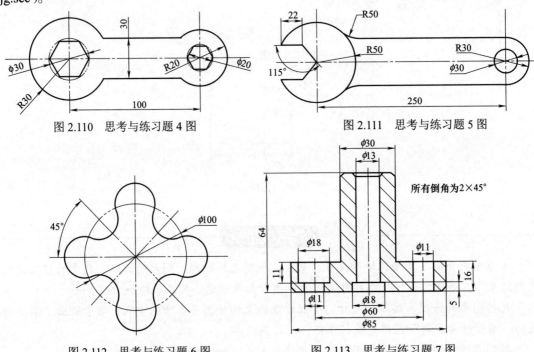

图 2.110　思考与练习题 4 图　　　　　　图 2.111　思考与练习题 5 图

图 2.112　思考与练习题 6 图　　　　　　图 2.113　思考与练习题 7 图

8. 创建如图 2.114 所示的图形，并最后标注尺寸（参看第 2 章 \ 练习题结果文件 \ex02.8_jg.sec）。

9. 创建如图 2.115 所示的图形，并标注尺寸（参看本书所附资源"第 2 章 \ 练习题结果文件 \ex02.9_jg.sec"）。

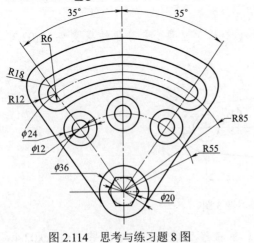

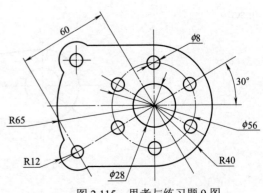

图 2.114　思考与练习题 8 图　　　　　　图 2.115　思考与练习题 9 图

第3章

特征分类与基准特征

学习目标：本章主要学习各种基准特征（基准平面、基准轴、基准点、基准曲线、坐标系等）的创建。

Creo 5.0 系统是以特征为基础的参数式设计系统，该系统把特征作为最小的模型元素。一个完整产品的三维造型通常由许多个特征组成。特征包括基准、拉伸、旋转、扫描、混合、孔、壳、倒圆角、倒角、局部组、UDF、阵列操作、族表、实体特征的镜像与复制操作等。基准特征是零件建模的参照特征，其主要用途是辅助 3D 特征的创建，可作为特征截面草绘绘制的参照面、3D 模型定位的参照面和控制点、组合零件参照面等。

3.1 三维特征的分类

Creo 5.0 是一个以特征为主的造型系统，对于数据的存取也是以特征为最小单元，所有参数的建立都是以完成一个特征为目的，因此每一个零件都由多个特征组成，在设计过程中，可随时通过特征参数更改特征的形状、位置等设计信息。

从三维特征的建立方式和特征的作用可将其分为基准特征、基础特征及工程特征三类。

3.1.1 基准特征简介

Creo 5.0 中的基准特征主要是为构造实体、曲面模型以及装配模型提供基准参考，主要包括基准平面、基准轴、基准曲线、基准点、坐标系等几种类型。

（1）基准平面

基准平面是零件建模过程中使用最频繁的基准特征，它既可用作草绘特征的草绘平面和参照平面，也可用于放置特征的放置平面；另外，基准平面也可作为尺寸标注基准和零件装配基准等。基准平面理论上是一个无限大的面，但为便于观察可以设定其大小，以适合建立的参照特征。选择要编辑的基准平面后单击，在弹出的快捷菜单中选择【编辑定义】，系统弹出【基准平面】对话框，在【显示】选项卡中，勾选【调整轮廓】，选择【大小】，就可以修改基准平面的显示大小。

（2）基准轴

同基准面一样，基准轴也可以用作其他特征创建时的参考，例如：以基准轴为参考，可以定义基准平面、同轴放置项目和创建径向阵列（轴阵列）等。在 Creo 5.0 中，基准轴是独立的特征，能够作为特征级的项目显示在模型树上。在模型树上可以对基准轴进行选择、重命名、重定义、隐藏、隐含、删除、创建组合阵列等操作。

特征轴和基准轴有所不同。特征轴是在创建一些特征（如拉伸圆柱特征、旋转特征、孔特征等）时，系统自动给特征生成的中心轴。如果删除了这些特征，特征轴也就随之被删除。因此，特征轴不是单独的特征。

（3）基准曲线

基准曲线在曲线设计中会被经常应用到，它可以是 2D 界面上的曲线，也可以是空间曲线。在实际设计工作中，可以将基准曲线用作扫描特征等特征的轨迹，从而创建出许多复杂的特征。基准曲线主要包括"通过点的曲线""来自方程的曲线""来自横截面的曲线"和"草绘的基准曲线"。

（4）基准点

基准点在实际设计工作中时常用到，很多时候通过建立的基准点来创建空间曲线，也同样可以作为模型特征的参考基准，如利用基准点放置基准轴、基准平面、定义注释箭头指向位置，还可用来放置孔等实体特征。基准点也被认为是零件特征。另外，基准点还可以用作进行计算和模型分析的已知点。

Creo 5.0 提供如下四种类型的基准点。其中，一般点和自坐标系偏移的基准点用在常规建模中。

① 一般点：在图元上、图元相交处或自某一图元偏移处所创建一般类型的基准点。创建工具为【点】按钮 。

② 自坐标系偏移的基准点：通过自选定坐标系偏移所创建的基准点。创建工具为【偏移坐标系】按钮 。

③ 域点：在"行为建模"中用于分析的点，一个域点标识一个几何域。创建工具为【域】按钮 。

④ 草绘基准点：通过草绘创建基准点。

（5）坐标系

坐标系是可以添加到零件和装配中的参考特征，坐标系可用于计算质量属性，组装元件，为"有限元分析（FEA）"放置约束，为刀具路径提供制造参考，用作定位其他特征的参考（坐标系、基准点、平面、导入的几何等）等。工程技术人员经常会接触到 3 种形式的坐标系：笛卡尔坐标系、圆柱坐标系和球坐标系，其中最常用的坐标系是笛卡尔坐标系。

坐标系有如图 3.1 所示的 3 种类型。

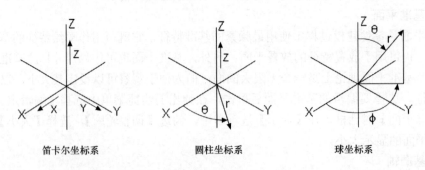

笛卡尔坐标系　　　　　圆柱坐标系　　　　　球坐标系

图 3.1　三种坐标系

3.1.2　基础特征

（1）拉伸特征

拉伸特征是由二维草绘截面沿着给定方向（垂直于草绘截面）和给定深度生长而成的三维特征，它适于等截面的实体特征和曲面特征的创建。拉伸特征有添加材料和去除材料两种方法供设计者使用。

（2）旋转特征

旋转特征是将草绘截面绕一旋转中心线旋转一指定的角度而创建的特征，旋转特征可以是实体，也可以是曲面。使用"旋转"工具，可以以旋转的方式添加材料和去除材料。旋转特征主要用于构建回转体形状零件。

（3）恒定剖面与可变剖面扫描特征

Creo 5.0 中，使用"扫描"工具将以扫描的方式创建实体或曲面特征，在沿着一个或多个选定轨迹扫描截面时通过控制截面的方向、旋转和几何来添加或移除材料。创建的扫描特征既可以使用恒定截面，也可以使用可变截面。恒定截面是指在沿着轨迹扫描的过程中，草绘截面的形状不变，仅截面所在框架的方向发生变化；可变截面则是指将草绘图元约束到其他轨迹（中心平面或现有几何），或改变由 trajpar 参数设置的截面关系来使草绘截面发生变化。

（4）混合

混合特征就是将两个或多个草绘截面在空间上融合所形成的特征，沿实体融合方向截面的形状是渐变的，混合实体特征能够创建比扫描特征更复杂的特征，混合特征有平行混合、旋转混合和常规混合（一般混合）三种创建方式。

3.1.3　工程特征

在 Creo 5.0 中，将倒圆角特征、自动倒圆角特征、倒角特征、孔特征、壳特征、筋特征（包括轨迹筋特征和轮廓筋特征）和拔模特征统称为工程特征。本书后面的内容将会详细介绍其创建方法。

工程特征主要包括孔、倒圆角、抽壳、筋、倒角和拔模等，在机械加工中通常被称为工艺特征。

3.2　基准特征

基准（Datum）是建立模型的参考，在 Creo 5.0 中，基准虽然不是实体（Solid）或曲面（Surface）的特征，但也是特征的一种，其主要用途为，在进行 3D 几何体设计时作为其他特征的建模参考和定位参考等，如作为草图绘制面、剖面参考面、3D 模型的定位参考面、组合零件参考面等。

基准特征主要包括基准平面（Datum plane）、基准轴（Datum axis）、基准曲线（Datum curve）、基准点（Datum point）、基准坐标系（Datum coordinate system）和基准参考等。

3.2.1　设置基准特征的显示状态

在零件模式下，用于创建基准特征的工具命令位于功能区【模型】选项卡的【基准】组中，如图 3.2 所示。

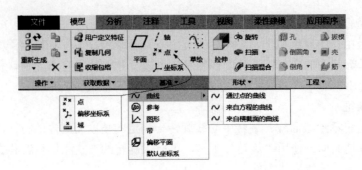

图 3.2 用于创建基准特征的工具命令

用户可以根据设计需求而设置基准平面是否在图形窗口中显示，这可以用到【图形】工具栏中的【基准显示过滤器】按钮，如图 3.3 所示，此时用户可以通过单击相应的复选框来设置轴、点、坐标系和平面的显示状况。用户也可以在功能区【视图】选项卡的【显示】组中通过单击相应的按钮来设置是否在图形窗口中显示相应的基准特征，也可以设置是否显示基准标记，如图 3.4 所示。其中，

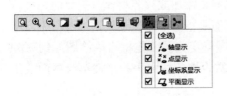

图 3.3 【基准显示过滤器】

【平面标记显示】按钮用于设置显示或隐藏基准平面标记，【轴标记显示】按钮用于设置显示或隐藏基准轴标记，【点标记显示】按钮用于设置显示或隐藏基准点标记，【坐标系标记显示】按钮用于设置显示或隐藏基准坐标系标记。

3.2.2 修改基准特征的名称

用鼠标右键单击零件结构树中需要修改名称的基准特征，如 RIGHT 基准面，并选择右键菜单中的【重命名】菜单项，如图 3.5 所示，进入该基准特征名称的修改状态，此时可以修改该基准特征的名称。另外，在需要修改名称的基准特征上面单击鼠标左键两次，也可进入名称修改状态。

图 3.4 【视图】选项卡的【显示】组

图 3.5 修改基准特征的名称

3.2.3 基准平面的创建

基准平面是最为常用的一种基准特征，可以将基准平面作为参考用在尚未有参考的零件

中，例如，当没有其他合适的平面曲面时，可以在基准平面上草绘或放置特征。也可以将基准平面用作参考设置基准标记注释，还可以根据一个基准平面进行标注等。

基准平面是无限的，但是可调整其显示的大小，使其与零件、特征、曲面、边或轴相吻合，也可指定基准平面的显示轮廓的高度和宽度值。

注意：指定为基准平面的显示轮廓高度和宽度的值不是 Creo 5.0 尺寸值，且不会显示出来。

创建基准平面前必须首先考虑能否完全描述和限制产生唯一平面的必要条件，然后系统会自动产生出符合条件的基准平面。

（1）基准平面的创建步骤

① 命令的调用：在【模型】选项卡的【基准】组中单击【平面】按钮 ▱ 创建基准平面，系统将弹出【基准平面】对话框，如图 3.6 所示。对话框中各个选项卡的功能做如下说明：

a.【放置】选项卡：【放置】选项卡主要包括一个【参考】收集器，收集用于创建新基准平面的参考对象，参考对象可以为现有平面、曲面、边、点、坐标系、轴、顶点、基于草绘的特征、平面小平面、边小平面、顶点小平面、曲线、草绘和导槽等。选择参考对象时，在【参考】收集器的该参考旁提供一个【约束】列表，用于设置该参考的约束。【约束】列表可能提供的约束选项有如下 6 种类型：

● 【穿过】：新建的基准平面穿过选择的特征参照。

● 【偏移】：新建的基准平面在距选定的参照一定距离外放置。

● 【平行】：新建的基准平面平行于选定参照。

● 【法向】：新建的基准平面垂直于选定的参照。

● 【中间平面】：将新基准平面置于两个平行参考的中间位置，或使其平分由两个非平行参考构成的角。

● 【相切】：新建的基准平面相切于选定的参照。当基准平面与非圆柱曲面相切并通过选定为参考的基准点、顶点或边的端点时，系统会将"相切"约束添加到新创建的基准平面。

(a)

(b)

图 3.6 【基准平面】对话框

b.【显示】选项卡：切换到【显示】选项卡，如图 3.7 所示，此选项卡用来设置基准平面的法向和显示轮廓大小。此时若单击【反向】按钮，则反转基准平面的法向。当选中【调整轮廓】复选框时，则设置调整基准平面轮廓的尺寸，使其适合指定尺寸或选定的参考。

c.【属性】选项卡：切换到【属性】选项卡，如图 3.8 所示，该选项卡的【名称】文本框用于设置特征名称，而单击【显示此特征的信息】按钮 ⓘ，则在 Creo 5.0 浏览器中显示此基准特征的详细信息。

图 3.7 【基准平面】对话框中的【显示】选项卡　　图 3.8 【基准平面】对话框中的【属性】选项卡

② 若选择多个对象作为参照，应按下 Ctrl 键再用鼠标左键选择其他对象。

③ 重复步骤①～②，直到必要的约束建立完毕。

④ 单击 确定 按钮完成基准平面的创建。

默认状态下，系统将为创建的基准平面按顺序分配名称，如 DTM1、DTM2、DTM3 等，以此类推。用户可以在创建过程中，切换到【基准平面】对话框的【属性】选项卡，为基准平面设置一个初始名称。另外，用户还可以通过模型树来更改基准平面的名称。

（2）创建基准平面的几种方式

① 通过两个共面直线创建基准平面：打开本书所附资源文件"第 3 章 \ 范例源文件 \ pinmian_fanli01.prt"，选择两个共面的边或轴（但不能共线）作为约束条件，选择特征边 1，按下 Ctrl 键再选择边 2，单击 ▱ 按钮产生穿过此两条线的基准平面 DTM1，如图 3.9 所示。

② 通过三个点创建基准平面：选择三个基准点或顶点作为约束条件，先选择点 1，按下 Ctrl 键再依次选择点 2 和点 3，单击 ▱ 按钮产生通过三点的基准平面 DTM2，如图 3.10 所示。

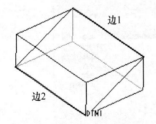

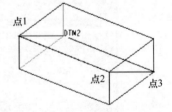

图 3.9　用共面的直线或轴创建基准平面　　图 3.10　用三个点创建基准平面

③ 用一个平面和两个点创建基准平面：选择一个基准平面或特征平面和两个基准点或顶点，如选择点 1，按下 Ctrl 键再选择点 2 和参照面 DTM1，单击 ▱ 按钮产生通过这两点并与参照平面垂直的基准平面 DTM2，如图 3.11 所示。

④ 用一个平面和一个点创建基准平面：选择一个基准平面或特征平面和一个基准点或顶点，如选择点 1，按下 Ctrl 键再参照面 DTM1，单击 ▱ 按钮产生通过选定点并与参照平面平行的基准平面 DTM4，如图 3.12 所示。

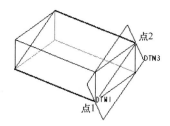

图 3.11 用一个平面和
两个点创建基准平面

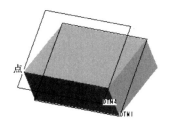

图 3.12 用一个平面和
一点创建基准平面

⑤ 通过一个点和一条线创建基准平面：选择一个基准
点和一个基准轴或边（点与边不共线），如选择点 1，按下
Ctrl 键再选边 1，单击 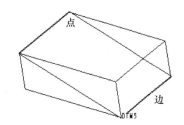 按钮产生通过选定边和点的基准平
面 DTM5，如图 3.13 所示。

上面的方法是先选参照，然后单击 ▱ 按钮进行平面
的创建，也可以先单击 ▱ 按钮，然后再选取参照进行平面
的创建。所有创建的基准平面参看"第 3 章 \ 范例结果文
件 \ pingmian_fanli01_ jg.prt"。

图 3.13 通过一个点和
一条线创建基准平面

3.2.4 基准轴的创建

基准轴可作为圆柱、孔及旋转特征的中心线，也可作为特征创建的参照或同轴特征的参
考轴等。基准轴对创建基准平面、同轴放置项目和创建径向阵列特别有用。

基准轴可以作为旋转特征的中心线自动出现，也可以用作具有同轴特征的参考。以下几
种特征系统会自动创建基准轴线：拉伸产生圆柱特征、旋转特征和孔特征，但创建圆角特征
时，系统不会自动创建基准轴。要选取一个基准轴，可选择基准轴线或其名称。

（1）命令的调用

用于创建基准轴的工具按钮为【轴】按钮 ⁄ ，该按钮位于零件模式功能区【模型】选
项卡的【基准】组中。单击【基准轴】按钮 ⁄ 创建基准轴，系统将弹出【基准轴】对话框，
如图 3.14 所示。该对话框包括【放置】、【显示】和【属性】3 个选项卡。

①【放置】选项卡中有【参考】和【偏移参考】两个栏。

a.【参考】：在该栏中收集选择要放置新基准轴的参考，然后选择参考类型（约束）。参
考类型可以为【穿过】、【法向】、【相切】或【中心】。

●【穿过】：基准轴通过指定的参考。

●【法向】：基准轴垂直指定的参考，该类型还需要在【偏移参考】栏中进一步定义或者
添加辅助的点或顶点，以完全约束基准轴。

●【相切】：放置与选定参考相切的基准轴。此约束要求用户添加附加点或顶点作为
参考。创建位于该点或顶点处平行于切矢量的轴。

●【中心】：通过选定平面圆边或曲线的中心，且垂直于选定曲线或边所在平面的方向放
置基准轴。

b.【偏移参考】：在【参考】栏选用【法向】类型时该栏被激活，以选择偏移参考。

②【显示】选项卡，基准轴实际上是一个无穷大的直线，但在默认情况下，系统根据模

型大小对其进行缩放显示，显示的基准轴的大小随零件尺寸而改变。可调整所有基准轴的长度，从而使基准轴轮廓与指定尺寸或选定参照相吻合，如图 3.15 所示。

③【属性】选项卡显示基准轴的名称和信息，也可对基准轴进行重新命名。

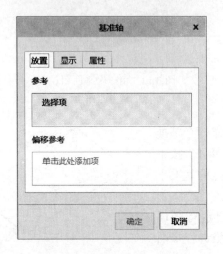

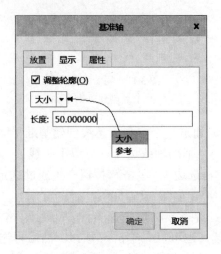

图 3.14　【基准轴】对话框　　　　　　　图 3.15　【显示】选项卡

（2）基准轴创建步骤

① 在【模型】选项卡的【基准】组中单击【基准轴】按钮 / 创建基准轴，系统将弹出【基准轴】对话框，如图 3.14 所示。

② 在图形窗口中为新建基准轴选择至多两个放置参考（即约束条件）。可选择已有的基准轴、平面、曲面、边、顶点、曲线和基准点等，选择的参考显示在【基准轴】对话框中的【参考】栏内。

③ 在【参考】栏中选择适当的约束类型。

④ 重复步骤②～③，直到完成必要的约束条件。

⑤ 单击 确定 按钮，完成基准轴的创建。

此外，系统允许用户预先选定参考，然后单击【基准轴】按钮 / 即可直接创建符合当前约束条件的基准轴。

（3）建立基准轴的常用方法

① 选择一条垂直的边或轴，如选择边 1，单击 / 按钮，创建一个通过选定边或轴的基准轴，如图 3.16 所示。

② 选择两个顶点或基准点，如选择点 1，按下 Ctrl 键再选择点 2，单击 / 按钮，创建一个通过选定的两个点或基准点的基准轴，如图 3.17 所示。

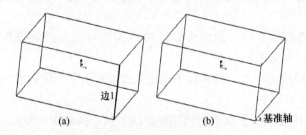

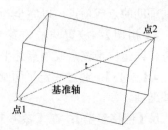

图 3.16　通过边或轴创建基准轴　　　　　图 3.17　通过两点创建基准轴

③ 选择两个非平行的基准面或特征平面，如选择长方体前表面，按下 Ctrl 键再选择 TOP 基准面，单击 / 按钮，创建一个通过其相交线的基准轴，如图 3.18 所示。

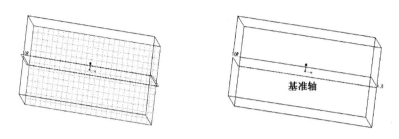

图 3.18　通过两个非平行的基准面的交线创建基准轴

④ 选择一条曲线及其终点，如选择曲线 1，按下 Ctrl 键再选择顶点 1，单击 / 按钮，创建一个通过此终点并且和此曲线相切的基准轴，如图 3.19 所示。

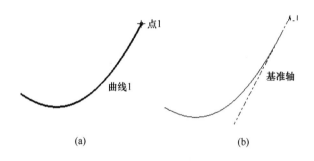

(a)　　　　　　　　　　　　　　(b)

图 3.19　创建与曲线相切的基准轴

⑤ 选择一个基准点和一个面。打开附盘文件"第 3 章 \ 范例源文件 \jizhunzhou_fanli01.prt"，单击 / 按钮，创建一个通过该点且垂直于该面的基准轴，如图 3.20 所示。结果参看"第 3 章 \ 范例结果文件 \jizhunzhou_fanli01_jg.prt"。

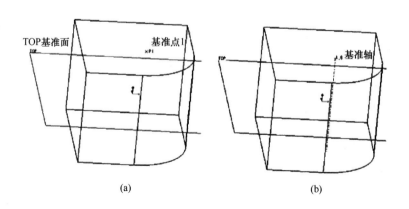

(a)　　　　　　　　　　　　　　(b)

图 3.20　创建平面法线方向并通过一点的基准轴

3.2.5　基准曲线的创建

基准曲线可以用来创建和修改曲面，也可以作扫描特征的轨迹、建立圆角、拔模、骨架和折弯等特征的参照，还可以辅助创建复杂曲面。基准曲线允许创建二维截面，这个截面可以用于创建许多其他特征，例如拉伸和旋转等。

基准曲线的自由度较大，它的创建方法有很多。较常见的方法有以下几种。

- 通过草绘方式创建基准曲线。
- 通过曲面相交创建基准曲线。
- 通过多个空间点创建基准曲线。
- 利用数据文件创建基准曲线。
- 用几条相连的曲线或边线创建基准曲线。
- 用剖面的边线创建基准曲线。
- 用投影创建位于指定曲面上的基准曲线。
- 利用已有曲线或曲面偏移一定距离，创建基准曲线。
- 利用公式创建基准曲线。

在【模型】选项卡的【基准】组中单击
【草绘】按钮❀创建基准曲线，系统将弹出【草
绘】对话框。设置完草绘平面与草绘参照后进入
草绘环境，此时可绘制草绘基准曲线；或者在
功能区的【模型】选项卡中单击【基准】溢出
按钮，接着点击❀【曲线】命令旁边的▶按钮，
系统显示创建基准曲线的几种方式，如图 3.21 所示。

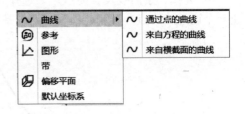

图 3.21 【曲线选项】菜单

【曲线选项】菜单中的各命令功能如下：

- 【通过点的曲线】：通过一系列参考点建立基准曲线。
- 【来自方程的曲线】：通过输入方程式来建立基准曲线。
- 【来自横截面的曲线】：用截面的边界来建立基准曲线。

下面介绍几种常用的基准曲线创建方法。

（1）草绘曲线的绘制步骤

① 选定草绘平面与视图参照。

② 单击工具栏内的【草绘】按钮❀，进入草绘工作界面。

③ 利用草绘工具绘制曲线。

④ 单击草绘工具栏中的✔按钮，退出草绘工作环境，图形窗口显示完成的基准曲线。

（2）基准曲线的绘制

1）【通过点的曲线】创建基准曲线

在功能区的【模型】选项卡中单击【基准】溢出按钮，接着点击❀【曲线】命令旁边的▶按钮并选择【通过点的曲线】命令，打开图 3.22 所示的【曲线：通过点】选项卡，该选项卡具有【放置】面板（也称【放置】子选项卡）、【结束条件】面板、【选项】面板和【属性】面板。

①【放置】面板。【放置】面板主要包含点集列表、"点"收集器、连接到前一点的方式选项（包含【样条】单选按钮和【直线】单选按钮）和【在曲面上放置曲线】复选框等。其中点集是指一个点集设置，在点集列表中选择某个点时，会显示该点的收集器和相关设置，点集列表中的【添加点】命令用于将新点集添加到点列表中。选择多个点时，可以通过单击【向上重新排序】按钮↑或【向下重新排序】按钮↓来将点集列表中的选定点进行向上或向

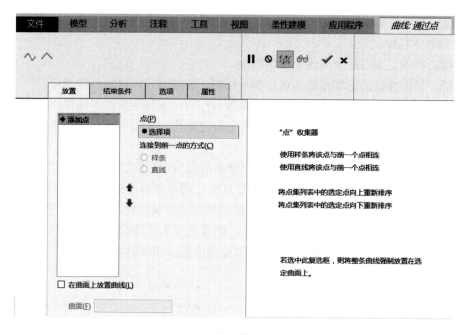

图 3.22 【曲线：通过点】选项卡

下重新排序。

当设置连接到前一点的方式为"直线"时，用户可以根据设计要求来决定是否添加圆角，例如，图 3.23 所示的示例为点 2（中间一个点）设置其连接到前一个点的方式类型选项为"直线"，并选中出现的【添加圆角】复选框（等同单击选中【为曲线添加圆角】选项按钮 ），在【半径】框或【R=】框中输入圆角半径为 50。

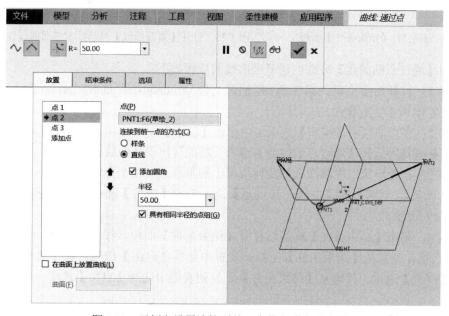

图 3.23 示例之设置连接到前一点的方式为"直线"

②【结束条件】面板。【结束条件】面板包含【曲线侧】收集器和【约束条件】下拉列表框，如图 3.24 所示。其中，【曲线侧】收集器用于选中曲线的起点或终点，并显示点的终

止条件设置。【结束条件】下拉列表框用于选定曲线的端点设置条件类型，通常可供选择的条件类型有以下几种：

- 自由：在选定端点处使曲线无相切约束。
- 相切：使曲线在选定端点处与选定参考相切，需要时可以进行反向设置。
- 曲率连续：使曲线在选定端点处与选定参考相切，并将连续曲率条件应用至曲线。
- 垂直（法向）：使曲线在该端点处与选定参考垂直，需要时可以通过单击【反向】按钮将法向反向至参考的另一侧。

③【选项】面板。当只选择两个点来创建基准曲线时，【选项】面板中的【扭曲曲线】复选框才可用，此时，若选中【扭曲曲线】复选框，则可单击【扭曲曲线设置】按钮，打开【修改曲线】对话框，利用【修改曲线】对话框进行扭曲曲线设置，如图 3.25 所示。

④【属性】面板。切换到【属性】面板，在【名称】文本框中设置特征名称，若单击【显示此特征的信息】按钮 🛈，则在 Creo 5.0 浏览器中显示详细的特征信息。

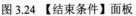

图 3.24 【结束条件】面板　　图 3.25 打开【修改曲线】对话框对扭曲曲线设置

使用【通过点的曲线】方式创建基准曲线的步骤如下：

步骤 1：打开附盘文件"第 3 章 \ 范例源文件 \jizhunquxian_fanli01.prt"，该文件中存在着一个长方体和 4 个基准点。

步骤 2：在功能区的【模型】选项卡中单击【基准】溢出按钮，接着点击 〜【曲线】命令旁边的 ▶ 按钮并选择【通过点的曲线】选项，功能区出现【曲线：通过点】选项卡。

步骤 3：在图形窗口中依次选择几何模型上的基准点，每个点连接到前一个点的方式均默认为【样条】，这可以在【曲线：通过点】选项卡的【放置】面板中进行查看和设置，如图 3.26（a）所示。

步骤 4：单击【结束条件】标签以打开【结束条件】面板，在【曲线侧】收集器中选择【起点】选项，接着从【结束条件】下拉列表框中选择【自由】选项；在【曲线侧】收集器中选择【终点】选项，接着从【结束条件】下拉列表框中选择【自由】选项，如图 3.26（b）所示。

步骤 5：在【曲线：通过点】选项卡中单击【完成】按钮 ✔，从而完成创建一条通过点的基准曲线，如图 3.26（c）所示。结果参看"第 3 章 \ 范例结果文件 \jizhunquxian_fanli01_jg.prt"。

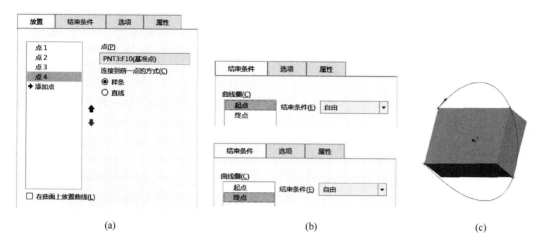

(a) (b) (c)

图 3.26 【连接类型】菜单及点的选取

2)【来自方程的曲线】创建基准曲线

通过方程可以创建许多以手工草绘方式所不能或很难精确创建的复杂曲线，例如三角函数曲线、渐开线、双曲线等可以使用此命令来创建。

在功能区的【模型】选项卡中单击【基准】溢出按钮，接着点击～【曲线】命令旁边的▶按钮并选择【来自方程的曲线】选项，功能区出现图 3.27 所示的【曲线：从方程】选项卡。【曲线：从方程】选项卡中各主要组成元素的功能含义如下。

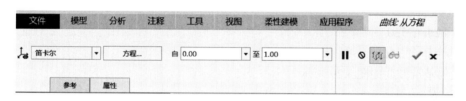

图 3.27 【曲线：从方程】选项卡

•【坐标系】⤵下拉列表框：定义坐标系类型，可供选择的坐标系类型有【笛卡尔】、【柱坐标】和【球坐标】。

•【方程】按钮：单击此按钮，将打开一个【方程】对话框以输入和编辑所需的方程。

•【自】下拉列表框：设置自变量范围的下限值。

•【至】下拉列表框：设置自变量范围的上限值。

•【参考】面板：该面板包含一个【坐标系】收集器，用于收集和显示表示方程零点的基准坐标系或目的基准坐标系。

•【属性】面板：在该面板中可以设置特征名称，以及在 Creo 5.0 浏览器中显示详细的特征信息。

创建来自方程的基准曲线步骤如下：

步骤 1：在功能区的【模型】选项卡中单击【基准】溢出按钮，接着点击～【曲线】命令旁边的▶按钮并选择【来自方程的曲线】选项，打开【曲线：从方程】选项卡。

步骤 2：在图形窗口或模型树中，选择 PRT_CSYS_DEF 坐标系来表示方程的零点。

步骤 3：从【坐标系】⤵下拉列表框中选择【球坐标】选项。

步骤 4：默认时，【自】下拉列表框中独立变量范围的下限值为 0，【至】下拉列表框中的上限值为 1。单击【方程】按钮，打开【方程】对话框。在【方程】对话框的文本框中输入方程，将文件保存。

步骤 5：在【曲线：从方程】选项卡中单击【完成】按钮 ✓，从而完成由方程创建的基准曲线。结果如图 3.28 所示。参看"第 3 章 \ 范例结果文件 \jizhunquxian_fanli02_jg.prt"。

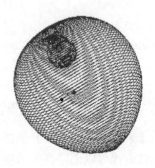

图 3.28　从方程创建基准曲线

下面列出利用圆柱坐标系、笛卡尔坐标系创建曲线的范例，读者可以按参照练习。

① 圆柱坐标系：

r=5
theta=t*720
z=sin（3.5*theta-90）+2

生成的基准曲线如图 3.29 所示。

② 笛卡尔坐标系：

x=5*cos（t*（5*360））
y=5*sin（t*（5*360））
z=10*t

生成的基准曲线如图 3.30 所示。参看"第 3 章 \ 范例结果文件 \jizhunquxian_fanli03_jg.prt"。

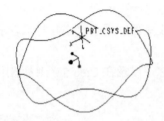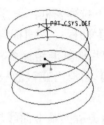

图 3.29　圆柱坐标系下从方程创建基准曲线　　　图 3.30　在笛卡尔坐标系下从方程创建基准曲线

注意：在【方程】对话框的文本框输入具有 3 个坐标系参数的方程，不同坐标系类型所需的坐标系参数是不同的，例如，x、y 和 z 用于笛卡尔坐标系，r、theta 和 z 用于柱坐标系，

rho、theta 和 phi 用于球坐标系，这些变量中的任何一个都可以用作单一独立变量，仅支持一个独立变量。另外，要注意的是，不能在定义基准曲线的方程中使用这些语句：abs、ceil、floor、else、extract、if、endif、itos 和 search。

3）【来自横截面的曲线】创建基准曲线

可以使用横截面创建基准曲线，实际就是沿着横截面边界与零件轮廓之间的相交线创建基准曲线。使用横截面创建基准曲线的方法较为简单，即在功能区的【模型】选项卡中单击【基准】溢出按钮，接着点击 【曲线】命令旁边的▶按钮并选择【来自横截面的曲线】选项，则功能区出现如图 3.31 所示【曲线】选项卡，从【横截面】下拉列表框中选择用来创建曲线的一个可用横截面，然后单击【完成】按钮✔，从而完成创建来自横截面的基准曲线，如图 3.32 所示。

图 3.31　【曲线】选项卡　　　　　　　　图 3.32　使用横截面创建基准曲线

3.2.6　基准点的创建

基准点的用途非常广泛，在几何建模时可将基准点用作构造元素，或用作进行计算和模型分析的已知点，既可用于辅助建立其他基准特征，也可辅助定义其他特征的位置等。

用户可以根据设计要求随时向模型中添加点，即便在创建另一个特征的过程中也可以执行此操作。要向模型中添加基准点，可以使用"基准点"特征。"基准点"特征包含同一操作过程中创建的多个基准点。属于相同特征的基准点主要表现为在模型树中所有的基准点均显示在一个特征节点下，"基准点"特征中的所有基准点相当于一个组，删除一个"基准点"特征会删除该特征中的所有点。如果要删除"基准点"特征中的个别点，必须编辑该点的定义进行删除。基准点用标签"PNT#"标识，其中"#"为基准点的连续号码。

在 Creo 5.0 中，系统提供用于创建【基准点】的工具如图 3.33 所示。

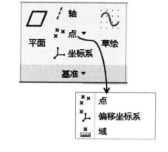

图 3.33　用于创建基准点的工具

（1）创建一般点

一般类型的基准点是运用最广泛的基准点，使用起来非常灵活。单击【点】按钮 可以创建一般类型的基准点。在创建一般基准点时，依据现有几何和设计目的，可以使用不同方法指定点的位置。需要注意的是，在一个"基准点"特征内，可以使用不同的放置方法添加若干点。一般基准点允许放置的方法如表 3.1 所示。

表 3.1　可将一般基准点放置到的位置（允许的放置方法）

序号	放置位置
1	曲线、边或轴上
2	圆形或椭圆形图元的中心
3	在曲面或面组上，或者自曲面或面组偏移
4	顶点上火自顶点偏移
5	自现有基准点偏移
6	从坐标轴偏移
7	图元相交位置，例如，可以将点放置在 3 个平面相交的位置、曲线和曲面的相交处，或两条曲线的相交处

在【基准】组中单击【点】按钮，系统弹出图 3.34 所示的【基准点】对话框，在【放置】选项卡中，左边的框为点列表，右边一个框为【参考】收集器。

创建一般点的操作步骤是：在【基准】组中单击【点】按钮，接着选择参考（如平面、曲线、曲面等），然后根据需要设置偏移参考或偏移比率等。只有当要创建的新点完全被定位约束后，【基准点】对话框中的【确定】按钮才可以用。所有生成的新点排列在点列表中，如要删除该"基准点"特征中某个多余的基准点，可以先在点列表中选择它并按 Delete 键，或在点列表中选中并右击要删除的基准点，然后从弹出的快捷菜单中选择【删除】选项，如图 3.35 所示。

图 3.34　【基准点】对话框

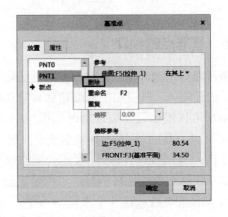

图 3.35　删除选定点的操作示例

下面介绍几种常见的一般基准点创建方法。

1）在平面或曲面上创建基准点

在功能区的【模型】选项卡中单击【基准】组中【点】按钮，系统弹出【基准点】对话框，单击模型曲面作为放置平面，在单击处显示一个基准点 PNT0，如图 3.36 所示。分别拖动两偏移参考控制图柄至参照平面并修改尺寸值，如图 3.37 所示。单击 确定 按钮，关闭【基准点】对话框。

若是在【基准点】对话框【放置】选项卡的【参考】收集器中将参照类型选择为【偏移】选项，在【偏移】文本框中输入偏移值就可以创建偏距平面的基准点，如图 3.38 所示。

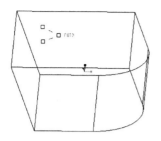

图 3.36　在平面上创建基准点

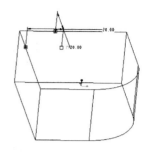

图 3.37　修改基准点位置尺寸

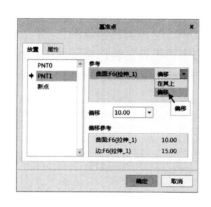

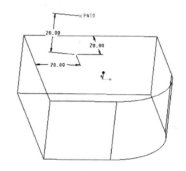

图 3.38　偏移基准点的创建

2）通过边线与特征面或基准面的交点创建基准点

在功能区的【模型】选项卡中单击【基准】组中【点】按钮 ，系统弹出【基准点】对话框，选取边 1，按住 Ctrl 键选择基准面 FRONT，单击【确定】按钮，关闭【基准点】对话框，如图 3.39 所示。

3）通过三个彼此相交面的交点创建基准点

先选择长方体上表面，按下 Ctrl 键再选择 FRONT 基准面和 RIGHT 基准面，如图 3.40（a）所示，在功能区的【模型】选项卡中单击【基准】组中

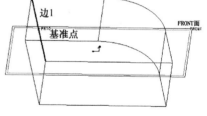

图 3.39　通过边和面的交点创建基准点

【点】按钮 ，弹出【基准点】对话框，单击 确定 按钮关闭【基准点】对话框，结果如图 3.40（b）所示。

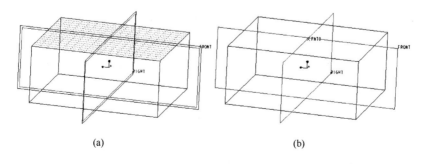

(a)　　　　　　　　　　　　(b)

图 3.40　利用三个面的交点创建基准点 PNT0

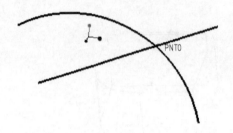

图 3.41 利用两条曲线的交点创建基准点

4）通过两条相交的直线或曲线交点创建基准点

首先选择一条曲线，按下 Ctrl 键再选择另一条直线，在功能区的【模型】选项卡中单击【基准】组中【点】按钮 ⟨x.⟩，弹出【基准点】对话框，单击 确定 按钮关闭【基准点】对话框，结果如图 3.41 所示。

5）在曲线上建立基准点

在功能区的【模型】选项卡中单击【基准】组中【点】按钮 ⟨x.⟩，打开【基准点】对话框，在模型轮廓边上单击，在单击处显示基准点 PNT0，在【基准点】对话框中输入其偏移的比率值，如图 3.42 所示。单击 确定 按钮关闭【基准点】对话框，结果如图 3.43 所示。

【曲线末端】单选按钮用于设置自选定曲线或边端点偏移新点的位置，如果要从另一端偏移，单击【下一终点】按钮。【参考】单选按钮用于设置自选定图元偏移新点的位置，需要选择参考图元，当选择【曲线末端】单选按钮时，可以通过选择下一个选项来设置偏移距离。

【比率】：以基准点到选定端点之间的距离与曲线或边的总长度之比来决定偏移距离，需要在【偏移】框内输入 0 ～ 1 范围的比率值。

【实际值】：使用距离值测量从选定曲线或边端点到新点的偏移距离，需要在【偏移】框中输入一个距离值。

图 3.42 通过比率或实数确定基准点位置

图 3.43 在曲线上建立基准点

6）通过圆或弧的圆心点建立基准点

在功能区的【模型】选项卡中单击【基准】组中【点】按钮 ⟨x.⟩，系统弹出【基准点】对话框，选择模型轮廓边上的圆弧曲线，在【基准点】对话框中的【参考】收集器内将参考类型选择为【居中】，如图 3.44(a) 所示，单击 确定 按钮关闭【基准点】对话框，建立基准点 PNT0，结果如图 3.44(b) 所示。

7）在草图绘制窗口创建基准点

在草图绘制工作界面中创建的基准点称为草绘基准点。使用草图绘制方式一次可草绘多个基准点，这些基准点位于同一个草绘平面，属于同一个基准点特征。

注意：在模型树上显示的是草绘特征，而不是基准点特征。

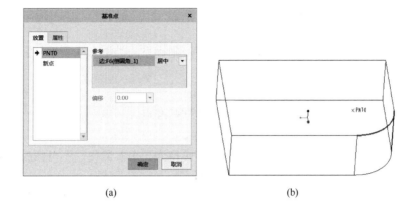

(a)　　　　　　　　　　　　　　　(b)

图 3.44　通过圆弧的圆心建立基准点

（2）草绘基准点的创建步骤

步骤 1：在功能区【模型】选项卡的【基准】组中单击【草绘】按钮，系统弹出【草绘】对话框，选择并定位草绘平面。

步骤 2：单击【草绘】按钮，进入草绘环境。

步骤 3：在【草绘】选项卡的【基准】组中单击【点】按钮，在绘图区创建一个点，根据需要可创建多个点。

步骤 4：单击【确定】按钮，退出草绘工作界面，完成基准点的创建。

注意：以草绘方式建立基准点时，虽然一次可创建多个基准点，但它们同属于一个基准点特征，故在模型树中只显示一个特征名称（显示的是草绘名称）。

（3）创建偏移坐标系基准点

在 Creo 5.0 中，可以通过相对于选定坐标系定位点的方法将点手动添加到模型中，也可以通过导入一个或多个文件创建点阵列的方法将点手动添加到模型中，或同时使用这两种方法将点手动添加到模型中。这些点属于同一个基准特征。

创建偏移坐标系基准点的步骤如下：

步骤 1：在功能区【模型】选项卡的【基准】组中，单击【点】旁边▼按钮并单击【偏移坐标系】按钮，系统弹出如图 3.45 所示【基准点】对话框。该对话框中的点表用于列出当前点特征中的点及相对于各个轴的偏移值。

步骤 2：在图形窗口或模型树中选择用于放置点的坐标系。

步骤 3：在【类型】下拉列表框中选择使用的坐标系类型。

步骤 4：如果要添加一个点，单击点表中的某个单元格来开始添加点，或者右键单击图形窗口并从快捷菜单中选择【新点】命令使点表中添加一行。新点会以默认位置值出现在图形窗口中，单击具有一个白色矩形的拖动控制滑块。

步骤 5：在点表中输入每个所需轴的点坐标参数值。注意不同的坐标轴类型，所需输入的坐标参数值是不同的。

步骤 6：要添加其他点，则在点表中单击下一个空行，然后输入该点的坐标参数值。或者单击【更新值】按钮，然后在文本编辑器中输入值（各个值之间以空格进行分割）。

注意：使用文本编辑器添加点，则点表中必须至少有一个值。

步骤 7：完成点的添加后，单击【确定】按钮或单击【保存】按钮保存添加的点。

该对话框各选项的功能介绍。

- 【参考】：选定参考坐标系。
- 【类型】：在下拉列表中选择坐标系的类型，坐标系的类型有【笛卡尔】、【球坐标】和【柱坐标】。
- 【导入】：通过从文件读取偏移值来添加点。
- 【更新值】：使用文本编辑器输入坐标，建立基准点。
- 【保存】：将点的坐标存为一个".pts"文件。
- 【使用非参数矩阵】：移走尺寸并将点数据转换为一个参数化、不可修改的数列。
- 【确定】：完成基准点的创建并退出对话框。

（4）创建域点

域点是与用户定义的分析（UDA）一起使用的一类特殊基准点，该类型基准点定义了一个从中选定它的域（曲线、边、曲面或面组）。域点仅是用户定义的分析所需特征的参考，不能用作规则建模的参考。由于域点属于整个域，所以它不需要标注。如果要更改域点的域，则必须编辑特征的定义。

域点在零件中的默认分配名称为"FPNT#"，在装配中的默认分配名称为"AFPNT#"。

要创建域点，则在功能区【模型】选项卡的【基准】组中单击【点】旁边的▼按钮，接着单击【域】按钮 ，系统弹出图 3.46 所示的【基准点】对话框，在图形窗口中选择要在其中放置点的曲线、边、实体曲面或面组，如果要更改此域点的名称则切换到【属性】选项卡中进行重新命名，最后单击【确定】按钮即可。

图 3.45 【基准点】对话框

图 3.46 【基准点】对话框（域点）

3.2.7 坐标系的创建

在三维建模中，坐标系用得较少，坐标系常用在以下方面：

- 计算零件的全部属性。
- 进行零件组装的参照。
- 在进行有限元分析放置约束。
- 在 NC 加工中为刀轨迹提供操作参照原点。

用作其他特征的参照，如输入的几何特征（IGES、STL 格式）。

工程技术人员经常会接触到 3 种形式的坐标系：笛卡尔坐标系、柱坐标系和球坐标系，最常用的坐标系是笛卡尔坐标系。

创建坐标系的步骤如下：

步骤 1：在功能区的【模型】选项卡中单击【基准】组中的【坐标系】按钮，系统弹出如图 3.47 所示【坐标系】对话框。

步骤 2：在【原点】选项卡的【参考】编辑框中最多选择 3 个放置参考，参考可以是曲面、平面、边、轴、曲线、坐标系、顶点或坐标系。

步骤 3：在【方向】选项卡中定向新坐标系，如图 3.48 所示。

注意：如果已选择一个顶点作为原点参考，且未提供默认方向，则必须手动定向坐标系。在【属性】选项卡中修改基准坐标系名称，以及其他相关信息。

步骤 4：在【坐标系】对话框中单击【确定】按钮，结束基准坐标系的创建。

图 3.47 【坐标系】对话框

图 3.48 定向新坐标系

下面介绍几种常用坐标系的创建方法。

① 三个平面：选取三个平面或实体表面的交点作为坐标系的原点，如果三个平面两两相交，系统会以选定的第一平面的法向作为一个轴的法向，第二个平面的法向作为另一个轴的方向，系统使用右手定则确定第三个轴，如图 3.49 所示。当三个平面不是两两正交时，系统会自动产生近似的坐标系。

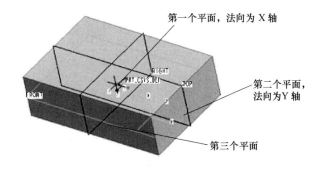

图 3.49 利用三个平面创建坐标系

② 两条边线：使用两条边或两个轴线来创建坐标系。

在功能区的【模型】选项卡中单击【基准】组中的坐标系图标⌐，弹出【坐标系】对话框，按住 Ctrl 键依次选取两条边线（先选的边默认为 X 轴），如图 3.50 所示，单击【确定】按钮，关闭对话框。

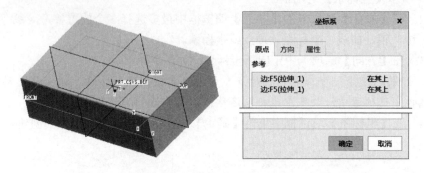

图 3.50　利用两条边线创建坐标系

③ 偏距：把原始坐标系作为参照，在空间偏移一定的距离，得到新的坐标系。

在功能区的【模型】选项卡的单击【基准】组中的坐标系图标⌐，弹出【坐标系】对话框，选择参考坐标系，在对话框【偏移类型】中选择坐标系，本例选择【笛卡尔坐标】，在对话框中输入尺寸或是在绘图区中双击尺寸修改，结果如图 3.51 所示。单击【定向】选项卡，可以在偏距的同时旋转坐标系，结果如图 3.52 所示。单击【确定】按钮，关闭对话框。

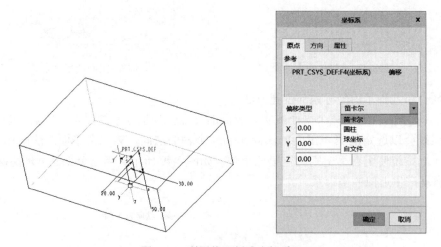

图 3.51　利用偏距创建坐标系

3.2.8　基准图形的创建

基准图形是一种数学函数的图形表示，以此来描述 X 值与 Y 值之间的关系。基准图形在创建实体时，多用来创建尺寸的关系约束方程。基准图形的创建方法：在进入实体零件设计模块后，在功能区的【模型】选项卡中单击【基准】溢出按钮，接着单击【图形】按钮⌐，系统提示输入图形的名字，名字可以是中文名字，但是推荐用英文名字。输入图形的名字后单击✓，系统自动进入【草绘器】模式，这时先建立一个坐标系（不是几何坐标系），然后绘制一个开放的图形，如图 3.53 所示。

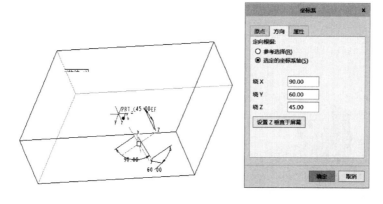

图 3.52　旋转偏距坐标系

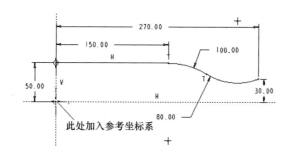

图 3.53　基准图形的绘制

绘制完成后退出草绘器，这时模型树中出现 ⊿ 的基准特征，说明基准图形创建成功。

在绘制图形特征时，要注意以下几个问题。

- 图形特征曲线只能是开口的，不能封闭。
- 在图形特征曲线中，对应于每一个 X 值只能有一个 Y 值，不能有多解。
- 绘制图形特征时，必须加入草绘参照坐标系（不是几何坐标系）。

3.3　创建和修改基准特征操作实例

前面介绍了基准特征的创建方法，本节将以图 3.54 为例进一步说明特征创建的操作方法。图 3.54 所示文件在附盘"第 3 章 \ 范例源文件 \caozuo_fanli01.prt"。

3.3.1　在模型中创建基准点

（1）创建基准点的一般方法

如图 3.55 所示，在功能区的【模型】选项卡中单击【基准】组中【点】按钮 ⚡，系统弹出如图 3.55（b）所示的【基准点】对话框。然后在实体零件上选取边 F6，可以看到在【参考】收集器中添加了"边：F6（拉伸_1） 在其上"，我们可以通过改变【基准点】对话框中的偏移比率来确定基准点在

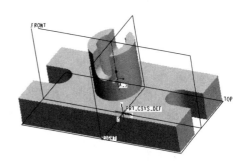

图 3.54　实体零件模型

边上的位置。另外我们可以单击【放置】选项卡中的【新点】来增加基准点的创建。

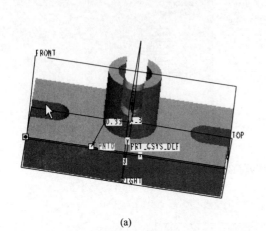

(a)

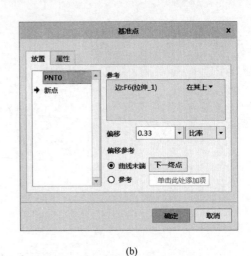

(b)

图 3.55　基准点创建的一般方法

（2）在平面和曲面上创建基准点

如图 3.56 所示的【基准点】对话框，首先激活【参考】收集器，点选"曲面：F8（拉伸_2）"，然后单击【偏移参考】对话框，此时对话框呈现浅绿色，说明对话框已经激活，之后按住 Ctrl 键点选 FRONT 面和 TOP 面作为偏移参考，通过修改偏移量来确定基准点的位置。在平面上创建基准点的方法与此基本相同。

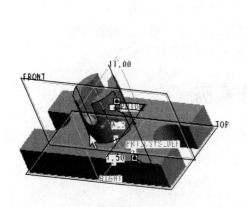

图 3.56　在曲面上创建基准点

（3）通过边线与基准面或特征面的交点创建基准点

如图 3.57 所示的【基准点】对话框，首先点选"边：F6（拉伸_1）"为基本参考，然后在【偏移参考】中点选【参考】选项，激活其复选框，然后点选 FRONT 面作为参考，最后单击 确定 按钮，完成基准点的创建。也可以在【偏移】文本框内输入偏移数值。

（4）通过三个彼此相交面的交点创建基准点

首先选择长方体上表面 F6(拉伸 _1)，按下 Ctrl 键再选择 FRONT 基准面和 RIGHT 基准面，单击功能区【模型】选项卡中的【基准】组中【点】按钮 ，系统弹出如图 3.58 所示【基准点】对话框，单击 确定 按钮关闭【基准点】对话框，完成基准点的创建。

（5）通过两条相交的直线或曲线交点创建基准点

首先选择边 (F6 拉伸 _1)，按下 Ctrl 键再选择另一条边 (F6 拉伸 _1)，单击功能区【模型】选项卡中的【基准】组中【点】按钮 ，弹出【基准点】对话框，单击 确定 按钮关闭对话框，结果如图 3.59 所示。

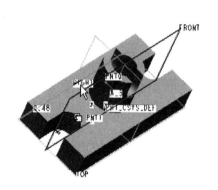

图 3.57　通过边线与基准面或特征面的交点创建基准点

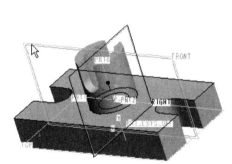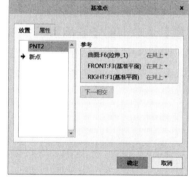

图 3.58　通过三个彼此相交面的交点创建基准点

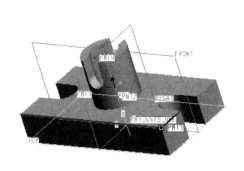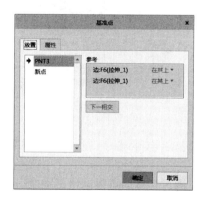

图 3.59　通过两条相交的直线或曲线交点创建基准点

（6）通过圆或弧的圆心点建立基准点

单击功能区【模型】选项卡中的【基准】组中【点】按钮 ✕，打开【基准点】对话框，选择圆弧曲线："边：F10(拉伸 _3)"，在【参考】收集器中参考类型选择【居中】，如图 3.60 所示，单击 确定 按钮关闭【基准点】对话框，完成基准点 PNT4 的创建。

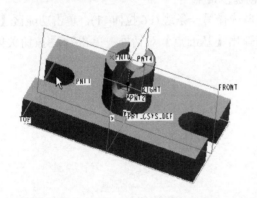

图 3.60　通过圆或弧的圆心点建立基准点

3.3.2　在模型中创建基准轴

基准轴的创建实际上就是确定轴线方位的问题，下面我们来介绍各种轴线创建的方法。

（1）通过实体的边来创建基准轴

在【模型】选项卡的【基准】组中单击【轴】按钮 ╱ 创建基准轴，系统将弹出【基准轴】对话框，如图 3.61 所示。点选实体边"曲线：F8（拉伸 _2）"，在【放置】选项卡中【参考】收集器内显示基准轴的参考，并选择参考类型【穿过】属性来创建基准轴。

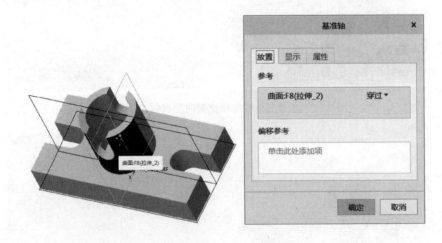

图 3.61　通过实体的边来创建基准轴

（2）通过实体的点来创建基准轴

如图 3.62 所示，通过实体的两个顶点（两点确定一条直线）来创建基准轴。

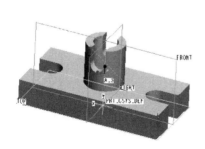

图 3.62　通过实体的点来创建基准轴

（3）通过两个平面或者基准面的交线建立基准轴

如图 3.63 所示，按 Ctrl 键在【基准轴】对话框中添加 FRONT 和 RIGHT 为参考，系统自动将参考类型设置为【穿过】，然后单击 确定 按钮，完成的基准轴如图 3.63 所示。

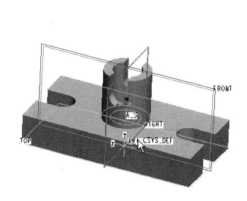

图 3.63　通过两个平面或者基准面的交线建立基准轴

（4）创建与曲线相切的基准轴

如图 3.64 所示，打开【基准轴】对话框后，首先选取"边：F10(拉伸 _3)"为放置参考，并把参考类型设定为【相切】；然后按 Ctrl 键添加该曲线的端点为放置参考，并把放置方式设定为【穿过】，单击 确定 按钮完成基准轴的创建，该基准轴与曲线相切于曲线的端点。

（5）用平面和平面外一点创建基准轴

如图 3.65 所示，打开【基准轴】对话框后，点选"曲面：F6(拉伸 _1)"为放置参考，同时按住 Ctrl 键添加基准点"PNT0：F14(基准点)"为参考，系统会自动将参考类型分别设置为【法向】和【穿过】，单击 确定 按钮，完成基准轴的创建。

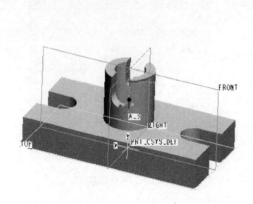
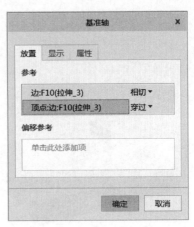

图 3.64　创建与曲线相切的基准轴

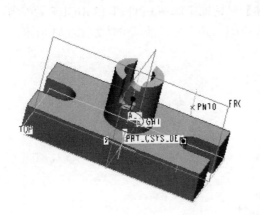
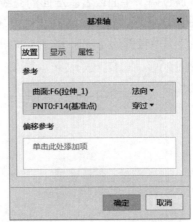

图 3.65　用平面和平面外一点创建基准轴

3.3.3　在模型中创建基准平面

（1）通过对实体平面和现有基准面的偏移建立基准面

首先在【模型】选项卡的【基准】组中单击【平面】按钮 $\square$ 创建基准平面，系统将弹出【基准平面】对话框，如图 3.66 所示。然后选取"曲面：F6（拉伸 _1）"为放置参考，选择参考约束类型为【偏移】，并在【平移】框中输入偏移的距离 5.00，可通过在输入数值前添加"+、-"来控制偏移的方向，之后单击 确定 按钮完成基准面 DTM1 的创建。

（2）通过一条直线和现有平面创建基准面

如图 3.67 所示，在打开【基准平面】对话框后，首先选取"边：F6（拉伸 _1）"为放置参考，按住 Ctrl 键点选"曲面：F6（拉伸 _1）"为放置参考，系统自动将参考约束类型分别设置为【穿过】和【偏移】，这时我们可以看到【偏移】的设定方式自动显示为【旋转】，输入旋转角度 45°，并通过输入数值的"+、-"来控制旋转的方向。单击 确定 按钮即可。

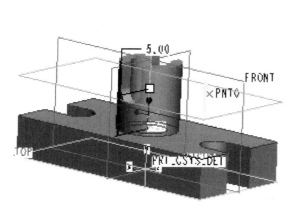

图 3.66　通过对实体平面和现有基准面的偏移建立基准面

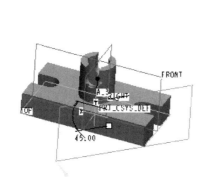

图 3.67　通过一条直线和现有平面创建基准面

（3）通过两条直线或轴创建基准面

打开【基准平面】对话框后，按住 Ctrl 键依次选取拉伸 _1 的两条边为放置参考，之后单击 确定 按钮，完成基准面的创建，如图 3.68 所示。

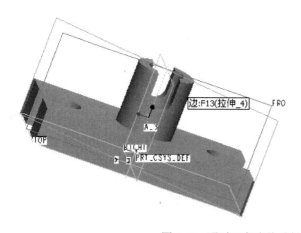

图 3.68　通过两条直线或轴创建基准面

（4）通过一条直线或轴创建与曲面相切的基准面

如图 3.69 所示，打开【基准平面】对话框后，选取"曲面：F8(拉伸 _2)"和"边：F6(拉伸 _1)"为放置参考，并分别把放置方式设定为【相切】和【穿过】，单击 确定 按钮完成基准面的创建。

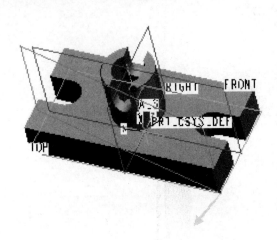

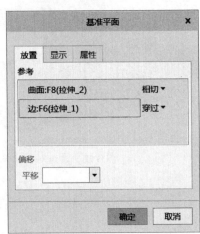

图 3.69　通过一条直线或轴创建与曲面相切的基准面

3.3.4　在模型中创建基准图形

在本节中以图 3.70 所示的凸台创建过程为例，说明基准图形的创建和应用。图 3.70 所示范例源文件在附盘"第 3 章 \ 范例源文件 \jizhuntuxing_fanli01.prt"。

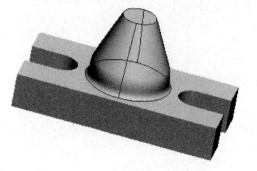

图 3.70　用基准图形创建凸台实例

打开源文件（在配套资源第 3 章 \ 范例源文件 \jizhuntuxing_fanli01.prt）后，创建一个基准图形：在功能区的【模型】选项卡中单击【基准】溢出按钮，接着单击【图形】按钮 ，系统提示输入图形的名字，输入文件名"line"，单击 确定后进入草绘器，绘制如图 3.71 所示的基准图形，完成基准图形的创建。

首先绘制如图 3.72 所示的轨迹线，然后在功能区【模型】选项卡中单击【扫描】按钮 ，打开【扫描】选项卡，点选【创建轨迹】按钮 来创建可变剖面扫描特征，打开【参考】选项卡，选择草绘的轨迹线，系统将所选轨迹定义为原点轨迹，如图 3.73 所示。然后单击【创建和编辑扫描截面】按钮 进入草绘器进行扫描截面的绘制，绘制如图 3.74 所示的圆，然后在功能区的【工具】选项卡中单击【关系】按钮 ，系统会弹出创建关系的对话框，再选择圆的直径尺寸，在弹出的【关系】对话框中输入如图 3.75 所示的关系式，即 sd3=evalgraph("line", trajpar*20)+10，其中"line"就是我们刚才建立的基准图形的名字，完成后单击 确定 按钮，之后退出草绘器，出现扫描特征的预览特征，最后单击 ，完成如图 3.70 所示凸台特征的创建。结果参看"第 3 章 \ 范例结果文件 \jizhuntuxing_fanli01_jg.prt"。

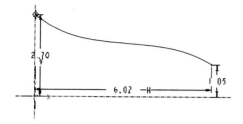

图 3.71　基准图形的绘制

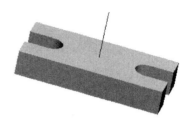

图 3.72　创建扫描轨迹线

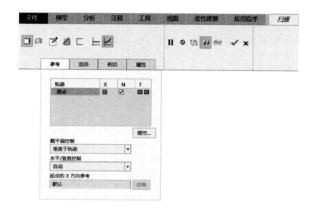

图 3.73　定义可变截面扫描特征的轨迹

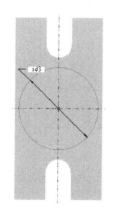

图 3.74　扫描截面的绘制

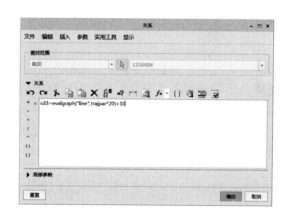

图 3.75　扫描截面直径尺寸约束关系的创建

3.3.5　基准特征的修改

　　所有创建的基准特征和实体特征都会在模型树中列出，当需要修改某个基准特征时，需要在模型树中单击对应的特征名称，然后单击鼠标右键（右击），在弹出的对话框中单击【重命名】可以更改基准特征的名字；或者在模型中左键单击需要修改的特征名称，在弹出的快捷按钮组中单击 ◢ 按钮，进入对特征的编辑定义，如图 3.76 所示。

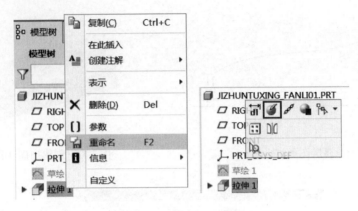

图 3.76　特征的重新编辑定义

3.4　零件建模的设置

3.4.1　模板的设置

创建实体零件时，在新建的对话框中先不要勾选默认模板选项，在设置好零件名称后单击 确定 按钮，系统会弹出【新文件选项】对话框，在模板选项里选取"mmns_part_solid"，单击对话框中的 确定 按钮，完成零件模板的设置，并进入实体建模界面。

注意：如果系统缺省的实体设计模板已经是"mmns_part_solid"，则可以勾选默认模板选项，设置好零件名称后单击 确定 按钮，直接进行设计。

3.4.2　单位的设置

进入零件模块之后，在【文件】下拉菜单中单击【准备】命令旁边的▶按钮并选择【模型属性】选项，系统会弹出【模型属性】对话框如图 3.77 所示，单击【单位】右侧相应的【更改】选项，弹出单位管理器，如图 3.78(a) 所示，在【单位制】选项卡中，选取合适的单位制，也可以单击【新建】，创建一新的单位制；选择【单位】选项卡，如图 3.78（b）所示，可以查看所有的单位属性，用户也可以新建单位。

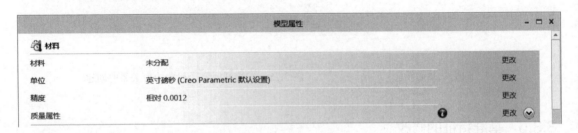

图 3.77　【模型属性】对话框

如果要更改为其他单位制（例如，单位应该为 mm，但是现在已经设计为英寸），在单位管理器中的【单位制】选项卡中选中想要更改的单位制，然后单击【设置】，弹出如图 3.79 所示【更改模型单位】对话框，其中的【转换尺寸】选项模型大小不变，【解释尺寸】选项模型大小会改变，但是显示尺寸一样，适用于只更改设计单位。选择其中一种，单击【确定】按钮即可。

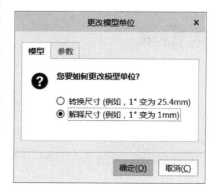

(a)　　　　　　　　　　　　　(b)

图 3.78　【单位管理器】中的设置　　　　　图 3.79　【更改模型单位】对话框

总结与回顾

本章主要介绍了特征的分类和基准特征的创建，是学习实体零件的创建以及零件的装配模块的基础，希望读者能够重视本章内容的学习。学习完本章后需要熟练掌握基准平面、基准轴、基准点以及基准曲线的创建，了解单位和材料的设置。

思考与练习题

1. 用三种方法完成如图 3.80 所示基准轴 (A_1) 和基准平面 (DTM1) 的创建。

2. 试述各个基准特征使用场合。

3. 总结出创建基准轴、基准点和基准平面的各种方法。

4. 试述基准图形的创建方法，并说明其应用场合。

5. 试述基准曲线创建的几种方式，并尝试用各种方式创建基准曲线。

6. 根据下面方程用圆柱坐标系创建基准曲线（参看第 3 章 \ 练习题结果文件 \ex03-6_jg.prt）。

r=5

theta= t×3600

z=sin［3.5×（theta−90）］+24

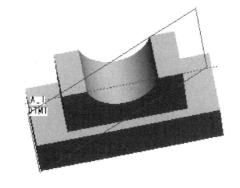

图 3.80　基准轴和基准平面的创建结果图

第④章

基础特征的创建

学习目标：掌握特征创建时草绘平面、草绘视图方向、草绘参考、标注与约束参考的设置；掌握拉伸、旋转、扫描、螺旋扫描、体积块扫描、混合、扫描混合等基础特征的创建方法和技巧。

基础特征是 Creo 5.0 环境下创建三维几何模型的重要工具。基础特征可作为创建其他特征的基础，是可以作为第一个特征存在的特征（本节的体积块扫描特征除外），一般是在二维截面的基础上通过指定方式将截面构造为体得到的。本章将结合实例分别介绍上述几种基础特征的创建方法与过程。

4.1 拉伸特征

拉伸特征是创建实体特征的基本方法之一。该特征工具是通过将二维草图截面沿着垂直于草图截面的方向延伸一定深度，或延伸至指定位置来创建特征的。拉伸特征可用来创建各种截面形状的柱体特征，也可以在创建特征过程中为特征添加锥度，从而得到锥台状特征。拉伸特征工具可以创建的特征类型包括实体、加厚、移除材料和曲面。

4.1.1 【拉伸】选项卡

在功能区【模型】选项卡【形状】组工具栏中单击【拉伸】工具图标按钮，打开如图 4.1 所示【拉伸】选项卡。

【拉伸】选项卡包括两部分，上部为特征定义图标按钮，下部为下滑面板按钮。下部下滑面板按钮包括【放置】、【选项】和【属性】三个。

【放置】按钮用来定义草绘截面。单击【放置】按钮后，打开如图 4.2 所示【放置】下滑面板。在下滑面板中单击【定义】按钮 定义... ，弹出【草绘】对话框。可在【草绘】对话框中设置草绘平面、草绘视图方向和草绘参考，之后进入草绘模式，创建草绘截面。

单击【选项】按钮 选项 打开如图 4.3 所示【选项】下滑面板，可分别定义拉伸特征时在草绘平面两侧进行拉伸的深度方式。

注意：在草绘平面的两侧可以采用不同的拉伸方式，如：在【侧 1】选择"盲孔"方式，而在【侧 2】选择"选定项"方式。在【选项】下滑面板中选中【封闭端】复选框可创建封闭端曲面，选中【添加锥度】复选框可生成锥台特征。

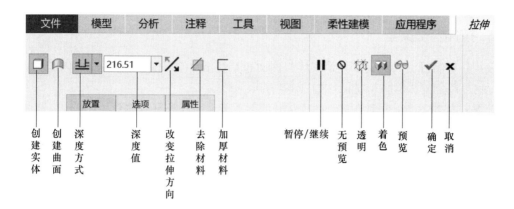

图4.1　【拉伸】选项卡

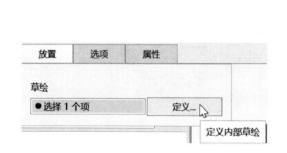

图4.2　【放置】下滑面板

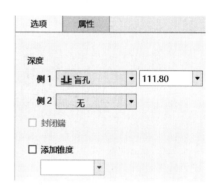

图4.3　【选项】下滑面板

单击【属性】按钮　属性　可命名当前创建的拉伸特征。

选项卡上部特征定义图标按钮功能如下：

● □：创建实体特征。

● ◠：创建曲面特征。注意：创建实体特征□和创建曲面特征◠为开关量，只能二选一。

● ᵇ⁻：单击右侧倒三角可在下拉列表中选择拉伸特征生成时的深度方式。

● 216.51 ▾：可在文本框中输入特征的拉伸深度值。

● ⟋：改变特征的生成方向，使特征向垂直于草绘平面的另一侧生成。在图形区单击特征生成方向箭头也可以更改特征的生成方向。

● ◿：按下该图标可以创建去除材料特征。

● ⌐：按下该图标可将草绘截面轮廓均匀加厚，从而创建薄壁特征。

● ▮▮：单击可暂停当前特征的创建，同时图标转换为退出暂停图标▶。单击退出暂停图标▶可继续当前特征的创建。

● 🗔：按下该图标则当前创建的特征将透明显示。

● 🗔：按下该图标则当前创建的特征将着色显示。

● ⟨⟩：按下该图标可预览并校验当前创建的特征。

- ✔：完成当前特征并关闭选项卡。
- ✖：取消当前特征的创建。

4.1.2　拉伸特征类型

使用拉伸特征工具，可以创建实体、曲面和具有指定厚度的薄壁特征；可以创建加材料特征，也可以创建去除材料特征，如图 4.4 所示。

注意： 创建图 4.4 所示薄壁特征时绘制的草图截面为一条样条曲线。

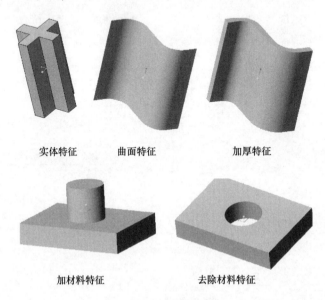

实体特征　　　　曲面特征　　　　加厚特征

加材料特征　　　　去除材料特征

图 4.4　拉伸特征类型

在创建拉伸实体加材料特征时（仅选中【拉伸】选项卡中的【创建实体】图标▢），绘制的草绘截面可以是封闭的，也可以是开放的。如果草绘截面是开放的，则截面的开放端点必须位于原有实体的边界上，能够与实体边界组成封闭的图形，如图 4.5 所示。

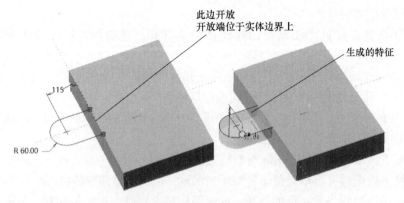

图 4.5　实体加材料特征开放截面时的要求（1）

创建加厚（薄壁）特征（同时选中拉伸选项卡中的图标▢和图标▢）和曲面特征时，草绘截面既可以是开放的也可以是封闭的。对于去除材料特征，草绘截面必须能够将原有模型分成两个部分，草绘截面也可以是封闭的或开放的。

创建拉伸特征时需注意三个方向：特征生成方向、去除材料时的材料侧方向和加厚特征时的特征加厚方向。在 Creo 5.0 环境下，特征生成方向和材料侧方向在图形区均以箭头表示。可以在图形区单击相应的方向箭头改变方向，如图 4.6 所示。当创建加厚材料特征时，可单击【加厚材料】图标按钮⊏，在文本框中输入厚度值，并单击其后的【调整加厚材料方向】图标按钮✕，可切换材料向草绘截面外侧、内侧和两侧加厚。如图 4.7 所示为同一个草绘截面，不同加厚材料方向得到的不同模型。

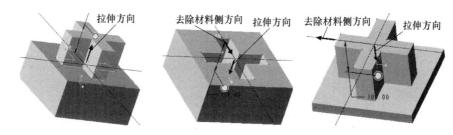

图 4.6　实体加材料特征开放截面时的要求（2）

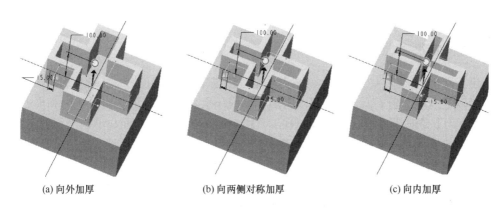

(a) 向外加厚　　　　　(b) 向两侧对称加厚　　　　　(c) 向内加厚

图 4.7　不同加厚材料方向得到的模型

4.1.3　拉伸的深度设置

拉伸特征的深度方式可在【深度方式】按钮⊥▾右侧的下拉列表中选择。根据特征创建需要可以选择以下六种深度方式：

- ⊥给定深度：从草绘平面开始沿着指定方向（图形区箭头方向）拉伸一定的深度。
- ⊟对称：在草绘平面的两侧对称拉伸，每侧拉伸深度为文本框中给定深度值的一半。
- ⊥到下一个：从草绘平面开始沿着拉伸方向拉伸到的下一个实体面（平面或曲面）。
- ⊥穿透：从草绘平面开始拉伸特征使其与所有实体面相交。
- ⊥穿至：从草绘平面开始拉伸特征到选定的实体面（平面或曲面）为止。选择该深度方式后需要选取实体面参考。
- ⊥到选定项：从草绘平面开始拉伸特征到选定的参考为止。选定的参考可以是曲面、边、顶点、曲线、平面、轴或点。

各种深度方式示例如图 4.8 所示。

注意：当创建第一个特征时，仅有三种深度方式：给定深度⊥、对称⊟和到选定项⊥。

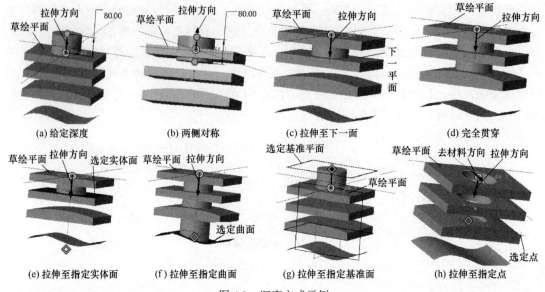

(a) 给定深度　　　(b) 两侧对称　　　(c) 拉伸至下一面　　　(d) 完全贯穿

(e) 拉伸至指定实体面　　(f) 拉伸至指定曲面　　(g) 拉伸至指定基准面　　(h) 拉伸至指定点

图 4.8　深度方式示例

4.1.4　拉伸特征工具的应用

　　创建基础特征需要以二维草绘截面为基础。二维草绘截面可在二维或三维模式下绘制。Creo 5.0 环境下，在选取草绘平面和参考后，系统不会将草绘平面自动调整为和屏幕平行，需要在【草绘】选项卡【设置】组或前视工具栏中单击【使草绘平面与屏幕平行】图标按钮，使草绘平面与屏幕平行。为方便以后操作，建议在进入草绘器时将草绘平面设置为自动和屏幕平行。方法是：

　　① 在【文件】主菜单中选择【选项】，打开【Creo Parametric 选项】对话框。

　　② 在对话框左侧列表框选择【草绘器】选项。

　　③ 在右侧【草绘器启动】栏勾选【使草绘平面与屏幕平行】复选框。

　　④ 单击对话框中 确定 按钮完成设置。

以下通过实例介绍拉伸特征的创建过程。

（1）新建文件

　　在【主页】选项卡中单击【新建】图标按钮，在【新建】对话框中选择"零件"类型、"实体"子类型，将文件命名为"lashen_fanli_jg"，取消【使用默认模板】复选框并在【新文件选项】对话框的【模板】列表框中选择"mmns_part_solid"选项，将零件模板设置为"mmns_part_solid"，如图 4.9 所示。

（2）进入拉伸界面、设置草绘平面、草绘视图方向和参考

　　① 在功能区【模型】选项卡【形状】组工具栏中单击【拉伸】工具图标按钮，在【拉伸】选项卡中单击【放置】按钮 放置 ，在【放置】下滑面板中单击【定义】按钮 定义… ，弹出如图 4.10 所示【草绘】对话框。在该对话框中，用户可以设置草绘平面、草绘视图方向、参考等。

　　② 选取"FRONT"基准平面为草绘平面，系统自动给出草绘视图方向，在图形区以箭头表示（可单击箭头或【草绘】对话框中的 反向 按钮改变草绘视图方向），并自动选取"RIGHT"平面为向"右"的放置参考。完成后，单击【草绘】对话框中的 草绘 按钮，进

入草绘状态。此时 FRONT 平面和屏幕平行（如果没有在【选项】对话框中将草绘平面设置为自动与屏幕平行，则此时 FRONT 平面将不会和屏幕平行），且图形区有两条相互垂直的、无限长的虚线。此虚线为系统自动选取的标注和约束参考，即"RIGHT"基准面和"TOP"基准平面。标注和约束参考是草图绘制时的位置尺寸标注基准，且绘制草图时可以方便地捕捉到参考上的点。

　　注意：也可以在单击【拉伸】工具图标按钮![按钮]打开【拉伸】选项卡后，直接在图形区选取"FRONT"平面为草绘平面，直接进入草绘状态，而不需要打开【草绘】对话框。

图 4.9　【新文件选项】对话框　　　　　图 4.10　【草绘】对话框

（3）绘制拉伸截面

　　利用【草绘】选项卡的【草绘】、【编辑】、【约束】和【尺寸】组的相应工具绘制如图 4.11 所示二维草绘截面。完成后，单击【草绘】选项卡中的【确定】图标按钮![对勾]，退出草绘界面。若单击【取消】图标按钮![叉]，则不保存绘制的草图而退出草绘模式。

（4）设定深度、创建拉伸实体特征

　　在【拉伸】选项卡中接受默认的【创建实体】图标按钮![按钮]，在![深度框] 30.00 中接受默认的深度方式，输入深度值"30"，单击【预览】图标按钮![按钮]，观察特征是否符合设计意图，无误后，单击图标按钮![对勾]，完成拉伸特征的创建，如图 4.12 所示。在定义特征深度时，也可以在图形区双击模型预览上所显示的特征深度值并修改。

　　在本步骤中，如果在【拉伸】选项卡中单击【创建曲面】图标按钮![按钮]，则创建出如图 4.13 所示的曲面。

（5）创建去除材料特征

　　再次单击【拉伸】工具图标按钮![按钮]，在【拉伸】选项卡中单击【去除材料】图标按钮![按钮]，创建切除材料特征，在图形区选取如图 4.12 所示拉伸实体特征的上表面 A 平面，系统将以 A 平面为草绘平面，按照默认的视图方向和草绘视图参考进入草绘状态。

（6）绘制去除材料特征草绘截面

　　利用【草绘】选项卡的【草绘】、【编辑】、【约束】和【尺寸】组的相应工具绘制如图 4.14 所示二维草绘截面。完成后，单击【草绘】选项卡中的【确定】图标按钮![对勾]，退出草绘界面。

　　注意：该草绘截面为开放截面，但截面的开放端点是位于原有实体的边界上，能够与实体边界组成封闭的图形。当然，也可以将截面下方封闭，构成封闭截面来生成去除材料特征。

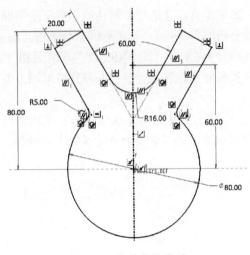

图 4.11　拉伸草绘截面

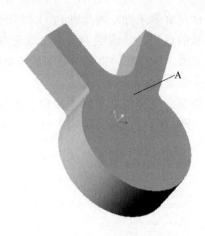

图 4.12　拉伸实体特征

（7）设置去除材料深度方式并生成特征

在【拉伸】选项卡【深度方式】下拉列表中选择拉伸至与所有曲面相交图标按钮 ，单击选项卡右侧的 图标按钮，完成去除材料特征的创建，如图 4.15 所示。

（8）创建薄壁特征

再次单击【拉伸】工具图标按钮 ，在【拉伸】选项卡中单击【加厚材料】图标按钮 ，创建薄壁特征。同样，在图形区单击如图 4.12 所示拉伸实体特征的上表面 A，系统将以 A 平面为草绘平面，按照默认的视图方向和草绘视图参考进入二维草图状态。

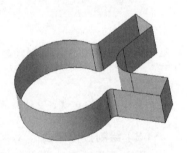

图 4.13　拉伸曲面特征

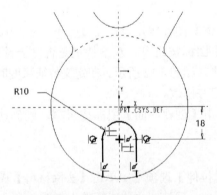

图 4.14　去除材料草绘截面

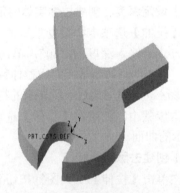

图 4.15　去除材料特征

（9）绘制薄壁特征草绘截面

选取【草绘】选项卡【草绘】组的【投影】图标按钮 投影，并在图形区依次选取如图 4.16 所示边线作为薄壁特征草绘截面的截面图元。完成后，单击【草绘】选项卡中的【确定】图标按钮 ，退出草绘界面。

注意：薄壁特征的截面也可以是开放的。

（10）生成薄壁特征

在【拉伸】选项卡【深度方式】下拉列表中选择给定深度图标，设定深度值为"3"，在【加厚材料】文本框中输入薄壁特征厚度为"5"，单击文本框后的调整加厚材料侧方向图标，将加厚方向调整至如图 4.17 所示方向，单击【拉伸】选项卡的图标按钮，完成薄壁特征的创建。创建完成的模型如图 4.18 所示。

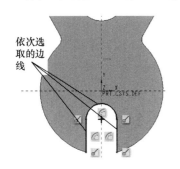

依次选取的边线

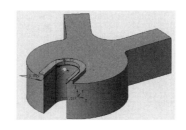

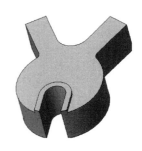

图 4.16　拾取的边线　　　　　图 4.17　加厚方向　　　　　图 4.18　最终模型

（11）保存文件

结果零件请参看所附资源"第 4 章 \ 范例结果文件 \lashen_fanli01_jg.prt"。

4.2　旋转特征

旋转特征也是建立实体特征的基本特征之一。旋转特征工具是通过将二维截面绕着一个与之在同一平面内的旋转轴旋转指定角度实现的。旋转特征的创建步骤与拉伸特征的创建步骤基本相同，可用于创建完全或部分的回转体特征。旋转特征也需要先绘制一个草绘截面（即旋转剖面），之后给出旋转轴并设定旋转角度来创建。同样，旋转特征工具可创建实体、曲面特征，可创建添加和去除材料特征等。机械行业中常用的圆形截面的轴类零件、盘状零件以及生活中用到的轴对称的饮料瓶、花瓶等模型均可采用旋转工具创建。

4.2.1　【旋转】选项卡

在功能区【模型】选项卡【形状】组工具栏中单击【旋转】工具图标按钮，打开如图 4.19 所示的【旋转】选项卡。

图 4.19　【旋转】选项卡

【旋转】选项卡与【拉伸】选项卡相似，也包括两部分：特征定义图标按钮和下滑面板按钮。

在【放置】下滑面板中可定义旋转特征的草绘截面和旋转轴，如图 4.20 所示。如果草绘截面中绘制有可作为旋转中心的中心线，则软件将以该中心线为旋转中心。如果截面中没有绘制中心线,则需要选取一条已有的中心线作为旋转轴。

在如图 4.21 所示【选项】下滑面板中,可定义旋转特征在草绘平面两侧旋转的方式和角度。

注意:只有当【侧 1】的旋转角度值不为"360°"时,才可为【侧 2】定义旋转方式和角度。【选项】下滑面板中的【封闭端】复选框用于控制在创建旋转曲面特征时,生成的曲面特征两端开放或闭合。

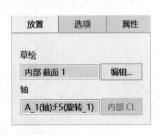

图 4.20 【放置】下滑面板

图 4.21 【选项】下滑面板

在【属性】下滑面板中可对当前的旋转特征进行命名。

【旋转】选项卡上部特征定义图标按钮区的图标按钮与【拉伸】选项卡中的图标按钮具有相同的功能,在此不再赘述。【旋转】选项卡与【拉伸】选项卡的不同之处在于【旋转】选项卡中有显示旋转轴的文本框 1轴 ,且下拉列表中仅有三种深度(或角度)方式。

4.2.2 旋转特征类型

单击【旋转】选项卡中的【创建实体】图标按钮可创建旋转实体特征。单击创建曲面图标按钮可创建曲面特征。其中创建实体特征和创建曲面特征为开关量,只能二选一。单击【加厚】图标,可以通过将截面轮廓加厚指定厚度得到薄壁特征。

创建旋转实体特征时,若封闭的草绘截面与旋转轴之间有一定距离,则旋转实体为中空实体,否则为实心回转体。旋转实体特征的草绘截面也可以不封闭,但要求截面的开放端点必须位于原有实体边界上,能够与实体边界组成封闭图形,如图 4.22(a)所示。

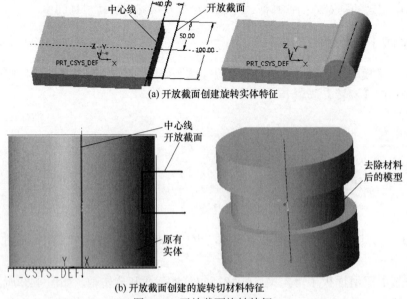

(a) 开放截面创建旋转实体特征

(b) 开放截面创建的旋转切材料特征

图 4.22 开放截面旋转特征

　　创建旋转切材料特征时，旋转截面可以是封闭或不封闭的，只要草绘截面绕旋转轴旋转后可以将已有模型分成两部分即可。图 4.22（b）所示为不封闭的截面旋转切材料的例子。

　　需要注意的是旋转特征的草绘截面必须在旋转轴的一侧（草绘截面的边线可以和旋转轴重合，但不能相交）。

4.2.3　旋转角度的设置

　　旋转特征的旋转角度方式可在【旋转】选项卡旋转角度 ⏚· 下拉列表框中选取。在旋转角度下拉列表中提供了三种旋转角度方式：

- ⏚【旋转指定角度】：直接指定草绘截面的旋转角度。
- ⊟【双侧旋转】：草绘截面在草绘平面的两侧按指定角度对称旋转。
- ⏚【旋转到选定项】：将草绘截面旋转至选定的点、曲线、平面或曲面。

4.2.4　旋转特征操作实例

　　以下利用旋转工具创建如图 4.23 所示传动轴模型。其中键槽特征需要采用拉伸切除材料方法创建。

图 4.23　传动轴

（1）新建文件

　　新建一个零件类型、实体子类型的文件，命名为"xuanzhuan_fanli_jg"，并将零件模板设置为"mmns_part_solid"。

（2）进入旋转界面、设置草绘平面和参考平面

　　在功能区【模型】选项卡【形状】组单击【旋转】工具图标按钮 ⚙旋转，在【旋转】选项卡中单击【放置】按钮 放置 ，在下滑面板中单击【定义】按钮 定义... ，弹出【草绘】对话框。在图形区或模型树中选取"FRONT"基准平面为草绘平面，系统自动选取放置参考及标注与约束参考。单击【草绘】对话框中的【草绘】按钮 草绘 ，进入草绘状态。此时，由于已经按照 4.1.4 节介绍的设置方法，在【Creo Parametric 选项】对话框中将草绘平面在草绘器启动时自动调整为与屏幕平行，因此，此时 FRONT 面将自动与屏幕平行。

（3）绘制旋转截面

　　利用【草绘】选项卡的【草绘】、【编辑】、【约束】和【尺寸】组的相应工具绘制如图 4.24 所示二维草绘截面。完成后，单击【草绘】选项卡中的【确定】图标按钮 ✔，退出草绘截面。

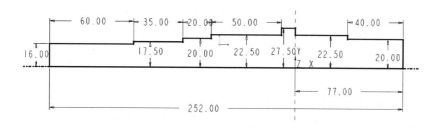

图 4.24　草绘截面 1

注意：需要在图形区绘制水平中心线（图中与 TOP 基准平面重合）作为旋转特征的旋转中心。图中竖直虚线为默认参考 RIGHT 基准平面。由于第一个特征草绘截面的绘制位置决定了模型在空间的位置，因此绘制第一个特征的草绘截面时，尽量将截面绘制在有利于后续特征创建的特殊位置处。

（4）设定旋转角度、创建旋转实体特征

在【旋转】选项卡中接受默认的旋转指定角度方式，在文本框中输入旋转角度值"360°"，单击【预览】图标按钮 ∞，观察特征是否符合设计意图，无误后，单击 ✓ 图标按钮，完成旋转实体特征的创建，如图 4.25 所示。

（5）创建旋转切材料特征（退刀槽）

① 在【模型】选项卡【形状】组单击【旋转】工具图标按钮 ∞ 旋转，在打开的【旋转】选项卡中单击【去除材料】图标按钮 ∠，在图形区或模型树中选取"FRONT"基准平面为草绘平面，系统自动选取放置参考及标注与约束参考，进入草绘状态。

② 利用【草绘】选项卡中的【草绘】、【编辑】、【约束】和【尺寸】组的相应工具绘制如图 4.26 所示二维截面（两个矩形）。完成后，单击【草绘】选项卡中的【确定】图标按钮 ✓，退出草绘界面。注意此处也可以不在草绘截面中绘制中心线，待退出草绘截面后选择上步创建的旋转特征轴线为本步骤中旋转切材料特征的旋转中心。

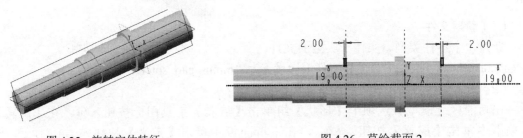

图 4.25　旋转实体特征　　　　　　　　　　图 4.26　草绘截面 2

③ 在【旋转】选项卡旋转角度文本框中设定旋转角度值为"360"，单击选项卡上的 ✓ 图标按钮，完成旋转切材料特征（退刀槽）的创建，如图 4.27 所示。

（6）创建基准平面 DTM1 及端部键槽

① 在功能区【模型】选项卡【基准】组工具栏中单击【平面】工具图标按钮 □，弹出【基准平面】对话框。在图形区或模型树中选取"FRONT"基准平面为参考，在【参考】列表框的约束类型下拉列表中选择【偏移】类型，并在【偏移】栏【平移】文本框中输入偏移值"11"，完成后单击对话框中的【确定】按钮 确定，完成 DTM1 平面的创建。

② 在【模型】选项卡【形状】组单击【拉伸】工具图标按钮 ⬛，在打开的【拉伸】选项卡中单击【去除材料】图标按钮 ∠，在图形区或模型树中选取新创建的"DTM1"基准平面为草绘平面，系统自动选取放置参考及标注与约束参考，进入草绘状态。

③ 利用【草绘】选项卡的【草绘】、【编辑】、【约束】和【尺寸】组的相应工具绘制如图 4.28 所示草绘截面。完成后，单击【草绘】选项卡中的【确定】图标按钮 ✓，退出草绘界面。

④ 在【拉伸】选项卡【深度方式】下拉列表中，选择用于拉伸至与所有曲面相交的图标按钮 非，并将拉伸方向调整至如图 4.29 所示方向（单击图形区拉伸方向箭头或【拉伸深度】文本框后的【改变方向】图标按钮 ✗ 改变方向），去除材料侧方向箭头指向截面内侧，

单击图标按钮✓，完成端部键槽特征的创建，如图 4.30 所示。

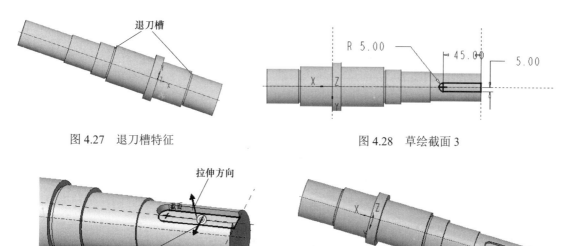

图 4.27　退刀槽特征　　　　　　　　　　图 4.28　草绘截面 3

图 4.29　端部键槽方向设定　　　　　　　图 4.30　端部键槽特征

（7）创建基准平面 DTM2 及中部键槽特征

① 重复步骤（6）中的分步骤①，选取"FRONT"基准平面为参考，创建一个距离 FRONT 基准平面偏移距离为 12mm 的基准平面 DTM2。

② 在【模型】选项卡【形状】组单击【拉伸】工具图标按钮，在【拉伸】选项卡中单击【去除材料】图标按钮，在图形区或模型树中选取新建的基准平面"DTM2"为草图平面，进入草绘状态后绘制如图 4.31 所示草绘截面。在【深度方式】下拉列表中选择用于拉伸至与所有曲面相交的图标按钮，并按照图 4.32 所示调整拉伸方向和材料侧方向，完成拉伸切材料特征的创建。最终模型如图 4.23 所示。

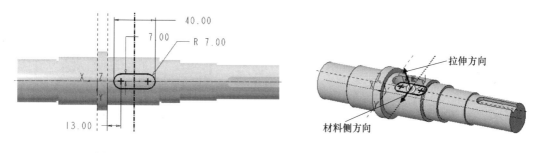

图 4.31　草绘截面 4　　　　　　　　　　图 4.32　中部键槽方向设定

（8）保存文件

结果零件请参看所附资源"第 4 章 \ 范例结果文件 \xuanzhuan_fanli_jg.prt"。

4.3　扫描特征

扫描特征工具是将截面图形沿着指定轨迹线移动从而包络形成特征。Creo 5.0 软件提供了三种类型的扫描工具：扫描、螺旋扫描和体积块螺旋扫描。

扫描和螺旋扫描工具既可以创建实体特征，也可以建立曲面、薄壁和去除材料特征。体积块螺旋扫描工具只能进行去除材料操作，不能创建加材料特征。

建立扫描特征需要绘制扫描截面和扫描轨迹线。扫描轨迹线是扫描截面的运动路径。扫描轨迹可以是草绘状态下绘制的轨迹，也可以选择已有曲线或实体边为扫描轨迹。由于草绘模式只能绘制二维平面图形，因此草绘轨迹只能是平面曲线，而选择轨迹可以选取空间曲线作为扫描轨迹线。

以下分别介绍这三种特征工具的使用方法。

4.3.1 扫描特征工具

扫描特征工具可以使扫描截面沿着一条或多条选定轨迹线进行运动，并通过控制截面的方向、旋转角度和几何形状来添加或去除材料。使用扫描特征工具可以创建两种类型的特征：恒定截面扫描特征和可变截面扫描特征。

恒定截面扫描特征沿着扫描路径扫描过程中截面的形状和尺寸不发生变化，仅截面方向随着扫描路径的变化而变化。图 4.33 所示为一圆形截面沿着一条样条曲线扫描得到的恒定截面扫描特征。在扫描的过程中圆形截面在任一位置都与样条曲线（轨迹线）上所在点的切线方向垂直。

可变截面扫描工具可以创建截面变化的扫描特征。该特征是由一个截面沿着一条原点轨迹线和一条或多条链轨迹线进行扫描得到的。在扫描的过程中，如果扫描截面的边界通过链轨迹线与草绘平面的交点，则扫描截面的形状和大小将随链轨迹线的变化而变化。如图 4.34 所示为一矩形截面沿着一条直线原点轨迹线扫描，由于扫描截面（矩形）通过了三条链轨迹线与草绘平面的交点，因此，特征截面在扫描的起始点处为矩形，之后沿着原点轨迹线扫描过程中受到链轨迹线的控制，截面形状和尺寸发生变化。在原点轨迹的终点处，截面成为一条直线。此外，将关系式、"Trajpar" 参数以及图形模型基准相结合也可以创建截面形状、尺寸随关系式、图形模型基准变化而变化的扫描特征。

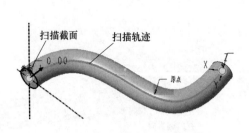

图 4.33 恒定截面扫描特征

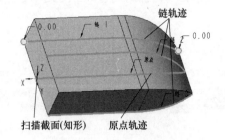

图 4.34 可变截面扫描特征

4.3.2 【扫描】选项卡

在功能区【模型】选项卡【形状】组工具栏中单击【扫描】工具图标按钮 扫描，打开如图 4.35 所示【扫描】选项卡。

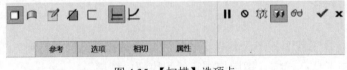

图 4.35 【扫描】选项卡

【扫描】选项卡的上部特征定义图标按钮区具有与【拉伸】选项卡相同的图标按钮，这些按钮具有相同的功能，在此不再赘述。以下仅介绍【拉伸】选项卡中所没有的三个特征定义图标按钮：

✎：单击后进入草绘模式，可创建或编辑扫描特征的扫描截面；

⊢：单击该图标按钮将创建恒定截面扫描特征，扫描过程中截面形状尺寸不发生变化；

∠：单击该图标按钮将创建可变截面扫描特征，允许截面的尺寸或形状根据链轨迹、关系式或图形模型基准等发生变化。

（1）【参考】下滑面板

在【扫描】选项卡的【参考】下滑面板中可选取扫描特征的原点轨迹和链轨迹，选择【截平面控制】方式，截面的【水平/竖直控制】方式以及【起点的 X 方向参考】等，如图 4.36 所示。

【轨迹】列表框：选取的扫描轨迹将显示在该列表框中。【X】复选框用于将轨迹设置为 X 轨迹。【N】复选框用于将轨迹设置为法向轨迹，此时扫描截面在扫描过程中将垂直于法向轨迹。【T】复选框可用于将轨迹设置为与给定的曲面参考相切。

【截平面控制】下拉列表框用于定义扫描截面的方向，即扫描坐标系的 Z 轴方向。软件提供以下三个选项：

• 【垂直于轨迹】：截面在扫描过程中与法向轨迹线保持垂直，即截面的 Z 轴方向沿着法向轨迹的切线方向，如图 4.37 所示。

• 【垂直于投影】：截面的 Y 轴垂直于指定的投影参考平面，Z 轴沿着原点轨迹在投影参考上的投影曲线的切线方向，如图 4.38 所示。

• 【恒定法向】：截面的 Z 轴方向始终沿着指定参考指定的方向，如图 4.39 所示。

图 4.36 【参考】下滑面板

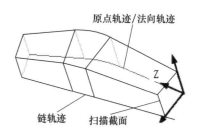

图 4.37 【垂直于轨迹】方式

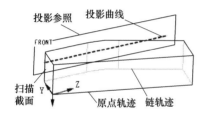

图 4.38 【垂直于投影】方式

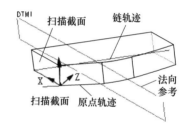

图 4.39 【恒定法向】

当在【截平面控制】下拉列表框中选择【垂直于投影】或【恒定法向】选项时，【参考】下滑面板出现如图 4.40 所示【方向参考】收集器，该收集器处于激活状态，可在图形区或模型树中选取相应的参考作为投影参考面或法向参考面。

【水平 / 竖直控制】栏用于控制截面扫描时的扭转形状。下拉列表选项包括：

●【自动】：自动定位剖面的旋转方向，该方法可使扫描特征有最小程度的扭曲。如果原点轨迹没有任何参考曲面，该项为默认选项。

●【X 轨迹】：剖面的 X 轴通过指定的 X 轨迹与扫描截面的交点。

（2）【选项】下滑面板

在【扫描】选项卡【选项】下滑面板中可定义扫描特征属性以及草绘截面的放置点，如图 4.41 所示。

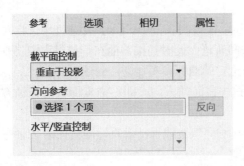

图 4.40　方向参考

图 4.41　【选项】下滑面板

【封闭端】：仅当创建可变截面曲面特征时，该项被激活。选中该复选框可将扫描曲面的两端面封闭，如图 4.42 所示。

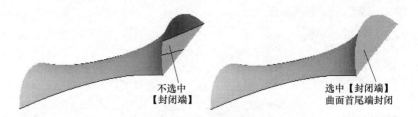

图 4.42　【封闭端】复选框选中前后对比

【合并端】：选中该复选框可以把扫描特征的两端合并到相邻的实体特征上，使扫描的实体特征可以和相邻的实体特征完全拟合。否则，系统不将扫描端点连接到相邻实体。图 4.43 所示模型杯体使用旋转特征命令创建，杯柄使用扫描命令创建。如图 4.43（a）所示为选中【合并端】复选框后的效果，图 4.43（b）所示为未选中【合并端】复选框的效果。

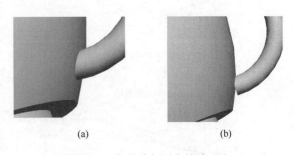

图 4.43　合并端与不合并端对比

【草绘放置点】：用于定义扫描截面绘制时的草绘平面位置。默认的草绘截面放置点为 "原点"，即将草绘平面放置在原点轨迹的起点上。也可以通过激活【草绘放置点】收集器，并在图形区选取原点轨迹上绘制的基准点，从而将草绘截面的绘制点放在选定点处。

（3）【相切】下滑面板

【相切】下滑面板如图 4.44 所示。其中【轨迹】列表框显示扫描特征所有轨迹，包括原点轨迹和链轨迹。【参考】下拉列表框默认选项为【无】，选择列表框中的【选定】选项后，可以在图形区选择参考曲面，使轨迹与曲面参考相切。

（4）【属性】下滑面板

单击【属性】按钮 属性 可在下滑面板中修改特征名称。

图 4.44　【相切】下滑面板

4.3.3　扫描轨迹

扫描轨迹是扫描特征的运动路径，分为原点轨迹和链轨迹两种。

原点轨迹用于引导扫描截面移动，在移动过程中截面的原点始终落在该轨迹上。也就是说原点轨迹是扫描截面原点的运动路径。原点轨迹不可以删除，但可以在轨迹列表中选中原点轨迹后，在图形区再选取另外一条曲线替换原来的原点轨迹。

链轨迹用于控制扫描过程中截面的变化，它和截面的交点形成控制点，以控制截面的形状和大小。对于不是 X 轨迹、法向轨迹或相切轨迹的链轨迹，可以在右键菜单中选取【移除】选项，或按下 Ctrl 键的同时在图形区单击该轨迹将其移除。

打开【参考】面板后，选取的第一条轨迹为原点轨迹。链轨迹需要按下 Ctrl 键依次选取。在轨迹列表中可以通过单击轨迹对应的【X】、【N】复选框，将该轨迹设定为 X 轨迹或法向轨迹。如果某轨迹和一个或多个曲面相切，还可以选中轨迹后的【T】复选框，使其成为切向轨迹。上述三种轨迹属性的含义如下：

• 【X 轨迹】：当在【截平面控制】栏中选取【垂直于轨迹】或【恒定法向】选项，并在【水平／竖直控制】栏中选取【X 轨迹】选项时，需要选取某链轨迹作为 X 轨迹以确定剖面的 X 轴方向，也即截面的 X 轴通过选定的 X 轨迹和扫描截面的交点，如图 4.45 所示。注意原点轨迹不可以为 X 轨迹，并且 X 轨迹只能有一条。

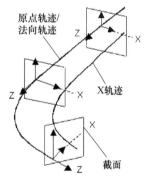

• 【法向轨迹】：当在【截平面控制】栏中选取【垂直于轨迹】方式时，需要选取某一轨迹为法向轨迹以确定剖面的 Z 轴方向，即在扫描过程中扫描截面将始终与选定的法向轨迹垂直，如图 4.46 所示。法向轨迹只能有一条。

图 4.45　【垂直于轨迹】+【X 轨迹】

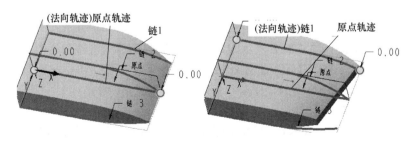

图 4.46　法向轨迹为不同轨迹（"原点轨迹" /"链 1"）时的模型对比

·【相切轨迹】：用来确定截面绘制时的相切参考。如果某轨迹和一个或多个曲面相切，可以选取该轨迹为相切轨迹。

扫描轨迹可以是草绘轨迹也可以是选取的轨迹。草绘轨迹只能是平面图形。也可以选择基准曲线或已有实体的边作为扫描轨迹。选择的扫描轨迹可以是三维曲线。可以选作轨迹的曲线有草绘、求交曲线、使用剖截面创建的曲线、投影的曲线、成形的曲线、曲面偏距及从位于平面上的曲线的两次投影。

4.3.4 定截面扫描特征创建实例

以下创建如图 4.47 所示杯子模型，其中杯体通过旋转特征创建，杯柄和杯沿卷边采用扫描特征创建。步骤如下。

（1）新建文件

新建一个零件类型、实体子类型的文件，命名为"saomiao_fanli01_jg"，并将零件模板设置为"mmns_part_solid"。

（2）创建杯体旋转特征

① 在功能区【模型】选项卡【形状】组工具栏中单击【旋转】工具图标按钮 旋转，打开【旋转】选项卡。在图形区或模型树中选取"FRONT"基准平面为草绘平面，系统会自动选取放置参考及标注与约束参考，进入草绘状态。

② 利用【草绘】选项卡的【草绘】、【编辑】、【约束】和【尺寸】组的相应工具绘制如图 4.48 所示草绘截面，完成后单击【确定】图标按钮 ✔，退出草绘界面。

注意：需要选择【草绘】选项卡【草绘】组的【中心线】工具图标按钮 ┆ 中心线 绘制旋转中心线。

图 4.47 杯子模型

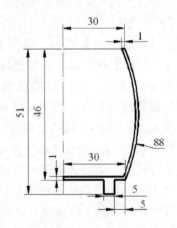

图 4.48 旋转草绘截面

③ 生成旋转特征。在【旋转】选项卡中接受默认的指定角度值角度方式 ⏚，在文本框中输入角度值"360°"，单击【预览】图标按钮 ∞，预览无误后，单击 ✔图标按钮，完成旋转实体特征的创建，如图 4.49 所示。

（3）创建杯柄扫描特征

① 在模型树中单击"FRONT"基准平面标签，在如图 4.50 所示浮动工具栏中单击【草绘】图标按钮 ，进入草绘模式。也可以在功能区【模型】选项卡【基准】组工具栏中单击

【草绘】工具图标按钮，在打开的【草绘】对话框中选取草绘平面和草绘参考等，然后单击对话框中的【草绘】按钮 草绘 ，进入草绘状态。

图 4.49　杯体特征

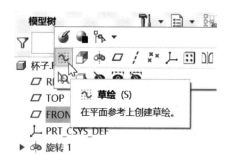

图 4.50　浮动工具栏

②利用【草绘】选项卡的【草绘】、【编辑】、【约束】和【尺寸】组的相应工具绘制如图 4.51 所示草图，完成后单击选项卡中【确定】图标按钮 ✔ ，退出草绘界面。

③在功能区【模型】选项卡【形状】组工具栏中单击【扫描】工具图标按钮 扫描 ，在【扫描】选项卡中，接受默认的扫描为实体 □ 和定截面扫描 ╞ 方式，在图形区选择步骤②中绘制的草绘曲线为扫描轨迹，此时曲线一端显示出箭头，表明该处为扫描轨迹的起点，如图 4.52 所示。需要更改扫描起点时，可在图形区单击扫描轨迹端部的箭头，将扫描起点调整至扫描轨迹的另一端。

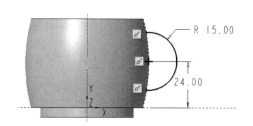

图 4.51　绘制的轨迹草图

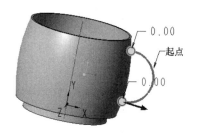

图 4.52　选取扫描轨迹

④单击【扫描】选项卡中的创建或编辑扫描截面图标按钮 ☑ ，进入草绘状态。利用【草绘】选项卡的【草绘】、【编辑】、【约束】和【尺寸】组的相应工具绘制如图 4.53 所示草图为扫描截面，完成后单击【确定】图标按钮 ✔ ，退出草绘界面。

注意：椭圆形扫描截面的中心位于图形区两条相互垂直虚线的交叉处，此处为扫描轨迹的起点。

⑤观察图形区模型，可见杯柄与杯体间存在间隙，为使两特征完全融合，在【扫描】选项卡中单击 选项 按钮，在【选项】下滑面板中选中【合并端】复选框 ☑ 合并端 ，此时杯体和杯柄特征将完全融合。单击 ✔ 图标按钮，完成扫描实体特征的创建，如图 4.54 所示。

（4）选取扫描轨迹创建杯沿特征

①再次单击【模型】选项卡【形状】组中的【扫描】工具图标按钮 扫描 ，在【扫描】选项卡中接受默认的扫描为实体 □ 和定截面扫描 ╞ 的方式，在图形区选取如图 4.55 所示杯沿的外棱，此时仅能选中杯沿的一半圆弧，可按下 Shift 键选取另一半圆弧，从而将整个杯沿（整个圆）作为扫描轨迹。

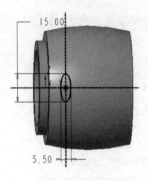

图 4.53 扫描截面

杯沿外棱

图 4.54 杯柄扫描特征

② 单击【扫描】选项卡中的创建或编辑扫描截面图标按钮，进入草绘状态。利用【草绘】选项卡的【草绘】、【编辑】、【约束】和【尺寸】组的相应工具绘制如图 4.56 所示草图为扫描截面，完成后单击【草绘】选项卡中的【确定】图标按钮，退出草绘界面。

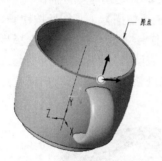

原点

图 4.55 选取的扫描轨迹

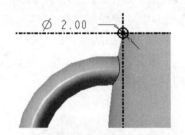

∅ 2.00

图 4.56 杯沿扫描截面

③ 在【扫描】选项卡中单击图标按钮，完成扫描实体特征的创建，如图 4.47 所示。

（5）保存文件

结果零件请参看所附资源"第 4 章 \ 范例结果文件 \ saomiao_fanli01_jg.prt"。

4.3.5 可变截面扫描特征创建实例

可变截面扫描特征工具可以创建截面沿着扫描轨迹变化的特征。截面的变化可以通过链轨迹来控制，也可以通过"Trajpar"参数和关系式，以及图形模型基准、"evalgraph"函数和关系式相结合实现。以下通过实例介绍各种可变截面扫描特征的创建过程。

（1）可变截面扫描（链轨迹 + 垂直于轨迹截面控制方式）

本例通过垂直于轨迹的截面控制方式创建如图 4.57 所示模型。创建步骤如下：

① 新建一个零件类型的文件，名称为"kebian_fanli01_jg"，使用"mmns_part_solid"模板。

② 在模型树中单击"FRONT"基准平面标签，在弹出的浮动工具栏中单击【草绘】图标按钮，进入草绘模式。

③ 在【草绘】选项卡的【草绘】和【尺寸】组选取直线绘制工具、标注工具，绘制如图 4.58 所示草图作为扫描轨迹线，完成后单击【草绘】选项卡中的【确定】图标按钮，退出草绘界面。此曲线将作为稍后创建的可变截面扫描特征的原点轨迹。

图 4.57　零件模型

图 4.58　草绘曲线 1

④ 重复步骤②，进入草绘模式，在【草绘】选项卡的【草绘】和【尺寸】组选取直线和圆弧绘制工具、标注工具绘制如图 4.59 所示曲线，完成后单击【草绘】选项卡中的【确定】图标按钮 ✔，完成草绘曲线 2 的创建。此曲线将作为可变截面扫描特征的链轨迹之一。

⑤ 在模型树中单击"RIGHT"基准平面标签，在弹出的浮动工具栏中单击【草绘】图标按钮，进入草绘模式。

⑥ 在【草绘】选项卡【草绘】和【尺寸】组选取直线、圆弧绘制工具和标注工具，在图形区绘制如图 4.60 所示曲线，完成后单击【草绘】选项卡中的【确定】图标按钮 ✔，完成草绘曲线 3 的创建。该曲线为可变截面扫描特征的另一条链轨迹。

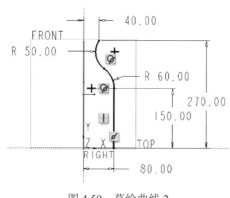

图 4.59　草绘曲线 2

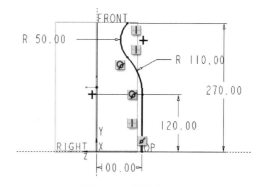

图 4.60　草绘曲线 3

⑦ 在功能区【模型】选项卡【形状】组工具栏中单击【扫描】工具图标按钮 扫描，在【扫描】选项卡中，选取扫描为实体 □ 和变截面扫描 ✓ 图标按钮，单击【参考】按钮 参考，打开【参考】下滑面板。

⑧ 在图形区选取步骤③中创建的草绘曲线 1 为原点轨迹（注意：系统将选取的第一条曲线默认为原点轨迹），按下 Ctrl 键依次选取步骤④、⑥中创建的两条草绘曲线作为链轨迹，选取的曲线如图 4.61 所示。接着，在【截平面控制】下拉列表中选取【垂直于轨迹】选项，在【水平 / 竖直控制】下拉列表框中选取【自动】选项，在【起点的 X 方向参考】栏中接受【默认】选项。设定完成的【参考】面板如图 4.62 所示。

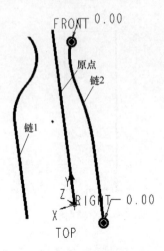

图 4.61　轨迹选取

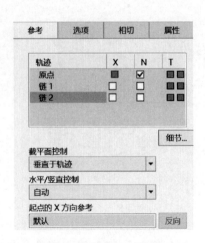

图 4.62　【参考】面板

⑨ 在【扫描】选项卡中单击创建或编辑扫描截面图标按钮，进入草绘模式。在【草绘】选项卡中【草绘】和【尺寸】组选取中心和轴椭圆绘制工具及标注工具，绘制如图 4.63 所示扫描截面。注意椭圆的中心为坐标原点，两条链轨迹的端点为椭圆长、短轴的端点，这样才能使扫描截面随着链轨迹形状的变化而变化。

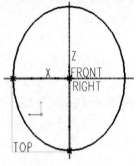

⑩ 单击【草绘】选项卡中的【确定】图标按钮，完成扫描截面的创建。

⑪ 在【扫描】选项卡中单击预览工具图标，旋转模型，观察无误后，单击选项卡中的图标按钮，完成可变截面扫描实体特征的创建，如图 4.57 所示。

图 4.63　扫描截面

⑫ 保存文件。

最后结果参看本书所附资源文件"第 4 章 \ 范例结果文件 \kebian_fanli01_jg.prt"。

（2）可变截面扫描（链轨迹 + 恒定法向）

打开本书所附资源文件"\ 第 8 章 \ 范例源文件 \kebian_fanli02.prt"，文件中有如图 4.64 所示三条曲线和三个基准点。以下使用这三条曲线创建如图 4.65 所示可变截面扫描特征。创建步骤如下：

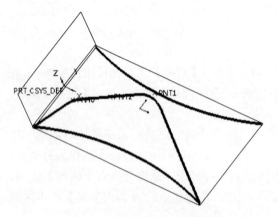

图 4.64　可变截面扫描源文件模型

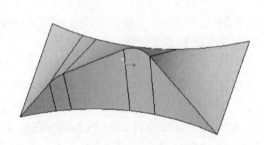

图 4.65　可变截面扫描特征

① 在功能区【模型】选项卡【形状】组工具栏中单击【扫描】工具图标按钮 扫描，在【扫描】选项卡中，选取扫描为实体 和可变截面扫描 图标按钮，单击【参考】按钮 参考，打开【参考】下滑面板。

② 在图形区选取如图 4.66 所示"曲线 1"为原点轨迹，按下 Ctrl 键依次选取"曲线 2""曲线 3"为可变截面扫描特征的链轨迹。在【截平面控制】下拉列表中选取【恒定法向】选项，并在图形区选取"RIGHT"标准基

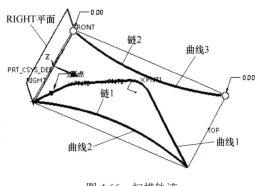

图 4.66　扫描轨迹

准平面作为扫描截面的法向参考。最后，在【水平 / 竖直控制】下拉列表框中选取【自动】选项，在【起点的 X 方向参考】栏中接受【默认】选项。设定完成后的【参考】面板如图 4.67 所示。

③ 在【扫描】选项卡中单击【选项】按钮 选项，在【选项】下滑面板中单击【草绘放置点】文本框，将其激活。在图形区或模型树中选取基准点"PNT2"作为扫描截面绘制的放置点。此时的【选项】下滑面板如图 4.68 所示。

④ 在【扫描】选项卡中单击创建或编辑扫描截面图标按钮 ，进入草绘模式。在【草绘】选项卡【草绘】组单击【线链】工具图标 线 绘制如图 4.69 所示截面，完成后单击【草绘】选项卡中的【确定】 图标按钮。

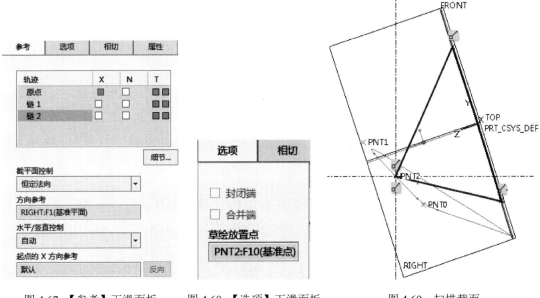

图 4.67　【参考】下滑面板　　图 4.68　【选项】下滑面板　　图 4.69　扫描截面

注意： 此时草绘平面放置点为上步选取的"PNT2"，而不是原点。进入草绘模式后在链 1 和链 2 轨迹线上会出现交叉点符号，该点为过"PNT2"的草绘截面与链轨迹线的交叉点，绘制扫描截面时只需选取【线链】工具 线，并依次选取草绘平面与三条轨迹线的交点即可。

⑤ 按下鼠标中键旋转模型，观察模型无误后，在【扫描】选项卡中单击 图标按钮，

完成可变截面扫描特征的创建，如图 4.65 所示。

最后结果参看本书所附资源文件"第 4 章 \ 范例结果文件 \kebian_fanli02_jg.prt"。

（3）可变截面扫描（"Trajpar"参数 + 关系式）

在 Creo 5.0 中提供了一个被称为"Trajpar"的轨迹参数。"Trajpar"参数是一个变量，其取值在 0 ~ 1。当"Trajpar"参数用于可变截面扫描特征时，在扫描的起点处该参数的值为 0，在扫描的终点处该参数的值为 1。而在特征创建的过程中，参数值将在 0 ~ 1 范围以线性方式变化。

"Trajpar"参数需要和关系式配合使用来创建可变截面扫描特征。如图 4.70 所示为不使用"Trajpar"参数、采用"Trajpar"参数以及将"Trajpar"参数与关系式相结合得到的扫描特征的比较。图 4.70（a）所示为不使用关系式创建的可变截面扫描特征。图 4.70（b）使用了关系式"sd6=20+30*trajpar"。该关系式表明：尺寸 sd6 的值受到关系式"20+30*trajpar"的控制，尺寸在原点轨迹起点处的值为 20，原点轨迹终点处的值为 50。图 4.70（c）使用了关系式"sd6=23+8*sin（trajpar*3*360）"。该关系式表明：尺寸 sd6 的值将以正弦规律进行变化，尺寸的最大值为 31，最小值为 15，尺寸的变化周期为 3。

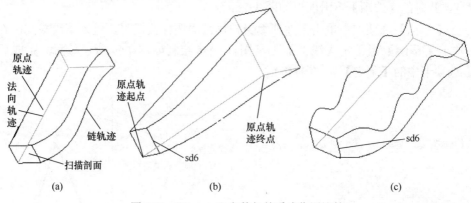

图 4.70　"Trajpar"参数与关系式作用比较

打开本书所附资源文件"\ 第 8 章 \ 范例源文件 \kebian_fanli03.prt"，文件中有如图 4.71 所示两条曲线。以下使用这两条曲线并结合"Trajpar"参数和关系式创建可变截面扫描特征，最终得到如图 4.72 所示模型。创建步骤如下：

① 在功能区【模型】选项卡【形状】组单击【扫描】工具图标按钮 扫描，在【扫描】选项卡中，选中扫描为实体 和变截面扫描 图标按钮，单击【参考】按钮 参考 ，打开【参考】下滑面板。

② 在图形区选取如图 4.71 所示"曲线 1"为原点轨迹，按下 Ctrl 键选取"曲线 2"为可变截面扫描特征的链轨迹。在【截平面控制】下拉列表中选取【垂直于轨迹】选项，在【水平/竖直控制】下拉列表框中选取【自动】选项，在【起点的 X 方向参考】栏中接受【默认】选项。

③ 在【扫描】选项卡中单击创建或编辑扫描剖面图标按钮 ，进入草绘模式。在草绘模式下利用【草绘】选项卡的相应工具绘制如图 4.73 所示扫描截面。

注意：绘制的矩形截面是以扫描轨迹线与草绘平面的交点为顶点的，因此仅需标注矩形的一条边长为"30.00"即可。

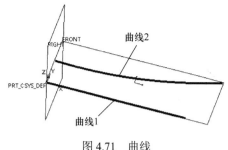

图 4.71 曲线

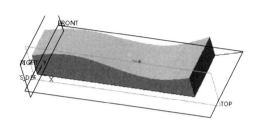

图 4.72 最终模型

④ 在【工具】选项卡【模型意图】组单击在截面尺寸或 / 和模型参数之间建立关系图标按钮d= 关系，打开【关系】对话框。在对话框中输入关系式"sd4=10*sin（trajpar*360）+30"，并在对话框【关系】栏中单击执行 / 校验关系图标按钮，对关系式进行校验。如果关系式无误，则弹出【关系】对话框，显示"已成功校验了关系"信息，如图 4.74 所示。如果关系式有问题，则弹出如图 4.75 所示【校验关系】对话框。此时，可单击【校验关系】对话框中的【确定】按钮，返回继续修改关系式。关系校验无误后单击对话框中的【确定】按钮，完成关系式的创建。

注意：关系式中的"sd4"是图 4.73 所示扫描截面边长"30.00"的符号表示。关系式的含义是使扫描截面的一条边长按照关系式右边的正弦函数规律变化。截面的另一条边的顶点通过了扫描链轨迹与草绘平面的交点，因此另一条边的边长将随链轨迹（即图 4.71 中"曲线 2"）的变化而变化。

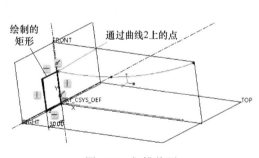

图 4.73 扫描截面

图 4.74 【关系】对话框

⑤ 在【草绘】选项卡单击【确定】图标按钮，完成扫描截面绘制。
⑥ 在【扫描】选项卡中单击图标按钮，完成可变截面扫描特征的创建。完成的零件模型如图 4.72 所示。
⑦ 保存文件。
最后结果参看本书所附资源文件"第 4 章 \ 范例结果文件 \kebian_fanli03_jg.prt"。
上例中链轨迹的长度与原点轨迹的长度不一致，在这种情况下，特征在扫描的过程中仅扫描到最短的轨迹为止。

（4）可变截面扫描（图形模型基准＋关系式＋"Trajpar"参数）

除了将"Trajpar"参数和关系式搭配使用来创建可变截面扫描特征外，还可以将"Trajpar"参数、关系式以及图形模型基准相结合来控制可变截面扫描特征的生成。使用该方法时，首先需要在如图4.76所示的【模型】选项卡【基准】组下拉列表中选取【图形】选项，为创建的图形模型基准输入名称后，进入草绘模式，创建一个图形模型基准。然后使用可变截面扫描与关系式，将扫描特征与创建的图形模型基准相结合。

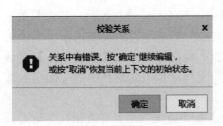

图 4.75 【校验关系】对话框

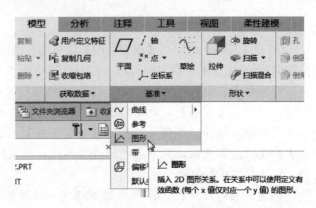

图 4.76 【图形】命令选取

将图形模型基准和可变截面扫描特征相结合时，将会用到计算函数 evalgraph（"graphname"，x）。函数中"graphname"是创建图形模型基准时定义的图形名称，"x"是沿着图形模型基准 X 轴的坐标值。而函数的返回值是图形模型基准 Y 轴坐标的值。

如图 4.77 所示为使用图形模型基准和关系式创建的可变截面扫描特征。图 4.77（a）所示为所创建的图形模型基准特征，名称为"图形 1"。图 4.77（b）所示为将"图形 1"与可变截面扫描、关系式相结合创建的可变截面扫描特征。该扫描特征的截面尺寸"sd4"的值为计算函数 evalgraph（"图形 1"，100*trajpar）的返回值。由于计算函数的返回值随着"图形 1"的 Y 轴坐标值的变化而变化，从而使得模型的高度尺寸也随之发生变化。

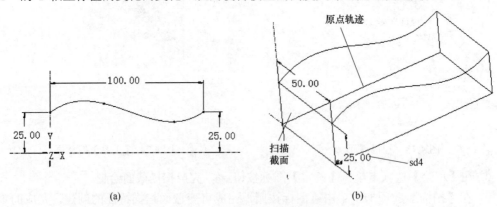

(a)　　　　　　　　　　　　　(b)

图 4.77　图形与关系式的配合使用

以下将图形模型基准、关系式和"Trajpar"参数相结合创建可变截面扫描特征，最终得到如图 4.78 所示圆柱凸轮模型。创建步骤如下：

① 新建一个零件类型的文件，使用"mmns_part_solid"模板，名称为"kebian_fanli04_jg"。

② 在功能区【模型】选项卡【形状】组工具栏中单击【拉伸】工具图标按钮，打开

【拉伸】选项卡。在图形区或模型树中选取"TOP"基准平面为草绘平面，进入草绘状态。

③ 在【草绘】选项卡【草绘】组选取【圆心和点】工具图标⊙圆，在图形区以坐标原点为圆心绘制如图 4.79 所示拉伸截面，完成后单击选项卡中的【确定】图标按钮✔。

④ 在【拉伸】选项卡【深度方式】下拉列表框中选取双侧拉伸图标按钮日，在文本框中输入拉伸深度值"200"。最后，单击选项卡中的✔图标按钮，完成拉伸特征的创建。

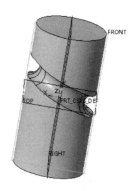

图 4.78　圆柱凸轮模型

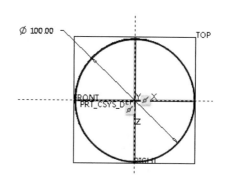

图 4.79　拉伸截面图

⑤ 在【模型】选项卡【基准】组【基准】下拉列表中选取【图形】选项△ 图形，弹出如图 4.80 所示消息框，在消息框中输入图形模型特征的名称"G1"，然后单击消息框右侧的【确定】图标✔，进入草绘模式。

图 4.80　消息框

⑥ 在【草绘】选项卡【草绘】组选取【坐标系】图标按钮↓ 坐标系，在图形区中绘制一个坐标系，并选取【中心线】图标按钮┊ 中心线绘制过坐标系原点的水平和竖直中心线作为图形特征的 X 轴和 Y 轴。然后选取【草绘】组中的线链 〜 线、圆角 ↘ 圆角绘制工具以及约束和标注工具绘制如图 4.81 所示图形，完成后单击【草绘】选项卡中的【确定】图标✔，完成图形模型基准的创建。

⑦ 在功能区【模型】选项卡【形状】组工具栏中单击【扫描】工具图标按钮 ☞ 扫描，在【扫描】选项卡中，选取扫描为实体□、去除材料 / 和变截面扫描 ∠ 图标按钮，单击【参考】按钮，打开【参考】下滑面板。

⑧ 在图形区选取如图 4.82 所示圆柱拉伸特征的圆弧边线，此时仅能选中半段圆弧，可按下 Shift 键选取拉伸圆柱特征的顶面"A 面"，从而选中整个圆弧，并将整个圆弧作为可变截面扫描特征的轨迹线。在【参考】下滑面板【截平面控制】下拉列表中选取【垂直于轨迹】选项，在【水平/竖直控制】下拉列表框中选取【自动】选项，在【起点的 X 方向参考】栏中接受【默认】选项。

⑨ 在【扫描】选项卡中单击创建或编辑扫描截面图标按钮☑，进入草绘模式。在草绘模式下使用【草绘】组的圆心和端点工具 ↘ 弧以及约束和标注工具绘制如图 4.83 所示扫描截面。

注意：本扫描截面为开放的，因为对于去除材料特征，截面可以是开放的，只要截面能将已有模型分成独立的两部分。

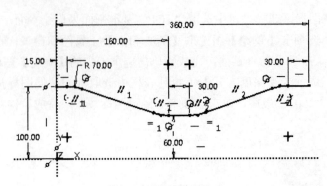

图 4.81　图形模型基准

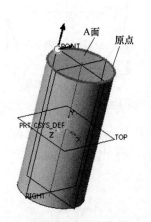

图 4.82　原点轨迹选取

图 4.83　扫描截面图

⑩ 在【工具】选项卡【模型意图】组单击建立关系图标按钮 **d= 关系**，打开【关系】对话框。在【关系】对话框中输入关系式 sd4=evalgraph（"G1"，trajpar*360），在对话框【关系】栏中单击执行 / 校验图标按钮，对关系式进行校验。无误后单击【关系】对话框中的【确定】按钮。

　　注意：关系式中的"sd4"是扫描截面定位尺寸值"100"的符号显示，如图 4.84 所示。

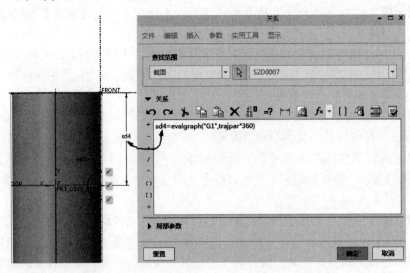

图 4.84　关系式

⑪ 在【草绘】选项卡中单击【确定】图标按钮✔，完成扫描截面绘制。注意应使图形区去除材料方向箭头指向模型外侧。

⑫ 在【扫描】选项卡中单击✔图标按钮，完成可变截面扫描切材料特征的创建。最后的零件模型如前面图 4.78 所示。

⑬ 保存文件。

最后结果参看本书所附资源文件"第 4 章 \ 范例结果文件 \kebian_fanli04_jg.prt"。

4.4　螺旋扫描特征

4.4.1　螺旋扫描创建方法

使用螺旋扫描工具可以将一个截面沿着一条假想的螺旋线进行扫描，从而得到一个螺旋状的实体或曲面特征，如图 4.85 所示。工程中的弹簧、螺纹紧固件等零件的设计需要用到螺旋扫描工具。

在如图 4.86 所示【模型】选项卡【形状】组单击【扫描】工具图标后的倒三角，在下拉菜单中选取【螺旋扫描】选项  可以创建螺旋扫描实体、曲面以及薄板特征。创建螺旋扫描特征时，需要设定螺旋扫描的属性、绘制螺旋扫描的外形轮廓线、指定螺旋扫描的节距值，并绘制出扫描截面。扫描的假想螺旋轨迹线是由绘制的扫描外形轮廓线、螺旋中心线和节距值共同确定的。该螺旋轨迹线在绘图的过程中以及最后创建的特征几何上均不显示。【螺旋扫描】选项卡如图 4.87 所示。

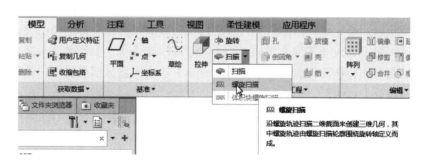

图 4.85　螺旋扫描特征　　　　　　　　　图 4.86　【螺旋扫描】命令选取

图 4.87　【螺旋扫描】选项卡

【螺旋扫描】选项卡上部特征定义图标按钮区与【扫描】选项卡相同，在此不再赘述。以下仅介绍【螺旋扫描】选项卡中所特有的三个特征定义图标按钮：

螺距文本框。可在文本框中输入螺旋扫描特征的节距值，或从下拉列表中选取最近使用的节距值；

：左手定则。选中后将创建左旋的螺旋扫描特征，如图 4.88（a）；

：右手定则。选中后将创建右旋的螺旋扫描特征，如图 4.88（b）。

（1）【参考】下滑面板

在【螺旋扫描】选项卡中单击 参考 按钮，弹出如图 4.89 所示下滑面板。

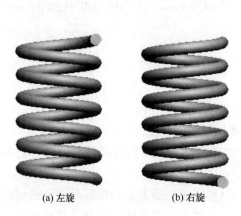

(a) 左旋　　　　(b) 右旋

图 4.88　螺旋方式

图 4.89　【参考】下滑面板

1）【螺旋扫描轮廓】栏

螺旋扫描特征需要绘制轮廓线，轮廓线的起点即螺旋扫描的起始点。在【参考】下滑面板【螺旋扫描轮廓】栏收集器激活状态下可选择已经绘制好的草绘曲线作为螺旋扫描特征的轮廓线。否则，可单击 定义… 按钮，打开【草绘】对话框，选取草绘平面与参考后进入草绘状态，绘制螺旋扫描轮廓。螺旋扫描轮廓应包含螺旋扫描中心线。螺旋扫描中心线可在草绘环境下选取【基准】组的 中心线 图标按钮或【草绘】组的 中心线 图标按钮绘制。也可以在绘制完螺旋扫描轮廓后，在【Helix axis】栏收集器激活前提下，选取已有轴线作为螺旋扫描的螺旋中心线。

螺旋扫描轮廓线的起点以箭头方式表示，且起点必须位于轮廓线的端点。可以在草绘状态下，单击需要作为起点的端点，在如图 4.90 所示右键菜单中选择【起点（S）】选项，将螺旋扫描轮廓线的起点调整至该点。也可以在退出草绘情况下，单击【轮廓起点】栏的 反向 按钮，或在图形区单击扫描轮廓线上表示起点的箭头，将螺旋扫描的起点调整至轮廓线的另一端。

绘制螺旋扫描轮廓线时需注意：

① 必须绘制中心线，该中心线将作为螺旋扫描特征的中心轴；

② 当绘制的扫描轮廓线截面中有多条中心线时，系统会将绘制的第一条中心线作为螺旋扫描特征的中心轴；

③ 绘制的轮廓线必须为开放截面；

④ 轮廓线任意点的切线不能与中心线垂直，如图 4.91 所示为错误的轮廓线。

图 4.90　右键菜单

2）【截面方向】栏

螺旋扫描截面在沿着假想螺旋线扫描过程中截面的放置方式有两种：【穿过旋转轴】和

【垂直于轨迹】。使用【穿过旋转轴】方式创建螺旋扫描特征时，扫描截面所在平面在扫描过程中必须通过螺旋扫描特征的中心轴。而采用【垂直于轨迹】方式创建螺旋扫描特征时，扫描截面的法线方向将指向假想扫描轨迹的切线方向，即扫描截面始终垂直于假想的螺旋轨迹线。两种方式生成螺旋扫描特征的比较如图 4.92 所示。

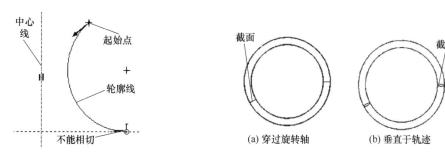

图 4.91　错误的扫描轮廓线　　　　　　　　图 4.92　截面放置方式

（2）【间距】下滑面板

创建螺旋扫描特征时的节距类型有两类：常节距和变节距，创建的特征如图 4.93 和图 4.94 所示。

图 4.93　常节距螺旋扫描特征　　　　　　图 4.94　变节距螺旋扫描特征

创建变节距螺旋扫描特征时，可单击【螺旋扫描】选项卡中的【间距】按钮 间距 ，打开如图 4.95 所示【间距】下滑面板。下滑面板中的间距表中列出螺旋扫描特征的间距、位置类型和位置。在间距表中单击【添加间距】命令或在右键菜单中单击【添加螺距点】可以在间距表中添加新行，即添加一个节距点。在【间距】列文本框中可输入该节距点处的节距值，或从已经输入过的节距值下拉列表中选择节距值。创建变节距螺旋扫描特征时，【间距】表中轮廓线起点和终点两位置位于表格的第一和第二行。除螺旋扫描轮廓的起点和终点外，其他位置点可在【位置类型】列下拉列表框中选择变节距点的位置类型。选择【按值】位置类型可在位置列中输入位置点距起点的距离值。选择【按参考】位置类型，可在图形区螺旋扫描轮廓线中选取交点、切点、草绘点或基准点作为节距点的位置参考。选择【按比率】位置类型，可在【位置】列文本框中输入节距位置点的比率（比率 = 位置点距螺旋扫描轮廓起点的距离 / 螺旋扫描轮廓的长度）来确定变节距点的位置。

（3）【选项】下滑面板

单击【螺旋扫描】选项卡中的【选项】按钮 选项 ，打开如图 4.96 所示【选项】下滑面板。当创建螺旋扫描曲面特征时，若选中【封闭端】复选框 ☑ 封闭端，则扫描起点和终点处截面为封闭面，如图 4.97 所示。选中【选项】下滑面板【沿着轨迹】栏的【常量】单选按钮⊙常量，扫描截面在沿假想螺旋线扫描过程中截面形状、尺寸不发生变化。选中【变量】单选按钮⊙变量，可创建假想螺旋线扫描过程中扫描截面随参数化参考或关系发生变化的螺旋扫描特征，如图4.98所示。

图4.95 【间距】下滑面板 　　　　　　　　图4.96 【选项】下滑面板

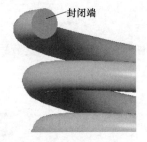

图4.97 封闭端与开放端对比 　　　　　　图4.98 变截面螺旋扫描特征

（4）【属性】下滑面板

单击【螺旋扫描】选项卡中的【属性】按钮 属性 ，打开如图4.99所示【属性】下滑面板。可在面板【名称】文本框中为螺旋扫描特征输入新的名称替换系统自动生成的名称。

（5）螺旋扫描截面

螺旋扫描轮廓线和节距定义完成后，单击【螺旋扫描】选项卡中的创建或编辑扫描截面图标按钮 ，系统将切换至草绘模式以便绘制螺旋扫描截面。注意截面中有两条正交的中心线，该处为螺旋扫描轮廓线的起点，如图4.100所示。

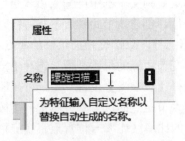

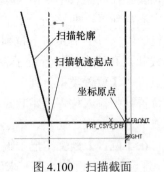

图4.99 【属性】下滑面板 　　　　　　　图4.100 扫描截面

4.4.2 螺旋扫描特征创建实例

（1）创建定节距螺旋扫描特征

以下通过实例介绍定节距螺旋扫描特征的创建过程。步骤如下：

① 新建一个零件类型的文件，使用 "mmns_part_solid" 模板，名称为 "luox_fanli01_jg"。

② 在功能区【模型】选项卡【形状】组工具栏【扫描】下拉列表中选取【螺旋扫描】选项 ∭ 螺旋扫描，打开【螺旋扫描】选项卡。

③ 在【螺旋扫描】选项卡中接受扫描为实体 ☐ 和按照右手定则 ⊘ 默认选项，单击【参考】按钮 参考 。在【参考】下滑面板【截面方向】栏选择【穿过旋转轴】选项，在【螺旋扫描轮廓】栏单击【定义】按钮 定义... ，弹出【草绘】对话框。在图形区或模型树中选取 "TOP" 基准平面为草绘平面，接受默认的草绘视图方向和草绘参考，单击对话框中的【草绘】按钮 草绘 ，进入草绘状态。

④ 在【草绘】选项卡【草绘】组选取中心线工具图标 ┆中心线、线链工具图标 ⌄ 线、圆角工具图标 ╲ 圆角 和点工具图标 ✕ 点，以及编辑、约束和标注工具在图形区绘制如图 4.101 所示螺旋扫描轮廓线。完成后单击【草绘】选项卡中的【确定】图标按钮 ✔。

注意：螺旋扫描中心线为绘制的水平中心线，扫描的起点以箭头方式表示。

⑤ 在【螺旋扫描】选项卡中单击创建或编辑扫描截面图标按钮 ✐，进入草绘状态。在【草绘】选项卡【草绘】组选取【圆心和点】图标按钮 ⊙ 圆，在扫描轮廓起点处绘制直径为 24.00mm 的圆，如图 4.102 所示。完成后单击选项卡中的【确定】图标按钮 ✔。

⑥ 在【螺旋扫描】选项卡节距文本框 ∭ 60.00 ▾ 中输入节距值 "60.00"，单击选项卡中的 ✔ 图标按钮，完成定节距螺旋扫描特征的创建，如图 4.103 所示。

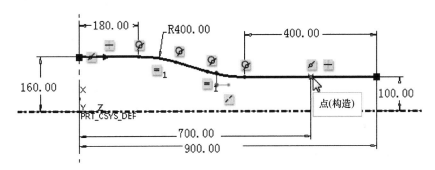

图 4.101　扫描轮廓

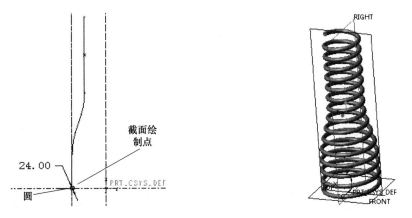

图 4.102　螺旋扫描截面　　　　图 4.103　定节距螺旋扫描特征

⑦ 保存文件。

最后结果参看本书所附资源文件 "第 4 章 \ 范例结果文件 \luox_fanli01_jg.prt"。

（2）更改为变节距螺旋扫描特征

以下将定节距螺旋扫描特征更改为变节距螺旋扫描特征。步骤如下：

① 在模型树中选取步骤（1）中创建的定节距螺旋扫描特征，在如图 4.104 所示浮动工具栏中单击【编辑定义】图标按钮 ，打开【螺旋扫描】选项卡。

② 在【螺旋扫描】选项卡中单击【间距】图标按钮 间距 ，在【间距】下滑面板节距表中将【起点】位置的节距值修改为 "25.00"。

③ 单击【添加节距】字样，为节距表添加新行。此时添加的节距点位置为扫描轮廓线的终点。在节距表新添加行【间距】列输入终点位置的节距值 "300.00"。

④ 重复步骤③，为节距表添加四个新的节距点，将【位置类型】均修改为【按参考】方式，并在【位置】列依次选取图 4.105 所示点 "A" "B" "C" "D" "E"，在【间距】列依次设置节距值为 "25" "50" "80" "95" 和 "150"，设置完成后如图 4.106 所示。

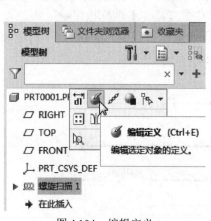

图 4.104　编辑定义

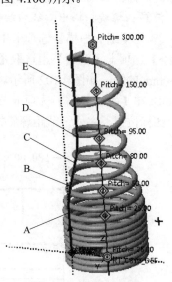

图 4.105　节距点位置

⑤ 在【螺旋扫描】选项卡单击 ✓ 图标按钮，完成变节距螺旋扫描特征的创建，如图 4.107 所示。

#	间距	位置类型	位置
1	25.00		起点
2	300.00		终点
3	25.00	按参考	顶点
4	50.00	按参考	顶点
5	80.00	按参考	顶点
6	95.00	按参考	顶点
7	150.00	按参考	点
添加间距			

图 4.106　【间距】下滑面板

图 4.107　变节距螺旋扫描特征

⑥ 保存副本，输入新文件名称"luox_fanli02_jg"。

最后结果参看本书所附资源文件"第 4 章 \ 范例结果文件 \luox_fanli02_jg.prt"。

（3）创建变截面螺旋扫描特征

以下通过实例介绍变截面螺旋扫描特征的创建过程。步骤如下：

① 新建一个零件类型的文件，使用"mmns_part_solid"模板，名称为"luox_fanli03_jg"。

② 在功能区【模型】选项卡【形状】组工具栏中的【扫描】下拉列表中选取【螺旋扫描】选项 ∞∞ 螺旋扫描，打开【螺旋扫描】选项卡。

③ 在【螺旋扫描】选项卡中接受扫描为实体□和按照右手定则 ⊙ 默认选项。单击【参考】按钮 参考 ，在【参考】下滑面板【截面方向】栏选择【穿过旋转轴】选项，在【螺旋扫描轮廓】栏单击【定义】按钮 定义... ，弹出【草绘】对话框。在图形区或模型树中选取"TOP"基准平面为草绘平面，接受默认的草绘视图方向和草绘参考，单击【草绘】对话框中的【草绘】按钮 草绘 ，进入草绘状态。

④ 在【草绘】选项卡【草绘】组选取【中心线】工具图标 ┊ 中心线和【线链】工具图标 ╲ 线，在图形区绘制如图 4.108 所示螺旋扫描轮廓线。完成后单击【草绘】选项卡中的【确定】图标按钮 ✔。

注意：螺旋扫描中心线为绘制的竖直中心线，扫描的起点以箭头方式表示。

⑤ 在【螺旋扫描】选项卡中单击【选项】按钮 选项 ，在如图 4.109 所示【选项】面板中选择【变量】单选按钮 ⊙ 变量，以创建沿轨迹变化的变截面扫描特征。

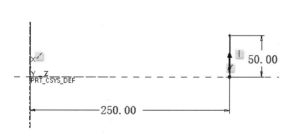

图 4.108　扫描轮廓线	图 4.109　【选项】设置

⑥ 在【螺旋扫描】选项卡中单击创建或编辑扫描截面图标按钮 ☑️，进入草绘状态。单击【草绘】选项卡【草绘】组的拐角矩形图标按钮 □ 矩形，在扫描轮廓起点处绘制如图 4.110 所示

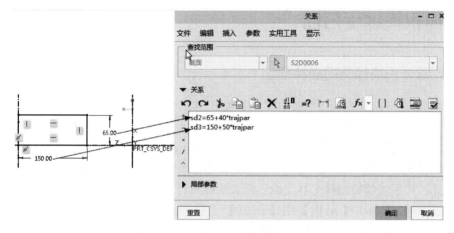

图 4.110　截面及关系式

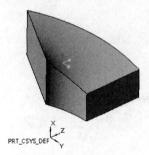

图 4.111　变截面螺旋扫描特征

矩形截面。切换到【工具】选项卡，在【模型意图】组单击 **d= 关系** 图标按钮，在弹出的【关系】对话框中为矩形两条边长添加关系式 "sd2=65+40*trajpar" 和 "sd3=150+50*trajpar"。

注意："sd2" 和 "sd3" 分别为矩形截面的边长 "65.00" 和边长 "150.00" 的符号表示，如图 4.110 所示。切换到【草绘】选项卡，单击【确定】图标按钮✔，完成截面绘制与关系的添加。

⑦ 在【螺旋扫描】选项卡节距文本框 📐 300.00 ▾ 中输入节距值 "300.00"，单击✔图标按钮，完成变截面螺旋扫描特征的创建，如图 4.111 所示。

⑧ 在模型树或图形区选择上部创建的螺旋扫描特征，在【模型】选项卡【编辑】组单击【阵列】图标按钮 ▦，打开【阵列】选项卡。

⑨ 在【阵列】选项卡【阵列方式】下拉列表中选择【轴】阵列方式，在图形区选择默认坐标系的 "X" 轴，将其作为阵列轴，并在第一方向的阵列成员数文本框中输入特征数目 "6"，在阵列成员间的角度文本框中输入阵列特征间的角度间隔值 "60"。完成的【阵列】选项卡如图 4.112 所示。

图 4.112　【阵列】选项卡

⑩ 在【阵列】选项卡中单击✔图标按钮，完成阵列特征的创建，如图 4.113 所示。阵列特征创建的详细过程及各项意义将在本书第 7 章详细介绍。

⑪ 保存文件。

最后结果参看本书所附资源文件 "第 4 章\范例结果文件\luox_fanli03_jg.prt"。

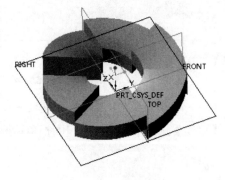

图 4.113　最终模型

4.5　体积块螺旋扫描

4.5.1　创建体积块螺旋扫描特征

体积块螺旋扫描是 Creo 5.0 新增加的螺旋扫描工具。该工具拓宽了 Creo 的扫描功能，超越了早期版本提供的 2D 扫描功能，可以对类似实际加工中使用切削刀具加工（车削和铣削）而成的几何特征精确建模，从而创建出精确的 3D 几何特征。在体积块螺旋扫描过程中，草绘截面旋转 360° 后生成的 3D 几何对象将沿着螺旋线移动，从零件中去除材料，如图 4.114 所示。因此，体积块螺旋扫描工具仅能创建去除材料特征，不能创建添加材料特征。

在【模型】选项卡【形状】组【扫描】下拉列表中选取【体积块螺旋扫描】选项 ▨ **体积块螺旋扫描** 可以创建体积块螺旋扫描特征。和创建螺旋扫描特征相似，体积块螺旋扫描特征也需要设定螺旋扫描属性（左旋或右旋）、绘制螺旋扫描的外形轮廓线、指定螺旋扫描节距值，并绘制出扫描截面。扫描的螺旋轨迹线是由绘制的扫描外形轮廓线、螺旋中心线和节距值共同确定的。可以在选项卡中将螺旋轨迹线在绘图的过程中显示或隐藏。此外，螺旋扫描特征的扫描截面为二维截面，而体积块螺旋扫描则是绘制的扫描截面旋转 360°生成一个 3D 对象，以该对象为刀具进行去除材料操作。可以在【体积块螺旋扫描】选项卡中设定是否显示该 3D 对象。【体积块螺旋扫描】选项卡如图 4.115 所示。

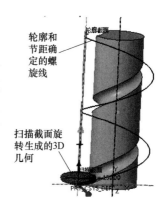

图 4.114　体积块螺旋扫描

　　【体积块螺旋扫描】选项卡上部特征定义图标按钮区具有与【螺旋扫描】选项卡相同的图标按钮，这些按钮具有相同的功能，在此不再赘述。以下仅介绍【体积块螺旋扫描】选项卡中所特有的两个特征定义图标按钮。

图 4.115　【体积块螺旋扫描】选项卡

　　：显示 3D 对象螺旋与方向。按下该图标可显示 3D 对象拖动器以及螺旋线。默认为不显示状态。3D 对象拖动器可用于查看 3D 对象的方向，它包含三个轴，其原点位于螺旋线上，如图 4.116 所示。其中红色显示的轴为 X 轴，是截面的水平轴；绿色显示的轴为 Y 轴，也是截面的竖直轴和 3D 对象的旋转轴；蓝色显示的轴为 Z 轴，Z 轴垂直于草绘平面。

　　：显示 3D 对象。按下该图标按钮在图形区将显示 3D 几何对象。默认情况下不显示。

　　图 4.117 为显示与不显示 3D 对象拖动器、螺旋线和 3D 几何的对比图。选中 3D 几何对象拖动器并沿扫描轨迹拖动 3D 几何切削工具，可以可视化并快速了解 3D 几何切削工具的移动和方向，从而模拟切削刀具在沿刀具路径移动时去除材料的过程，如图 4.118 所示。

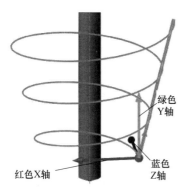

(a) 显示螺旋线及3D几何　　(b) 不显示螺旋线及3D几何

图 4.116　3D 对象拖动器　　　　图 4.117　螺旋线与 3D 几何显示对比

　　【体积块螺旋扫描】选项卡下部下滑面板按钮包括：【参考】 参考 、【截面】 截面 、【间距】 间距 、【调整】 调整 和【属性】 属性 。其中【参考】、【间距】和【属性】下滑面板与【螺旋扫描】选项卡中对应的下滑面板相同，在此不再介绍，仅介绍新增加的【截面】和【调整】下滑面板。

（1）【截面】下滑面板

截面是 3D 几何的基础，截面绕旋转轴旋转 360°可生成用于扫描的 3D 几何。单击【体积块螺旋扫描】选项卡中的【截面】按钮 截面，打开如图 4.119 所示【截面】下滑面板。面板中提供了两种设定 3D 对象旋转截面的方式。

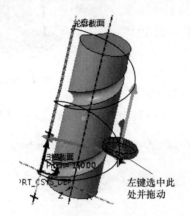

图 4.118 拖动 3D 切削工具 图 4.119 【截面】下滑面板

①【草绘截面】：选中面板中【草绘截面】单选按钮 ◉ 草绘截面 后，单击下方的【创建 / 编辑截面】按钮 创建/编辑截面，可进入草绘状态绘制 3D 几何对象的旋转截面。

注意：绘制的截面必须包含一条沿 Y 轴方向的直线，该线将用作 3D 对象的旋转轴（Y 轴在 3D 对象拖动器中显示为绿色）；绘制的草绘截面必须位于 Y 轴的一侧，且是由直线和圆弧组成的闭合凸形图形；截面绕 Y 轴旋转生成的 3D 对象也必须呈凸形。图 4.120 为合格的草绘截面，可以生成扫描所用的 3D 几何工具。图 4.121（a）为不合格的草绘截面，尽管该截面也为凸形，但旋转生成的 3D 几何工具不是凸形；图 4.121（b）中，草绘截面本身为外凹形，所以也是不合格的草绘截面。

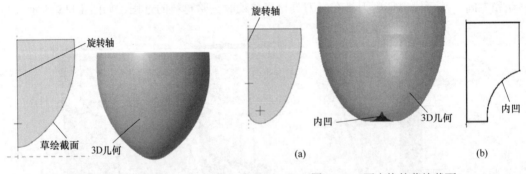

图 4.120 合格的草绘截面 图 4.121 不合格的草绘截面

②【选定截面】：选中面板中的【选定截面】单选按钮，【截面】下滑面板将如图 4.122 所示。面板包含三栏：

• 【草绘】栏：在该栏收集器被激活状态下可选取已经绘制的二维草图作为 3D 几何对象的旋转截面。

• 【旋转轴】栏：在该栏收集器被激活状态下可选择一个直线图元作为 3D 几何对象的

旋转轴。

注意： 旋转轴必须与【草绘】栏选取的草图中的一条线共线。

•【原点】栏：该栏收集器被激活状态下可沿旋转轴方向选择一个位置，定义 3D 对象与螺旋线之间的接触点。选取的原点参考可以是点、坐标系或顶点。

（2）【调整】下滑面板

作为扫描工具的 3D 几何可以绕着 X 轴或 Z 轴倾斜某一角度，倾斜角度范围在 +90°和 -90°之间。单击【体积块螺旋扫描】选项卡中的【调整】按钮 调整 ，打开如图 4.123 所示下滑面板。通过在【倾斜绕轴】栏选择【X 轴】或【Z 轴】单选按钮⊙ X 轴或⊙ Z 轴，可选择 3D 几何的倾斜参考。【倾斜角】文本框中可输入绕选定轴线倾斜的角度值。

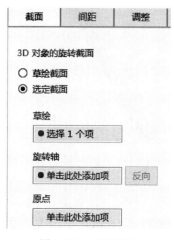

图 4.122　选定截面

图 4.123　【调整】下滑面板

4.5.2　体积块螺旋扫描特征操作实例

以下通过实例介绍体积块螺旋扫描特征的创建过程。步骤如下：

（1）新建文件

新建一个零件实体类型的文件，使用"mmns_part_solid"模板，名称为"tijisaomiao_fanli01_jg"。

（2）创建旋转特征

① 在功能区【模型】选项卡【形状】组工具栏中单击【旋转】工具图标按钮旋转，打开【旋转】选项卡。在图形区或模型树中选取"TOP"基准平面为草绘平面，系统自动选取放置参考及标注与约束参考，进入草绘状态。

② 利用【草绘】选项卡【草绘】组的中心线、线链绘制工具及【编辑】和【尺寸】栏的相应工具绘制如图 4.124 所示草绘截面，完成后，单击【草绘】选项卡中的【确定】图标按钮✔，退出草绘界面。

③ 在【旋转】选项卡中接受默认的给定旋转角度深度方式⊥，并在文本框中输入角度值"360"，单击✔按钮，完成旋转实体特征的创建，如图 4.125 所示。

（3）创建体积块螺旋扫描特征

① 在【模型】选项卡【形状】组【扫描】下级列表中选取【体积块螺旋扫描】选项体积块螺旋扫描，打开【体积块螺旋扫描】选项卡。

② 在【体积块螺旋扫描】选项卡中单击【参考】按钮 参考，在【参考】下滑面板【螺

旋扫描轮廓】栏中单击【定义】按钮 定义... ，弹出【草绘】对话框。在图形区或模型树中选取"RIGHT"基准平面为草绘平面，接受默认的草绘视图方向和草绘参考，单击【草绘】对话框中的【草绘】按钮 草绘 ，进入草绘状态。

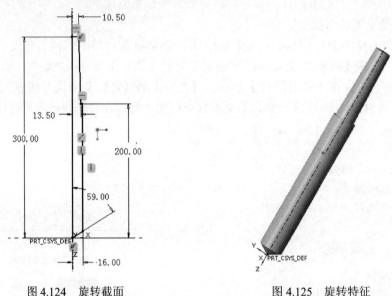

图 4.124　旋转截面　　　　　　　　　　　　　图 4.125　旋转特征

③ 在【草绘】选项卡【草绘】组选取中心线工具图标 中心线 、线链工具图标 线，以及约束与标注工具在图形区绘制如图 4.126 所示螺旋扫描轮廓线。完成后单击【草绘】选项卡中的【确定】图标按钮 ✔。

④ 在【体积块螺旋扫描】选项卡上部节距文本框中 100.00 输入节距值 "100.00"，单击显示 3D 对象的螺旋和方向图标按钮 ，图形区出现 3D 对象拖动器及螺旋线，如图 4.127 所示。

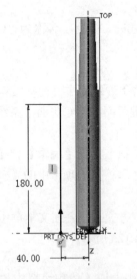

图 4.126　螺旋扫描轮廓线　　　　　　　图 4.127　显示 3D 对象拖动器及螺旋线

⑤ 单击【体积块螺旋扫描】选项卡中的【截面】按钮 截面 ，在下滑面板中选取【草绘

截面】单选按钮 ◉ 草绘截面，单击下方的【创建 / 编辑截面】按钮 创建/编辑截面 ，进入草绘状态。

⑥ 在【草绘】选项卡【草绘】组选取圆弧工具图标 ↘弧 和线链工具图标 ↙线，以及约束和标注工具在图形区绘制如图 4.128 所示 3D 对象的旋转截面。完成后单击【草绘】选项卡中的【确定】图标按钮 ✔。

⑦ 在【体积块螺旋扫描】选项卡中单击 ✔ 按钮，完成体积块螺旋扫描特征的创建。最终模型如图 4.129 所示。

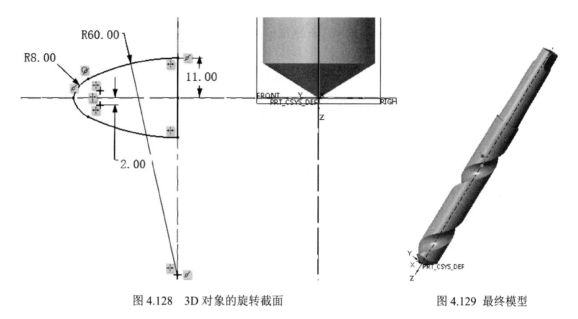

图 4.128　3D 对象的旋转截面　　　　　　图 4.129　最终模型

4.6　混合特征

混合特征工具（即早期版本中的平行混合工具）通过将两个或两个以上相互平行（或投影到平行曲面上）的二维截面混合连接而形成特征，截面之间的渐变形状由截面拟合决定。图 4.130 所示混合特征由三个相互平行并有一定距离的平面"截面 1""截面 2"和"截面 3"混合而成。

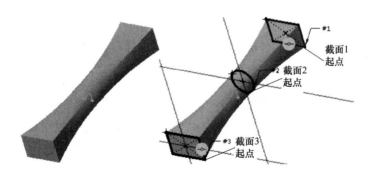

图 4.130　混合特征

创建混合特征时注意以下几个方面。

① 每一截面的顶点数（或图元段数）应完全相同。

②　多个截面混合时有特定的连接顺序。各截面的起点为混合连接的第一点，然后依次连接其他点。改变起点的位置，则会产生不同的混合效果。改变起点的方法是：选取截面中欲作为起点的点，在如图 4.131 所示右键菜单中选取【起点（S）】选项。图 4.132 所示即为改变图 4.130 模型中"截面 2"起点位置后的混合特征。

③　当截面的顶点数（或图元段数）不相等时，可通过使用混合顶点或分割工具使顶点数（或图元段数）相等。混合顶点在形成混合特征时同时代表两个点，可以和相邻截面上的两点连接。起始点不能设置为混合顶点。

④　当需要某点作为混合顶点时，可在选取该点后，在如图 4.131 所示右键菜单中选取【混合顶点（B）】选项，将该点设置为混合顶点。

⑤　使用分割工具时，可在【草绘】选项卡【编辑】组选择【分割】工具图标按钮 分割，在混合截面的相应位置单击以创建分割点，使顶点数（或图元段数）相同。如图 4.132 所示"截面 2"为圆形截面，可通过添加四个分割点，使截面的顶点数（或图元段数）与图中的"截面 1"和"截面 3"相同。

⑥　点截面可以和具有任何顶点数（或图元段数）的截面混合。

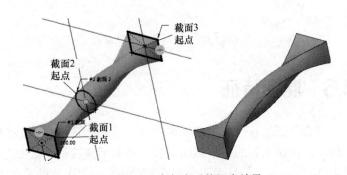

图 4.131　右键菜单　　　　　图 4.132　改变起点后的混合效果

4.6.1　【混合】选项卡

在功能区【模型】选项卡【形状】组【形状】下拉列表中单击【混合】工具图标按钮 混合，打开如图 4.133 所示【混合】选项卡。

图 4.133　【混合】选项卡

【混合】选项卡中的特征定义按钮：

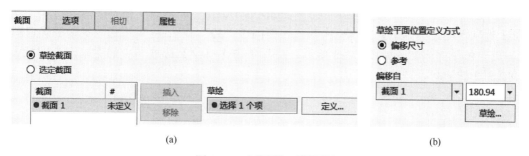

：与草绘截面混合。为默认选项。选中后绘制草绘截面作为混合截面。

：与选定截面混合。选中后可选取已有截面为混合截面。

在【截面】下滑面板中可定义或选取混合截面，如图 4.134（a）所示。选择【草绘截面】◉ 草绘截面 或【选定截面】◉ 选定截面 单选按钮可在草绘混合截面和选取已有截面为混合截面两种方式之间切换。【截面】列表框中将显示混合特征的各截面。单击【插入】 插入 或【移除】按钮 移除 可以插入混合截面或将选定的已有混合截面移除。在【草绘】组单击【定义】按钮 定义... ，将弹出【草绘】对话框，可选取草绘平面绘制混合截面。当绘制完第一个截面，插入其他截面时，可在【截面】下滑面板右侧【草绘平面位置定义方式】栏单击相应单选按钮选取截面的位置方式：【偏移尺寸】或【参考】，如图 4.134（b）所示。【偏移尺寸】方式可在文本框中定义下一截面距离其他截面的距离。选取【参考】方式可通过选取参考确定截面的位置。

图 4.134　【截面】下滑面板

在如图 4.135 所示【选项】下滑面板中可定义混合特征的属性：【直】或【平滑】，以改变相邻截面之间的连接方式。当混合特征为曲面特征时，可以通过选择【起始截面和终止截面】栏的【封闭端】单选按钮 ☑ 封闭端 使起始截面和终止截面为封闭曲面。

在如图 4.136 所示【相切】下滑面板中可设定起始截面和终止截面的约束条件：【自由】、【垂直】和【相切】。

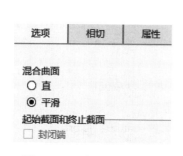

图 4.135　【选项】下滑面板

图 4.136　【相切】下滑面板

4.6.2　混合特征操作实例

（1）混合实例 1

以下利用混合工具创建如图 4.137 所示模型。

① 在功能区【模型】选项卡【形状】组【形状】下拉列表中单击混合工具图标按钮 ￮ | 混合，打开【混合】选项卡。

② 单击选项卡中的【截面】按钮 截面，弹出【截面】下滑面板。在【草绘】栏单击 定义... 按钮，弹出【草绘】对话框。在图形区选取"FRONT"基准平面为草绘平面，单击【草绘】对话框中的 草绘 按钮，进入草绘状态。

③ 在【草绘】选项卡【草绘】组选择带点绘制工具 × 点，在坐标原点处绘制一个草绘点，单击选项卡中的【确定】图标按钮 ✔，完成截面 1 的绘制。

④ 在【截面】下滑面板【草绘平面位置定义方式】栏选取【偏移尺寸】单选按钮 ◉ 偏移尺寸，在【偏移自】栏文本框中输入截面 2 距离截面 1 的偏移距离"30"，单击 草绘... 按钮，进入草绘环境。

⑤ 在【草绘】选项卡【草绘】组单击【选项板】按钮 ◹，在弹出的【草绘器选项板】对话框【星形】选项卡中将五角星图标 ☆ 五角星 拖放至图形区并放置于坐标原点处。在【导入截面】选项卡【比例因子】文本框中输入比例因子"50" ◹ 50，单击选项卡中的确定图标 ✔ 完成五角星的添加，如图 4.138 所示。最后单击【草绘】选项卡中的【确定】图标 ✔，完成截面 2 的绘制。

图 4.137　混合特征模型 1

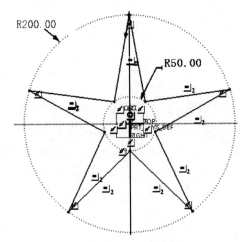

图 4.138　截面 2

⑥ 在【截面】下滑面板单击【插入】按钮 插入，同样采用【偏移尺寸】草绘平面位置定义方式，在文本框中输入截面 3 距离截面 2 的偏移距离"30"，单击 草绘... 按钮，进入草绘环境。

⑦ 重复步骤③，在坐标原点处绘制点截面作为第 3 个混合截面。

⑧ 在【混合】选项卡中单击 ✔，完成混合特征创建。

结果零件参看所附资源"第 4 章\范例结果文件\混合 _fanli01_jg.prt"。

（2）混合实例 2

以下利用混合工具创建如图 4.139 所示模型。

① 重复混合实例 1 中步骤①，打开【混合】选项卡。

② 单击选项卡中的【截面】按钮 截面，在【截面】下滑面板【草绘】栏单击 定义... 按钮，弹出【草绘】对话框。在图形区选取"FRONT"基准平面为草绘平面，单击【草绘】对话框中的 草绘 按钮，进入草绘状态。

③ 在【草绘】选项卡【草绘】组选择【选项板】图标按钮▧，将【草绘器选项板】对话框【多边形】选项卡中的六边形图标〇 六边形拖放至图形区并放置于坐标原点处。在【导入截面】选项卡【旋转角度】文本框中输入角度值 "30" ∠ 30.000000，接受默认比例因子，单击【导入截面】选项卡中的确定图标✔，退出导入截面状态。在图形区对草图添加竖直约束并标注尺寸，完成混合截面 1 的绘制，如图 4.140 所示。注意图中起点的位置。

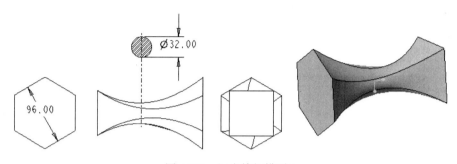

图 4.139 混合特征模型 2

④ 单击【草绘】选项卡中的【确定】图标按钮✔，完成截面 1 的创建。

⑤ 在【截面】下滑面板【草绘平面位置定义方式】栏选择【偏移尺寸】单选按钮 ◉ 偏移尺寸，在文本框中输入截面 2 距离截面 1 的偏移距离 "98"，单击 草绘... 按钮，进入草绘环境。

⑥ 在【草绘】选项卡选取【圆心和点】草绘工具⊙圆绘制如图 4.141 所示圆形截面，选取【草绘】选项卡【编辑】组中的【分割】工具图标按钮 ✂分割，从图示起点开始，将圆形截面均匀分割为 6 段（添加 6 各分割点），完成后单击【草绘】选项卡中的【确定】图标按钮✔，完成截面 2 的绘制。

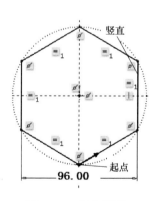

图 4.140 混合截面 1

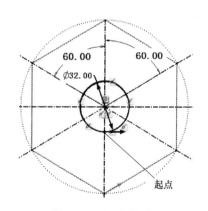

图 4.141 混合截面 2

⑦ 重复混合实例 1 中的步骤⑥，在文本框中输入截面 3 距离截面 2 的偏移距离 "70"，单击 草绘... 按钮，进入草绘环境。

⑧ 在【草绘】选项卡中选取【中心矩形】图标按钮 ▢ 矩形，绘制如图 4.142 所示截面。注意截面 3 起点的位置，并将矩形上部两个顶点设置为混合顶点。完成后单击【草绘】选项卡中的【确定】图标按钮✔，完成截面 3 的绘制。

⑨ 在【混合】选项卡中单击 ✔，完成混合特征创建，如图 4.139 所示。

结果零件参看所附资源"第 4 章 \ 范例结果文件 \hunhe_fanli02_1_jg.prt"。

⑩ 在模型树中单击创建的混合 1 特征，在如图 4.143 所示浮动工具栏中单击【编辑定义】图标按钮 🖌，重新打开【混合】选项卡。

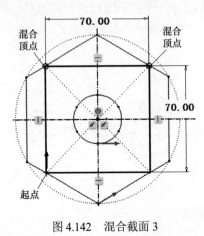

图 4.142　混合截面 3

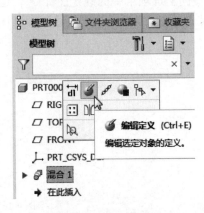

图 4.143　混合截面 3

⑪ 在【混合】选项卡中单击【选项】按钮 选项 ，在【选项】下滑面板中选择【直】单选按钮◉ 直，此时的模型如图 4.144 所示。

⑫ 重新打开【选项】下滑面板，选择【平滑】单选按钮◉ 平滑，重新将混合曲面恢复至平滑混合状态。单击【相切】按钮 相切 ，在【相切】下滑面板中，将起始截面和终止截面的边界条件均设为【垂直】，如图 4.145 所示。

⑬ 在【混合】选项卡中单击 ✔，此时的混合特征如图 4.146 所示。

结果零件参看所附资源"第 4 章 \ 范例结果文件 \hunhe_fanli02_2_jg.prt"。

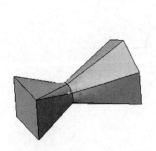

图 4.144　混合特征（直）

图 4.145　【相切】设置

图 4.146　混合特征（平滑 + 垂直）

4.7　旋转混合特征

旋转混合特征工具通过混合至少两个绕旋转轴旋转的二维截面来创建特征。如图 4.147 所示为三个截面绕旋转轴旋转混合而成的特征。旋转混合特征截面的旋转轴可以是选取的轴线，也可以是草绘的中心线。

旋转混合特征工具与上节中的混合特征工具一样，要求截面的顶点数（或图元段数）相同，当截面的顶点数（或图元段数）不相同时，可使用分割工具或混合顶点使截面的顶点数（或图元段数）相同。此外，也要注意各截面的起点要对应，否则特征将会扭曲。

4.7.1　【旋转混合】选项卡

在功能区【模型】选项卡【形状】组【形状】下拉列表中单击【旋转混合】工具图标按钮 ⟨图标⟩ 旋转混合，打开【旋转混合】选项卡。【旋转混合】选项卡与【混合】选项卡相似，不同之处在于【旋转混合】选项卡增加了旋转混合旋转轴收集器 ⟨图标⟩ [　　　]，以选取并显示旋转混合特征的旋转轴。

单击【旋转混合】选项卡中的【截面】按钮 [　截面　]，打开如图 4.148 所示【截面】下滑面板。选取【草绘截面】◉ 草绘截面 或【选定截面】○ 选定截面 单选按钮可以在草绘混合截面和选取已有截面为混合截面两种方式之间切换。在截面列表中选取相应截面并单击【插入】、【移除】、【上移】或【下移】按钮可以插入混合截面、将选定的混合截面移除或调整混合截面的顺序。在【草绘】栏单击【定义】按钮 [　定义　] 将弹出【草绘】对话框，可选取草绘平面绘制混合截面。需要修改截面 1 时，可单击【草绘】栏的【编辑…】按钮 [编辑…] 重新进入草绘状态，对截面进行修改。在【旋转轴】栏收集器激活状态可以选取截面中的轴线为旋转轴，或单击【内部 CL】按钮选取截面中草绘的中心线为截面旋转轴。

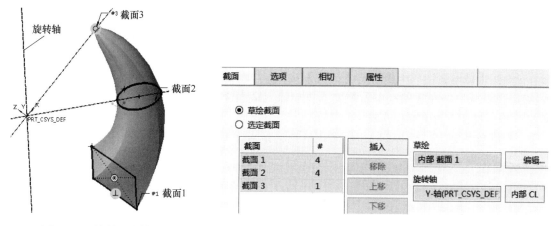

图 4.147　旋转混合特征　　　　　　　　　图 4.148　【截面】下滑面板

当绘制完第一个截面后，插入其他后续截面时，可在【截面】下滑面板右侧【草绘平面位置定义方式】栏选取截面的位置方式：【偏移尺寸】或【参考】。当选择【偏移尺寸】方式定义草绘平面位置时，可在【偏移自】栏的下拉列表中选取参考截面（截面 1、截面 2 等），并在后侧文本框中输入截面相对参考截面绕旋转轴的旋转角度。若选取【参考】截面位置方式则可通过选取参考确定截面的位置。

旋转混合选项卡中的【选项】下滑面板和【相切】下滑面板与混合选项卡中的对应下滑面板相似，在此不再赘述。

4.7.2　旋转混合特征创建实例

以下利用旋转混合工具创建如图 4.149 所示模型。

① 在功能区【模型】选项卡【形状】组【形状】下拉列表中选择旋转混合工具图标

⏧ 旋转混合，打开【旋转混合】选项卡。

② 单击选项卡中的【截面】按钮 截面 ，弹出【截面】下滑面板。在【草绘】栏单击 定义… 按钮，弹出【草绘】对话框。在图形区选取"FRONT"基准平面为草绘平面，单击【草绘】对话框中的 草绘 按钮，进入草绘状态。

③ 在【草绘】选项卡【草绘】组选择【圆心和点】工具图标◎圆以及中心线工具图标 ┊ 中心线，绘制如图 4.150 所示截面，单击选项卡中的【确定】图标按钮✔，完成截面 1 的绘制。系统会将绘制的中心线作为旋转混合截面的旋转轴。

图 4.149 旋转混合特征模型

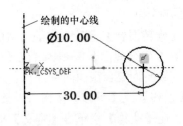

图 4.150 截面 1

④ 在【截面】下滑面板【草绘平面位置定义方式】栏选取截面 2 的位置定义方式为【偏移尺寸】方式，在文本框中输入截面 2 相对截面 1 的旋转角度值"120"，单击 草绘… 按钮，进入草绘环境。

⑤ 重复步骤③绘制如图 4.151 所示截面，单击【草绘】选项卡中的【确定】图标按钮 ✔，完成截面 2 的绘制。

⑥ 在【截面】选项卡中单击【插入】按钮 插入 插入截面 3，接受【偏移尺寸】截面位置定义方式，并在【偏移自】栏文本框中输入截面 3 相对于截面 2 的旋转角度值"120"，单击 草绘… 按钮，进入草绘环境。

⑦ 重复步骤③绘制如图 4.152 所示截面，单击【草绘】选项卡中的【确定】图标按钮 ✔，完成截面 3 的绘制。

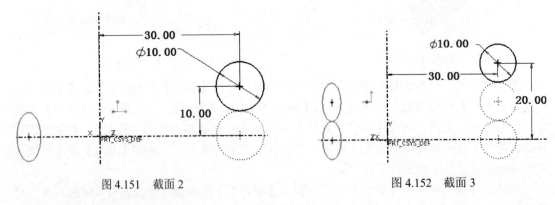

图 4.151 截面 2   图 4.152 截面 3

⑧ 采用同样方法插入如图 4.153（a）所示截面 4 和图 4.153（b）所示截面 5，其中截面 4 相对截面 3 以及截面 5 相对截面 4 的旋转角度值均为"120"。

⑨ 在【旋转混合】选项卡中单击✔，完成如前面图 4.149 所示旋转混合特征的创建。

若在【旋转混合】选项卡【选项】下滑面板的【混合曲面】栏选取【直】单选按钮◉直，则旋转混合特征如图 4.154 所示。图 4.155 所示模型为在【选项】下滑面板【混合曲面】栏选取【平滑】单选按钮◉ 平滑，并在【起始截面和终止截面】栏选择【连接起始截面和终止截面】复选框☑ 连接终止截面和起始截面后的旋转混合特征。

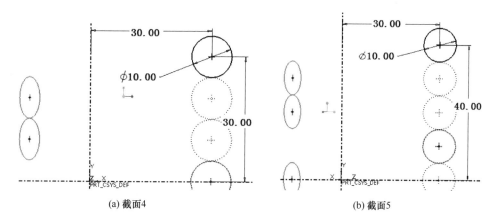

    (a) 截面4   (b) 截面5

图 4.153   旋转混合截面

图 4.154 【直】混合特征   图 4.155   旋转混合特征

  结果零件参看所附资源"第 4 章 \ 范例结果文件 \xuanzhuanhunhe_fanli01_jg.prt、xuanzhuanhunhe_fanli02_jg.prt 和 xuanzhuanhunhe_fanli03_jg.prt"。

4.8 常规混合特征

  常规混合又称一般混合，该工具允许混合截面绕 X 轴、Y 轴和 Z 轴旋转，也允许截面沿轴线方向有一定距离。创建常规混合特征时所有混合截面的坐标系将对齐。

4.8.1 常规混合特征工具的定制

  与混合和旋转混合命令工具不同，默认情况下，常规混合命令工具不会出现在功能区，需要通过定制将该命令工具定制至功能区相应组（如形状组）。方法如下。

  ① 在【文件】主菜单中，单击【选项】命令，打开【Creo Parametic 选项】对话框。

  ② 在【Creo Parametic 选项】对话框中单击【配置编辑器】选项，接着单击【查找】按钮 查找(F)... ，打开如图 4.156 所示【查找选项】对话框。

  ③ 在【查找选项】对话框【1.输入关键字】文本框

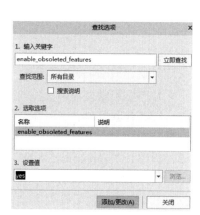

图 4.156 【查找选项】对话框

中输入配置文件选项名"enable_obsoleted_features"，单击【立即查找】按钮 立即查找 ，此时在【2. 选取选项】栏列表框中出现该配置文件选项。

④ 在对话框【3. 设置值】栏下拉列表框中选择【yes】选项，单击【添加 / 更改】按钮 添加/更改(A) ，完成配置文件的更改。

⑤ 在【Creo parametic 选项】对话框【自定义】栏单击【功能区】选项，在【类别】下拉列表框中选择【所有命令（设计零件）】选项，并在【过滤命令】文本框中输入查找关键字"常规混合"，查找到的【常规混合】命令将出现在命令列表框中。在右侧【显示】栏列表框中选择【模型】选项卡下的【形状】组，单击【添加命令】图标按钮 ➡ ，最后在对话框中单击【确定】按钮 确定 ，将常规混合命令添加至【模型】选项卡中的【形状】组。操作顺序如图 4.157 所示。

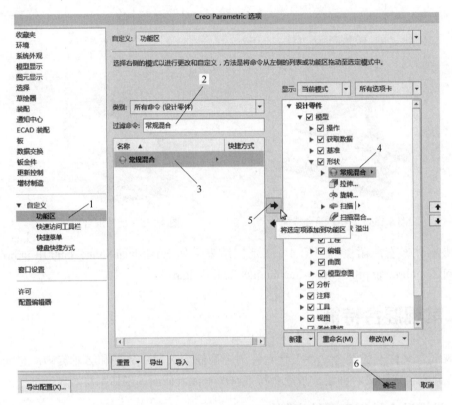

图 4.157 【Creo Parametric 选项】对话框操作顺序

4.8.2 常规混合特征创建实例

以下利用常规混合、拉伸工具等创建如图 4.158 所示模型。

（1）新建文件

新建一个零件类型、实体子类型的文件，命名为"changguihunhe_fanli_jg"，并将零件模板设置为"mmns_part_solid"。

（2）铣刀切削部分建模

① 在功能区【模型】选项卡【形状】组单击上节定制出的【常规混合】图标按钮 ⚫ 常规混合 ，并在如图 4.159 所示下拉菜单中选择【伸出项】选项，弹出菜单管理器。

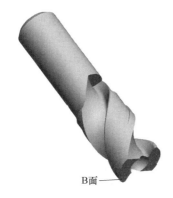

图 4.158　最终模型

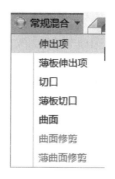

图 4.159　【常规混合】下拉菜单

②　在菜单管理器【混合选项】栏中依次选择【草绘截面】、【确定】选项，弹出如图 4.160 所示【特征定义】对话框。列表框中显示的为需要定义的项目，其中 ">" 符号所指项为正在定义的项目。

③　在菜单管理器【属性】栏依次选取【光滑】、【确定】选项，在下一栏中接受【新设置】和【平面】选项，并在图形区或模型树中选取 FRONT 基准平面为草绘平面，在【方向】栏单击【确定】选项，接受默认草绘视图方向，在【草绘视图】栏选择【默认】选项，接受默认的草绘视图参考，进入草绘状态。此时特征定义对话框中的 ">" 符号指向【截面】项。

④　在【草绘】选项卡【草绘】组选择【圆心和点】工具 ⊙圆、【线链】工具 ✓ 线、【圆形】工具 ⊾圆角、【坐标系】工具 ✛坐标系 及相应约束和标注工具绘制如图 4.161 所示截面（注意坐标系绘制在截面中心处）。选取截面所有图元，在右键菜单中选取【复制（C）】选项，将截面复制以便快速创建其他混合截面。之后，单击选项卡中的【确定】图标按钮 ✓，完成截面 1 的绘制。

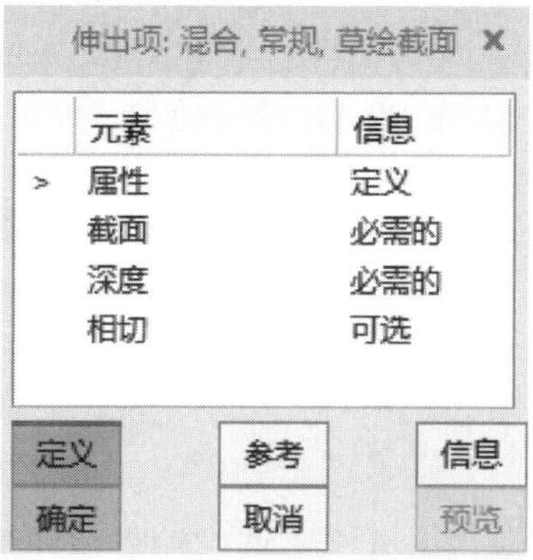

图 4.160　【特征定义】对话框

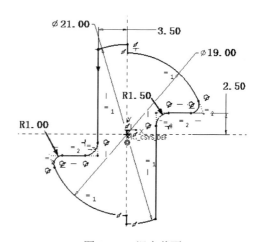

图 4.161　混合截面

⑤　在弹出的消息框中依次输入第二截面绕 X 轴旋转的角度、绕 Y 轴旋转的角度和绕 Z 轴旋转的角度值分别为 "0" "0" 和 "45"，系统进入二维草绘状态绘制第二个混合截面。

156 Creo 5.0 中文版实用教程

⑥ 在草绘状态下图形区单击右键，在右键菜单中选择【粘贴（P）】选项，接着单击鼠标左键。

⑦ 在【粘贴】选项卡的水平定位、竖直定位和比例因子文本框中依次输入"0""0"和"1"，如图 4.162 所示。单击【粘贴】选项卡的【确定】图标按钮✔，完成截面粘贴。单击【截面】选项卡中的【确定】图标按钮✔，退出截面 2 的绘制。

⑧ 单击【确认】对话框中的【是】按钮 是(Y) ，继续下一截面绘制。

⑨ 重复步骤⑤、⑥、⑦、⑧分别完成截面 3、截面 4、截面 5 和截面 6 的绘制。

⑩ 单击【确认】对话框中的【否（N）】按钮 否(N) ，结束截面绘制。

⑪ 在弹出的消息框中输入第 2、3、4、5、6 截面的深度值均为"10"，单击【特征定义】对话框中的【确定】按钮 确定 ，完成常规混合特征创建，如图 4.163 所示。

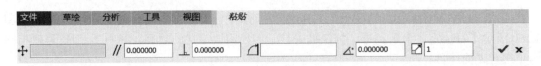

图 4.162 【粘贴】选项卡

（3）铣刀柄的建模

① 单击功能区【模型】选项卡【形状】组中的【拉伸】工具图标按钮✍，在【拉伸】选项卡中单击【放置】按钮 放置 ，在下滑面板中单击【定义】按钮 定义... ，弹出【草绘】对话框。

② 选取"FRONT"基准平面为草绘平面，接受默认草绘视图方向和参考，单击【草绘】对话框中的 草绘 按钮，进入草绘状态。

③ 选取【草绘】选项卡【草绘】组的【圆心和点】工具⊙圆和标注工具绘制如图 4.164 所示截面（直径为"17"的圆形截面），完成后单击选项卡中的【确定】图标按钮✔，退出草绘界面。

图 4.163 常规混合特征

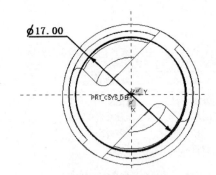

图 4.164 拉伸截面

④ 在【拉伸】选项卡接受默认给定深度方式，并在深度方式文本框中输入拉伸深度值"35"，单击文本框右侧的改变拉伸方向图标✗使拉伸方向箭头指向常规混合特征的外部。最后，单击✔图标按钮，完成拉伸特征的创建，如图 4.165 所示。

（4）铣刀柄过渡区的建模

① 单击功能区【模型】选项卡【形状】组工具栏中的【旋转】工具图标◆旋转，在打开的【旋转】选项卡中单击【去除材料】图标按钮◢，接着单击【放置】按钮 放置 。在

【放置】下滑面板中单击【定义】按钮 定义... ，弹出【草绘】对话框。在图形区或模型树中选取"TOP"基准平面为草绘平面，接受默认草绘视图方向和参考，单击【草绘】对话框中的 草绘 按钮，进入草绘状态。

②在【草绘】选项卡【草绘】组选择【矩形】工具 矩形 、【三点/相切端】工具 弧 、【中心线】工具 中心线 及相应约束和标注工具绘制如图 4.166 所示截面。完成后单击选项卡中的【确定】图标按钮 ✔ ，完成截面的绘制。

图 4.165　刀柄特征

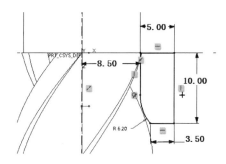

图 4.166　旋转切材料截面

③在【旋转】选项卡旋转角度文本框中输入旋转角度值"360"，单击应用并保存图标按钮 ✔ ，完成旋转移除材料特征的创建，如图 4.167 所示。

（5）在刀体中心处切削莫氏锥孔

①重复步骤（4）中的分步骤①。

②在【草绘】选项卡【草绘】组选择【线链】工具 线 、【圆心和端点】工具 弧 、【中心线】工具 中心线 及相应约束和标注工具绘制如图 4.168 所示截面，单击选项卡中的【确定】图标按钮 ✔ ，完成截面的绘制。

图 4.167　旋转去除材料后的模型

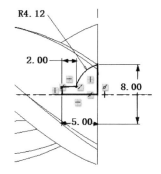

图 4.168　刀体中心孔截面

③在【旋转】选项卡旋转角度文本框中输入旋转角度值"360"，单击 ✔ 按钮，得到如前面图 4.158 所示最终模型。

结果零件参看所附资源"第 4 章 \ 范例结果文件 \changguihunhe_fanli01_jg.prt"。

4.9　扫描混合特征

前面章节讲到的定截面扫描特征是将一个二维截面沿着一条平面或空间轨迹线进行扫描得

到的；混合特征是将两个或多个截面，按照一定的混合方式依次连接形成的曲面或实体特征。本节介绍的扫描混合工具可将多个截面沿着一条轨迹线扫描来创建实体或曲面特征。使用扫描混合方法得到的特征兼有扫描特征和混合特征的特点，可创建一些较为复杂的三维模型。

创建扫描混合特征需要一条扫描轨迹线，指定各个截面在轨迹线上的位置，给出各截面的旋转角度，并依次绘制出各混合截面。

4.9.1 【扫描混合】选项卡

在功能区【模型】选项卡【形状】组工具栏中单击【扫描混合】工具图标按钮 扫描混合，打开如图 4.169 所示【扫描混合】选项卡。

图 4.169 【扫描混合】选项卡

【扫描混合】选项卡上部特征定义图标按钮区具有与其他选项卡相同的图标按钮，在此不再赘述。以下仅介绍选项卡下部的下滑面板按钮。

（1）【参考】下滑面板

【扫描混合】选项卡中的【参考】下滑面板与【扫描】选项卡中的【参考】下滑面板一样，可在其中选取扫描特征的轨迹，选择截平面控制方式、截面的水平/竖直控制方式以及起点的 X 方向参考等，在此不再赘述。

（2）【截面】下滑面板

单击【扫描混合】选项卡中【截面】按钮 截面，打开如图 4.170 所示【截面】下滑面板。在该面板中可以定义扫描混合截面、截面的旋转角度以及截面的 X 轴方向。面板中各选项含义如下：

·【草绘截面】：草绘各个混合截面，为默认选项。

·【选定截面】：选取已经绘制的截面作为混合截面，选取该选项后的【截面】下滑面板如图 4.171 所示。

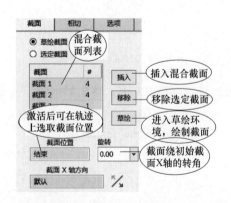

图 4.170 【截面】下滑面板（1）

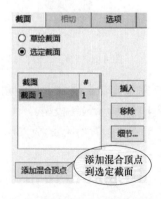

图 4.171 【截面】下滑面板（2）

（3）【相切】下滑面板

单击【扫描混合】选项卡中的【相切】按钮 [相切] ，打开如图4.172所示【相切】下滑面板。在该面板中可以定义开始和终止截面与相邻曲面间的关系（【自由】、【相切】和【垂直】）。如果开始或终止截面为点截面，则可选的条件关系为【尖角】和【平滑】，两种约束条件的模型比较如图4.173所示。

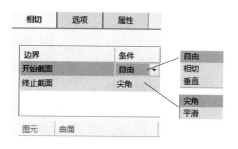

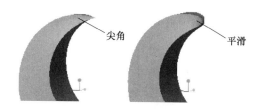

图4.172 【相切】下滑面板　　　　　　　图4.173 【尖角】与【平滑】

（4）【选项】下滑面板

单击【扫描混合】选项卡中的【选项】按钮 [选项] ，打开如图4.174所示【选项】下滑面板，在该面板中可以选取相应选项以控制扫描混合剖面之间部分的形状。

·【封闭端】：当创建扫描混合曲面时，如果混合截面为闭合截面，可选取该复选框将两端封闭，如图4.175所示。

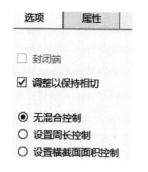

图4.174 【选项】下滑面板　　　　　图4.175 【封闭端】效果比较

·【无混合控制】：不定义混合控制集。

·【设置周长控制】：选取该项后，特征在各草绘截面（或选取的截面）之间混合时，混合截面的周长将以线性方式进行变化。

·【设置横截面面积控制】：在扫描混合的指定位置指定该处截面的面积来控制扫描混合特征。如图4.176所示为【无混合控制】与【设置横截面面积控制】两种模型的比较及设定完成的【选项】下滑面板。

创建扫描混合特征时需要注意以下几点：

① 扫描轨迹可以是多段曲线组成的开放曲线，也可以是封闭曲线。但是以封闭曲线为轨迹时，轨迹上必须有两个以上的断点以放置混合截面。

② 扫描轨迹起点和终点处的截面参考是动态的，在对轨迹进行修剪时会更新。

③ 和混合特征一样，扫描混合特征的所有截面必须具有相同的图元数，且起点位置必

须一致。

④ 当设置横截面面积控制时，只能控制未放置混合截面处的截面面积，截面位置可在图形区扫描轨迹上选取相应点。该点可以是轨迹上的相邻图元的交点或切点，也可以是用分割工具在扫描轨迹上添加的分割点。

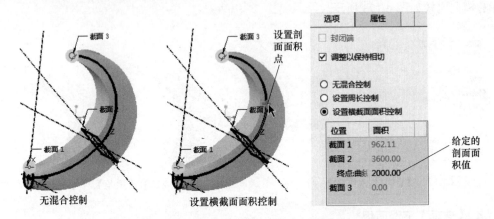

图 4.176　模型比较及【选项】下滑面板

4.9.2　扫描混合特征创建实例

以下通过实例介绍如图 4.177 所示扫描混合特征的创建过程。步骤如下。

① 新建一个零件类型的文件，名称为"saohun_fanli01_jg"，使用"mmns_part_solid"模板。

② 在模型树中单击"FRONT"基准平面标签，在弹出的浮动工具栏中单击【草绘】图标按钮，进入草绘模式。

③ 在【草绘】选项卡【草绘】组选择【三点/相切端】工具 弧及相应约束和标注工具绘制如图 4.178 所示曲线，完成后单击选项卡中的【确定】图标按钮。该曲线将作为稍后创建的扫描混合特征的扫描轨迹。

④ 在功能区【模型】选项卡【形状】组工具栏中单击【扫描混合】工具图标按钮 扫描混合，在【扫描混合】选项卡中单击 图标和 图标，接着单击【参考】按钮 参考，弹出【参考】下滑面板。在图形区选取第③步创建的草绘曲线，并接受默认的截平面控制、水平/竖直控制方式和起点的 X 方向参考。此时图形区扫描轨迹如图 4.179 所示。此处注意起点位置。

⑤ 单击【扫描混合】选项卡中的【截面】按钮 截面，在打开的【截面】下滑面板中选取【草绘截面】单选按钮 草绘截面，设定截面 1 的旋转角度值为"0"，在下滑面板中单击【草绘】按钮，进入二维草绘状态。此时将在图 4.179 箭头所示扫描原点处草绘混合截面。

⑥ 在【草绘】选项卡【草绘】组选择【圆心和端点】工具 弧、【三点/相切端】工具 弧及相应约束和标注工具绘制如图 4.180 所示截面，完成后单击选项卡中的【确定】图标按钮，完成扫描混合截面 1 的创建。注意截面起点位置如图 4.180 中箭头所示。

⑦ 单击【截面】下滑面板中的【插入】按钮 插入 以添加另一截面，接受系统默认的截面位置参考（扫描轨迹终点），设定截面的旋转角度值为"0"，单击面板中的【草绘】按钮 草绘，进入草绘状态。

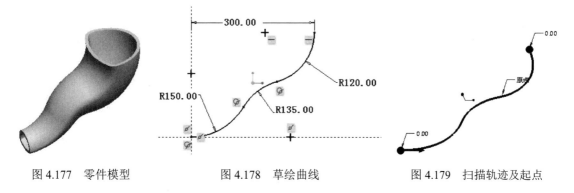

图 4.177　零件模型　　　　　图 4.178　草绘曲线　　　　　图 4.179　扫描轨迹及起点

⑧ 在【草绘】选项卡【草绘】组选择【圆心和端点】工具 ⌒弧、【三点 / 相切端】工具 ⌒弧 及相应约束和标注工具绘制如图 4.181 所示截面，单击选项卡中的【确定】图标按钮 ✔，完成扫描混合截面 2 的绘制。如截面起点位置与图 4.181 所示箭头位置不同，则需要在截面中选取正确的起点，在右键菜单中选择【起点（S）】选项，将起点更改至图示位置。

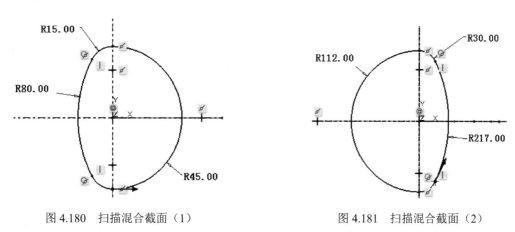

图 4.180　扫描混合截面（1）　　　　　图 4.181　扫描混合截面（2）

⑨ 在【扫描混合】选项卡中的【薄壁厚度】文本框中输入厚度值"10"，然后，单击选项卡中的 ✔按钮，得到如前面图 4.177 所示模型。

⑩ 保存文件。

最后结果参看本书所附资源文件"第 4 章 \ 范例结果文件 \saohun_fanli01_jg.prt"。

———————————————— 总结与回顾 ————————————————

本章介绍了基础特征的创建方法，包括拉伸、旋转、扫描、螺旋扫描、体积块螺旋扫描、混合、旋转混合、常规混合和扫描混合。

拉伸特征工具是最常用的特征工具，它是将一个截面沿着和截面垂直的方向延伸来创建实体。旋转特征工具是通过将截面绕着旋转中心线旋转一定角度来创建特征。旋转中心线可以是截面中草绘的中心线，也可以是选取的模型中已有轴线或截面边线。旋转中心线不能和截面相割，但可以和截面上的边重合。当截面中绘制有多条中心线时，系统默认将绘制的第一条中心线作为旋转轴。

使用扫描工具可以创建恒定截面和变截面扫描特征。前者的截面在沿着轨迹扫描过程中，截面形状不变，仅改变截面的方向。后者是由一个截面沿着一条原点轨迹线和多条轮廓线（链轨迹）扫描来创建实体或曲面特征。在扫描的过程中，需要将截面的边界与扫描轨迹线、扫描轮廓线对齐，以便使扫描截面的形状和大小随着原点轨迹以及轮廓线发生变化。可以使用"Trajpar"参数创建可变截面扫描特征。在可变截面扫描特征形成的过程中，该参数的值将在 0 和 1 之间以线性方式变化。此外，也可以将"Trajpar"参数和关系式配合使用来创建可变截面扫描特征。

螺旋扫描特征工具可以将一个截面沿着一条假想的螺旋线进行扫描，从而得到一个螺旋状的实体或曲面特征。在特征创建时需要设定螺旋扫描的属性、绘制螺旋扫描的外形轮廓线、指定节距值，并绘制出扫描截面。绘制外形轮廓线时，必须绘制中心线，系统将以该中心线作为螺旋扫描的旋转轴。另外，绘制的轮廓线必须为开放截面，且轮廓线任意点的切线不能与中心线垂直。创建变节距螺旋扫描特征时，需要给出轮廓线起点、终点以及中间点处的节距值，使中间部分的节距呈非线性变化。

体积块螺旋扫描是 Creo 5.0 新增的工具，可以对类似实际加工中使用切削刀具加工（车削和铣削）而成的几何特征进行建模，从而创建出 3D 几何特征。在体积块螺旋扫描过程中，草绘截面旋转 360° 后生成的 3D 几何对象将沿着螺旋线移动，从零件中去除材料。

混合特征工具即早期版本中的平行混合特征工具。它是将两个以上的图元段数（或顶点数）相同且有一定距离的截面在其顶点处用过渡曲面连接形成的特征。混合特征（对于旋转混合特征、常规混合特征和扫描混合也同样）创建时注意各截面起点的位置，起点不对应会造成特征扭曲。当截面图元段数（或顶点数）不同时可通过使用分割工具或混合顶点等方法使截面满足要求。

旋转混合特征工具通过混合至少两个绕旋转轴旋转的二维截面来创建几何特征。旋转混合特征截面的旋转轴可以是选取的轴线，也可以是草绘的中心线。

常规混合特征即早期版本的一般混合特征。该工具允许截面绕 X 轴、Y 轴和 Z 轴旋转，也允许截面沿轴线方向有一定距离。常规混合工具需要对配置文件进行修改并进行定制后才会出现在界面中。

扫描混合特征工具可以将多个截面沿着一条轨迹线扫描来创建实体或曲面特征。创建扫描混合特征时，需要定义轨迹线、指定各个截面在轨迹线上的位置、给出截面绕 X 轴的旋转角度，并依次绘制出各混合截面图。扫描混合的轨迹线可以是开放或封闭的曲线。如果轨迹为封闭曲线，则要求轨迹必须有两个以上的断点以放置混合截面。扫描混合可以有两种轨迹，原点轨迹是必需的，而第二轨迹则是可选的。

本章介绍的基础特征工具是 Creo 5.0 环境下进行三维建模的基础，熟练掌握和运用这些特征工具是学好软件的关键。

思考与练习题

1. 创建如图 4.182 所示支板零件。参看第 4 章 \ 练习题结果文件 \ex04-1_jg.prt。
2. 创建如图 4.183 所示的滑块模型。参看第 4 章 \ 练习题结果文件 \ex04-2_jg.prt。
3. 创建如图 4.184 所示支架模型。参看第 4 章 \ 练习题结果文件 \ex04-3_jg.prt。

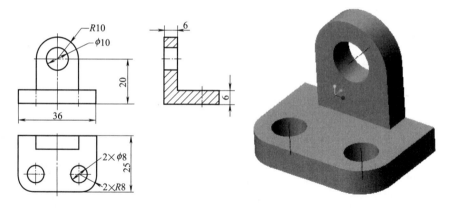

图 4.182　支板零件

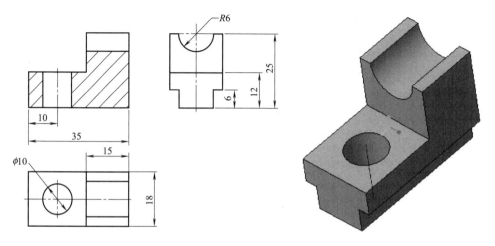

图 4.183　滑块模型

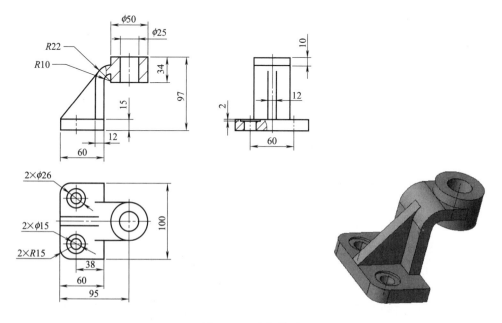

图 4.184　支架模型

4. 参考如图 4.185 所示的尺寸，利用拉伸、常规混合、阵列等命令建立如图 4.186 所示的斜齿轮轴模型。参看第 4 章 \ 练习题结果文件 \ex04-4_jg.prt。

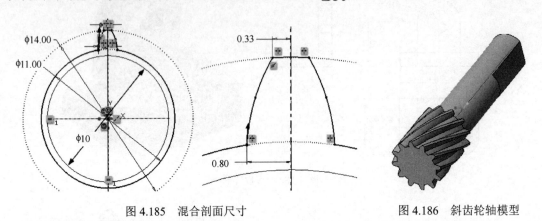

图 4.185 混合剖面尺寸   图 4.186 斜齿轮轴模型

5. 创建如图 4.187 所示烟斗零件模型。

提示：先使用扫描混合方法创建基础特征，然后使用扫描切材料和旋转切材料方式创建两个切材料特征。扫描混合特征需要在扫描轨迹上放置四个截面：椭圆截面 A、椭圆截面 B、圆形截面 C、圆形截面 D。各截面尺寸如图 4.187 所示。结果零件参看本书所附资源文件"第 4 章 \ 练习题结果文件 \ex04-5_jg.prt"。

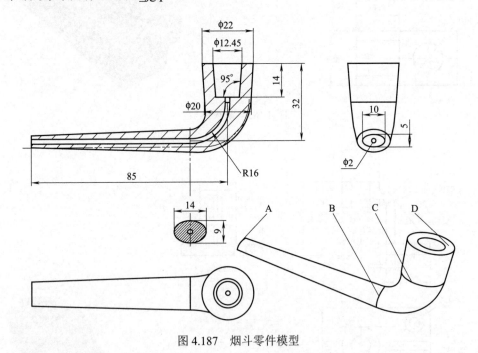

图 4.187 烟斗零件模型

6. 创建如图 4.188 所示瓶子模型。

提示：先用可变截面扫描特征工具创建瓶子基础体，然后使用拉伸特征工具创建底部凸台特征。在对底部倒圆角后，使用壳特征工具得到最终零件模型。创建可变截面扫描特征时的轨迹选取如图 4.189 所示。结果零件参见本书所附资源文件"第 4 章 \ 练习题结果文件 \ ex04-6_jg.prt"。

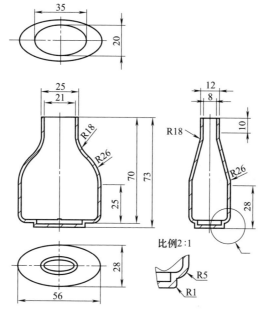

图 4.188　瓶子模型

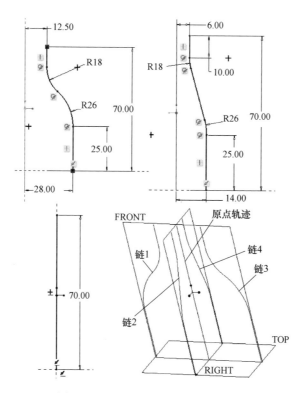

图 4.189　瓶子零件原点轨迹及链轨迹

第5章

工程特征创建

学习目标：主要学习各种工程特征（孔、圆角、倒角、筋、抽壳和拔模）的创建。

在实际工作中，创建了基础实体后，还需要继续在其上创建其他各类特征，其中一种重要的特征类型就是本章要介绍的工程特征。工程特征是指具有一定工程应用价值，而且只能在实体或曲面几何上才能创建的特征，例如孔特征、倒角特征等，这些特征具有相对固定的形状和结构。本章将依次介绍孔特征、圆角特征、倒角特征、抽壳特征、筋特征和拔模特征。

一般来说，创建一个工程特征的过程就是根据指定的位置在另一个特征上准确放置该特征的过程。要准确生成一个工程特征，需要确定两类参数。第一类是定形参数，它用来确定工程特征形状和大小，如长和宽以及直径等参数；另一类是定位参数（包含孔的放置参考、孔的放置类型），用来确定特征在基础特征上附着的位置。确定定位参数时，通常选取恰当的点、线、面等几何图元作为参考，然后使用相对于这些参考的一组线性或角度尺寸来确定特征的放置位置。

创建工程特征的所有命令都在功能区【模型】选项卡中【工程】组中，如图 5.1 所示。

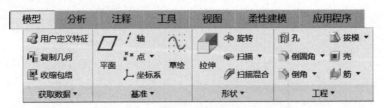

图 5.1　用于创建工程特征的工具命令

5.1　孔特征

孔是工程中经常用到的特征，在机械零件中应用非常广泛。孔特征的形式多样，放置位置灵活，一般用于零件模型的固定和形成通道等。孔特征可以认为是某一截面（钻孔轮廓）在实体零件模型中围绕中心轴旋转切减材料而成，Creo 5.0 提供了两大类孔设计方法：简单孔和工业标准孔。四种孔特征如图 5.2 所示。

（1）简单孔

简单孔由带矩形截面的旋转切口组成，包括简单直孔和草绘孔，其中简单直孔可以是使用预定义矩形轮廓的孔，或使用标准孔轮廓的孔。简单孔可以分为如下三类。

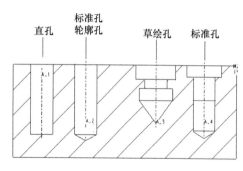

图 5.2　四种孔特征

- 使用预定义矩形轮廓定义钻孔轮廓：使用 Creo 5.0 预定义的（直）几何。默认情况下，Creo 5.0 创建单侧的简单孔，但是，可以使用【孔】选项卡中的【形状】面板来设置创建双侧简单直孔。双侧简单孔常用于装配中，允许同时格式化孔的两侧。

- 草绘孔：使用在草绘器中创建的草绘轮廓来定义钻孔轮廓。

- 使用标准孔轮廓孔：使用标准孔轮廓作为钻孔轮廓。可以为创建的孔指定沉头孔、沉孔和刀尖角度。

（2）工业标准孔

工业标准孔由基于工业标准紧固件表的拉伸切口组成。Creo 5.0 提供选定紧固件的工业标准孔图表及螺纹或间隙直径。用户可以根据实际需要来创建自己所需的孔图表。对于工业标准孔，Creo 5.0 会按照设定选项来自动创建螺纹注释，工业标准孔主要包括 ⚙（螺纹攻丝）、🔽（锥形孔）、▯▮（间隙孔）和 ⊔（钻孔）等几种类型。

5.1.1　孔的放置参考

在创建孔特征时要选择放置参考来放置孔，并在需要时选择偏移参考来约束孔相对于选定参考的位置。在选择孔的放置参考时，在孔预览几何中会出现相应的控制图柄，如图 5.3 所示。

主放置参考（简称放置参考）用来在模型上放置孔。可以通过在孔预览几何中拖动主放置控制图柄，或将主放置控制图柄捕捉到某个参考上来重定位孔。

偏移参考是用附加参考来约束孔相对于选定的边、基准平面、轴、点或曲面的位置。设计中，常用的方法是通过将偏移参考控制图柄捕捉到所需参考来定义偏移参考，当捕捉并选择到偏移参考时，偏移参考的尺寸值便出现在图形窗口中，如图 5.4 所示。

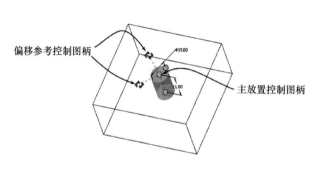

图 5.3　创建孔特征定义主参考

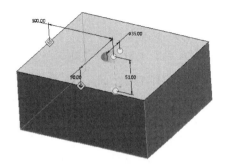

图 5.4　创建孔特征定义偏移参考

定义偏移参考（次放置参考）时，注意不能选择与放置参考（主放置参考）垂直的边，不能通过选择边来定义内部基准平面，而需创建新的基准平面。

可以用【孔】选项卡的【放置】面板（该面板提供放置参考和偏移参考的信息内容）来校验、定义或重定义孔的放置参考和偏移参考。

5.1.2 孔的放置类型

选择放置参考后，就可以定义孔的放置类型以确定孔放置的方式。

在模型中选择了孔放置参考后，Creo 5.0 会根据所选放置参考来自动提供一个最适宜的默认放置类型，此时可以在【孔】选项卡中打开【放置】面板，从该面板的【类型】下拉列表框中重新选择需要的放置类型，如图 5.5 所示。

孔常见的放置类型有【线性】、【径向】、【直径】、【同轴】和【点上】。

（1）线性

常规【线性】放置类型，是使用两个线性尺寸来确定孔在主放置参考的位置，其中线性尺寸表示孔轴线到两个次放置参考的距离，如图 5.6 所示。

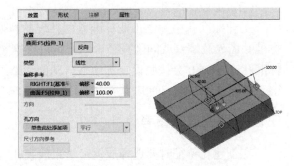

图 5.5　【孔】选项卡的【放置】面板定义孔的放置　　　图 5.6　使用【线性】放置类型

可以通过参考轴创建线性孔，需要在单击【孔】按钮 后，在模型上选择一个要放置孔的曲面（主放置参考），默认孔放置类型为【线性】，在【孔】选项卡的【放置】面板中单击【偏移参考】收集器将其激活，接着从模型中选择基准轴或现有孔的轴作为偏移参考，此时孔与偏移参考（次放置参考）可以是偏移关系或对齐关系，最后单击【尺寸方向参考】收集器将其激活，在图形窗口中选择曲线、直边、基准轴、基准平面或平面曲面作为尺寸方向参考，并设置孔与尺寸方向参考是偏移还是对齐约束，如图 5.7 所示。需注意：所选的次放置参考轴应垂直于主放置参考。

（2）径向

使用一个线性尺寸和一个角度尺寸放置孔，如图 5.8 所示。此时的两个次放置参考分别为基准轴和参考平面。其中线性尺寸表示孔轴线到次放置参考（为基准轴）的半径（距离），角度尺寸为孔轴线与另一个次放置参考（参考平面）间的夹角。

（3）直径

指定一个线性尺寸和一个角度尺寸来确定孔的放置位置。此时的两个次放置参考分别为基准轴和参考平面。其中线性尺寸表示孔轴线到次放置参考（为基准轴）的直径（距离），角度尺寸为孔轴线与另一个次放置参考（参考平面）间的夹角，如图 5.9 所示。

（4）同轴

同轴放置指将孔放置在轴与曲面的交点处，曲面必须与轴垂直，如图 5.10 所示，图中选择 A_1 轴作为主放置参考，再按住 Ctrl 键选择一个放置参考以同轴约束孔。

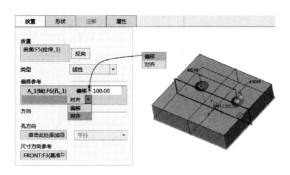

图 5.7　通过参考轴创建线性孔

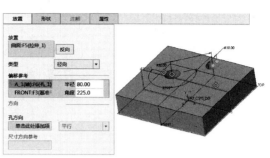

图 5.8　使用【径向】放置类型创建孔

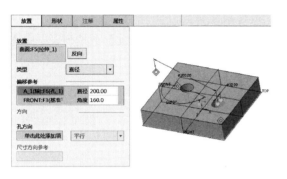

图 5.9　使用【直径】放置类型创建孔

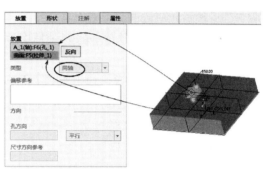

图 5.10　使用【同轴】放置类型创建孔

（5）点上

此放置类型是将孔与位于曲面上偏移曲面的基准点对齐，如图 5.11 所示，并允许附加多选择一个放置参考来进一步约束孔的放置位置。此放置类型只有在选择基准点作为主放置参考时才可用。

此外，Creo 5.0 还增加了创建孔特征时增加孔方向定义功能。该功能可实现创建完成的孔特征不垂直于孔特征的放置平面。以创建一个简单孔特征为例，如图 5.12 所示。按前面创建简单孔创建方法完成孔的放置平面、位置及孔的直径大小定义后，激活【放置】面板上的【孔方向】下面对话框，选择模型中已经绘制完成的草绘曲线，然后选择与【曲线】方向类型为【平行】，则完成如图 5.12 所示孔特征预览效果。

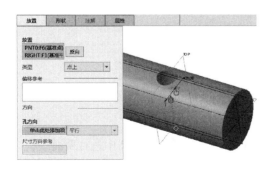

图 5.11　使用【点上】放置类型创建孔

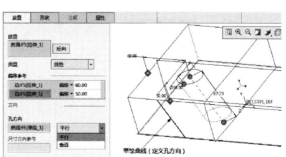

图 5.12　定义【孔方向】的简单孔

5.1.3　孔特征创建步骤

（1）创建预定义钻孔轮廓的简单直孔

创建预定义钻孔轮廓的简单直孔时不需要草绘。默认情况，创建的简单直孔是单侧直孔，如果要创建双侧直孔，需使用【孔】选项卡上的【形状】滑出面板，如图 5.13 所示。

以下为创建简单直孔的一般方法和步骤。

步骤 1：在功能区【模型】选项卡的【工程】组中单击【孔】按钮，打开【孔】选项卡。

步骤 2：在【孔】选项卡中单击左部的【创建简单孔】按钮，并接受默认的【使用预定义矩形定义钻孔轮廓】按钮选项，如图 5.14 所示。

步骤 3：在模型上选择放置孔的大致位置，即指定主放置参考。

步骤 4：在【孔】选项卡中打开【放置】面板，从【类型】下拉列表框中选择放置类型，再使用鼠标分别将两个偏移参考控制图柄拖动到相应的偏移参考上，并在【偏移参考】收集器中设置相应的偏移参考距离尺寸。

步骤 5：在【孔】选项卡的 ∅ 值框中设置孔的直径值；在【深度选项】下拉列表框中选择深度类型。

注意：在【孔】选项卡的【形状】面板中有深度相关参数设置。

步骤 6：在【孔】选项卡中单击【完成】按钮，完成创建简单直孔。

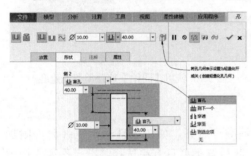

图 5.13　设置侧 2 孔的深度等

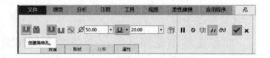

图 5.14　定义孔类型

（2）创建草绘孔

草绘孔可以创建比较复杂的非标准孔，可产生有锥顶开头和可变直径的圆形断面，比如阶梯轴、沉头孔、锥形孔等。其放置方式与直孔相同，不同的是孔径和孔深都是通过草绘来定义的。

在【孔】选项卡中单击【创建简单孔】按钮和【使用草绘定义钻孔轮廓】按钮，此时，【孔】选项卡提供的按钮选项如图 5.15 所示。

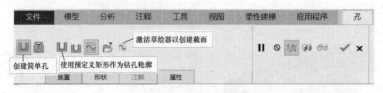

图 5.15　创建草绘孔

在【孔】选项卡中单击【激活草绘器以创建截面】按钮，进入草绘器中进行截面绘制。

① 草绘孔截面

草绘孔截面时注意以下几点。

● 草绘孔截面必须是闭合（封闭）剖面，组成剖面的各线段必须首尾顺次连接，并且没有交叉和重合。

● 孔截面中包含竖直旋转轴（如草绘一条竖直的几何中心线以自动定义为旋转轴）。

● 所有截面上的图元必须位于旋转轴（中心线）的一侧，且孔截面中必须至少有一个图元垂直于旋转轴线。如果截面中仅有一个图元与旋转轴线垂直，系统自动将该图元对齐到参考平面（主放置参考或次放置参考平面）上，如果有多个图元垂直于旋转轴线，系统将最上端的图元对齐到放置参考平面。

如图 5.16（a）所示的草绘剖面中有两条线段垂直于回转轴线；如图 5.16（b）所示的草绘剖面中有一条线段垂直于回转轴线；如图 5.16（c）所示的草绘剖面中没有一条线段垂直于回转轴线，这个草绘剖面不正确。

如果在创建草绘孔之前已经有绘制好的草绘剖面图，可以通过操控板上的 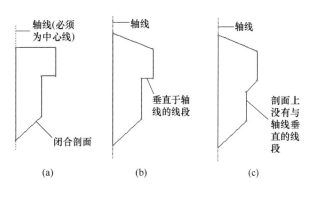 按钮，找到以前保存的剖面，将其导入即可。

图 5.16　草绘剖面的方法

② 设置放置参考

草绘孔的形状和大小在草绘时已经确定，只需设置放置参考即可创建。在实体特征上设置放置参考的方法与创建简单直孔时类似，不再赘述。

（3）创建工业标准孔

工业标准孔是具有标准结构、形状和尺寸的孔，是基于相关工业标准的，例如螺纹孔等，它的创建不需要草绘。在 Creo 5.0 中，工业标准孔的类型有 ISO、UNC 和 UNF 三种形式。通常默认为 ISO 标准，我国使用此种螺纹；UNC 为粗牙螺纹；UNF 为细牙螺纹。

在功能区【模型】选项卡的【工程】组中单击【孔】按钮 ⬚，打开【孔】选项卡。在【孔】选项卡中单击【创建标准孔】按钮 ⬚ 将孔类型设置为标准孔，尺寸【孔】选项卡显示标准孔选项，默认选中【添加攻丝】按钮 ⬚，如图 5.17 所示。

图 5.17　创建工业标准孔时的操控板

创建工业标准孔的设计过程主要有以下 5 个步骤。

① 确定孔的螺纹类型。在【螺纹类型】 ⬚ 相邻的框中选择标准孔的螺纹类型，即从列表框中选取 ISO、UNC 和 UNF 中的一种，一般选取 ISO。

② 确定螺纹尺寸。在第二个列表框中选取或输入螺钉的尺寸。如 M16×2 表示外径为 16mm、螺距为 2mm 的标准螺钉。

③ 确定螺纹孔的深度。

④ 创建装饰螺纹孔（埋头孔和沉孔）。

⑤ 确定螺纹孔的定位参数。

螺纹孔的定位参数与前面介绍的直孔特征类似，不再赘述。

创建螺纹孔时，必须注意单位的选定，即基础实体模型的单位要与 ISO 标准螺纹孔的单位一致。如果基础实体的单位为英寸，而 ISO 标准螺纹孔的默认单位为 mm，二者单位不匹配，这样创建的螺纹孔会很小，甚至看不见。这时可以通过单位转换将基础实体模型进行单位转换。在【文件】下拉菜单选择【准备】命令旁边的按钮 ▶ 并选择【模型属性（I）】选项，然后根据需要进行单位转换。

5.1.4 孔特征操作实例

（1）孔的创建

打开本书所附资源文件"第 5 章 \ 范例源文件 \kong_fanli01.prt"，如图 5.18 所示。

① 在功能区【模型】选项卡的【工程】组中单击【孔】按钮 ，打开【孔】选项卡，选中【创建简单孔】按钮 。

② 打开【放置】面板，选取长方体上表面为主放置参考，设置放置类型为【线性】。单击【偏移参考】的收集器将其激活，两个侧表面为次放置参考。

注意：选取第二个次放置参考时要按住 Ctrl 键。

③ 输入如图 5.19 所示的参数，孔的直径和深度均为 35mm。

④ 单击操控板上的 ✔ 按钮，完成直孔的创建。

最后结果文件参看"第 5 章 \ 范例结果文件 \kong_fanli01_jg.prt"。

图 5.18　原图

图 5.19　参考和参数输入

（2）草绘孔的创建

打开本书所附资源文件"第 5 章 \ 范例源文件 \kong_fanli02.prt"。

① 在功能区【模型】选项卡的【工程】组中单击【孔】按钮 ，打开【孔】选项卡，选中【创建简单孔】按钮 和【使用草绘定义钻孔轮廓】按钮 ，此时【孔】选项卡提供的按钮选项如图 5.20 所示。

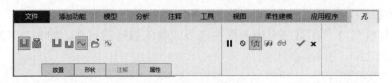

图 5.20　【孔】选项卡

② 在【孔】选项卡中单击【激活草绘器以创建截面】按钮 ，进入草绘器，先在功能区【草绘】选项卡的【基准】组中单击【中心线】按钮 中心线 来绘制一条竖直的几何中心线，接着在【草绘】组中单击【线】按钮 线▾ 绘制草绘孔的截面轮廓，如图 5.21 所示，单击【确定】按钮 ，完成草绘。

③ 在【孔】选项卡中打开【放置】面板，选取圆柱体中心线和圆柱体上表面为主放置参考。如图 5.22 所示，放置类型自动变为【同轴】。

④ 单击选项卡上的 按钮，完成草绘孔的创建。结果如图 5.23 所示。

最后结果文件参看"第 5 章 \ 范例结果文件 \kong_fanli02_jg.prt"。

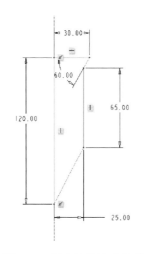

图 5.21　创建的草绘孔截面

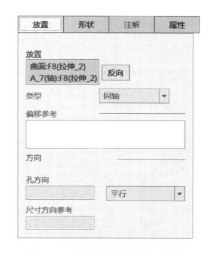

图 5.22　圆柱体轴线作为次参考

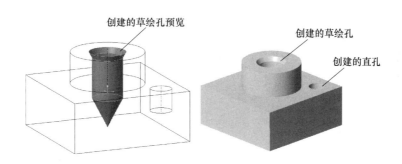

图 5.23　草绘孔和直孔最后结果

（3）螺纹孔

打开本书所附资源文件"第 5 章 \ 范例源文件 \kong_fanli03.prt"。

① 在功能区【模型】选项卡的【工程】组中单击【孔】按钮 ，打开【孔】选项卡。在【孔】选项卡中单击【创建标准孔】按钮 将孔类型设置为标准孔，默认选中【添加攻丝】按钮 。在【螺纹类型】 相邻的框中选择标准孔的螺纹类型为 ISO，在【螺钉尺寸】 相邻的框中选择螺钉尺寸为 M16×1，设置孔的深度为 50mm。

② 打开【放置】面板，选取圆柱体上表面为主放置参考，放置类型为【径向】。单击【偏移参考】的收集器将其激活，选圆柱体轴线为第一个次放置参考，长方体的一个前平面为第二个次放置参考。注意：选取第二个次放置参考时要按住 Ctrl 键。输入如图 5.24 所示

的半径和角度参数。

③ 单击操控板上的 形状 按钮，调整螺纹孔的设计参数，如图 5.25 所示。

④ 单击操控板上的 ✔ 按钮，完成螺纹孔的创建，结果如图 5.26 所示。本结果是关闭了标准孔的注释。如果需要显示注释，在操控板上单击【注释】，在【添加注释】前面的选择框打上"√"即可。

最后结果文件参看"第 5 章 \ 范例结果文件 \kong_fanli03_jg.prt"。

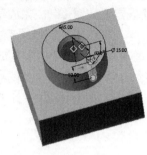

图 5.24　放置参考和参数设置

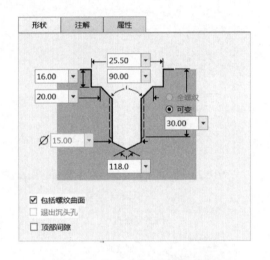

图 5.25　标准孔的定形参数面板

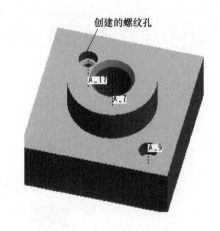

图 5.26　最后的设计结果

5.2　倒圆角特征

圆角是产品上的重要结构之一，使用圆角代替零件上尖锐的棱边，可以使零件表面的过渡更加光滑、自然，增加产品的美感。模型上的圆角也使产品的使用者不容易受伤，体现人性化设计。倒圆角特征是一种边处理特征，选取模型上的一条边或多条边或指定一组曲面作为特征的放置参考后，再指定半径参数即可创建倒圆角特征。

在创建倒圆角时需要注意的是在设计中尽可能在最后阶段建立倒圆角特征，为避免创建从属于倒圆角特征的子项，在标注位置尺寸的时候，尽量不要以边作为参考，以免在以后变更设计时产生麻烦。

5.2.1　倒圆角类型和参考

倒圆角类型主要包括恒定倒圆角特征（包括恒定半径或弦长）、可变倒圆角、曲线驱动的倒圆角和完全倒圆角，如表 5.1 所示。另外，还可以创建延伸的曲面倒圆角。

表 5.1　倒圆角类型

序号	倒圆角类型	说　　明	图例
1	恒定倒圆角	倒圆角段具有恒定半径或弦长	
2	可变倒圆角	倒圆角段有多个半径	
3	曲线驱动的倒圆角	倒圆角的半径由基准曲线驱动	
4	完全倒圆角	完全倒圆角会替换选定的曲面	

可创建的倒圆角类型取决于所选择的放置参考类型。下面简要说明各种倒圆角参考及对应可创建的倒圆角类型。

（1）参考类型为边或边链

通过选择一条、多条边或使用一个边链来放置倒圆角，以此边参考为边界的曲面将形成该倒圆角的滚动相切连接，如图 5.27 所示。倒圆角沿着相切的邻边进行传播，直至在切线中遇到端点，但是如果使用"依次"链，倒圆角则不会沿着相切的邻边进行传播。

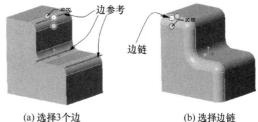

(a) 选择3个边　　　　(b) 选择边链

图 5.27　选择放置的边及边链参考

使用边或边链作为放置参考类型时，可以创建的倒圆角类型有恒定倒圆角、可变倒圆角、曲线驱动的倒圆角和完全倒圆角。

（2）参考类型为"曲面到边"

通过选择曲面，然后选择边来放置倒圆角，该倒圆角与曲面保持相切，而边参考不保持相切，如图 5.28 所示。

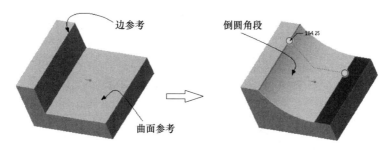

图 5.28　放置参考类型为"曲面到边"

使用曲面和边作为放置参考类型时，可以创建的倒圆角类型有恒定倒圆角、可变倒圆角、和完全倒圆角。

（3）参考类型为"曲面到曲面"

通过选择两个曲面来放置倒圆角，倒圆角与两个参考曲面始终保持相切，如图 5.29 所示。

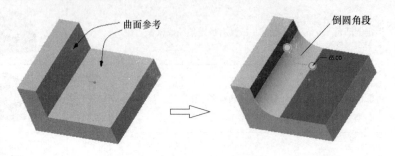

图 5.29 放置参考类型为"曲面到曲面"

使用两个曲面作为放置参考类型时，可以创建的倒圆角类型有恒定倒圆角、可变倒圆角、曲线驱动的倒圆角和完全倒圆角。对于完全倒圆角，还需要选择第 3 个曲面作为驱动曲面，此曲面决定倒圆角的位置，有时还决定其大小。

5.2.2 倒圆角工具简介

创建倒圆角特征的工具为【倒圆角】按钮，它位于功能区【模型】选项卡的【工程】组中，单击【倒圆角】按钮，打开【倒圆角】选项卡，如图 5.30 所示。

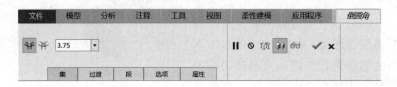

图 5.30 【倒圆角】选项卡

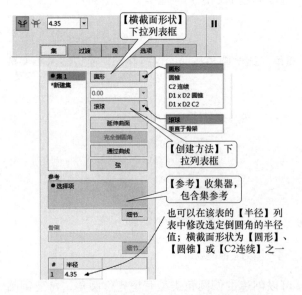

图 5.31 【倒圆角】选项卡的【集】面板

（1）创建倒圆角步骤

1）创建倒圆角集

在【倒圆角】选项卡中单击【集】选项以打开【集】面板，如图 5.31 所示。可以从【横截面形状】下拉列表框中选择所需的类型选项，从【创建方法】下拉列表框中选择所需的创建方法等。

注意：选择的圆角横截面形状类型选项不同，所需定义的截面尺寸参数也不同。

2）设定圆角横截面形状类型参数

在【集】面板中选择【横截面形状】下拉列表框中的【圆形】类型，如图 5.31 所示。

① 指定圆角横截面形状类型。

● 【圆形】：使用圆形轮廓创建含圆形横截面的简单倒圆角，需要定义半径。

● 【圆锥】：利用介于 0.05 ～ 0.95 之间的圆锥参数定义锥形的锐度，此形状使用相等的圆锥边长，适用于"恒定"和"可变"倒圆角集。

● 【D1×D2 圆锥】：使用独立的圆锥边长，可以单击【反转圆锥距离的方向】按钮 ✗ 来切换边长距离，此选项仅适用于"恒定"倒圆角集。

● 【C2 连续】：利用介于 0 ～ 0.95 之间的"C2 形状因子"定义样条曲线，然后设置圆锥长度，C2 形状因子对样条形状的影响类似于 rho 因子对锥形弧的影响。此选项适用于"恒定"倒圆角集。

● 【D1×D2 C2】：适用 C2 形状因子定义样条形状，需要制定 D1 和 D2 边长尺寸。

如果选取了【D1×D2 圆锥】选项定义圆角横截面时，出现圆锥参数的相关定义框，如图 5.32 所示。

② 指定轨迹生成方式。圆角创建方法有两种方式：【滚球】和【垂直于骨架】；系统一般默认方式为【滚球】。

● 【滚球】：假想球沿与之恒保持相切的曲面滚动的方式生成圆角。

图 5.32　定义圆锥参数

● 【垂直于骨架】：沿着与选定骨架垂直的边扫描圆弧或圆锥横截面（对于完全倒圆角时，【垂直于骨架】选项不可用）。

③ 其他选项。当满足一些特殊条件的时候，还有 3 种倒圆角方式。

● 延伸曲面 ：启用倒圆角以在连接曲面的延伸部分继续展开，而非转换为边至曲面倒圆角。

● 完全倒圆角 ：使用曲面作为参考，创建与曲面自动拟合的完全倒圆角。

● 通过曲线 ：使用曲线作为参考，特征的边缘沿着曲线倒圆角，也不需要指定圆角半径。圆角的半径根据曲线距离边缘的位置来决定。

3）指定圆角放置参考

设置了圆角形状参数后，接着在模型上选取边或指定曲面、曲线作为圆角特征的放置参考。下面先介绍选取边作为圆角放置参考的方法。

① 一条边创建一个倒圆角集。在选取实体上的边时，如果每次选取一条边，系统将为每一条边创建一个倒圆角集，如图 5.33 所示。此种方法适合在每个边创建不同倒圆角半径值。

② 多条边创建一个倒圆角集。如果多条边的圆角半径相同，那么在选取边的同时按住 Ctrl 键，则系统将所有选取的边作为一个倒圆角集的放置参考，如图 5.34 所示。使用此种方法，可以减少模型上特征的数量，而且操作简便。

③ 使用边链创建倒圆角集。如果使用一组闭合的边创建倒圆角集，可以使用边链来完成。首先选取一条边，然后按住 Shift 键，再选取该边所在的面，系统自动将该面的整个闭合边链选中作为圆角的放置参考，如图 5.35 所示。

④ 使用相切链创建倒圆角集。如果实体上存在各边首尾顺序相切的相切链，系统默认把整个相切链作为圆角的放置参考。任意选取相切链的一条边线即可。若确实只需要其中的

一条边进行倒圆角，可以按住 Shift 键再在已经选中并加亮的边上单击一下就可以进入单选模式，这个时候的圆角几何就不会自动选择整条相切链了，如图 5.36 所示。

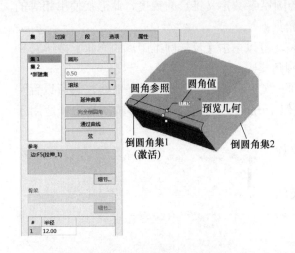

图 5.33　一条边创建一个倒圆角集

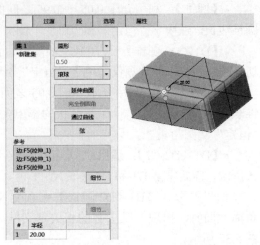

图 5.34　多条边创建一个倒圆角集

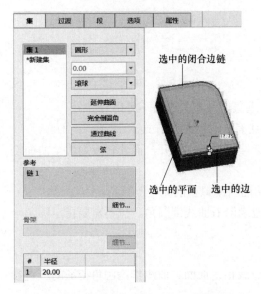

图 5.35　使用边链创建一个倒圆角集

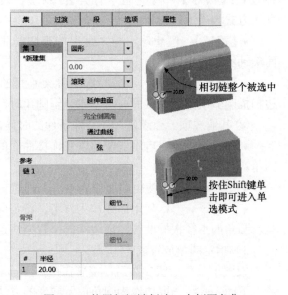

图 5.36　使用相切链创建一个倒圆角集

4）编辑圆角参考

在指定圆角参考后，可以根据需要进行参考编辑。

① 向某一倒圆角集添加圆角参考。可以添加新的参考（如边等）到某一个倒圆角集中，首先选中要编辑的倒圆角集，然后按住 Ctrl 键，接着选取新的参考，新参考会自动添加到选定的倒圆角集中。

② 删除某一倒圆角集中的参考。如果在某一倒圆角集中有不合适的圆角参考（如边等），有两种方法可以将其删除。

● 在参数面板中部的【参考】列表中选中要删除的参考，然后在其上单击鼠标右键，在弹出的右键快捷菜单中选取【移除】选项即可。如果选取【移除全部】选项，则删除全部参考。

● 按住 Ctrl 键，在模型上左键单击需要删除的参考，即可将其从【参考】列表中删除。此种方法比较简单直观，建议使用此种方法进行操作。

　　5）定义圆角半径

　　确定了圆角类型和圆角参考之后，接下来确定圆角的半径参数。

　　① 指定圆角半径。对于圆形圆角，只要确定圆角半径即可。在参数面板底部圆角半径栏中有两种方法指定圆角半径。

　　●【值】：激活半径参数栏的【半径】文本框，直接输入数值，或从下拉列表值选取曾经使用过的半径数值。

　　●【参考】：使用参考来指定圆角的大小，例如圆角通过指定实体顶点或指定基准点。

　　② 动态调整圆角半径。可以直接在模型上拖动呈绿色的参数句柄动态调节圆角大小。

　　6）重定义圆角过渡类型

　　倒圆角过渡用来连接重叠的或不连续的倒圆角段。在常规的设计工作中，创建倒圆角时采用默认的过渡形式（【过渡】列表并未列出这些默认过渡）就可以了，然后在一些特殊的设计项目中，可能需要重新定义倒圆角的过渡类型以获得特殊的模型效果，如图 5.37 所示。当过渡形式不同时，模型的效果也会有所不同。

过渡类型为默认　　　　过渡类型为"拐角球"

图 5.37　示例：修改过渡类型前后

　　下面介绍重定义倒圆角过渡类型的一个典型范例。

　　① 在"快速访问"工具栏中单击【打开】按钮，弹出【文件打开】对话框，从随书资源素材中选择"第 5 章 \ 范例源文件 \yuanjiaoguodu_fanli01.prt"文件打开。

　　② 在导航区的模型树中选择【倒圆角 1】特征，如图 5.38 所示。从出现的浮动工具栏中选择【编辑定义】图标选项，打开【倒圆角】选项卡。

　　③ 在【倒圆角】选项卡中单击【过渡模式】按钮以切换到【过渡】模式，如图 5.39所示。

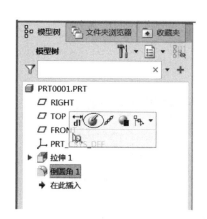

图 5.38　编辑定义倒圆角特征

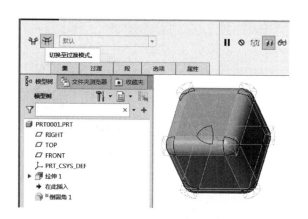

图 5.39　切换至【过渡】模式

　　④ 在图形窗口中选择图 5.40 所示的一处过渡。

　　⑤ 在【倒圆角】选项卡的【过渡类型】下拉列表框中选择【拐角球】选项，如图 5.41所示。

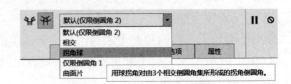

图 5.40　编辑定义倒圆角特征　　　　　　　　　图 5.41　切换至【过渡】模式

⑥ 修改【拐角球】过渡类型的相关参数，如图 5.42 所示。

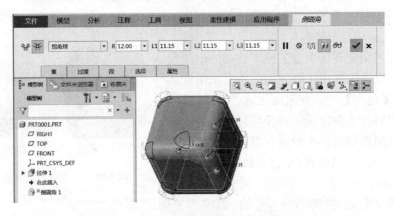

图 5.42　修改新过渡的相关参数

⑦ 继续选择其他重新定义的其中一个过渡，将其过渡类型重新修改为【拐角球】，并将其过渡的相关参数修改为和第一个拐角球的相关参数一样。采用相同的方法，继续重定义其他过渡。在本例中，一共修改模型的 8 个过渡类型及参数，所修改过的过渡在【倒圆角】选项卡【过渡】面板上的【过渡】列表中列出，如图 5.43 所示。

⑧ 在【倒圆角】选项卡中单击【完成】按钮，完成修改过渡后的模型效果如图 5.44 所示。

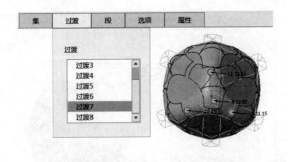

图 5.43　修改 8 个过渡类型及参数　　　　　　图 5.44　完成修改过渡后的模型效果

（2）创建可变半径倒圆角

可变半径倒圆角是指圆角的截面尺寸沿着某一方向渐变的倒圆角特征。它的创建方法与恒定倒圆角方法类似。在【集】面板的半径表格中单击鼠标右键，如图 5.45 所示，接着从弹出的快捷菜单中选择【添加半径】命令，即可添加一个圆角半径的控制点，然后修改该控制点的位置和半径值。也可以在图形窗口中对着半径控制图柄或半径位置点控制图柄单击鼠标右键，然后在快捷菜单中选择【添加半径】命令，如图 5.46 所示。

图 5.45　添加半径方法（1）　　　　　图 5.46　添加半径方法（2）

如果要将可变圆角恢复为恒定圆角，可以在参数面板的圆角参数栏中任意选取一个参数控制点，然后在该控制点对应的参数栏中单击鼠标右键，在右键快捷菜单中选取【成为常数】选项。

（3）使用其他参考创建倒圆角特征

除了使用边线或边链作为倒圆角特征的放置参考外，还可以使用曲线以及曲面等参考创建倒圆角特征。

1）创建完全倒圆角

完全倒圆角是一种根据设计添加自动确定圆角参数的倒圆角特征，它将整个曲面用圆弧代替，而且不需要指定圆角的半径。选取的方式有 3 种：曲面 - 曲面、边线 - 曲面和边线 - 边线。

● 曲面 - 曲面：首先选取两个曲面，倒圆角特征将与该曲面相切，然后指定一个曲面作为驱动曲面，圆角曲面的顶部将与该曲面相切，驱动曲面用于决定倒圆角的位置和圆角大小。

注意：只有先选取两个曲面后，【倒圆角】选项卡中【集】面板上的 完全倒圆角 按钮才能加亮。

● 边线 - 曲面：选取一个曲面和一条边线即可。注意：必须先选取曲面。

● 边线 - 边线：这两条边线必须位于同一公共曲面上，设计完成后，将该公共曲面用倒圆角特征代替。

2）使用曲线作为参考创建倒圆角

首先选取实体边线作为圆角特征的放置参考，然后选取驱动曲线来确定圆角半径。通过【倒圆角】选项卡中【集】面板上的 通过曲线 按钮选取曲线，曲线一般应预先绘制好。

3）自动倒圆角

Creo 5.0 中提供实用的"自动倒圆角"功能，使用此功能可以在实体几何零件或装配的面组上创建恒定半径的倒圆角几何。对于具有实体几何或面组几何的模型，可以在零件模式下使用自动倒圆角特征；在装配模式下，自动倒圆角特征可用于具有装配级面组的模型。所谓的自动倒圆角特征最多只能有两个半径尺寸，即凸边半径尺寸（简称凸半径）和凹边半径尺寸（简称凹半径）。凸半径和凹半径是自动倒圆角特征所拥有的属性。

用户可以在创建或重新定义自动倒圆角特征时定义其结果，其结果既可以是具有子节点的自动倒圆角特征，也可以是倒圆角组。

在零件模式下，用自动倒圆角命令，在功能区【模型】选项卡的【工程】组中单击【倒圆角】旁的【下三角】按钮 ，接着单击【自动倒圆角】按钮 ，就可打开【自动倒圆角】选项卡。

4）选取曲面作为参考创建倒圆角

对于相交曲面，在其交线处创建倒圆角特征。使用曲面创建完全倒圆角，稍后介绍。

5）使用边线和曲面创建倒圆角特征

首先选取一个曲面作为倒圆角特征的放置参考，然后按下 Ctrl 键再选取一条边线，可以在曲面和边线之间创建倒圆角特征。

5.2.3 倒圆角的操作实例

下面以范例文件进行各种倒圆角操作。

注意： 由于倒圆角有时会导致特征生成失败，特别是变半径倒圆角，所以在生成一个倒圆角特征集时，使用预览方式确保该倒圆角集能够生成，然后再进行其他特征操作。

（1）固定半径倒圆角

在"快速访问"工具栏中单击【打开】按钮，弹出【文件打开】对话框，从随书资源素材中选择"第 5 章 \ 范例源文件 \yuanjiao_fanli01.prt"，如图 5.47 所示。在功能区的【模型】选项卡【工程】组中单击【倒圆角】按钮。直接选取模型上的三条边线，半径设置为 20mm，注意选取时按下 Ctrl 键，结果如图 5.48 所示。结果文件参看"第 5 章 \ 范例结果文件 \yuanjiao_fanli01_jg.prt"。

图 5.47　原图

（2）可变半径倒圆角

在"快速访问"工具栏中单击【打开】按钮，弹出【文件打开】对话框，从随书资源素材中选择"第 5 章 \ 范例源文件 \yuanjiao_fanli02.prt"，最后倒圆角效果如图 5.49 所示。在功能区的【模型】选项卡【工程】组中单击【倒圆角】按钮。接着打开【集】面板，选取上表面的一条边线，然后按图 5.50 和图 5.51 所示的半径尺寸修改各个控制点半径（起始点半径为 23），结果如图 5.51 所示。结果文件参看"第 5 章 \ 范例结果文件 \yuanjiao_fanli02_jg.prt"。

注意： 在选取第二个参考（边或曲面）时，按住 Ctrl 键。

图 5.48　结果图

图 5.49　着色效果图

图 5.50　半径参数

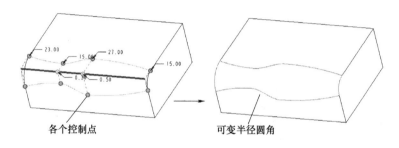

各个控制点　　　　　　　可变半径圆角

图 5.51　控制点半径值及结果图

（3）完全倒圆角

① 在"快速访问"工具栏中单击【打开】按钮 📂，弹出【文件打开】对话框，从随书资源素材中选择"第 5 章 \ 范例源文件 \yuanjiao_fanli03.prt"。进行边线 - 边线完全倒圆角。在功能区的【模型】选项卡【工程】组中单击【倒圆角】按钮 🔘，接着打开【集】面板，选取如图 5.52（a）所示上表面的一条边线和下表面的一条边线，此时 ▭完全倒圆角 按钮加亮，按下此按钮即可，结果如图 5.52（b）所示。结果文件参看"第 5 章 \ 范例结果文件 \yuanjiao_fanli03_jg.prt"。

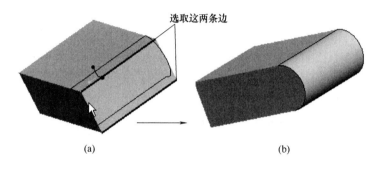

选取这两条边

（a）　　　　　　　　　　　　（b）

图 5.52　完全倒圆角范例（1）

② 在"快速访问"工具栏中单击【打开】按钮 📂，弹出【文件打开】对话框，从随书资源素材中选择"第 5 章 \ 范例源文件 \yuanjiao_fanli04.prt"，进行曲面 - 曲面和边线 - 曲面完全倒圆角。

● 曲面 - 曲面：在功能区的【模型】选项卡【工程】组中单击【倒圆角】按钮 🔘，接着打开【集】面板，选取如图 5.53（a）所示的上表面和下表面为参考，侧面为驱动曲面，结果如图 5.53（b）所示。

● 边线 - 曲面：在功能区的【模型】选项卡【工程】组中单击

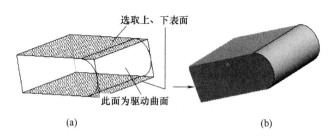

选取上、下表面

此面为驱动曲面

（a）　　　　　　　（b）

图 5.53　完全倒圆角范例（2）

【倒圆角】按钮 🔘，接着打开【集】面板，先选取如图 5.54（a）所示的曲面，然后选取一条边线，最后结果如图 5.54（b）所示。结果文件参看"第 5 章 \ 范例结果文件 \yuanjiao_fanli04_jg.prt"。

（4）曲线驱动倒圆角

在"快速访问"工具栏中单击【打开】按钮 📂，弹出【文件打开】对话框，从随书资源素材中选择"第 5 章 \ 范例源文件 \yuanjiao_fanli05.prt"。在功能区的【模型】选项卡【工程】组中单击【倒圆角】按钮 ，接着打开【集】面板，再单击 通过曲线 按钮，选取预先绘制好的草绘，在【参考】下面的框中单击，接着选取靠近草绘的一条边，如图 5.55（a）所示，结果如图 5.55（b）所示。结果文件参看"第 5 章 \ 范例结果文件 \yuanjiao_fanli05_jg.prt"。

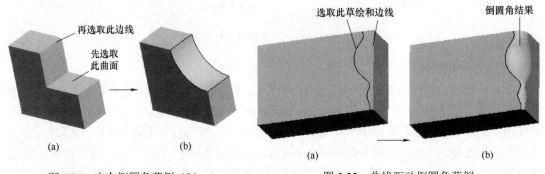

图 5.54　完全倒圆角范例（3）　　　　图 5.55　曲线驱动倒圆角范例

（5）自动倒圆角

在"快速访问"工具栏中单击【打开】按钮 ，弹出【文件打开】对话框，从资源素材中选择"第 5 章 \ 范例源文件 \yuanjiao_fanli06.prt"。 在功能区【模型】选项卡的【工程】组中单击【倒圆角】旁的【下三角】按钮 ，接着单击【自动倒圆角】按钮 ，就可打开【自动倒圆角】选项卡，如图 5.56 所示。将凸边的倒圆角半径设为 5.00，凹边的设为相同，此时【预览】按钮 为不可见状态，只有单击 确认，在系统计算圆角生成的顺序后，才出现自动倒圆角的结果，如图 5.57 所示。结果文件参看"第 5 章 \ 范例结果文件 \yuanjiao_fanli06_jg.prt"。

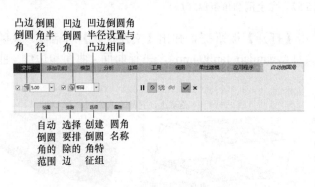 

图 5.56　【自动倒圆角】选项卡　　　　图 5.57　自动倒圆角范例

5.3　倒角特征

5.3.1　倒角工具简介

倒角是对模型的实体边或拐角进行斜切削加工，以避免产品周围棱角过于尖锐，或是为了配合造型设计的需要。根据所选放置参考的不同，倒角有两种类型：一种为边倒角，另一种为拐角倒角，如图 5.58 所示。

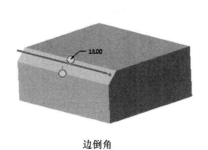
边倒角

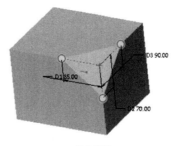
拐角倒角

图 5.58　两种类型的倒角

（1）边倒角

使用位于功能区【模型】选项卡中【工程】组中的【边倒角】按钮，可以创建边倒角特征。要创建边倒角，需要定义一个或多个倒角集，倒角集是一种结构化单位，包含一个或多个倒角段（倒角几何），在指定倒角放置参考后，Creo 5.0 将使用默认属性、距离值集最适于被参考几何的默认过渡来创建倒角。

在功能区【模型】选项卡中【工程】组中的【边倒角】按钮，打开如图 5.59 所示的【边倒角】选项卡，在该选项卡中可以选择边倒角的标注形式：D×D、D1×D2、角度 ×D、45×D、O×O、O1×O2。

通常 Creo 5.0 默认的边倒角创建方法是"偏移曲面"，该创建方法指通过偏移边参考的相邻曲面来确定倒角距离。也可以选择另外一种创建方法，即"相切距离"，该创建方法指用相切于边参考相邻曲面的矢量来确定倒角距离。注意不同的创建方法会生成不同的倒角几何。在设计过程中，用户可根据设计要求随时在【边倒角】选项卡【集】面板上的【创建方法】下拉列表框中更改默认创建方法，如图 5.60 所示。

图 5.59　【边倒角】选项卡　　　　图 5.60　更改边倒角的默认创建方法

边倒角的创建是以实体边作为倒角特征的放置参考。在功能区【模型】选项卡中【工程】组中的【边倒角】按钮，打开【边倒角】选项卡。

1）边倒角的标注方式

在【边倒角】选项卡中，在系统提供的 6 种选择边倒角的标注形式中选择一种方式。

2）创建倒角集

单击【集】面板，如图 5.60 所示，如果每次选取单条边，将为每条边创建一个倒角集；如果在选取时，按住 Ctrl 键，将为一组边创建一个倒角集；如果选取一条边后，按住 Shift 键，再选取该边所在的平面，系统将选取该平面所包含的整个封闭链作为倒角参考，并创建一个倒角集。

3）输入倒角数值

输入倒角数值来确定倒角的位置。

4）编辑参考

如果不满意，可以在单击边参考列表，选中参考，单击右键，在右键快捷菜单中选取【移除】选项。如果需要添加，按住 Ctrl 键，在模型上选取边线，即可添加。

（2）拐角倒角

拐角倒角是一种特殊的倒角，它从零件的拐角处移除材料以在共有该拐角的 3 个原曲面间创建斜角曲面。创建拐角倒角的思路是执行【拐角倒角】命令时，先选择由 3 条边定义的顶点，接着沿每个倒角方向的边设置相应的长度值。具体步骤如下。

① 单击功能区【模型】选项卡中【工程】组中的【倒角】旁的"小三角箭头"按钮▼，接着单击【拐角倒角】按钮，打开【拐角倒角】选项卡。

② 在图形窗口中的模型上选择要在其上放置倒角的顶点（拐角），如图 5.61 所示。注意顶点必须由 3 条实边的交点定义。所选顶点将在【拐角倒角】选项卡【放置】面板的【拐角】收集器中列出。

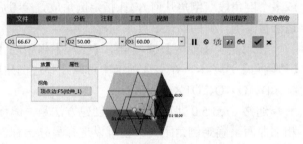

图 5.61 【拐角倒角】选项卡

③ 分别在 D1、D2、D3 框中设置沿 3 个方向的边的距离值。

④ 单击【完成】按钮，完成拐角倒角特征的创建。

5.3.2　倒角操作实例

下面通过具体实例操作，讲述倒角的各种用法。

（1）边倒角

1）倒角值相同

打开本书所附资源文件"第 5 章 \ 范例源文件 \daojiao_fanli01.prt"，单击功能区【模型】选项卡中【工程】组中的【边倒角】按钮，打开【边倒角】选项卡。打开【集】面板，按住 Ctrl 键，选取如图 5.62（a）所示三条边，结果如图 5.62（b）所示。这时三条边创建了一个倒角集。结果文件参看"第 5 章 \ 范例结果文件 \daojiao_fanli01_jg.prt"。

2）倒角值不同

如果倒角值不同，那么只能为每一条边创建一个倒角集。打开本书所附资源文件"第 5 章 \ 范例源文件 \daojiao_fanli02.prt"，打开【边倒角】选项卡【集】面板，再单击【新建集】，就可以添加新的倒角集。每选取一条边，修改倒角值，倒角值分别为 10mm、15mm 和 25mm。创建了三个倒角集，结果如图 5.63 所示。结果文件参看"第 5 章 \ 范例结果文件 \daojiao_fanli02_jg.prt"。

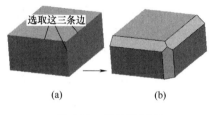

图 5.62　倒角值相同

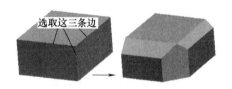

图 5.63　创建三个倒角集

（2）拐角倒角

打开本书所附资源文件"第 5 章 \ 范例源文件 \daojiao_fanli03.prt"，在功能区【模型】选项卡中【工程】组中，单击【倒角】旁的"小三角箭头"按钮▼，接着单击【拐角倒角】按

钮，打开【拐角倒角】选项卡。对如图 5.64（a）所示模型用鼠标左键单击一个顶点，分别在【拐角倒角】选项卡上的 D1、D2、D3 框中设置沿 3 个方向的边的距离值为 25mm、35mm 和 40mm，单击【完成】按钮，完成拐角倒角。结果如图 5.64（b）所示。结果文件参看"第 5 章 \ 范例结果文件 \ daojiao_fanli03_jg.prt"。

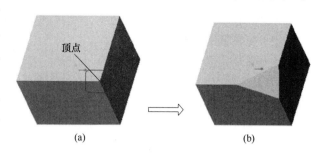

图 5.64　创建拐角倒角

5.4　壳特征

壳特征是一类将实体内部的材料切除而只留下指定壁厚的薄壳实体，如图 5.65 所示。

图 5.65　薄壳实体

5.4.1　壳工具简介

（1）壳特征的创建方法

创建壳特征时，在零件模式下，单击功能区【模型】选项卡中【工程】组的【壳】按钮，打开图 5.66 所示的【壳】选项卡。可以设定壳厚度和厚度侧方向，并指定相关参考和选项等。

图 5.66　【壳】选项卡

创建壳特征时，要指定从壳移除的一个或多个曲面。如果未选择要移除的曲面，那么系统会将实体生成一个封闭的壳，即将零件的整个内部都掏空，且空心部分没有入口。在没有入口的壳特征中，如果设计需要，可以在以后添加必要的切口或孔来获得特定的几何。如果有选取多个移除面，则选取时要按住 Ctrl 键，这样形成有多个开口的模型。在创建壳特征时，如果将厚度侧反向（在【壳】选项卡中单击【更改厚度方向】按钮，或在【厚度】框中输入负的厚度值），壳厚度将被添加到零件的外部。

在定义壳特征时，可以指定某些表面具有不同的厚度，这需要用到【壳】选项卡【参考】面板中的【非默认厚度】收集器，如图 5.67 所示。激活【非默认厚度】收集器后选择所需的实体曲面（如果多选，需结合 Ctrl 键进行选择），接着为所选的各曲面设置相应的单独厚度值。需注意的是，无法为这些曲面输入负的厚度值或反向厚度侧，因为厚度侧由壳的默认厚度确定。

（2）壳特征的其他功能

1）"部分壳化"功能

【壳】选项卡的【选项】面板中提供了一个【排除的曲面】收集器，用于收集一个或多个要从壳排除的曲面，使其不被壳化，这就是"部分壳化"操作。注意可以使用相邻的相切曲面来排除曲面。如果未选择任何要排除的曲面，那么将壳化整个零件。部分壳化的示例如图 5.68 所示。示例中选择了杯子的把手（扫描特征）和倒圆角曲面作为要排除的曲面，那么整个把手都将不被壳化。

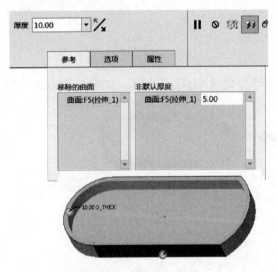

图 5.67 设置非默认厚度

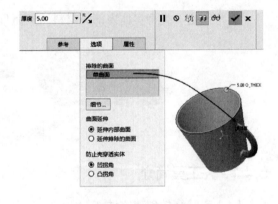

图 5.68 部分壳化示例

2）"曲面延伸"和"防止壳穿透实体"的功能

在【壳】选项卡的【选项】面板中，还提供了曲面延伸和防止壳穿透实体的选项。曲面延伸的选项有【延伸内部曲面】单选按钮和【延伸排除的曲面】单选按钮，前者用于在壳特征的内部曲面上形成一个盖，后者则用于在壳特征的排除曲面上形成一个盖。防止壳穿透实体的选项有【凹拐角】单选按钮和【凸拐角】单选按钮，前者用于防止壳在凹角处切割实体，后者用于壳在凸角处切割实体。图 5.69 的示例显示了通过排除曲面及防止壳在凹拐角处穿透来创建壳特征。

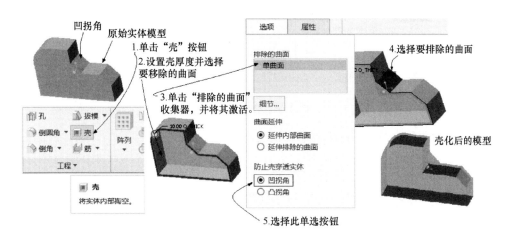

图 5.69　防止选定曲面被壳化并防止壳在凹拐角处穿透示例

5.4.2　壳操作实例

下面以范例文件进行操作。打开本书所附资源文件"第 5 章 \ 范例源文件 \chouke_fanli01.prt"。在零件模式下，单击功能区【模型】选项卡中【工程】组的【壳】按钮 ，系统弹出【壳】选项卡，选取零件的下底面为移除面，厚度设置为 5mm，然后单击 按钮，可实现等壁厚抽壳，如图 5.70 所示。结果文件参看"第 5 章 \ 范例结果文件 \chouke_fanli01_jg.prt"。

如果要设置不同厚度，则需在【壳】选项卡打开【参考】面板，激活【非默认厚度】收集器，选择所需的实体曲面，并为所选的曲面设置厚度值为 20mm，如图 5.71（a）所示，然后单击 按钮即可。最后结果如图 5.71（b）所示。结果文件参看"第 5 章 \ 范例结果文件 \chouke_fanli01_hdbd_jg.prt"。

图 5.70　厚度一样的壳　　　　　　图 5.71　厚度不一样的壳

5.5　筋特征

筋通常在设计时用于增加零件的强度和刚度，防止其出现不必要的弯折，也称加强筋。常见的连接到实体曲面的薄翼或腹板伸出项都可以是筋特征。

在零件模式下，单击功能区【模型】选项卡中【工程】组的【筋】旁边的"小三角箭头"按钮▼，会出现筋特征的设计类型，如图 5.72 所示。

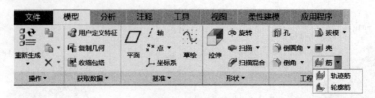

图 5.72　筋设计工具

筋特征分为两种典型类型：轮廓筋和轨迹筋。

5.5.1　轮廓筋

轮廓筋是设计中连接到实体曲面的薄翼或腹板伸出项，主要用来加固设计中的零件，或用来防止出现不需要的折弯。

轮廓筋分两种类型：一种为直的轮廓筋；另一种为旋转轮廓筋。设计时不必指定筋的种类是直的轮廓筋或旋转轮廓筋，系统会根据其连接的实体是直曲面还是旋转曲面而自动设置筋的类型。

设计轮廓筋特征，单击【轮廓筋】按钮 ，接着主要完成以下 3 方面的操作。

（1）定义有效的轮廓筋截面

可以从模型树中选择草绘特征来创建轮廓筋的从属截面，或相对于父项特征的轮廓草绘一个新的独立截面作为筋的截面。

有效的筋特征草绘必须满足表 5.2 所示的标准或规则。

表 5.2　有效的筋特征草绘必须满足的标准或规则

序号	标准或规则
1	单一的开放环
2	连续的非相交草绘图元
3	草绘端点必须与形成封闭区域的连接曲面对齐

对于直的轮廓筋特征和旋转轮廓筋而言，其设计流程都是一样的，但要注意它们各自特殊的草绘要求。对于直的轮廓筋，其草绘要求是可以在任意点上创建草绘，只要其线端点连接到曲面以形成一个要填充的区域即可。对于旋转轮廓筋，则必须在通过旋转曲面的旋转轴的平面上创建草绘，其线端点必须连接到曲面，从而形成一个要填充的区域。草绘筋的截面一般是开放截面。

（2）轮廓筋特征的材料侧设置

轮廓筋特征的材料侧设置操作分两个步骤。

首先，完成筋截面草绘后，必须将方向箭头指向要填充的草绘线侧。多数情况下，接受默认方向即可（通常默认方向指向要填充的草绘线侧）。如果默认方向箭头未指向要填充的草绘线侧，可以在【轮廓筋】选项卡的【参考】面板中单击【反向】按钮来进行方向切换。

其次，必须确定如何围绕草绘平面加厚筋特征。相对于草绘平面加厚的材料侧方向可以有 3 种，即"对称（向两侧）""向侧一"和"向侧二"，如图 5.73 所示。通常默认的材料侧方向为"对称（向两侧）"，用户也可以通过在【轮廓筋】选项卡上单击用于更改两个侧面（侧面 1 和侧面 2）之间的厚度选项（简称材料侧方向）的按钮 来切换材料侧方向。

（3）设置筋厚度尺寸

在图5.74所示【轮廓筋】选项卡的【筋厚度】 ⊑ 尺寸框中设计筋厚度尺寸。

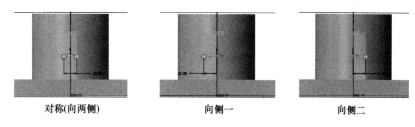

对称(向两侧)　　　　　　　　向侧一　　　　　　　　向侧二

图5.73　切换筋材料侧方向

图5.74　在【轮廓筋】选项卡中设置筋厚度尺寸

5.5.2　轨迹筋

轨迹筋多用在某类塑料零件中，起到加固塑料零件的作用。轨迹筋特征实际上是一条"轨迹"实体，可包含任意数量和任意形状的段，此特征还可以包括每条边的倒圆角和拔模（拔模角度在0°和30°之间）等。

轨迹筋的基本设计思路是通过在零件腔槽曲面之间草绘筋路径，或通过选择现有合适的草绘来创建轨迹筋，轨迹筋具有顶部和底部，底部是与零件曲面相交的一端，而顶部曲面由所选的草绘平面定义，筋几何的侧曲面延伸至遇到的下一个曲面。

创建轨迹筋，则在功能区【模型】选项卡的【工程】组中单击【筋】旁边的"下三角箭头"按钮▼，接着单击【轨迹筋】按钮 📕，则在功能区打开如图5.75所示的【轨迹筋】选项卡。该选项卡中有【放置】面板、【形状】面板和【属性】面板。【放置】面板用于定义或编辑轨迹筋放置草绘。【形状】面板用于定义和预览轨迹筋的横截面，【形状】面板提供的相关选项和参数与【轨迹筋】选项卡中的【为侧曲面添加拔模】按钮 🔵、【在内部边添加倒圆角】按钮 🔺和【向暴露边添加倒圆角】按钮 🔳的状态有关。【属性】选项卡则用于设置特征名称及查阅详细的特征信息。

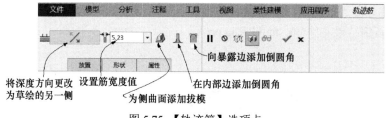

图5.75　【轨迹筋】选项卡

5.5.3　筋特征操作实例

下面以范例文件方式进行操作介绍。

（1）轮廓筋中的直筋

打开本书所附资源文件"第 5 章 \ 范例源文件 \jin_fanli01.prt"，如图 5.76（a）所示。

① 单击功能区【模型】选项卡中【工程】组的【筋】旁边的"小三角箭头"按钮▼，接着选择【轮廓筋】按钮 ，打开【轮廓筋】选项卡，选择【参考】面板，单击 定义... 按钮，先设置模型上 FRONT 平面为草绘平面，RIGHT 平面为参考面。

② 绘制如图 5.76（b）所示的筋截面，注意截面两端的图元端点一定要对齐到原有实体的表面上。

③ 输入筋厚度为 15mm，单击 按钮即可，最后结果如图 5.76（c）所示。结果文件参看"第 5 章 \ 范例结果文件 \jin_fanli01_jg.prt"。

④ 中空的直筋可以在上述的创建基础上修改草绘截面，把封闭的草绘截面留一处开放的边，如图 5.76（d）所示。最后结果如图 5.76（e）所示。结果文件参看"第 5 章 \ 范例结果文件 \jin_fanli02_jg.prt"。

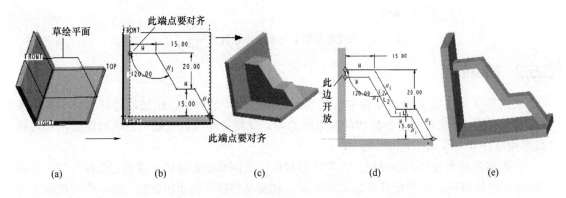

| (a) | (b) | (c) | (d) | (e) |

图 5.76　轮廓筋的设计实例（1）

（2）轮廓筋中的旋转筋

打开本书所附资源文件"第 5 章 \ 范例文件 \jin_fanli02.prt"，如图 5.77（a）所示。

① 单击功能区【模型】选项卡中【工程】组的【筋】旁边的"小三角箭头"按钮▼，接着选择【轮廓筋】按钮 ，打开【轮廓筋】选项卡，选择【参考】面板，单击 定义... 按钮，先设置模型上 FRONT 平面为草绘平面，RIGHT 平面为参考面。

② 然后绘制如图 5.77（b）所示的筋截面，注意截面两端的图元端点一定要对齐到原有实体的表面上。

③ 输入筋厚度为 15mm，单击 按钮即可，最后结果如图 5.77（c）所示。结果文件参看"第 5 章 \ 范例结果文件 \jin_fanli03_jg.prt"。

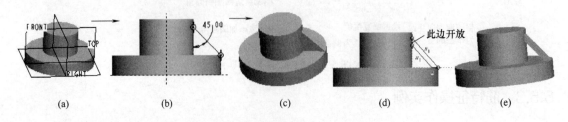

| (a) | (b) | (c) | (d) | (e) |

图 5.77　轮廓筋的设计实例（2）

④ 中空的旋转筋可以在上述的创建基础上修改草绘截面，把封闭的草绘截面留一处开放的边，并且该边必须留在旋转曲面上，如图 5.77（d）所示。最后结果如图 5.77（e）所示。结果文件参看"第 5 章 \ 范例结果文件 \jin_fanli04_jg.prt"。

（3）轨迹筋

打开本书所附资源文件"第 5 章 \ 范例文件 \jin_fanli03.prt"，如图 5.78（a）所示。

① 偏移 TOP 面（向下）10，作出 DTM1 面。

② 以 DTM1 面为草绘平面绘制如图 5.78（b）所示草绘 3。

③ 在功能区【模型】选项卡的【工程】组中单击【筋】旁边的"下三角箭头"按钮▼，接着单击【轨迹筋】按钮🗔，打开【轨迹筋】选项卡，在【放置】面板中选择创建的基准平面 DIM1 作为草绘平面，并选择草绘 3，设置筋厚度为 5，确定即可。最后结果如图 5.79所示。可以看到此功能会自动延伸草绘到各个实体边界，然后生成轨迹筋。

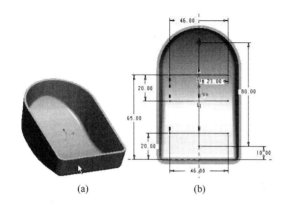

图 5.78　轨迹筋原图及筋草绘尺寸　　　　　　图 5.79　最后结果图

5.6　拔模特征

拔模特征的设计是考虑到模具制造工艺的需要。Creo 5.0 的拔模特征是将 −89.9°～ +89.9°的拔模角度添加到模型中指定的曲面上。所述的曲面可以是单独曲面，也可以是一系列（组）曲面。当曲面是圆柱面、圆锥面、平面或样条曲面时，都可以创建拔模特征；但需注意的是，当曲面边的边界周围有圆角特征时，不能创建常规拔模特征。在实际设计中，可以先拔模，后对边进行圆角过渡。

创建实体特征之后，在功能区【模型】选项卡的【工程】组中单击【拔模】按钮🗔，打开【拔模】选项卡，如图 5.80 所示。

图 5.80　【拔模】选项卡

下面先介绍一下拔模特征涉及的专业术语。

（1）拔模曲面

要拔模的模型曲面。

（2）拔模枢轴

曲面围绕其旋转的拔模曲面上的线或曲线（也称中立曲线）。可以通过选择平面或选择拔模曲面上的单个曲线链来定义拔模枢轴。

（3）拔模角度

拔模方向与生成的拔模曲面之间的角度。如果拔模曲面被分割，则可以为拔模曲面的每侧定义独立的角度。拔模角度必须在 −89.9°～ +89.9°。

（4）拖拉方向（拔模方向）

用来测量拔模角的方向，通常为模具开模的方向。可以通过选择平面（在这种情况下拖动方向垂直于此平面）、直线边、基准轴或坐标轴来定义它。

拔模特征可分为基本拔模、可变拔模、分割拔模等。

5.6.1 拔模特征创建步骤

（1）打开【拔模】选项卡

在功能区【模型】选项卡的【工程】组中单击【拔模】按钮，打开【拔模】选项卡。

（2）设置拔模参考

在【拔模】选项卡上打开【参考】面板，如图 5.81 所示的拔模参考面板。选取要创建拔模特征的曲面，被选中的拔模曲面会用红色加亮显示。如果要选取多个拔模面，要按住 Ctrl 键并依次选取。

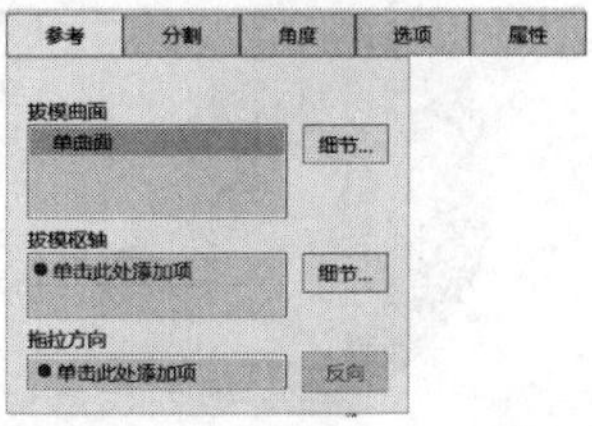

图 5.81　拔模参考面板

选取了拔模曲面后，在【参考】面板中【拔模枢轴】收集器的框中单击将该收集器激活，选择定义拔模枢轴的平面或曲线。最后在图 5.81 所示【拖拉方向】收集器中选取适当的参考来决定拖拉方向，单击右侧反向按钮可以调整拖拉方向的指向。

（3）设置拔模角度

在正确设置了拔模参数后，如果创建基本拔模特征，可以直接在操控板上设置拔模角度；如果创建可变拔模特征，则需要单击操控板上的角度按钮，打开角度参数面板来详细设置拔模角度。

5.6.2 基本拔模特征创建

基本拔模特征是指所有的拔模曲面具有单一的拔模角度。

（1）选取拔模曲面

1）选取单一曲面或几个曲面作为拔模面。

选取一个曲面直接用鼠标左键单击即可。选取几个曲面时，先选取一个曲面，然后按住 Ctrl 键，继续选取其他曲面即可。

2）使用【曲面集】工具选取曲面。

如果要在模型上选取一组有关联的曲面作为拔模曲面，单击细节...按钮可以使用【曲面集】工具。曲面集中提供了一些方式供方便选取曲面。

（2）指定拔模枢轴

选取完拔模曲面后，在【参考】面板中的【拔模枢轴】收集器的框中单击将该收集器激活，以确定拔模枢轴。

通常选取平面作为拔模枢轴，也可以选取曲线作为拔模枢轴。拔模枢轴可以与拔模曲面垂直也可以不垂直。拔模枢轴可以与拔模曲面相交也可以不相交。

（3）确定拖拉方向

单击【参考】面板中【拖拉方向】收集器 将其激活后可设置拖拉方向参考来确定拔模特征的创建方向。拖拉方向的参考有下面 4 种类型。

- 平面：其法线方向为拖拉方向。
- 轴线：轴线方向为拖拉方向。
- 两个点：两点连线方向为拖拉方向。
- 指定的坐标系：坐标系中坐标轴的方向为拖拉方向。

注意：在确定了拖拉方向后，单击【拔模】选项卡上【拖拉方向】 列表框后面的 按钮可以反转拖拉方向，从而确定拔模特征的斜度方向，也间接确定了拔模特征的加材料或减材料属性。

（4）设置拔模角度

在列表框中输入需要的拔模角度即可。注意其取值范围。单击操控板上【拔模角度】列表框后面的 按钮可以反转拔模角度。

（5）指定分割类型

通过对拔模曲面进行分割的方法可以在同一拔模曲面上创建多种不同形式的拔模特征，在【拔模】选项卡上打开【分割】面板，如图 5.82 所示。

1）分割拔模曲面的方法

有 3 种分割方法。

- 【不分割】：不分割拔模曲面，在拔模面创建单一参数的拔模特征。
- 【根据拔模枢轴分割】：使用拔模枢轴来分割拔模面，然后在拔模面的两个分割区域分别指定参数创建拔模特征。
- 【根据分割对象分割】：使用基准平面或曲线等来分割拔模面，然后在拔模面的两个分割区域分别指定参数创建拔模特征。

2）分割工具

如果选取【根据分割对象分割】选项，在参数面板中部将激活【分割对象】文本框。可以选取已经存在的基准曲线作为分割对象，也可以单击右侧的【编辑】按钮使用草绘的方法临时创建分割对象。

3）分割属性

在如图 5.82 所示的【侧选项】下拉列表中提供了分割后拔模面两侧的处理方法。

图 5.82 【分割】面板

- 【独立拔模侧面】：为拔模面的每一侧指定独立的拔模角度。此时在操控板上将添加确定第二侧拔模角度和方向的文本框和操作按钮。此时可以单独编辑任一侧的拔模角度和角度方向。
- 【从属拔模侧面】：为第一侧指定一个拔模角度后，在第二侧以相同角度、相反方向创建拔模特征，此选项仅在拔模面以拔模枢轴分割和使用两个拔模枢轴分割拔模面时可用。
- 【只拔模第一侧】：仅在拔模面的第一侧（由拖拉方向指向的一侧）创建拔模特征，第二侧保持中性位置。

• 【只拔模第二侧】：仅在拔模面的第二侧（由拖拉方向指向的反侧）创建拔模特征，第一侧保持中性位置。

5.6.3 可变拔模特征创建

可变拔模特征创建在一个拔模面中由多个角度控制的拔模结构。创建方法与创建恒定拔模类似，主要区别在拔模角度的指定方式上。在选择拔模曲面和定义拔模枢轴之后，在拔模预览几何中，右击连接到拔模角度的白色圆形控制图柄，然后从弹出的快捷菜单中选择【添加角度】命令，如图 5.83 所示；此时系统添加一个拔模角度的控制点，如图 5.84 所示。也可以在【拔模】选项卡的【角度】面板中，通过右击角度表中已有拔模角控制点并从弹出的快捷菜单中选择【添加角度】命令来添加一个拔模角度控制点，如图 5.85 所示。

控制点的位置和角度可以在图形窗口中进行修改，方法是双击要修改的值，然后在出现的屏显框中输入新值。也可进入【拔模】选项卡中的【角度】面板，在相应的表格中修改角度值和位置参数值，位置参数值为一个大于等于 0、小于等于 1.00 的数字，用来确定参考点在参考边线上的准确位置（长度比例），为 0 或 1 表示位于参考线的相应一端。

如果有角度参考点不合适，可以选中要删除的行，单击鼠标右键，在右键快捷菜单中选取【删除角度】选项。选取【反向角度】选项可以反转角度方向；选取【成为常数】选项可以创建恒定拔模特征。

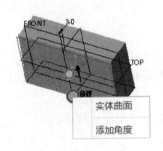

图 5.83　原有角度

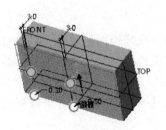

图 5.84　添加新的角度

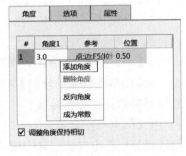

图 5.85　在【拔模】选项卡的【角度】面板中操作

5.6.4 拔模特征操作实例

（1）创建恒定拔模特征

1）不分割拔模曲面

打开本书所附资源文件"第 5 章 \ 范例源文件 \bamo_fanli01.prt"，如图 5.86（a）所示。

在功能区【模型】选项卡的【工程】组中单击【拔模】按钮，打开【拔模】选项卡。

• 在【拔模】选项卡上打开【参考】面板，选取要创建拔模特征的 4 个侧面。注意要按住 Ctrl 键并依次选取。

• 在【参考】面板中的【拔模枢轴】收集器的框中单击将该收集器激活，选取上平面为拔模枢轴。

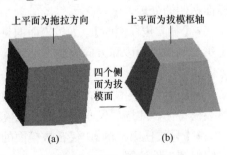

(a)　　　　　　(b)

图 5.86　不分割拔模曲面

●【拖拉方向】系统自动选取了上平面。如果【拖拉方向】下面的列表框中没有参考，则单击列表框，然后在模型中选取上平面即可。

● 在操控板角度文本框中输入角度值 15°，单击 按钮，调节拔模角度方向，单击 按钮即可。结果如图 5.86（b）所示。结果文件参看"第 5 章 \ 范例结果文件 \bamo_fanli01_jg.prt"。

2）分割拔模曲面

① 根据拔模枢轴分割（拔模枢轴为平面）

● 打开本书所附资源文件"第 5 章 \ 范例源文件 \bamo_fanli02.prt"，如图 5.87（a）所示。在功能区【模型】选项卡的【工程】组中单击【拔模】按钮 ，打开【拔模】选项卡。

● 在【拔模】选项卡上打开【参考】面板，选取要创建拔模特征的 4 个侧面。注意要按住 Ctrl 键并依次选取。

● 在【参考】面板中的【拔模枢轴】收集器 的框中单击将该收集器激活，选取"TOP"面为拔模枢轴。

●【拖拉方向】系统自动选取了"TOP"面，如果【拖拉方向】下面的列表框中没有参考，则单击列表框，然后在模型中选取"TOP"面即可。

● 在【分割选项】中选取【根据拔模枢轴分割】，【侧选项】中选取【独立拔模侧面】选项。

● 在操控板上的第一个角度文本框中输入角度值 10°，第二个角度文本框中输入角度值 5°，根据需要单击 按钮，调节拔模角度方向，单击 按钮即可。结果如图 5.87（b）所示。

注意：也可以在参数面板中单击 **角度** 按钮，在参数面板中设置"角度 1"和"角度 2"的数值。结果文件参看"第 5 章 \ 范例结果文件 \bamo_fanli02_jg.prt"。

② 根据拔模枢轴分割（拔模枢轴为曲线）

● 打开本书所附资源文件"第 5 章 \ 范例源文件 \bamo_fanli03.prt"，如图 5.88（a）所示。在功能区【模型】选项卡的【工程】组中单击【拔模】按钮 ，打开【拔模】选项卡。

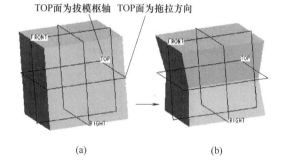

图 5.87　根据拔模枢轴分割实例（1）

● 在【拔模】选项卡上打开【参考】面板，选取要创建拔模特征的 1 个侧面。

● 在【参考】面板中的【拔模枢轴】收集器 的框中单击将该收集器激活，在实体模型上选取"草绘 1"曲线为拔模枢轴。"草绘 1"曲线可以预先作好，也可以临时定义。

● 在参数面板中单击【拖拉方向】下面的列表框，然后在模型中选取上表面为拖拉方向参考。

● 在【分割选项】中选取【根据拔模枢轴分割】，【侧选项】中选取【独立拔模侧面】选项。

● 在操控板上的第一个角度文本框中输入角度值 11°，第二个角度文本框中输入角度值 12°，根据需要单击 按钮，调节拔模角度方向，单击 按钮即可。最后结果如图 5.88（b）所示。

注意：也可以在参数面板中单击 **角度** 按钮，在参数面板中设置"角度 1"和"角度 2"的数值。结果文件参看"第 5 章 \ 范例结果文件 \bamo_fanli03_jg.prt"。

拔模面、拖拉方向和曲线的选取参看图 5.88（a）。

③ 根据分割对象分割

• 打开本书所附资源文件"第 5 章 \ 范例源文件 \bamo_fanli04.prt",如图 5.89（a）所示。在功能区【模型】选项卡的【工程】组中单击【拔模】按钮，打开【拔模】选项卡。

• 在【拔模】选项卡上打开【参考】面板，选取要创建拔模特征的 1 个侧面。

在【参考】面板中的【拔模枢轴】收集器的框中单击将该收集器激活，在实体模型上选取上表面与选定的拔模面交线为拔模枢轴。

• 在参数面板中单击【拖拉方向】下面的列表框，然后在模型中选取上表面为拖拉方向参考。

• 在【分割选项】中选取【根据分割对象分割】，在模型上选取"草绘 1"曲线作为分割对象。"草绘 1"曲线可以预先作好，也可以临时定义。【侧选项】中选取【独立拔模侧面】选项。

• 在操控板上的第一个角度文本框中输入角度值 11°，第二个角度文本框中输入角度值 12°，根据需要单击按钮，调节拔模角度方向，单击按钮即可。结果如图 5.89（b）所示。结果文件参看"第 5 章 \ 范例结果文件 \bamo_fanli04_jg.prt"。

注意：也可以在参数面板中单击角度按钮，在参数面板中设置"角度 1"和"角度 2"的数值。拔模枢轴、拖拉方向和曲线的选取参看图 5.89（a）。

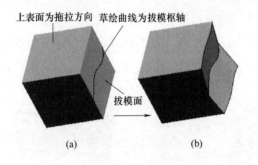

图 5.88　根据拔模枢轴分割实例（2）

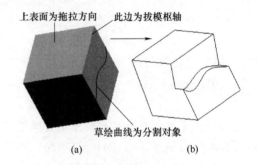

图 5.89　根据分割对象分割

（2）创建可变拔模特征

1）不分割拔模面

• 打开本书所附资源文件"第 5 章 \ 范例文件 \bamo_fanli05.prt"，如图 5.90（a）所示。在功能区【模型】选项卡的【工程】组中单击【拔模】按钮，打开【拔模】选项卡。

• 在【拔模】选项卡上打开【参考】面板，选取要创建拔模特征的 1 个侧面。

• 在【参考】面板中的【拔模枢轴】收集器的框中单击将该收集器激活，选取上平面为拔模枢轴。

•【拖拉方向】系统自动选取了上平面。如果【拖拉方向】下面的列表框中没有参考，则单击列表框，然后在模型中选取上平面即可。

• 在参数面板中单击角度按钮，在参数面板中单击第一行，再单击右键，在弹出的快捷菜单中选取【添加角度】，参看图 5.91。在如图 5.91（a）所示的角度参数面板中分别设置"角度 1"的数值和位置的长度比例参数，各控制点参见图 5.91（b）。单击按钮，调节拔模角度方向，单击按钮即可。最后结果如图 5.90（b）所示。结果文件参看"第 5 章 \ 范例结果文件 \bamo_fanli05_jg.prt"。

2）分割拔模面

根据拔模枢轴分割（拔模枢轴为曲线）。

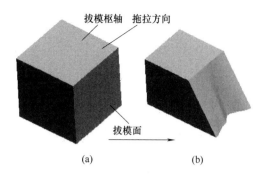

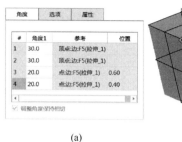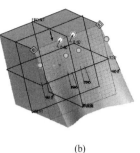

图 5.90　可变拔模特征实例（1）　　　　　　图 5.91　设置控制点的角度参数

- 打开本书所附资源文件"第 5 章 \ 范例源文件 \bamo_fanli06.prt"，如图 5.92（a）所示。在功能区【模型】选项卡的【工程】组中单击【拔模】按钮 ，打开【拔模】选项卡。
- 在【拔模】选项卡上打开【参考】面板，选取要创建拔模特征的 1 个侧面。
- 在【参考】面板中的【拔模枢轴】收集器 的框中单击将该收集器激活，在实体模型上选取"草绘 1"曲线为拔模枢轴。"草绘 1"曲线可以预先作好，也可以临时定义。
- 在参数面板中单击【拖拉方向】下面的列表框，然后在模型中选取上表面为拖拉方向参考。
- 在【分割选项】中选取【根据拔模枢轴分割】；【侧选项】中选取【独立拔模侧面】选项。

参数面板中单击**角度**按钮，在如图 5.93（a）所示的角度参数面板中分别设置"角度 1"和"角度 2"的数值，各控制点参见图 5.93（b）。单击 按钮，调节拔模角度方向，单击 按钮即可。最后结果如图 5.92（b）所示。结果文件参看"第 5 章 \ 范例结果文件 \bamo_fanli06_jg.prt"。拔模面、拖拉方向和曲线的选取参看图 5.89（a）。

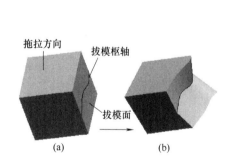

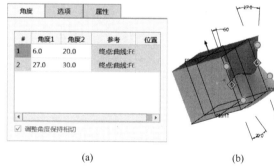

图 5.92　可变拔模特征实例（2）　　　　　　图 5.93　设置控制点的角度参数

总结与回顾

在创建了基础实体之后，可以在模型上添加具有实际意义的工程特征。本章详细介绍了各种常用工程特征的用法。这些工程特征包括孔特征、倒圆角特征、倒角特征、抽壳特征、筋特征和拔模特征。

工程特征必须以基础实体特征为载体，它不能是零件的第一个特征。在创建工程特征时，主要是确定特征本身形状、大小的定形参数以及确定工程特征放置位置的定位参数。

思考与练习题

1. 在创建工程特征时必须指定哪两类参数?

2. 可以创建哪几种孔特征? 筋有几种创建方式?

3. 在创建筋特征时, 其截面有什么要求?

4. 在一个倒圆角特征中是否可以包含半径大小不同的几种圆角?

5. 打开本书所附资源文件 "第 5 章 \ 练习题源文件 \ex05-7.prt", 练习草绘孔特征和筋特征。结果文件参看 "第 5 章 \ 练习题结果文件 \ex05-7_jg.prt"。见图 5.94。

6. 打开本书所附资源文件 "第 5 章 \ 练习题源文件 \ex05-8.prt", 练习圆角、壳和筋特征。结果文件参看 "第 5 章 \ 练习题结果文件 \ex05-8_jg.prt"。见图 5.95。

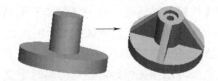 

图 5.94　思考与练习题 5 图　　　　　　图 5.95　思考与练习题 6 图

第6章

其他常用特征的创建

学习目标：除了前面介绍的一些特征外，Creo 5.0 还有许多特征，包括剖面、修饰草绘、半径圆顶、环形折弯、修饰螺纹和管道等，本章将一一介绍。

6.1 剖面

在 Creo 5.0 中建立的剖面可以用来检查特征的厚度、斜度以及观察特征间的相对位置。在 3D 模型中建立的剖面，在 2D 工程图中可以用来产生剖面的辅助视图。

Creo 5.0 提供建立剖面的方法有平面、X 方向、Y 方向、Z 方向、偏移和区域多种方式。下面主要介绍平面和偏距这 2 种剖面的特性及建立方法。

6.1.1 平面剖面

平面剖面是在已有的基准面或新建的基准面上，产生同一平面的剖面。

建立平面剖面的步骤如下。

① 在"快速访问"工具栏中单击【打开】按钮📂，弹出【文件打开】对话框，从随书资源素材中选择"第 6 章 \ 范例源文件 \ poumian_fanli01.prt"文件打开，如图 6.1 所示。

② 在功能区的【视图】选项卡【模型显示】组中单击【管理视图】按钮，如图 6.2 所示。

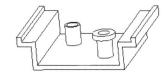
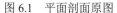

图 6.1 平面剖面原图

图 6.2 【视图】选项卡

③ 在弹出如图 6.3 所示的【视图管理器】对话框中，单击【截面】选项卡，单击 新建 ▼ 按钮，并在弹出的下拉菜单中选择【平面】类型，接着输入剖面的名称（也可以采用系统默认名称 Xsec0001），如图 6.4 所示，然后按 Enter 键。

④ 在功能区出现创建平面类型剖面的【截面】选项卡，如图 6.5 所示。打开【参考】面板，选择 DTM1 平面为基准参考面，其余按选项卡的默认设置，系统即在此基准面上产生剖

面，如图 6.6 所示。最后的结果文件参看资源"第 6 章 \ 范例结果文件 \poumian_fanli01_jg.prt"。

图 6.3　选择类型（1）

图 6.4　输入名称（1）

图 6.5　选项（1）

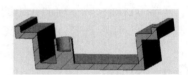

图 6.6　产生的剖面效果图

6.1.2　偏距剖面

偏距剖面是用户自己绘制剖面的路径，然后根据绘制的路径生成的剖面。

要点提示：绘制的截面必须是开放的，而且起点和终点的线段都必须是直线。

建立偏距剖面的步骤如下。

① 在"快速访问"工具栏中单击【打开】按钮，弹出【文件打开】对话框，从随书资源素材中选择"第 6 章 \ 范例源文件 \poumian_fanli02.prt"，如图 6.7 所示。

② 在功能区的【视图】选项卡【模型显示】组中单击【管理视图】按钮。

③ 在弹出如图 6.8 所示的【视图管理器】

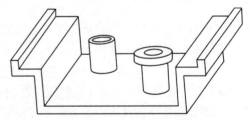

图 6.7　偏距剖面原图

对话框中，单击【截面】选项卡，单击 新建 按钮并在弹出的下拉菜单中选择【偏移】类型，接着输入剖面的名称（也可以采用系统默认名称 Xsec0001），如图 6.9 所示，然后按 Enter 键。

④ 在功能区出现如图 6.10 所示的创建【偏移】类型剖面的【截面】选项卡。打开【草绘】面板，单击【草绘】按钮，系统弹出【草绘】对话框，选择"TOP"平面为草绘平面，单击【草绘】按钮，进入草绘截面，如图 6.11 所示。

⑤ 进入草绘界面，然后绘制如图 6.12 所示的截面线，绘制完成后，按照系统默认设置，单击 ✔ 按钮，即可产生如图 6.13 所示的偏距剖面。最后的结果文件参看资源"第 6 章 \ 范例结果文件 \poumian_fanli02_jg.prt"。

图 6.8 选择类型（2）

图 6.9 输入名称（2）

图 6.10 选项（2）

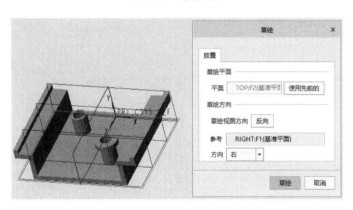

图 6.11 草绘平面的选择

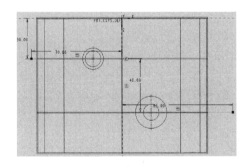

图 6.12 草绘的截面线

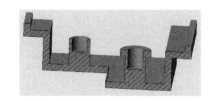

图 6.13 最后生成剖面的效果图

在上述步骤③的【视图管理器】对话框中【截面】选项卡，共有 3 个按钮，分别说明如下：

● 新建 ▼ 按钮：建立新的剖面。

● **编辑 ▾** 按钮：选择此按钮后，会出现如图 6.14 所示的菜单，此菜单中有【编辑定义】、
【编辑剖面线】、【删除】、【重命名】等选项，各选项的说明如表 6.1 所示。

表 6.1　编辑选项的功能

选项	功　　能
编辑定义	重定义所选取的剖面，包括剖面位置、剖面线是否显示等
编辑剖面线	对剖面线的类型、剖面线的种类、倾角、颜色等进行编辑，如图 6.15 所示
删除	删除所选取的剖面
重命名	重新命名剖面的名称
复制	将其他档案中的剖面复制到此
说明	打开说明窗口，建立对此剖面的说明

● **● 选项 ▾** 按钮：设置剖面的显示状态，共有如图 6.16 所示的几个选项，主要选项的功能
说明如表 6.2 所示。

另外，选中要进行编辑的截面，单击鼠标右键，会弹出如图 6.17 所示的右键快捷菜单，
此菜单可以设置剖面的【显示截面】、【编辑定义】、【编辑剖面线】、【删除】功能以及其他编
辑功能。在创建【截面】的选项卡中单击【方向】按钮 ✎，可以显示用剖面修剪的另一部
分图形。

图 6.14　编辑内容

图 6.15　编辑剖面线

图 6.16　选项内容

图 6.17　右键快捷菜单

表 6.2 主要显示选项的功能

选项	功能
反向修剪方向	反转剖面修剪的方向，以显示图形的两个部分   一个方向修剪　　反向后另一个方向修剪
显示截面	设置剖面的可见性
垂直（正常）	以一般模式显示模型（不显示剖面），软件翻译为垂直是错误的，应该翻译为正常
剖面线	显示选取的剖面

6.2 修饰草绘

修饰草绘特征是绘制在零件表面上的，它包括要印制到对象上的公司徽标或序列号等内容。注意修饰草绘不能用作多个特征使用的参考。修饰草绘特征主要包括两种，一种是规则截面草绘的修饰特征，另一种则是投影截面修饰特征，如图 6.18 所示。

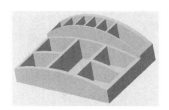

图 6.18 产品模型上的两种草绘修饰特征

6.2.1 规则截面草绘的修饰特征

规则截面草绘修饰是一个平整特征，它总会位于草绘处，不管是在空间还是在零件的曲面上。用户可以根据设计需要在创建某个规则截面草绘修饰特征时绘制它的剖面线，当然可以编辑现有截面的定义并添加剖面线。

下面以多功能文具架为例，介绍如何在其前表面上创建规则截面的修饰特征，该修饰特征用来表征文具架丝印的位置和内容，如图 6.19 所示。

源文件中的原始模型　　　　添加了规则截面草绘修饰特征

图 6.19 多功能文具架

步骤 1：在"快速访问"工具栏中单击【打开】按钮，弹出【文件打开】对话框，从随书资源素材中选择"第 6 章 \ 范例源文件 \caohuixiushi_fanli01.prt"文件打开。

步骤 2：在功能区的【模型】选项卡中单击【工程】组溢出按钮，如图 6.20 所示，从打开的溢出命令列表中选择【修饰草绘】命令。

步骤 3：系统弹出【修饰草绘】对话框，在图形窗口中选择图 6.21 所示的平整前表面作为草绘平面，默认草绘方向，单击【草绘】按钮，进入内部草绘器。

步骤 4：创建如图 6.22 所示的修饰草绘。

单击【确定】按钮 ✔，完成创建该规则截面草绘的修饰特征，如图 6.23 所示。

图 6.20　选择【修饰草绘】命令

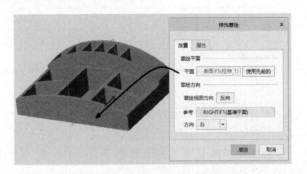

图 6.21　选择修饰草绘的草绘平面

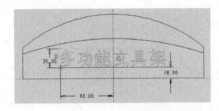

图 6.22　创建草绘修饰

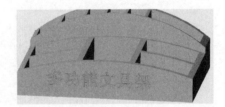

图 6.23　创建结束

6.2.2　投影截面修饰特征

投影截面修饰特征被投影到单个零件曲面上，不能跨越零件曲面。另外要注意的是，投影截面修饰特征不允许有剖面线，不能对投影截面进行阵列。

以家用刀具研磨器的一个零件模型为例，介绍如何在其前表曲面上创建投影截面草绘修饰特征，其设计结构图如图 6.24 所示。

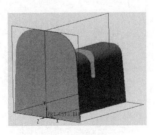

源文件中的零件模型

添加了投影截面修饰特征

图 6.24　家用刀具研磨器的一个零件模型

步骤1：在"快速访问"工具栏中单击【打开】按钮📂，弹出【文件打开】对话框，从随书资源素材中选择"第6章 \ 范例源文件 \caohuixiushi_fanli02.prt"文件打开。

步骤2：在功能区的【模型】选项卡的【编辑】组中单击【投影】按钮👟，打开【投影曲线】选项卡。

步骤3：在【投影曲线】选项卡中打开【参考】面板，接着从下拉列表框中选择【投影修饰草绘】选项，如图6.25所示。

步骤4：在【参考】面板中单击【草绘】收集器旁的【定义】按钮，系统弹出【草绘】对话框，选择FRONT基准平面作为草绘平面，默认以"RIGHT"基准平面的"左"方向参考，单击【反向】按钮以反转默认的草绘平面方向，如图6.26所示"右方向"，单击【草绘】按钮进入草绘模式。

步骤5：绘制如图6.27所示的投影截面草绘，单击【确定】按钮✔，完成草绘并退出草绘器。

步骤6：返回到【投影曲线】选项卡，确保激活【曲面】收集器，按住"Ctrl"键并选择要在其上投影修饰草绘的两个曲面（默认为同一曲面集），如图6.28所示。

步骤7：【方向】下拉列表框的默认选项为"沿方向"，单击【方向参考】收集器的框将其激活，然后选择FRONT基准平面作为方向参考。

步骤8：在【投影曲线】选项卡中单击【完成】按钮，完成该投影截面草绘修饰特征的创建，结果如图6.29所示。

图6.25　选择【投影修饰草绘】选项

图6.26　指定草绘平面及草绘平面方向

图6.27　绘制投影截面草绘

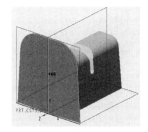

图6.28　选取投影修饰草绘的两个曲面

图6.29　完成投影截面草绘修饰特征的创建

6.3　半径圆顶

半径圆顶特征用于在选取模型的表面产生凸起或者凹陷的圆顶形状。

注意：要使用【半径圆顶】命令，需要先将配置文件（config.pro）中的 "allow_anatomic_features" 的选项值设置为 "yes"，并且将这个命令添加到功能区的适当位置处。添加完成后，在点选【新建】命令，创建一个零件建模模式时，在功能区上会出现我们添加配置文件后新建的【添加功能】选项卡，在【添加功能】选项卡上有我们添加的【半径圆顶】功能快捷按钮，如图 6.30 所示。

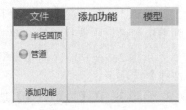

图 6.30 【添加功能】选项卡

使用【半径圆顶】命令可以创建一类圆顶特征，它使曲面变形，并通过一个半径和偏距距离被参数化。创建半径圆顶特征的一般方法和步骤如下。

步骤 1：选择【半径圆顶】命令。

步骤 2：选择要创建圆顶的曲面。圆顶曲面必须是平面、圆环面、圆锥或圆柱。

步骤 3：选择基准平面、平面曲面或边，参考圆顶弧。

步骤 4：输入圆顶半径。圆顶半径可以为正也可以为负，以生成凸圆顶或凹圆顶。Creo Parametric 使用两个尺寸创建圆顶曲面，这两个尺寸分别是圆顶弧半径和从该弧到参考基准平面或边的距离。圆顶半径是穿过圆顶曲面两边的弧半径。

下面以一个例子来说明半径圆顶的建立方法及步骤。

① 在"快速访问"工具栏中单击【打开】按钮 📂，弹出【文件打开】对话框，从随书资源素材中选择"第 6 章 \ 范例源文件 \banjingyuanding_fanli01.prt"，如图 6.31（a）所示。

② 选择【半径圆顶】命令。

③ 系统提示选取要进行半径圆顶的曲面，选取模型的上表面作为产生特征的曲面。

④ 系统提示选取特征标注参考面或边，选取模型的 FRONT 作为特征标注参考面。

⑤ 系统提示输入半径圆顶特征的半径，输入 75。

注意：该半径值可正可负，如为正值表示产生凸起的圆顶，如图 6.31（b）所示；如为负值则表示产生凹陷的圆顶，如图 6.31（c）所示，但是该值不能超出系统限定的范围。

最后的结果文件参看资源"第 6 章 \ 范例结果文件 \banjingyuanding_fanli01_jg.prt"和"banjingyuanding_fanli02_jg.prt"。

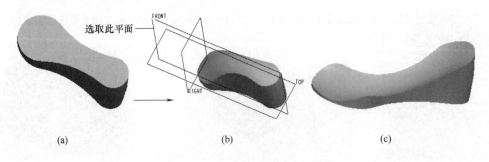

图 6.31　半径圆顶建立方法及步骤

6.4　环形折弯

环形折弯特征的用途是系统根据设计者所指定的折弯径向剖面，自动将实体、曲面或曲线折弯成环状物。

使用功能区【模型】选项卡【工程】面板中的【环形折弯】命令，可以将实体、非实体曲面或基准面转换成环形（旋转）形状，基于此功能可以利用平整的几何对象来创建汽车轮胎，或绕旋转几何（如瓶子）包络徽标。

下面用一个范例介绍环形折弯的操作步骤，实体的结果如图 6.32 所示。

① 新建一个零件，名字为 huanxingzhewan_fanli01.prt。

② 建立拉伸特征。草绘截面尺寸如图 6.33 所示，拉伸高度为 1210。

③ 建立轮胎花纹。以第②步拉伸特征的右侧面为草绘平面，按如图 6.34 所示的尺寸绘制草绘截面，拉伸高度为 40。轮胎花纹结果如图 6.35 所示。

注意：一定要有截面中的尺寸 0.00，否则在后面的花纹阵列中就没有可以选择的尺寸；或者更简单方法是使用方向阵列就不用标注尺寸 0.00，但是需要约束草绘端点一定重合在实体上，如图 6.34 所示。阵列的具体应用参考本书第 7 章相关内容。

④ 阵列花纹特征。选择阵列方式为【尺寸阵列】，单击尺寸按钮，在对话框下面的方向 1 选取框中，先选取尺寸 "0.00"，然后按下 Ctrl 键再选取 "50.00" 作为阵列可变尺寸，数目为 "15"，操作界面如图 6.36 所示，最后阵列的结果如图 6.37 所示。

注意：此处也可以使用【方向】阵列，操作相对简单一些。方法如下：进入阵列操控板，使用【方向】阵列方法，接着选取宽度（90）的右侧面为方向参考，确定阵列生成方向向左，数目为 15 即可。

图 6.32　实体结果图

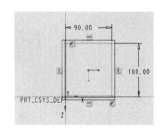

图 6.33　草绘截面尺寸

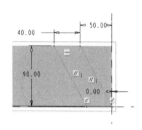

图 6.34　花纹截面尺寸

图 6.35　生成的轮胎花纹

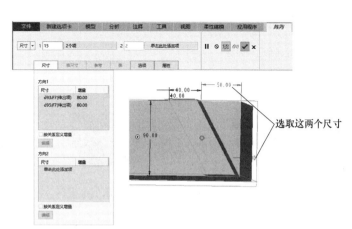

图 6.36　阵列花纹操作界面

图 6.37　阵列花纹结果

⑤ 拔模花纹特征。选取第一个生成的花纹拉伸特征上表面，按照图 6.38 所示的操作界面，拔模角度设置为 8°，拔模结果如图 6.39 所示。从图中可以看到拔模后平面比没有拔模

的平面低了一些。

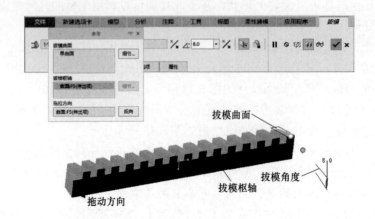

图 6.38 拔模花纹表面操作界面

⑥ 阵列拔模花纹特征。先在模型树中选中拔模花纹特征，然后在右工具箱中单击▦按钮，系统自动选择【参考】的方法生成阵列拔模花纹特征，结果如图 6.40 所示。

图 6.39 拔模花纹上表面　　　　　　　　　图 6.40 阵列拔模花纹上表面

⑦ 花纹倒圆角。选取第一个阵列拔模花纹特征，按图 6.41 所示选取两条边，倒圆角半径为 20，结果如图 6.42 所示。

⑧ 阵列花纹倒圆角。先在模型树中选中花纹倒圆角特征，然后在右工具箱中单击▦按钮，系统自动选择【参考】的方法生成花纹倒圆角特征，结果如图 6.43 所示。

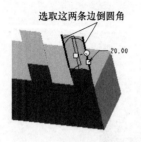

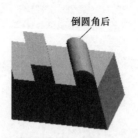

图 6.41 倒圆角操作　　　　图 6.42 倒圆角后结果　　　　图 6.43 阵列倒圆角特征后

⑨ 环形折弯特征。

• 在功能区的【模型】选项卡中单击【工程】组溢出按钮，接着在打开的命令列表中选择【环形折弯】命令，打开【环形折弯】选项卡，如图 6.44 所示，勾选【实体几何】选择框，单击【轮廓截面】右侧的【定义】按钮。

• 选取右侧的端面作为草绘平面，参考面为 RIGHT，方向为【右】，如图 6.45 所示。单击【草绘】进入草绘界面。

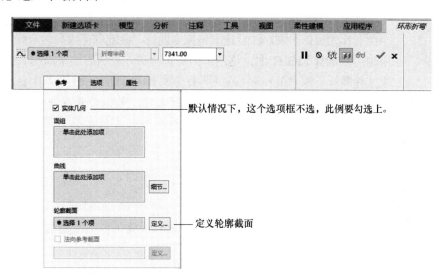

图 6.44　【环形折弯】选项卡

● 绘制如图 6.46 所示的草绘截面，就是一条线（和实体边重合），可以选择【草绘】选项卡中的【草绘】组中的 投影 按钮来创建。

注意： 一定要加上几何坐标系（不是坐标系），用【基准】组中的 坐标系 按钮创建几何坐标系。单击草绘工具栏中的 ✔ 按钮，完成草绘截面的绘制。

图 6.45　草绘放置

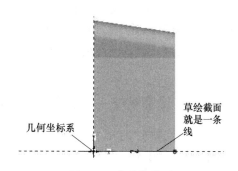

图 6.46　草绘的截面

● 如图 6.47 所示，选择【360 度折弯】，这实际上是要选取两个平行平面定义折弯长度。系统提示"选取要定义折弯长度的第一个平面"，先选择右侧端面，接着单击 单击此处添加项 ，选择左侧对面，单击操控板上的 ✔ ，生成如图 6.48 所示的环形折弯特征实体。

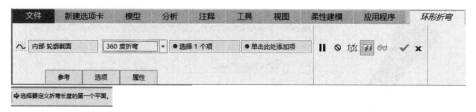

图 6.47　选择【360 度折弯】

⑩ 镜像所有特征。在模型树中选中 huanxingzhewan_fanli01.prt（也就是选中文件名），然后在右工具箱中单击 <!--镜像工具--> （镜像工具）按钮，接着选取实体的一个侧面作为镜像平面。注意选取镜像平面时，要选取花纹高的一侧平面，本例中也可以选择 RIGHT 面，这两个面是重合的。最后的结果如图 6.48 所示。结果文件参看资源"第 6 章 \ 范例结果文件 \huanxingzhewan_fanli01_jg.prt"。

图 6.48 进行环形折弯后结果

注意：因为平板沿着曲线进行折弯时，平板的长度与曲线的长度并不相等，此时平板必须做比例收缩，而草绘的几何坐标系是折弯的转轴点，即可视为比例缩放的原点。

6.5 修饰螺纹

修饰螺纹是可表示螺纹直径的一种修饰特征，它与其他修饰特征主要的不同之处在于用户不能修改修饰螺纹的线造型。

用于创建修饰螺纹的参考通常是圆柱曲面或圆锥曲面。如果选择的参考曲面是一个轴的圆柱曲面，那么生成的螺纹曲面默认放置在外部（外螺纹）；如果选择的参考曲面是一个孔面，那么生成的螺纹曲面默认放置在内部（内螺纹）。修饰螺纹特征的创建除了需要选择参考曲面来放置螺纹曲面之外，还需要确定螺纹内径（针对外螺纹而言）或螺纹外径（针对内螺纹而言）、起始曲面和螺纹深度 / 长度（从起始曲面到螺纹末端的距离）或终止参考等。修饰螺纹的类型分简单螺纹和标准螺纹。对于内部曲面，当选择要在上面放置螺纹的圆柱曲面或圆锥参考曲面时，系统会对该曲面与标准孔表进行对比，如果该曲面与在表中找到的孔相似，那么选定曲面的直径与标准表中的螺纹相匹配。

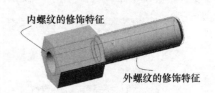

图 6.49 具有修饰螺纹特征的铜柱零件

在图 6.49 所示零件中，构建有内螺纹和外螺纹的修饰特征。下面结合该范例介绍如何构建相应的修饰螺纹特征。

6.5.1 创建"修饰螺纹 1"特征（简单外螺纹）

① 在"快速访问"工具栏中单击【打开】按钮 <!--打开图标-->，弹出【文件打开】对话框，从随书资源素材中选择"第 6 章 \ 范例源文件 \jiandanwailuowen_fanli01.prt"，即如图 6.50 所示的一个实体模型。

② 在功能区的【模型】选项卡中点选【工程】溢出按钮，在弹出的下拉菜单中选择【修饰螺纹】命令，打开如图 6.51 所示的【螺纹】选项卡。默认状态，【螺纹】选项卡中的【简单螺纹】按钮 <!--图标--> 被选中。

图 6.50 原始实体模型

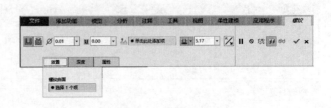

图 6.51 【螺纹】选项卡

③ 确保【放置】面板中的【螺纹曲面】处于活动状态，在图形窗口中选择图 6.52 所示的曲面作为要创建螺纹的曲面。

④ 在【螺纹直径】ϕ 值框中设置该外螺纹的内径为 3。

⑤ 打开【深度】面板，激活【螺纹起始自】收集器，当然也可以通过单击 旁的框来激活【螺纹起始自】收集器，接着选择所需的平面、曲面或面组以指定螺纹的起始位置。在这里选择图 6.53 所示的端面作为螺纹的起始位置，此时在模型中出现一个指示螺纹创建的方向箭头。

图 6.52　指定要　　图 6.53　指定螺纹
创建螺纹的曲面　　　起始位置

⑥ 螺纹深度选项为【盲孔】 ，其深度值为 11.5，如图 6.54 所示。注意可供选择的深度选项有【盲孔】 和【到选定项】 。

⑦ 在【螺纹】选项卡中单击【完成】按钮 ，从而完成第一个修饰螺纹特征（外螺纹）的创建，如图 6.55 所示。

图 6.54　设置螺纹深度选项及深度值

图 6.55　修饰外螺纹效果图

6.5.2　创建"修饰螺纹 2"特征（标准内螺纹）

① 在"快速访问"工具栏中单击【打开】按钮 ，弹出【文件打开】对话框，从随书资源素材中选择"第 6 章 \ 范例源文件 \biaozhunneiluowen_fanli01.prt"，即如图 6.50 所示的一个实体模型。

② 在功能区的【模型】选项卡中点选【工程】溢出按钮，在弹出的下拉菜单中选择【修饰螺纹】命令，打开【螺纹】选项卡。

③ 在【螺纹】选项卡中单击【标准螺纹】按钮 。

④ 选择要创建螺纹的曲面，如图 6.56 所示（内孔圆柱曲面）。

⑤ 在 框中选择一个螺纹系列，以及在 框中设置螺纹尺寸，有时可接受系统匹配孔表提供的螺纹系列和螺纹尺寸设置，如图 6.57 所示。

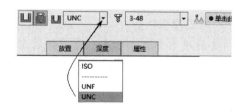

图 6.56　选择内孔圆柱曲面　　　　　图 6.57　设置螺纹系列和螺纹尺寸

⑥ 在【深度】面板中单击【螺纹起始自】收集器以将其激活，或在 旁的右框中单击来激活【螺纹起始自】收集器，接着在图形窗口中选择图 6.58 所示的端面以定义螺纹起始面。

⑦ 设置螺纹深度如图 6.59 所示。

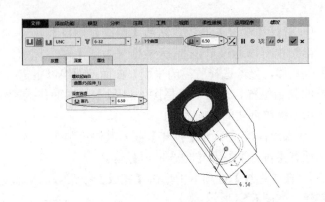

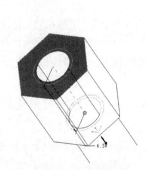

图 6.58　定义螺纹的起始面　　　　　　图 6.59　设置螺纹深度

⑧ 在【螺纹】选项卡中打开【属性】面板，如图 6.60 所示。在【属性】面板中可以修改该修饰螺纹特征的名称，如果单击【显示此特征的信息】按钮 则在打开的 Creo Parametric 浏览器中查看该特征的详细信息。另外，在【属性】面板中还可以通过单击【参数】表中的单元格来更改相应的参数值。

⑨ 在【螺纹】选项卡中单击【完成】按钮 ，从而完成修饰螺纹特征（标准内螺纹）的创建，结果如图 6.61 所示。

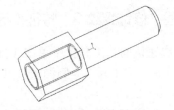

图 6.60　【属性】面板　　　　　　图 6.61　完成修饰螺纹特征（标准内螺纹）的创建

6.6　管道

连接各基准点或顶点，形成一条中心线，此中心线作为管道的路径，然后再指定管道的直径及转折处的半径，如果为空心管，还要指定管壁的厚度，最后根据指定的直径、转折处的半径和路径形成管道特征。

注意：要使用【管道】命令，需要先将配置文件（config.pro）中的"enable_obsoleted_features"的选项值设置为"yes"，并且将这个命令添加到功能区的适当位置处。添加完成后，点选【新建】命令，创建一个零件建模模式时，在功能区上会出现我们添加配置文件后新建的【添加功能】选项卡，在【添加功能】选项卡上有我们添加的【管道】功能快捷按钮，如图 6.30 所示。

下面通过一个范例简单介绍创建管道特征的步骤。

6.6.1 空心常数半径

① 在"快速访问"工具栏中单击【打开】按钮 📂，弹出【文件打开】对话框，从随书资源素材中选择"第 6 章 \ 范例源文件 \ guandao_fanli01.prt"，如图 6.62 所示。范例源文件已经把基准点建好了，如果事先没有建立基准点，需要自己建立。

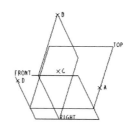

② 选择【管道】命令。

③ 在弹出的菜单管理器中选择【几何】、【空心】选项，接着选择【常数半径】选项，如图 6.63 所示。选择【完成】选项。

图 6.62 已经建立好的基准点（1）　图 6.63 选项选择（1）

④ 在信息提示栏中输入管道的外部直径为"20"，单击 ✔，接着在信息提示栏中输入管壁厚度为"2"，如图 6.64 所示，单击操控板中的 ✔ 按钮，或按键盘上的 Enter 键，进行下一步操作。

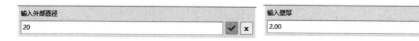

图 6.64 参数输入（1）

⑤ 在出现的【菜单管理器】中，选择【单一半径】、【整个阵列】、【添加点】选项。

⑥ 在绘图区依次选择管道经过的点。依次选择 A、B、C 三点，在信息栏中输入 B 点

图 6.65 参数输入（2）

处的折弯半径为"20"，单击操控板中的 ✔ 按钮，进入下一步操作，如图 6.65 所示。

⑦ 在绘图区选择 D 点后，出现如图 6.66 所示的轨迹预览图形。在菜单管理器中选择【完成】，最后结果如图 6.67 所示，参看"第 6 章 \ 范例结果文件 \guandao_fanli01_jg.prt"。

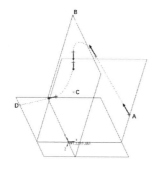

图 6.66 轨迹预览（1）

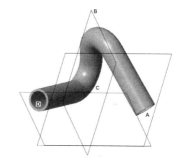

图 6.67 管道最后结果（1）

6.6.2 空心多重半径

① 在"快速访问"工具栏中单击【打开】按钮 📂，弹出【文件打开】对话框，从随书

资源素材中选择"第 6 章 \ 范例源文件 \ guandao_fanli02.prt"，如图 6.68 所示。范例源文件已经把基准点建好了，如果事先没有建立基准点，需要自己建立。

② 选择【管道】命令。

③ 在弹出的菜单管理器中选择【几何】、【空心】选项，接着选择【多重半径】，如图 6.69 所示。选择【完成】选项。

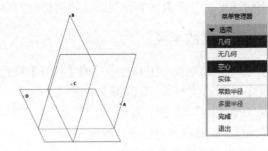

图 6.68　已经建立好的基准点（2）　图 6.69　选项选择（2）

④ 在信息提示栏中输入管道的外部直径为"20"，单击✓按钮，接着在信息提示栏中输入管壁厚度为"2"，如图 6.70 所示，单击操控板中的✓按钮，或按键盘上的 Enter 键，进行下一步操作。

图 6.70　参数输入（3）

⑤ 出现如图 6.71 所示的菜单管理器，按图 6.71 所示选择选项。接着在绘图区依次选择管道经过的点。依次选择 A、B、C 三点，在信息栏中输入 B 点处的折弯半径为"30"，单击操控板中的✓按钮，进入下一步操作，如图 6.72 所示。

图 6.71　选项选择（3）　　　　　　图 6.72　B 点参数输入

⑥ 接着选择 D 点，再在菜单管理器中选择【新值】选项，如图 6.73（a）所示。

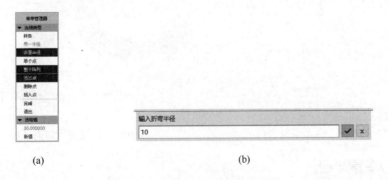

(a)　　　　　　　　　　　　　　(b)

图 6.73　D 点参数设置及新值输入

⑦ 在信息栏中输入 C 点处的折弯半径为"10",如图 6.73（b）所示，单击操控板中的 ✓ 按钮，出现如图 6.74 所示的轨迹预览图形。

⑧ 在菜单管理器中选择【完成】，最后结果如图 6.75 所示，结果文件参看"第 6 章 \ 范例结果文件 \guandao_fanli02_jg.prt"。

另外，如果在菜单管理器中选择【实体】选项，还可以创建实心的管道特征。

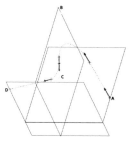 

图 6.74 轨迹预览（2）　　图 6.75 管道最后结果（2）

总结与回顾

本章简要介绍了剖面、修饰草绘、管道和环形折弯等几种常用特征的创建，重点是通过范例文件的操作来讲解这几种特征的创建步骤和方法，希望能对读者有所帮助。

 思考与练习题

1. 剖面有几种类型？分别是什么？
2. 偏距剖面的截面有什么要求？
3. 环形折弯的主要用途是什么？

第7章

特征操作与编辑

学习目标： 本章主要学习常用的特征的编辑和操作方法，包括特征的复制 - 粘贴、阵列、镜像、修改和编辑等。

使用 Creo 5.0 创建零件模型，特征是基本的组成和操作单元。以特征为单位，可以对模型进行操作和编辑，从而完善模型的设计，并快速完成设计意图的变更。此外，在很多情况下，可以在选定特征之后，使用特征的编辑方法（如阵列、复制、镜像等）快速、方便地创建该特征的副本。本章将结合实例讲述创建特征副本的方法以及特征的修改、编辑、插入和删除等基本操作方法。

7.1 特征复制和粘贴

Creo 5.0 环境下，选取待复制特征后，可在【模型】选项卡【操作】组单击【复制】图标按钮 复制（快捷键 Ctrl+C），将特征复制到剪贴板，然后在【操作】组单击【粘贴】图标按钮 粘贴（快捷键 Ctrl+V）或【选择性粘贴】图标按钮 选择性粘贴（快捷键 Ctrl+Shift+V）进行特征的复制和粘贴。特征的复制 - 粘贴，既可以在同一模型中进行，也可以在同一模型的不同版本或不同模型之间进行。注意：首先选取待复制特征，【复制】图标按钮 复制才可选；此外，粘贴时打开的用户界面与待复制特征的类型有关。

7.1.1 粘贴特征

采用复制 - 粘贴方法进行特征复制时，将打开特征创建工具，允许用户重新定义复制特征。以下通过如图 7.1 所示实例讲解特征的粘贴方法。

① 打开本书所附资源文件"第 7 章 \ 范例源文件 \zhantie_fanli01.prt"，零件模型如图 7.1（a）所示。

② 在模型树中选取"孔 1"特征，在【模型】选项卡【操作】组单击【复制】图标按钮 复制，接着单击【粘贴】图标按钮 粘贴，打开【孔】选项卡。

③ 在【孔】选项卡中单击【放置】按钮 放置，打开【放置】下滑面板。在图形区选取如图 7.2 所示"面 A"为复制孔特征的主放置面，在下滑面板【类型】栏列表框中选取【线性】选项，并在图形区选取"FRONT 面"（基准平面）和"轴 B"（选取第二

参考时按下 Ctrl 键）为线性放置的偏移参考，接着，在【偏移】栏设定偏移距离分别为"0"和"9"。

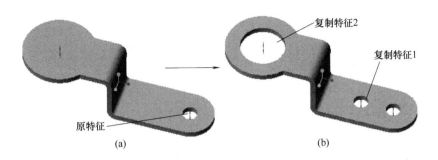

图 7.1　复制 - 粘贴实例

④ 在【孔】选项卡中单击【应用并保存】按钮 ✔，完成复制孔 1 的复制和粘贴。

⑤ 重复步骤②，在【孔】选项卡孔直径文本框中输入直径值"12"。单击【放置】按钮 放置，打开【放置】下滑面板。在图形区选取如图 7.3 所示，"平面 C"为复制孔 2 的主放置面，在下滑面板【类型】栏列表框中选取【同轴】选项，按下 Ctrl 键在图形区选取如图 7.3 所示"轴 D"为同轴参考。

⑥ 在【孔】选项卡中单击应用并保存图标 ✔，完成复制孔 2 的复制和粘贴。

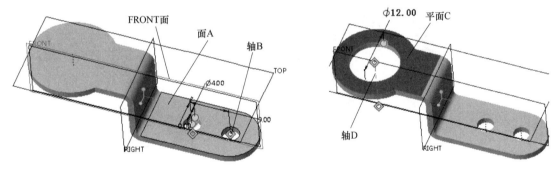

图 7.2　复制孔 1 参考选取　　　　　图 7.3　复制孔 2 参考选取

最后结果参看本书所附资源文件"第 7 章 \ 范例结果文件 \zhantie_fanli01_jg"。

7.1.2　选择性粘贴特征

使用选择性粘贴工具复制特征时，系统将弹出如图 7.4 所示【选择性粘贴】对话框，在对话框中可以设置复制特征与原特征的从属关系，对复制特征进行移动 / 旋转，也可以选择【高级参考配置】复选框□ 高级参考配置(V)，打开如图 7.5 所示【高级参考配置】对话框，对原始特征的所有参考进行重新替换来复制新特征。

（1）选择性粘贴实例 1

以下使用选择性粘贴工具创建如图 7.6 所示三个复制特征。

① 打开本书所附资源文件"\ 第 7 章 \ 范例源文件 \zhantie_fanli02.prt"，零件模型如图 7.6（a）所示。

② 在模型树中选取局部组特征 组LOCAL_GROUP，在【模型】选项卡【操作】组单击【复

制】图标按钮 🗐 复制，接着单击【选择性粘贴】图标按钮 🗐 选择性粘贴，在【选择性粘贴】对话框【从属副本】栏选择【完全从属于要改变的选项（F）】单选按钮 ⊙ 完全从属于要改变的选项(F)，并选中【对副本应用移动/旋转变换（A）】复选框 ☑ 对副本应用移动/旋转变换(A)，打开【移动（复制）】选项卡。

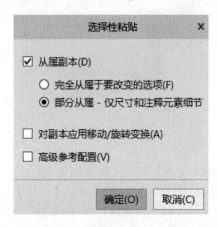

图 7.4 【选择性粘贴】对话框

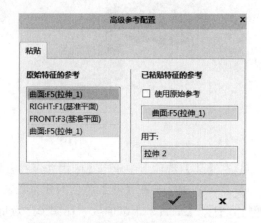

图 7.5 【高级参考配置】对话框

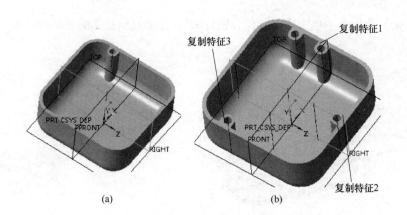

图 7.6 选择性粘贴实例

③ 在【移动（复制）】选项卡中选取沿指定参考平移图标按钮 ⊷，单击【变换】按钮 变换，打开【变换】下滑面板。在图形区或模型树中选取"FRONT"基准平面为平移参考，并在下滑面板【设置】栏平移距离文本框中输入距离值"23"。在【移动（复制）】选项卡中单击 ✔，完成复制特征 1 的复制和粘贴。

④ 在模型树中选取新复制出的特征，复制后进行选择性粘贴。在【选择性粘贴】对话框中取消选中【从属副本】复选框 ☐ 从属副本(D)，选取【对副本应用移动/旋转变换（A）】复选框 ☑ 对副本应用移动/旋转变换(A)，单击对话框中的【确定】按钮 确定(O)，打开【移动（复制）】选项卡。

⑤ 在【移动（复制）】选项卡中选取旋转轴参考图标按钮 🔁，在图形区选取如图 7.7 所示"旋转轴"，在选项卡旋转角度文本框中输入角度值"90"。

⑥ 在【移动（复制）】选项卡中单击 ✔ 按钮，完成复制特征 2 的复制。

⑦ 在模型树中选取复制特征 2，重复步骤④和⑤。

⑧ 在【移动（复制）】选项卡【变换】下滑面板列表框中单击【新移动】，在【设置】栏下拉列表中选择【移动】选项，在图形区选取"FRONT"基准平面为平移参考，并在移动距离文本框中输入距离值"-23"。在【移动（复制）】选项卡中单击✅，完成复制特征 3 的复制和粘贴。

注意：移动距离或旋转角度值可以为负值，输入负值将改变移动或旋转的方向。

最后结果参看本书所附资源文件"第 7 章 \ 范例结果文件 \zhantie_fanli02_jg"。

本例创建复制特征 1 时选取了【完全从属于要改变的选项（F）】单选按钮，因此复制特征 1 是完全从属于原始特征的。而复制特征 2 和复制特征 3 创建时取消选中【使副本从属于原件尺寸】复选框，因此与原特征则是完全独立的。当修改原始特征中孔的直径时，复制特征 1 的孔径随之改变，而复制特征 2 和复制特征 3 的孔径则不受原始特征的影响，如图 7.8 所示。重排特征尺寸方法参见本章 7.5 节。

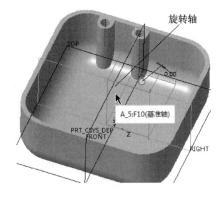
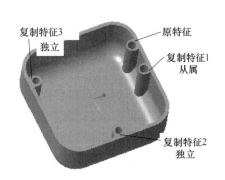

图 7.7　旋转轴参考　　　　　　　　　图 7.8　从属与独立

（2）选择性粘贴实例 2

在【选择性粘贴】对话框中选中【高级参考配置】复选框 ☑ 高级参考配置(V)，可通过重新替换原特征的草绘平面参考和其他参考来复制特征。因此，在复制特征之前需要了解原始特征的所有参考。

以下使用选择性粘贴工具，以【高级参考配置】方式，创建如图 7.9 所示复制特征。本例中原始特征截面的草绘平面为平面 A，RIGHT 基准平面为向下的放置参考，而 FRONT 基准平面和平面 B 为标注与约束参考。欲将原始特征复制至图中所示位置处，草绘平面可仍为平面 A，向下的放置参考需要替换为 FRONT 基准平面，而标注约束与参考则需要相应地替换为 RIGHT 基准平面和平面 B。操作步骤如下：

① 打开本书所附资源文件"第 7 章 \ 范例源文件 \zhantie_fanli03.prt"。

② 在模型树中选取"拉伸 2"特征，复制后进行选择性粘贴。在打开的【选择性粘贴】对话框中选中【高级参考配置】复选框 ☑ 高级参考配置(V)，单击对话框中的【确定】按钮 确定(O)，打开如图 7.10 所示【高级参考配置】对话框。此时原始特征的草绘平面（图 7.9 中平面 A）突出显示（呈红色）。

③ 在【高级参考配置】对话框【已粘贴特征的参考】栏选中【使用原始参考】复选框 ☑ 使用原始参考，仍然设定平面 A 为粘贴特征截面的草绘平面。

④ 在【原始特征的参考】栏列表框中选取第二参考"RIGHT：F1(基准平面)"，在图形区选取"FRONT"基准平面作为复制特征的第二参考。

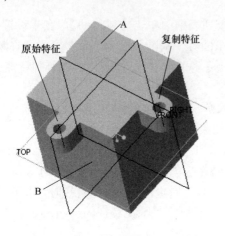

图 7.9 【高级参考配置】方式复制特征

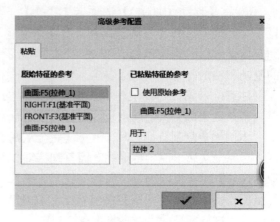

图 7.10 【高级参考配置】对话框

⑤ 在图形区依次选取"RIGHT"基准平面和平面 B 作为复制特征的第三和第四参考，在【高级参考配置】对话框中单击 ✔ 按钮，弹出【预览】对话框，并在图形区显示复制特征的预览。

⑥ 此时图形区出现黑色和红色两个箭头。黑色箭头为原特征竖直放置参考 RIGHT 基准平面的向上方向，红色箭头为复制特征竖直放置参考 FRONT 基准平面的向上方向，如图 7.11 所示。在【预览】对话框单击 ✔ 按钮，完成特征复制如图 7.9 所示。

注意：若预览时发现特征生成方向不正确，可单击对话框中的【反向】按钮 反向 ，调整方向。

最后结果参看本书所附资源文件"第 7 章 \ 范例结果文件 \zhantie_fanli03_jg"。

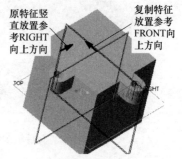

图 7.11 竖直放置参考方向

7.2 特征阵列

特征阵列是一种高效率的特征复制方式。使用特征阵列方法，可以快速地在模型上创建出多个与原始特征结构相同的副本特征。这些副本特征通常被称为原始特征的一组实例特征，如图 7.12 所示。

阵列特征受到阵列参数的影响与控制。这些参数包括阵列实例的数目、实例间的距离、原始特征的尺寸参数等。通过改变阵列参数可获得不同的阵列效果。

原始特征和实例特征间具有父子关系，对原始特征

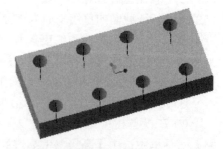

图 7.12 特征阵列

的修改可反映到实例特征上。在删除阵列特征时，若在如图 7.13 所示右键菜单中选取【删除】选项，则由于父子关系的影响，系统将删除实例特征和原始特征。当需要保留原始特征而仅删除实例特征时，可选取如图 7.13 所示右键菜单中的【删除阵列】选项。

创建阵列时，可对一个单独的特征进行阵列，也可对多个特征进行阵列。对多个特征进行阵列时，可以先创建一个局部组，然后再对组进行阵列。局部组创建方法参见本章 7.8 节。

创建完成后，如果需要对阵列实例进行单独修改，可以采用取消阵列或取消局部组操作。

7.2.1 【阵列】选项卡

选取某一特征后，在命令管理区【模型】选项卡【编辑】组单击【阵列】图标按钮 ，或在如图 7.14 所示浮动工具栏中单击【阵列】图标按钮 ，均可打开如图 7.15 所示【阵列】选项卡。

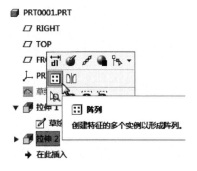

图 7.13　右键菜单　　　　　　　　图 7.14　阵列特征

在选项卡的阵列方法下拉列表框 尺寸 中提供了 8 种特征阵列方法：尺寸阵列、方向阵列、轴阵列、填充阵列、表阵列、参考阵列、曲线阵列和点阵列。

【阵列】选项卡下部各按钮功能如下。

• 【尺寸】：单击 尺寸 按钮打开如图 7.16 所示【尺寸】下滑面板，可以选取方向 1 及方向 2 的驱动尺寸并定义尺寸增量。

图 7.15　【阵列】选项卡

• 【表尺寸】：在表阵列方式下，单击 表尺寸 按钮打开如图 7.17 所示【表尺寸】下滑面板，在图形区中选取原始特征的尺寸参数可以将其加入参数面板中创建阵列表。

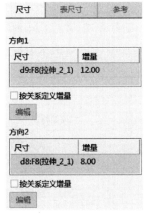

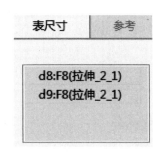

图 7.16　【尺寸】下滑面板　　　　　图 7.17　【表尺寸】下滑面板

注意：需要选取多个尺寸时可按下 Ctrl 键选取。

• 【参考】：在填充阵列方式下，单击 参考 按钮打开如图 7.18 所示【参考】下滑面板以定义填充区域。

• 【表】：表阵列方式下，单击 表 按钮后打开如图 7.19 所示【表】下滑面板，可添加、移除或编辑阵列表。此时，单击【阵列】选项卡上部活动表列表框后的【编辑】按钮 编辑 可对选定的阵列表进行编辑。

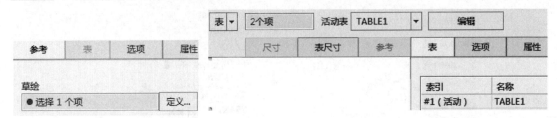

图 7.18　【参考】下滑面板　　　　　　　图 7.19　【表】下滑面板

• 【选项】：单击 选项 按钮打开如图 7.20 所示【选项】下滑面板，可以定义阵列特征重新生成方式。各选项的含义如下：

• 【相同】：阵列创建的实例特征与原始特征尺寸相同，放置在同一平面内，且实例特征不能超出放置平面的范围，同时各个特征之间也不允许出现干涉，如图 7.21（a）所示。

• 【可变】：阵列创建的实例特征与原始特征的尺寸及放置平面均可有变化，但各特征间不允许有干涉，如图 7.21（b）所示。

图 7.20　【选项】下滑面板

• 【常规】：阵列时的默认选项。阵列的实例特征与原始特征的尺寸及放置平面均可不同，并且特征之间也允许出现干涉现象，如图 7.21（c）所示。

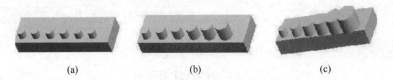

(a)　　　　　　　　(b)　　　　　　　　(c)

图 7.21　三种阵列方式比较

7.2.2　尺寸阵列

尺寸阵列是常用的特征阵列方法，可通过分别定义驱动尺寸和尺寸增量来复制特征。根据设计需要，可选取一个方向上的尺寸作为驱动尺寸，创建单方向上的阵列特征（一维阵列），如图 7.22 所示。也可选取两个方向的尺寸作为驱动尺寸，创建两个方向上的阵列特征（二维阵列），如图 7.23 所示。当驱动尺寸为角度尺寸时，还可指定角度增量，获得圆周分布的阵列特征（旋转阵列），如图 7.24 所示。

图 7.22　一维阵列　　　　　　图 7.23　二维阵列　　　　　　图 7.24　旋转阵列

（1）创建线性阵列

打开本书所附资源文件"第 7 章\范例源文件\zhenlie_fanli01.prt"，零件模型如图 7.25 所示。以下使用尺寸阵列方法创建如图 7.26 所示一维阵列（采用相同阵列方式）和二维阵列（采用一般阵列方式）。

创建步骤如下。

① 选取如图 7.25 所示孔特征为原始特征，在浮动工具栏中单击【阵列】图标按钮 ⊞，在【阵列】选项卡阵列类型下拉列表框中接受默认的【尺寸】阵列方式。单击选项卡中的【选项】按钮 选项 ，在【选项】下滑面板【重新生成选项】下拉列表中选取【相同】选项。单击【尺寸】按钮 尺寸 ，打开【尺寸】下滑面板。此时，【尺寸】面板【方向 1】列表框呈绿色，为激活状态。

图 7.25　零件模型

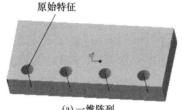

(a) 一维阵列　　　　　　　　　　(b) 二维阵列

图 7.26　一维和二维阵列

② 在图形区选取如图 7.27 所示孔的水平定位尺寸"12"为驱动尺寸，并在【尺寸】下滑面板【方向 1】列表框【增量】列中将增量值修改为"25"（增量是指阵列实例特征间的间距）。

③ 在【阵列】选项卡上部方向【1】栏文本框 1 ▢ 中输入方向 1 上的阵列成员数目"4"，单击 ✔，完成如图 7.26 所示一维阵列。

④ 保存文件，名称为"zhenlie_fanli01_jg1"。

⑤ 选取上步创建的阵列特征，在浮动工具栏中单击【编辑定义】图标按钮 🖌，重新打开【阵列】选项卡。

⑥ 在选项卡中单击【选项】按钮 选项 ，在下滑面板中将重新生成选项设为【常规】。

⑦ 单击【尺寸】按钮 尺寸 ，打开下滑面板。按下 Ctrl 键，在图形区选取如图 7.28 所示"方向 1 第二尺寸"为方向 1 上的另一驱动尺寸，并将增量值设为"3"（此增量值将使实例特征的直径依次递增 3mm，如果要求直径值减小，可将增量值设为负值）；鼠标单击【尺寸】下滑面板【方向 2】列表框（收集器）将其激活（背景呈绿色），在图形区选取如图 7.28 所示"方向 2 尺寸"（原始特征的另一定位尺寸）为方向 2 上的驱动尺寸，并将尺寸增量设为"30"。

⑧ 在【阵列】选项卡上部【2】栏的文本框 2 ▢ 中输入方向 2 的阵列成员数目"2"，设定完成的【尺寸】下滑面板如图 7.29 所示。

⑨ 单击选项卡中的 ✔，生成如图 7.26 所示二维阵列。

⑩ 另存文件，名称为"zhenlie_fanli01_jg2"。

本例创建的二维阵列特征，在方向 1 上特征的直径逐次增加 2mm。如果要创建实例特征的直径不发生变化的二维阵列，则取消选取原始特征的直径尺寸为方向 1 的第二驱动尺寸即可。

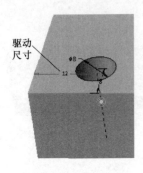
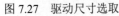

图 7.27　驱动尺寸选取

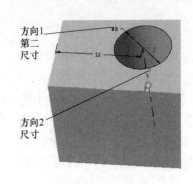

图 7.28　设置尺寸

图 7.29　【尺寸】下滑面板

（2）创建旋转阵列

采用尺寸阵列方式创建旋转阵列与创建线性阵列相似，也需要设定驱动尺寸和尺寸增量，并给出阵列成员的数目。不同之处在于：创建旋转阵列时，选取的驱动尺寸中必须有角度类型尺寸。

打开本书所附资源文件"第 7 章 \ 范例源文件 \zhenlie_fanli02.prt"，零件模型如图 7.30 所示。以下使用尺寸阵列方法创建如图 7.31 所示二维旋转阵列。

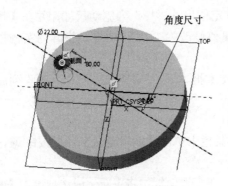

图 7.30　零件模型

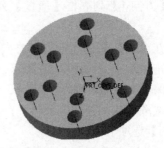

图 7.31　二维旋转阵列

创建步骤如下。

① 在模型树或图形区选取"拉伸 2"特征，在浮动工具栏中单击【阵列】图标按钮田，在【阵列】选项卡阵列类型下拉列表框中接受【尺寸】默认阵列方式。

② 单击【阵列】选项卡的【尺寸】按钮 尺寸 ，在【尺寸】下滑面板【方向1】列表框（收集器）激活状态下，在图形区选取如图 7.32 所示角度尺寸"30.00°"（"尺寸 1"）为方向 1 上的驱动尺寸，将其增量值设为"60"。阵列完成后各实例特征在方向 1 上的角度间隔为 60°。

③ 单击【尺寸】下滑面板【方向 2】列表框（收集器），将其激活，在图形区选取如图 7.32 所示线性尺寸"80.00"（"尺寸 2"）为方向 2 的参考尺寸，将增量值设为"-30"（增量值设为负值，可使方向 2 上的阵列特征向内部生成）。设置完成的【尺寸】下滑面板如图 7.33 所示。

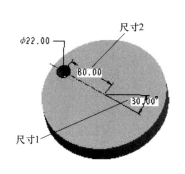
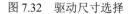

图 7.32　驱动尺寸选择　　　　　　　　图 7.33　【尺寸】下滑面板

④ 在【阵列】选项卡上部【1 方向】后的文本框 1 中输入阵列方向 1 上的阵列成员数目"6"，在【2 方向】后的文本框 2 中输入阵列方向 2 上的阵列成员数目"2"。单击选项卡中的 ，完成旋转阵列的创建，如图 7.31 所示。

最后结果参看本书所附资源文件"第 7 章 \ 范例结果文件 \zhenlie_fanli02_jg.prt"。

本例创建的是二维旋转阵列特征。如果要创建一维旋转阵列，仅需选取原始特征的角度或径向尺寸作为方向 1 上的阵列驱动尺寸即可。旋转阵列也可以使用 7.2.4 节所述的轴阵列方式创建。

7.2.3　方向阵列

尺寸阵列方式是将驱动尺寸的标注方向作为特征阵列的方向。当原始特征缺乏所要求方向上的尺寸标注时，使用方向阵列则更方便。方向阵列通过选定阵列的方向参考（平面、基准平面、实体边线、轴线、坐标系等）来确定阵列特征的生成方向，从而避免尺寸阵列方法中对尺寸标注的依赖。

打开本书所附资源文件"第 7 章 \ 范例源文件 \zhenlie_fanli03.prt"。以下使用方向阵列方法创建二维线性阵列。创建步骤如下。

① 选取零件中的圆柱凸台特征（"拉伸 2"），在浮动工具栏中单击【阵列】图标按钮 ，在【阵列】选项卡阵列类型下拉列表框中选取【方向】阵列方式，此时选项卡各栏如图 7.34 所示。

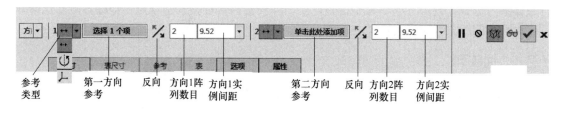

图 7.34　【阵列】选项卡

② 在【方向 1】参考类型下拉列表中接受默认的平移参考方式 ，在图形区选取如图 7.35 所示"平面 A"为第一方向参考，并将方向 1 特征阵列数目设为"4"，第一方向的尺寸增量值设为"18.00"。图形区中将会以红色箭头表示阵列方向，以实心黑点形式给出阵列特征的预览，如图 7.36 所示。在选项卡【方向 1】栏中单击【改变阵列方向】图标按钮 ，改变特征阵列方向，使特征预览呈现在模型内部。

③ 在如图 7.34 所示选项卡中单击第二方向参考文本框（收集器），将其激活。在图形区选取如图 7.35 所示"平面 B"为第二方向的阵列参考，单击改变第二方向阵列方向图标按钮 ，设定方向 2 的阵列数目为"3"，尺寸增量值为"24"。

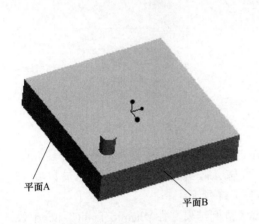

图 7.35　方向阵列参考

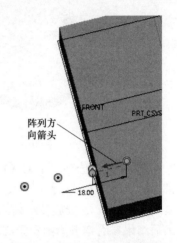

图 7.36　阵列方向及特征预览

④ 单击选项卡中的 ，完成旋转阵列的创建，如图 7.37 所示。

最后结果参看本书所附资源文件"第 7 章 \ 范例结果文件 \zhenlie_fanli03_jg.prt"。

上例选取实体表面作为方向参考，实际应用中可根据情况选取实体边线、基准平面、坐标系等作为方向参考创建方向阵列。此外，当阵列方向与设计要求不一致时，既可以按照上述方法，选取选项卡中的【改变阵列方向】图标按钮 改变方向，也可以在尺寸增量文本框中输入负值，从而反转阵列方向。

图 7.37　方向阵列特征

注意本例的方向参考类型为平移方式 。也可以在【参考类型】下拉列表中选取旋转参考方式图标 ，然后选取旋转轴参考创建旋转阵列。若在【参考类型】下拉列表中选取坐标系 参考方式，则可选取参考坐标系，给出阵列实例数目并分别设定各坐标轴方向上的阵列实例特征间距来创建阵列特征。

7.2.4　轴阵列

使用轴阵列方式可以创建一维或二维旋转阵列。创建轴阵列时，阵列特征可在两个方向上生成：周向（角度方向）和径向，如图 7.38 所示。在角度方向上，阵列特征将围绕选定的轴参考呈圆周分布。在径向上阵列特征将沿着径向呈线性分布。

默认情况下，角度方向上的阵列实例特征将沿逆时针方向生成，径向阵列方向则为远离轴线方向，如图 7.38 所示。若需改变角度阵列方向，可在如图 7.39 所示的

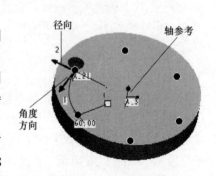

图 7.38　轴阵列方向

【轴阵列】选项卡中，选取【调整阵列方向】图标按钮，或在【角度方向尺寸增量】文本框中输入负值。如果需要改变径向阵列方向，只能在【径向尺寸增量】文本框中输入负值。

图 7.39　【轴阵列】选项卡

打开本书所附资源文件"第 7 章 \ 范例源文件 \zhenlie_fanli04.prt"，以下使用轴阵列方法分别创建一维旋转阵列、二维旋转阵列和螺旋阵列。创建步骤如下。

（1）创建一维旋转阵列

① 选取零件模型中的孔特征，在浮动工具栏中单击【阵列】图标按钮，在【轴阵列】选项卡【阵列类型】下拉列表框中选取【轴】阵列方式。

② 在图形区选取如图 7.40 所示基准轴"A_3"为轴参考（即阵列中心）。

③ 在【阵列】选项卡中选取【调整阵列方向】图标按钮，使特征沿顺时针方向分布，并设定角度方向特征总数为"6"，单击【设置阵列角度范围】图标按钮，并在其后的文本框中输入角度值"180"。

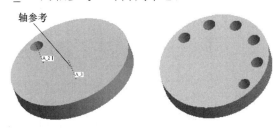

图 7.40　轴参考　　　　图 7.41　一维旋转阵列

④ 单击选项卡中的，完成一维旋转阵列的创建，如图 7.41 所示。

⑤ 保存文件，模型名称为"zhenlie_fanli04_jg1"。

（2）创建二维旋转阵列

① 在模型树中选取步骤（1）创建的阵列特征，在右键菜单中选取【删除阵列】选项，删除上步创建的一维轴阵列特征。

② 重复步骤（1）中的分步骤①。

③ 在图形区选取如图 7.40 所示基准轴"A_3"为轴参考。在【轴阵列】选项卡上部设定角度方向特征总数为"8"，角度方向尺寸增量为"45.0"，径向方向特征总数为"2"，径向方向尺寸增量为"-35"。设定完成的【轴阵列】选项卡如图 7.42 所示。

④ 单击选项卡中的，完成二维旋转阵列的创建，如图 7.43 所示。

⑤ 另存文件，模型名称为"zhenlie_fanli04_jg2"。

图 7.42　【轴阵列】选项卡

（3）创建螺旋阵列

① 在模型树中选取步骤（2）所创建的二维旋转阵列特征，在右键菜单中选取【删除阵

列】选项。

② 重复步骤（1）中的分步骤①。

③ 在图形区选取如图 7.40 所示基准轴"A_3"为轴参考。在【轴阵列】选项卡上部设定角度方向特征总数为"12"，角度方向尺寸增量为"30"。

④ 单击选项卡下部的【尺寸】按钮 尺寸，打开【尺寸】下滑面板。在图形区选取孔特征的径向位置尺寸"80.00"为方向 1 上的驱动尺寸，并设定尺寸增量为"-5"；按下 Ctrl 键，在图形区选取孔特征直径尺寸"φ22.00"为另一驱动尺寸，并设定尺寸增量为"-1"。选取的驱动尺寸以及选取完成后的【尺寸】下滑面板分别如图 7.44 和图 7.45 所示。

⑤ 单击选项卡中的 ✔，完成二维旋转阵列的创建，如图 7.46 所示。

⑥ 另存文件，名称为"zhenlie_fanli04_jg3"。

图 7.43　二维旋转阵列

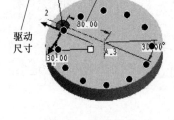

图 7.44　驱动尺寸

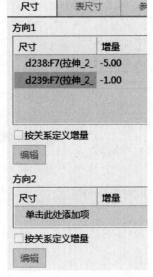

图 7.45　【尺寸】下滑面板

图 7.46　螺旋阵列

7.2.5　填充阵列

填充阵列方式可在选定的区域内，按照选定的填充格式（栅格模板）和填充参数（阵列成员中心的间距、阵列实例与填充边界的最小距离、栅格绕原点的旋转角度等）来创建阵列特征。

在【阵列】选项卡【阵列类型】列表框中选取【填充】阵列类型后，选项卡如图 7.47 所示。

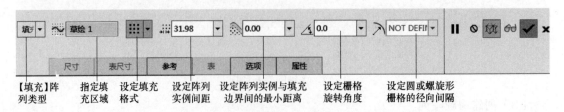

图 7.47　【填充】阵列类型

创建填充阵列时，可在图形区直接选取已有曲线为填充区域，也可以单击【阵列】选项卡下部的【参考】按钮 **参考** ，在打开的下滑面板中单击【定义】按钮 定义... ，在选取草绘平面后，进入二维草绘环境，绘制内部草绘曲线作为填充区域。

填充格式下拉列表提供六种填充格式：正方形、菱形、六边形、圆、螺旋和曲线。各种填充格式的比较如图 7.48 所示。

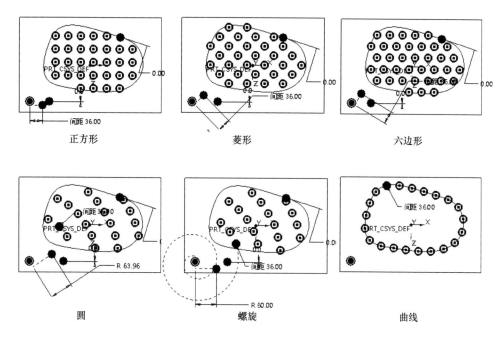

图 7.48　各种填充格式的比较

定义完填充区域和填充格式后，可在【阵列】选项卡的相应文本框中输入数值，以调整填充参数。这些参数包括阵列实例中心的间距、阵列实例中心与填充边界的最小间距、栅格绕原点的旋转角度等。对于圆形和螺旋形填充还可以设定阵列栅格的径向间隔。

打开本书所附资源文件"第 7 章 \ 范例源文件 \zhenlie_fanli05.prt"，零件模型如图 7.49 所示，以下使用填充阵列方法分别创建圆形填充阵列和曲线填充阵列，如图 7.50 所示。

（1）创建圆形填充阵列

① 选取如图 7.49 所示原始特征，在浮动工具栏中单击【阵列】图标按钮▦，在【阵列】选项卡【阵列类型】下拉列表框中选取【填充】阵列方式。

② 在图形区选取如图 7.49 所示草绘曲线为填充区域（本例草绘曲线是提前绘制的）。

③ 在【阵列】选项卡的填充格式列表框中选取【同心圆填充】图标按钮⬢，设定阵列实例间距为"45"，阵列实例与填充边界间距为"10"，栅格绕原点的旋转角度值为"0"，圆形栅格的径向间隔为"40"。设定完成后的选项卡如图 7.51 所示。

④ 单击选项卡中的✔，完成圆形填充阵列的创建，如图 7.50 所示。

⑤ 保存文件。

最后结果参看本书所附资源文件"第 7 章 \ 范例结果文件 \zhenlie_fanli05_jg1.prt"。

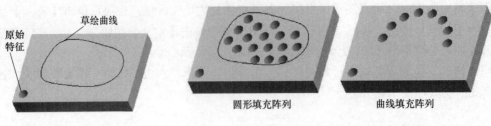

图 7.49　零件模型　　　　　图 7.50　圆形和曲线填充阵列

图 7.51　【填充阵列】选项卡

（2）创建曲线填充阵列

① 在模型树中选取上步创建的填充阵列特征，在浮动工具栏中单击【编辑定义】图标按钮 🖌️，重新打开【阵列】选项卡。在选项卡填充区域文本框（收集器）单击右键，选择【移除】选项，如图 7.52 所示，移除填充区域。

② 在【阵列】选项卡下部单击【参考】按钮 **参考**，在【参考】下滑面板中单击【定义】按钮 **定义...**，在弹出的【草绘】对话框中选取如图 7.53 所示平面 A 为草绘平面，接受默认的草绘视图方向和草绘参考，进入草绘模式。

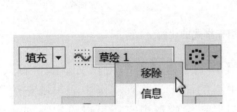

图 7.52　移除填充区域

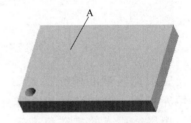

图 7.53　草绘平面选取

③ 在【草绘】选项卡【设置】组单击【参考】图标按钮 ▫，弹出【参考】对话框。在图形区选取"FRONT"和"RIGHT"标准基准平面为标注与约束参考，单击【参考】对话框中的【关闭】按钮 **关闭(C)**，关闭对话框。

④ 在【草绘】选项卡【草绘】组选取圆心和端点工具 ↖ 弧 及标注与约束工具绘制如图 7.54 所示草图，完成后在选项卡中单击【确定】按钮 ✓。

⑤ 在【阵列】选项卡【填充格式】列表框中选取曲线填充方式图标 ⋮⋮，设定阵列实例间距为"45"。单击选项卡中的 ✓，完成曲线填充阵列的创建，如图 7.50 所示。

⑥ 另存文件，名称为"zhenlie_fanli05_jg2.prt"。

最后结果参看本书所附资源文件"第 7 章 \ 范例结果文件 \zhenlie_fanli05_jg2.prt"。

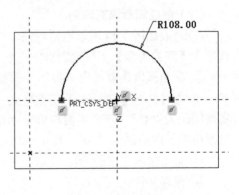

图 7.54　二维草图

7.2.6　表阵列

表阵列是一种灵活的阵列方式，可以创建位置分布不规则的阵列特征。创建表阵列时，首先需要创建一个可编辑的阵列表，表中包含了阵列实例特征的尺寸参数。通过编辑阵列表即可为每个实例特征指定尺寸参数。

在【阵列】选项卡【阵列类型】列表框中选取【表】阵列类型后，选项卡如图 7.55 所示。

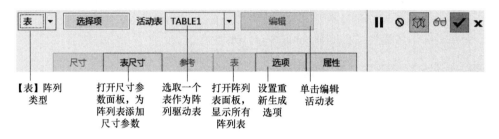

图 7.55　【表】阵列类型

创建表阵列特征时可以为一个阵列建立多个阵列表，在【阵列】选项卡的【活动表】下拉列表框中选取不同的表作为活动表，可以变换阵列的驱动表，从而获得不同的阵列特征。

打开本书所附资源文件"第 7 章 \ 范例源文件 \zhenlie_fanli06.prt"，零件模型如图 7.56 所示。以下使用表阵列方法分别创建如图 7.57 所示由不同表驱动的阵列特征。

（1）创建表 1 驱动的阵列特征

① 选取图 7.56 所示原始特征，在浮动工具栏中单击阵列图标按钮囲，在【阵列】选项卡【阵列类型】下拉列表框中选取【表】阵列类型。

② 在【阵列】选项卡中单击【表尺寸】按钮　表尺寸　，弹出【表尺寸】下滑面板。在图形区按下 Ctrl 键并按照如图 7.58 所示顺序"1""2""3"依次选取尺寸，完成后的【表尺寸】下滑面板如图 7.59 所示。其中"d6"为孔直径尺寸，"d8"和"d9"为孔的线性定位尺寸。

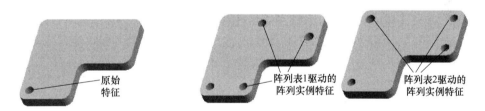

图 7.56　零件模型　　　　　　　图 7.57　表阵列特征

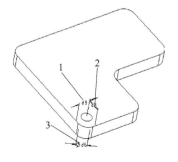

图 7.58　表尺寸选取

图 7.59　【表尺寸】下滑面板

③ 在【阵列】选项卡上部单击活动表列表框后的【编辑】按钮 编辑 ，打开表编辑器窗口。窗口包含一个索引列和三个参数列（各参数列对应于上步选取的表参数）。在表中为"TABLE1"的每一个实例特征添加索引号（索引号从 1 开始，必须唯一），并设定对应列的参数值。参数值设定如图 7.60 所示。设定完成后，关闭编辑器窗口。此时，选项卡的活动表列表框中的选项为"TABLE1"。

④ 单击【阵列】选项卡中的✔，完成"TABLE1"驱动的表阵列特征的创建，如图 7.61 所示。

⑤ 保存文件，名称为"zhenlie_fanli06_jg1.prt"。

图 7.60 "TABLE1"参数值设定

图 7.61 "TABLE1"驱动的表阵列特征

（2）创建表 2 驱动的阵列特征

① 选取上步创建的表阵列特征，在浮动工具栏中单击【编辑定义】图标按钮 🖫，重新打开【阵列】选项卡。

② 在【阵列】选项卡中单击【表】按钮 表 ，打开【表】下滑面板，在如图 7.62 所示右键菜单中选取【添加】选项，系统将打开表编辑器窗口。

③ 在表编辑器窗口中为"TABLE2"的每一个实例特征添加索引号并设定对应列的参数值。参数值设定如图 7.63 所示。完成后关闭编辑器窗口。

图 7.62 【表】下滑面板及右键菜单

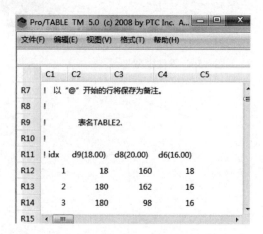

图 7.63 "TABLE2"参数值设定

④ 在【阵列】选项卡上部【活动表】下拉列表框中选取【TABLE2】选项，使"TABLE2"为阵列驱动表。

⑤ 单击【阵列】选项卡中的 ✔，完成"TABLE2"驱动的表阵列特征的创建，如图7.64 所示。

⑥ 另存文件，名称为"zhenlie_fanli06_jg2.prt"。

最后结果参看本书所附资源文件"第 7 章\范例结果文件\zhenlie_fanli06_jg.prt"。

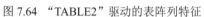
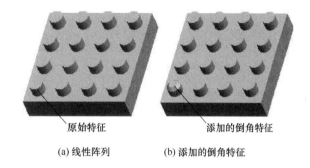

图 7.64　"TABLE2"驱动的表阵列特征　　　　图 7.65　线性阵列及倒角特征

7.2.7　参考阵列

参考阵列是一种建立在原有阵列基础上的阵列方式，可在创建了一个特征阵列之后，方便地将新添加在原始特征上的特征快速复制到其他特征上。若新添加特征是倒角、圆角类的特征，则也可以将这些特征添加在实例特征上，而后进行参考阵列（图7.65）。

如图 7.66 所示为在线性阵列的原始特征上所添加的倒角特征。如果要将倒角特征同样添加到各个实例特征上，可以采用参考阵列方法。方法是：选中倒角特征，在浮动工具栏中单击【阵列】图标按钮 ⊞，打开【阵列】选项卡，系统自动地选取【参考】阵列类型，单击【阵列】选项卡中的 ✔，即可将倒角特征复制到所有的实例特征之上。完成的参考阵列如图7.67 所示。

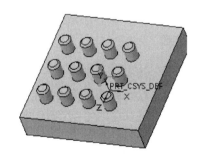

图 7.66　添加倒角特征　　　　　　　　图 7.67　完成的参考阵列

7.2.8　曲线阵列

曲线阵列可沿草绘曲线创建实例特征。创建时需要指定沿着曲线分布的阵列成员的间距或阵列成员的数目。以下通过实例介绍曲线阵列的创建过程。

打开本书所附资源文件"第 7 章\范例源文件\zhenlie_fanli07.prt"，零件模型如图7.68

所示。以下使用曲线阵列方法分别创建沿曲线分布的阵列特征。

① 选取图 7.68 所示原始特征，在浮动工具栏中单击【阵列】图标按钮田，在【阵列】选项卡【阵列类型】下拉列表框中选取【曲线】阵列方式。

② 在图形区选取如图 7.68 所示草绘曲线，在【阵列】成员间距文本框 40.00 中输入间距值"40"，单击【阵列】选项卡中的✔，完成曲线阵列特征的创建，如图 7.69 所示。

③ 保存文件，名称为"zhenlie_fanli07_jg1.prt"。

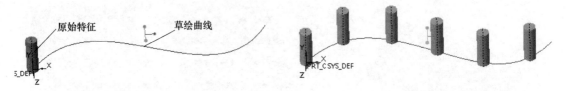

图 7.68　零件模型（1）　　　　　图 7.69　曲线阵列特征（1）

④ 选取上步创建的表阵列特征，在浮动工具栏中单击【编辑定义】图标按钮，重新打开【阵列】选项卡。

⑤ 在选项卡中单击【输入成员数目】图标按钮，切换至由成员数目生成曲线阵列方式，并在其后文本框中输入成员数目"7"，则 7 个阵列特征将沿曲线均匀分布。

⑥ 在图形区单击如图 7.70 所示"排除特征位置点"，将该阵列位置点排除在阵列特征之外。

⑦ 单击【阵列】选项卡中的✔，完成阵列特征的修改，如图 7.71 所示。

⑧ 另存文件，名称为"zhenlie_fanli07_jg2.prt"。

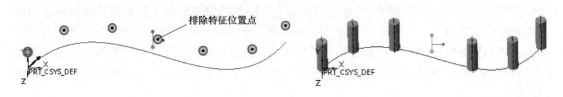

图 7.70　零件模型（2）　　　　　图 7.71　曲线阵列特征（2）

7.2.9　点阵列

点阵列是通过将阵列成员放置在点或坐标系上来创建阵列的。点阵列的参考可以是包含一个或多个几何草绘点或几何草绘坐标系的草绘特征，也可以是基准点或基准坐标系。前者可以提前绘制，也可以在创建点阵列过程中进行绘制。

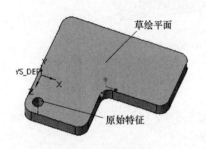

图 7.72　零件模型

注意：点阵列时，基准点或基准坐标系特征必须在原始特征创建之前创建。

以下通过实例介绍点阵列的创建过程。

打开本书所附资源文件"第 7 章\范例源文件\zhenlie_fanli08.prt"，零件模型如图 7.72 所示。以下使用点阵列方法创建如图 7.73 所示点阵列特征。

① 选取图 7.72 所示原始特征，在浮动工具栏中单击【阵列】图标按钮田，在【阵列】选项卡【阵列类型】下

拉列表框中选取【点】阵列方式。

②在【阵列】选项卡中单击【参考】按钮 参考 ，在【参考】下滑面板中单击【定义】按钮 定义... ，在图形区选取如图 7.72 所示上表面为草绘平面，在【草绘】对话框中单击【草绘】按钮 草绘 ，进入草绘状态。

③在【草绘】选项卡【基准】组选取几何点工具图标 ✕ 点 及相应的约束和标注工具，在图形区绘制如图 7.74 所示草图，完成后单击选项卡中的【确定】图标✔，完成草图绘制。

④单击【阵列】选项卡中的✔，完成点阵列特征的修改，如图 7.73 所示。

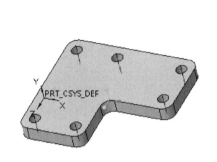

图 7.73　点阵列特征

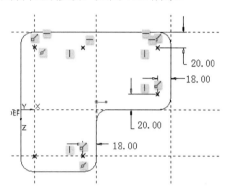

图 7.74　草绘位置点

7.3　特征镜像

特征镜像是将特征相对某一平面复制出与原特征具有相同外形，而且关于选定平面对称的特征。镜像出的副本既可以独立于原特征，也可以从属于原特征。创建镜像特征时，可以选取一个特征或按下 Ctrl 键选取多个特征作为要镜像的对象。在模型树中选取零件名称，还可以将零件的所有特征作为待镜像特征。镜像平面是特征镜像的重要组成部分，它作为原特征和镜像后特征的对称平面，既可以是基准平面，也可以是实体上的任一平面，可根据设计需要进行选择。

除了对特征进行镜像以外，也可以对基准、面组和曲面等几何进行镜像。在几何镜像时，可以在【选项】下滑面板中选中 ☑ 隐藏原始几何 复选框，使镜像操作完成后仅显示新镜像几何而隐藏原始几何。

7.3.1　【镜像】选项卡

在图形区或模型树中选取待复制特征后，在【模型】选项卡【编辑】组单击镜像工具图标 ⅅ⃘ 镜像 ，或在浮动工具栏中单击镜像工具图标 ⅅ⃘ ，打开如图 7.75 所示【镜像】选项卡。

图 7.75　【镜像】选项卡

单击【参考】按钮 参考 弹出如图 7.76 所示【参考】下滑面板。在下滑面板【镜像平面】栏激活状态下（呈绿色）可选取镜像平面参考。

单击【选项】按钮 选项 弹出如图 7.77 所示【选项】下滑面板，可在面板中选中或取消【从属副本】复选框☑ 从属副本，使镜像特征从属或独立于原特征。在模型树中，独立的镜像特征名称前的图标符号为⅓⅓，而从属的镜像特征名称前图标符号为⅓⅓。

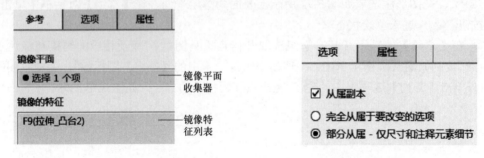

<table>
<tr><td>图 7.76 【参考】下滑面板</td><td>图 7.77 【选项】下滑面板</td></tr>
</table>

7.3.2 镜像操作实例

打开本书所附资源文件"第 7 章 \ 范例源文件 \jingxiang_fanli01.prt"，零件模型如图 7.78 所示。镜像后的零件模型如图 7.79 所示。

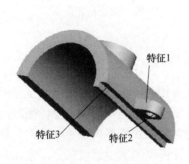

图 7.78 零件模型

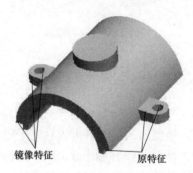

图 7.79 镜像特征

创建步骤如下。

① 按下 Ctrl 键在模型树中选取图 7.78 所示特征 1（拉伸凸台 2）、特征 2（孔 1）和特征 3（拉伸 _cut）作为待镜像特征，在浮动工具栏中单击镜像工具图标⅓⅓，打开【镜像】选项卡。

② 在图形区或模型树选取如图 7.80 所示"RIGHT"基准平面为镜像平面参考，单击【选项】按钮 选项，在【选项】下滑面板中选中【从属副本】复选框，并在下方选取【完全从属】单选按钮◉ 完全从属于要改变的选项（生成的镜像特征从属于原特征），单击【阵列】选项卡中的✔，完成镜像特征创建，如图 7.79 所示。

③ 在模型树中选取图 7.78 所示的特征 1（拉伸凸台 2），在浮动工具栏单击【编辑定义】图标按钮✎，打开【拉伸】选项卡。将选项卡的【拉伸深度】文本框中的值更改为"35"，单击✔。此时可观察到原特征与镜像特征的拉伸凸台厚度均发生了变化。

④ 在模型树中选取上述镜像特征，在浮动工具栏单击【编辑定义】图标按钮✎，打开【镜像】选项卡，单击【选项】按钮 选项，在下滑面板中取消选中【从属副本】复选框，单击选项卡中的✔。

⑤ 重复步骤④，但将原特征的拉伸凸台厚度修改为"15.00"，单击选项卡中的✔，此时原凸台特征厚度发生了变化，而镜像特征的凸台厚度保持不变，如图 7.81 所示。

最后结果参看本书所附资源文件"第 7 章 \ 范例结果文件 \jingxiang_fanli01_jg.prt"。

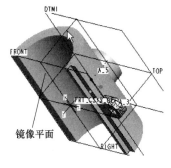

图 7.80　镜像平面选取

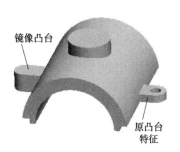

图 7.81　独立镜像特征

7.4　特征修改

Creo 是一种参数化的、以特征为基本操作单元的三维软件。当设计意图变更时，可以使用系统提供的特征修改工具对特征进行修改。本节介绍以下几种修改特征的方法：编辑尺寸、编辑定义、编辑参考、替换参考和缩放模型。编辑尺寸可修改特征的尺寸，而编辑定义可以返回到特征的创建过程，对特征的截面形状、尺寸、特征的定型和定位尺寸、参考以及属性等进行重新定义。编辑参考和替换参考功能允许用户对特征的参考进行编辑和替换。编辑特征的参考将移除参考与其子特征之间的相关性。当编辑和替换参考时，系统会检查新旧参考之间是否兼容。若参考不兼容，系统将显示警告消息。模型缩放功能允许对模型进行整体缩放。

7.4.1　编辑尺寸与编辑定义

（1）编辑尺寸

在建模过程中有时需要对已创建的特征尺寸进行修改。此时可以在模型树或图形区选取需要修改尺寸的特征，在如图 7.82 所示浮动工具栏中单击【编辑尺寸】命令图标，则图形区该特征呈黄色显示，并显示该特征的所有尺寸，如图 7.83 所示。在图形区双击需要修改的尺寸，并在尺寸文本框中输入新值，回车后特征将按新尺寸生成。两次单击鼠标可退出编辑尺寸状态。

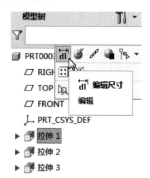

图 7.82　浮动工具栏

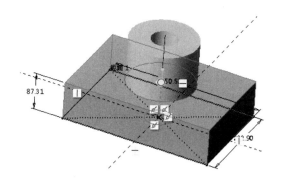

图 7.83　编辑尺寸时特征显示

打开本书所附资源文件"第 7 章 \ 范例源文件 \xiugai_fanli01.prt"，零件模型如图 7.84 所示。编辑后的零件模型如图 7.85 所示。

尺寸编辑步骤如下。

① 在模型树选取图 7.84 所示阵列孔特征，在浮动工具栏中单击【编辑尺寸】命令图标 ，此时在图形区将显示该特征的所有尺寸。

② 分别双击图 7.86 所示两尺寸，并将阵列尺寸值修改为"3"和"120"（即修改阵列孔总数为 3，阵列实例的角度间隔为 120 度）。

③ 两次单击鼠标完成阵列特征的修改，如图 7.85 所示。

图 7.84 零件模型

图 7.85 编辑后的模型

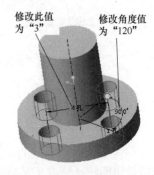

图 7.86 特征尺寸

④ 在模型树中选取图 7.84 所示"拉伸特征"（拉伸 1），在浮动工具栏中单击【编辑尺寸】命令图标 ，图形区显示该特征的所有尺寸，如图 7.87 所示。

⑤ 在图形区双击图 7.87 所示尺寸"18.00"（拉伸深度），并将该值修改为"30"，两次单击鼠标完成拉伸 1 特征深度的修改。

最后结果参看本书所附资源文件"第 7 章 \ 范例结果文件 \xiugai_fanli01_jg.prt"。

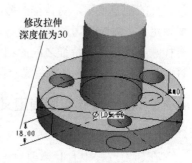

图 7.87 拉伸尺寸

（2）编辑定义

编辑尺寸方法可以快速进行特征尺寸的修改。但是，在模型结构复杂时，常常会难以找到要修改的尺寸。并且在某些情况下，设计者还需要对特征的草绘平面、参考平面、定形和定位尺寸以及属性等内容进行修改，此时则对特征进行编辑定义。

选取特征后，在【模型】选项卡【操作】组，如图 7.88 所示【操作】下拉菜单中选择【编辑定义】选项，或在浮动工具栏（图 7.89）单击【编辑定义】图标按钮 ，进入特征编辑定义模式。如果所选特征是拉伸、旋转、扫描之类的基础特征，系统将打开特征设计时的选项卡，此时可选择相应选项重新定义特征。如果修改的特征为基准特征，系统将弹出该基准特征创建时的相应对话框。

打开本书所附资源文件"第 7 章 \ 范例源文件 \xiugai_fanli02.prt"，零件模型如图 7.90 所示。以下分别对图中的旋转特征、基准平面和扫描特征进行编辑定义。

图 7.88 【操作】下拉菜单

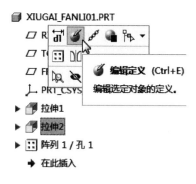

图 7.89 浮动工具栏

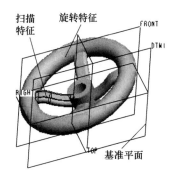

图 7.90 零件模型

步骤如下。

① 在模型树中选取图 7.90 所示旋转特征，在浮动工具栏单击【编辑定义】图标按钮 ，打开【旋转】选项卡。

② 在选项卡中单击【放置】按钮 放置 ，在【放置】下滑面板中单击【编辑】按钮 编辑... ，进入草绘状态。

③ 在【草绘】选项卡中选取圆心和点◎圆草绘工具及标注工具，将旋转截面修改为图 7.91 所示同心圆。完成后单击选项卡中的【确定】图标按钮 ✔。

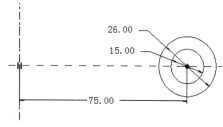

图 7.91 修改后的旋转截面

④ 在【旋转】选项卡中单击✔，完成旋转特征的修改。

⑤ 在模型树中选取图 7.90 所示基准平面 "DTM1"，在浮动工具栏单击【编辑定义】图标按钮，弹出【基准平面】对话框。

⑥ 将【基准平面】对话框【偏移】栏【平移】文本框中的数值修改为 "55.00"，如图 7.92 所示。单击对话框中的【确定】按钮 确定 ，完成基准平面的修改。

⑦ 在模型树中选取图 7.90 所示扫描特征，在浮动工具栏单击【编辑定义】图标按钮，打开【扫描】选项卡。单击选项卡中的【选项】按钮 选项 ，在【选项】下滑面板中选中【合并端】复选框☑ 合并端，如图 7.93 所示。

图 7.92 【基准平面】对话框

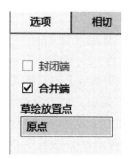

图 7.93 修改后的【选项】下滑面板

⑧ 在【扫描】选项卡中单击 ✔，完成扫描特征属性的修改。

最后结果参看本书所附资源文件"第 7 章 \ 范例结果文件 \xiugai_fanli02_jg.prt"。

7.4.2 编辑和替换特征参考

Creo 5.0 零件模型的创建是以特征为单位的。创建特征需要以系统提供的基准平面或其他已有特征上的平面、轴线等元素作为参考。同时，该特征本身也可能会被用作后续特征的参考。

在建模过程中有时需要对特征参考进行编辑和修改，此时可以采用编辑参考或替换参考方法，重新设定特征的参考。例如：在如图 7.94 所示零件模型中，"特征二"（圆柱体特征）是以"特征一"（长方体特征）上的"A"平面为草绘平面拉伸得到的；而"特征三"（孔特征）又是以"特征二"上的"B"平面为放置参考，以"特征二"的轴线为标注约束参考创建的。若在建模过程中需要删除"特征二"而保留"特征三"，则需要对特征参考进行编辑和替换，解除二者间的父子关系。

编辑参考是编辑选定特征创建过程中所用到的参考（这些参考是其他特征上的面、轴线等），而替换参考则是替换选定特征上的被其他特征作为参考的面、轴线等。

打开本书所附资源文件"第 7 章 \ 范例源文件 \cankao_fanli01.prt"，零件模型如图 7.94 所示。以下通过编辑参考方式，解除特征三和特征二的父子关系，并删除特征二，得到如图 7.95 所示模型。步骤如下。

① 在模型树中选取图 7.94 所示"特征三"（拉伸 3），在【模型】选项卡【操作】组【操作】下拉菜单中选择【编辑参考】选项，或在如图 7.96 所示浮动工具栏单击【编辑参考】图标按钮 ✎，弹出如图 7.97 所示【编辑参考】对话框。

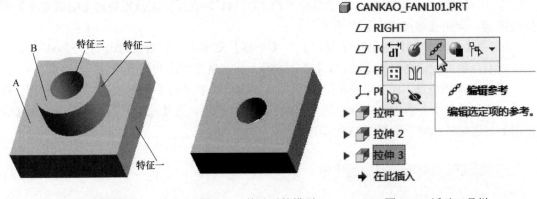

图 7.94　零件模型　　　　图 7.95　修改后的模型　　　　图 7.96　浮动工具栏

② 在图形区选取图 7.94 所示平面"A"，以替换【原始参考】栏列表框的第 1 个参考"曲面：F6（拉伸 _2）ID72"。

③ 在【编辑参考】对话框【原始参考】栏列表框中单击第 3 个参考"A_2（轴）F6（拉伸 _2）ID80"。此时，因为没有可以替换的基准轴特征，需要新创建一个基准轴。

④ 在【模型】选项卡【操作】组单击【轴】图标按钮 ╱ 轴，弹出【基准轴】对话框。按下 Ctrl 键在图形区分别选取"FRONT"和"RIGHT"基准平面为参考，接受默认的"穿过"约束方式，在对话框中单击【确定】按钮 确定，完成基准轴"A_7"的创建。

⑤ 在模型树中选取新创建的基准轴特征"A_7"，即可用新基准轴替换原基准轴。

⑥ 在【编辑参考】对话框中展开【子项处理】列表框,单击【预览】按钮 预览 ,此时图形区模型如图 7.98 所示。若预览的孔特征位置不正确,可在【编辑参考】对话框【更新子特征】列表框中单击【改变特征位置】图标按钮 ,将特征调整至另一可用位置。此时的【编辑参考】对话框如图 7.99 所示。

图 7.97 【编辑参考】对话框

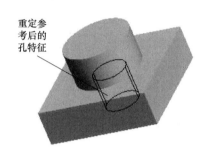

图 7.98 重定参考后的孔特征

⑦ 在【编辑参考】对话框中单击【确定】按钮 确定 ,完成参考的编辑与替换。此时"特征三"已经和"特征二"解除了父子关系。

⑧ 在模型树中选取图 7.94 所示"特征二"(拉伸 2),在右键菜单中单击【删除】选项,在弹出的【删除】对话框中单击【确定】按钮 确定 ,得到图 7.95 所示模型。

最后结果参看本书所附资源文件"第 7 章 \ 范例结果文件 \cankao_fanli01_jg.prt"。

若使用替换参考方式,则需要在模型树中选取如图 7.94 所示"特征二"(而编辑参考方式选择的是"特征三"),并在【模型】选项卡【操作】组【操作】下拉菜单中选择【替换参考】选项(如图 7.100 所示),弹出如图 7.101 所示【替换参考】对话框。可用上述方法对两个参考进行替换,从而解除"特征二"和"特征三"间的父子关系。

图 7.99 修改参考后的对话框

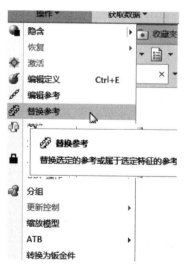

图 7.100 【操作】下拉菜单

图 7.101 【替换参考】对话框

7.4.3 缩放模型

在建模过程中，当需要对模型的所有尺寸进行按比例缩放时，使用缩放模型功能。

现改变如图 7.102 所示模型的比例尺寸。步骤如下：

① 在【模型】选项卡【操作】组【操作】下拉菜单中选择【缩放模型】选项（如图 7.103 所示），弹出如图 7.104 所示【缩放模型】对话框。

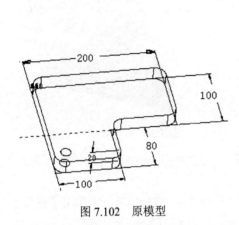

图 7.102　原模型

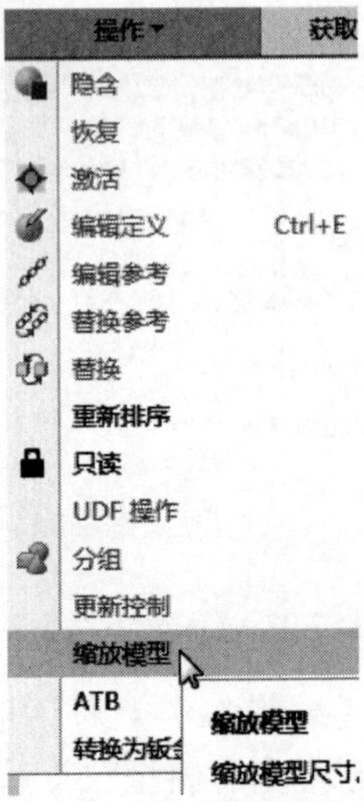

图 7.103　【操作】下拉菜单

② 在对话框中输入模型缩放的比例"2"，单击【确定】按钮 确定 ，模型自动再生，完成缩放。

注意：在对模型缩放后，在图形区看到的模型似乎并没有发生变化，但实际上模型的尺寸已经按照设定的比例再生，如图 7.105 所示。

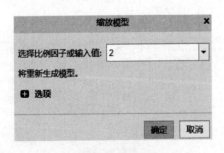

图 7.104　【缩放模型】对话框

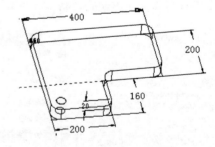

图 7.105　缩放后的模型

7.5 重排特征顺序

Creo 5.0 环境下创建的零件模型，特征的创建顺序可在模型树窗口中查看，或在【工具】选项卡【调查】组单击【模型播放器】图标按钮，在如图 7.106 所示的【模型播放器】对话框中查看。

零件建模时，特征创建的先后次序将影响到最终的设计结果。因此，在不违背特征间基本关系的前提下，可以调整模型中特征创建的先后顺序，从而快速地更改设计意图。这里所说的基本关系通常是指特征间的父子关系，因为子特征不允许移动至父特征之前。因此，通常情况下只调整相互独立的多个特征之间的顺序。

重排特征顺序时，可采用两种方法：

① 在【模型】选项卡【操作】组【操作】下拉菜单中选取【重新排序】选项。

② 在模型树中选定要排序的特征，鼠标拖动该特征至合适位置。

打开本书所附资源文件"第 7 章 \ 范例源文件 \reorder_fanli01.prt"，零件模型如图 7.107 所示。现分别介绍如何使用上述两种方法重排特征顺序，得到如图 7.108 所示零件模型。

图 7.106　【模型播放器】对话框

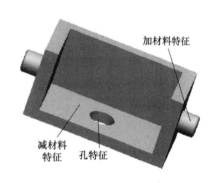

图 7.107　零件模型

（1）使用【操作】菜单中的【重新排序】选项

① 在【模型】选项卡【操作】组【操作】下拉菜单中选取【重新排序】选项，弹出【特征重新排序】对话框，此时【要重新排序的特征】栏收集器处于激活状态。

② 在模型树中选取"拉伸_2"特征作为要重新排序的特征，在【新建位置】栏选取【之后】单选按钮，单击【目标特征】栏下收集器，并在模型树中选取"拉伸_3"特征作为目标特征，从而将"拉伸_2"特征放置在"拉伸_3"特征之后。【特征重新排序】对话框如图 7.109 所示。

图 7.108　重排顺序后的零件模型

图 7.109　【特征重新排序】对话框

③ 单击对话框中的【确定】按钮 <u>确定</u>，模型自动再生得到如图 7.108 所示模型。

（2）使用鼠标拖动排序

① 重新打开本书所附资源文件"第 7 章 \ 范例源文件 \reorder_fanli01.prt"。

② 在如图 7.110 所示模型树中选取欲改变顺序的特征"拉伸_2"，然后按下鼠标左键将其拖动至特征"拉伸_3"之后的位置。

③ 松开左键，模型再生后得到如图 7.108 所示模型。此时的模型树如图 7.111 所示。

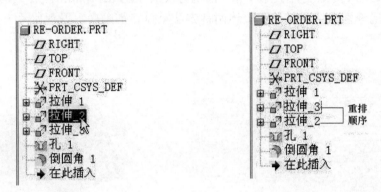

图 7.110　重排序前模型树　　　　　　图 7.111　重排序后模型树

最后结果参看本书所附资源文件"第 7 章 \ 范例结果文件 \reorder_fanli01_jg.prt"。

7.6　插入特征

创建零件模型时，系统会自动地将新添加的特征建立在已有特征之后。但有些情况下，设计者需要在已经创建好的两个特征之间添加一个或多个新特征，此时可使用插入特征方法。

在模型中插入特征时，可在模型树中左键选取如图 7.112 所示【在此插入】图标 ➡ <u>在此插入</u>，将其拖动至欲插入特征位置处释放鼠标，进入插入模式，如图 7.113 所示。此时模型树中【在此插入】图标 ➡ <u>在此插入</u>后的所有特征在图形区均不显示。

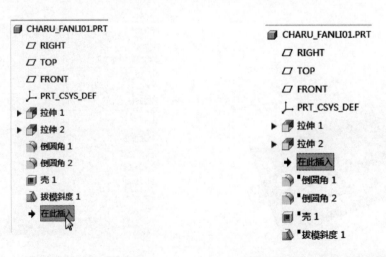

图 7.112　插入特征之前的模型树　　　　　　图 7.113　插入特征时的模型树

　　退出插入模式的方式与进入插入模式相似，只需将【在此插入】图标 ➜ 在此插入 拖放至模型树最底部即可。

　　此外，也可以在模型树中选取要在其后插入特征的特征，在如图 7.114 所示右键菜单中选择【在此插入】选项，进入插入模式。退出插入模式时，再次选择【在此插入】图标 ➜ 在此插入，在右键菜单中选取【退出插入模型】选项即可，如图 7.115 所示。

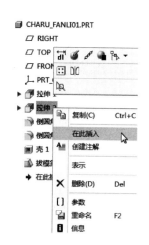

图 7.114　右键菜单进入插入模式

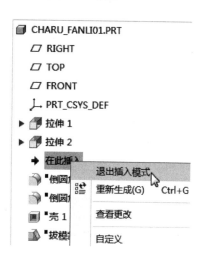

图 7.115　右键菜单退出插入模式

7.7　父子关系及特征删除

7.7.1　特征之间的父子关系

　　使用 Creo 5.0 进行建模时，一些特征是在另外一些特征的基础上创建的，它们需要选取已有特征的面、轴线等作为参考。这将会在新特征和所参考的特征之间建立起一种主从关系，这种主从关系被形象地称为特征间的父子关系。被参考的特征被称为父特征，而建立在已有特征基础上的特征被称作子特征。以下几种情况都会在特征间引入父子关系。

　　（1）选取草绘平面时

　　在创建拉伸、旋转等特征时，经常需要选取一个平面作为草绘平面来创建特征的二维截面，则选取的平面所在的特征就成为新特征的父特征。

　　（2）选取放置参考及标注和约束参考时

　　在创建拉伸、旋转等需要绘制二维截面的特征时，需要选取放置参考及标注与约束参考，则这些参考所属的特征也将成为新建特征的父特征。

　　（3）选取放置参考时

　　创建放置特征（如孔特征）时，通常需要指定多个放置参考来准确定位该特征，则作为特征放置参考的放置面和参考面、参考轴等所属的特征都将成为该特征的父特征。

　　（4）创建基准特征时

　　基准特征的创建需要选取一个或多个已存在的参考几何作为参考来定位该基准特征，这也会在参考几何所属特征与基准特征间建立起父子关系。

（5）复制特征时

进行特征复制时，如果将复制特征的属性设定为【从属副本】类型，则复制后的特征将会成为原特征的子特征。

（6）特征阵列时

进行特征阵列时，选取的原始特征将成为父特征，而各实例特征则成为其子特征。

父子关系在特征间建立起的依赖关系，在很大程度上影响着设计的变更。一方面，当在对父特征进行修改时，所有的子特征也随之更改，从而实现参数化设计；另一方面，父子关系的约束和限制将会导致设计变更失败。如图 7.116 所示轴承端盖模型，"拉伸特征 1" 是 "拉伸特征 2" 的父特征，而 "拉伸特征 2" 是 "减材料特征" 的父特征。当删除 "拉伸特征 2" 时，其子特征（"减材料特征"）也将被删除。

因此，在对特征进行删除操作时，需要了解该特征与其他特征间的父子关系，以便对其子项进行相应的处理。可在选取特征后，在【工具】选项卡【调查】组，单击【特征信息】图标按钮 特征信息，在打开的浏览器窗口中查看该特征的所有父项和子项，如图 7.117 所示。

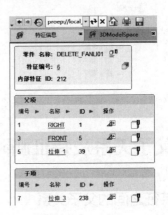

图 7.116　父子关系　　　　　　　　　　图 7.117　特征信息

7.7.2　特征删除

在建模过程中，有时需要删除某一个或多个特征。删除特征可在图形区或模型树中选取欲删除的特征，按下键盘上的 Delete 键，或在右键菜单中选取【删除】选项，此时弹出如图 7.118 所示【删除】对话框。若被删除特征无子项，则单击对话框中的【确定】按钮 确定 即可删除选定特征。反之，可单击对话框中的【选项】按钮 选项>>，在弹出的如图 7.119 所示【子项处理】对话框【子项】列表框中选取相应子项，在【状况】下拉列表中选择处理方式：【删除】或【挂起】。选择【删除】选项将会删除该子特征，而选取【挂起】选项，模型树中会保留该特征，但子特征处于失败状态，可在随后对该失败特征进行处理。

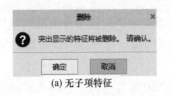

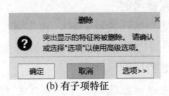

(a) 无子项特征　　　　　　　　(b) 有子项特征

图 7.118　【删除】对话框

打开本书所附资源文件"第 7 章 \ 范例源文件 \delete_fanli01.prt",零件模型如图 7.120 所示。现使用删除工具删除"拉伸特征 2",得到如图 7.121 所示零件模型。步骤如下:

① 在模型树中选取"拉伸特征 2",在右键菜单中选取【删除】选项,弹出如图 7.118(b)所示【删除】对话框。

② 在【删除】对话框中单击【选项】按钮 选项>> ,打开【子项处理】对话框。

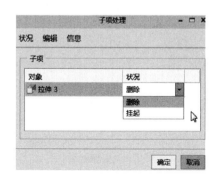

图 7.119 【子项处理】对话框

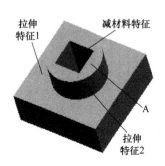

图 7.120 零件模型

③ 在【子项】列表框"拉伸 3"行【状况】下拉列表中选取【挂起】选项,单击对话框中的【确定】按钮 确定 。此时模型再生,拉伸 2 被删除,拉伸 3 再生失败,在模型树中呈红色显示,如图 7.122 所示。

④ 在模型树中选取失败的特征"拉伸 3",在浮动工具栏中单击【编辑定义】图标按钮 ,打开【拉伸】选项卡。在选项卡中单击【放置】按钮 放置 ,在【放置】下滑面板中单击【编辑】按钮 编辑... ,弹出【草绘】对话框。对话框中草绘平面参考为失败项,因为拉伸 3 是以被删除的拉伸 2 上的面为草绘平面创建的,拉伸 2 的删除,造成草绘平面丢失。

⑤ 在图形区选取如图 7.123 所示平面"A"为替代草绘平面,在【草绘】对话框中单击【确定】按钮 确定 ,在【拉伸】选项卡中单击 ,得到如图 7.121 所示模型。

图 7.121 删除特征 2 后的模型

图 7.122 模型树

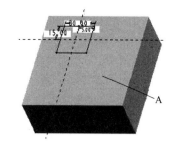

图 7.123 替代参考选取

7.8 特征组

在建模过程中,有时需要对多个特征执行相同操作,例如将图 7.124 所示三个特征相对于 FRONT 基准平面进行镜像复制。此时可使用组命令将这三个特征合并为一个局部组特征,然后再对局部组执行镜像操作。

组特征是为了便于同时对多个特征执行相同操作,而将模型中的多个特征合并为一个特征。有两种类型的组特征：用户定义特征（UDF）和局部组特征。用户定义特征保存在用户定义特征（UDF）库中，在创建模型时可被放置在模型中，成为模型中的一个组特征。而局部组只在当前模型中有效，并且组成局部组的多个特征必须是模型树中相邻的特征。

在模型树中选取多个特征（按下 Ctrl 键），在【模型】选项卡【操作】组【操作】下拉列表（图 7.125）中选取【分组】选项，或在如图 7.126 所示浮动工具栏中单击【分组】图标按钮 ，即可将选取的多个特征放在一个局部组中。

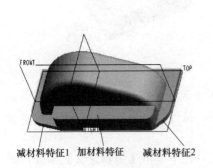

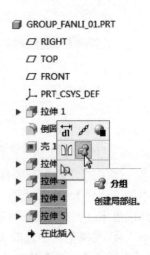

图 7.124　组镜像　　　　　　　图 7.125　【操作】下拉列表　　　　　图 7.126　浮动工具栏

当需要取消创建的某个局部组时，可选取该局部组特征，在浮动工具栏中单击【取消分组】图标按钮 即可。

打开本书所附资源文件"第 7 章 \ 范例源文件 \group_fanli01.prt"，零件模型如图 7.124 所示。以下通过建立局部组并对局部组进行镜像，得到如图 7.127 所示模型。步骤如下。

① 按下 Ctrl 键在模型树中依次选取图 7.126 所示三个拉伸特征"拉伸 3""拉伸 4""拉伸 5"，在浮动工具栏中单击【分组】图标按钮 ，即可创建一个局部组，如图 7.128 所示。

② 在模型树中选取上步创建的局部组特征"组 LOCAL_GROUP"，在浮动工具栏中单击【镜像】图标按钮 ，打开【镜像】选项卡。

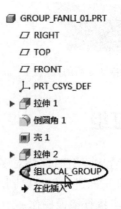

图 7.127　镜像后的模型　　　　　　　　　图 7.128　局部组特征

③ 在图形区或模型树中选取"FRONT"基准平面，以该平面作为镜像平面参考。

④ 在【镜像】选项卡中单击✔，完成组特征的镜像，得到如图 7.127 所示模型。

最后结果参看本书所附资源文件"第 7 章 \ 范例结果文件 \group_fanli01_jg.prt"。

7.9 模型可见性控制

零件建模时，经常需要创建一些基准特征作为建模的辅助工具。但建模完成后，这些基准特征会造成模型显示杂乱无章，如图 7.129 所示。为此可以使用特征隐藏的方法将这些基准特征隐藏起来。此外，在组件模式下，当已装配元件阻碍后面元件装配时，也可以将已装配的元件隐藏起来，提高装配效率。

控制模型可见性的方式有两种：隐藏和隐含。对象被隐藏后，该对象仍然存在于模型中，再生模型时该对象仍会再生。而隐含对象后，该对象则被排除在模型之外，模型再生时将不会再生该对象。

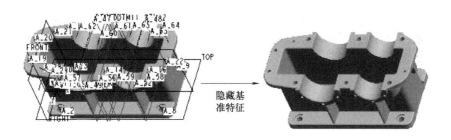

图 7.129　隐藏基准特征

7.9.1 隐藏对象

在模型树或图形区选取待隐藏的对象，在如图 7.130 所示浮动工具栏中单击【隐藏】图标按钮，可隐藏选定的元件、特征和层；单击【仅显示选定项】图标按钮，可隐藏与选取几何相同性质的其他几何特征，而选定几何特征不被隐藏；单击【隐藏选定项】图标按钮，可隐藏选定的几何特征。

在零件模式下，隐藏对象方式主要用于对基准特征的可见性进行控制。此外，也可以对模型中含有轴、平面、坐标系的特征进行隐藏（如孔特征），但隐藏后实体特征在模型区仍可见，不可见的只是特征中所包含的基准特征。如图 7.131 所示模型，在隐藏了孔特征之后，仅孔轴线不可见。

在组件模式下，隐藏对象方式可用于控制选定元件以及基准特征的可见性。例如：装配轴承外圈时，由于较多的基准特征以及已装配的滚动体元件的影响，造成装配约束参考选取困难，此时可将滚动体和保持器元件隐藏，如图 7.132 所示。

当将某特征或元件隐藏后，该隐藏状态仅在当前情况下存在。如果希望隐藏状态被保存，则可以在【视图】选项卡【可见性】组【状况】下拉列表中选取【保存状况】选项。

某特征或元件被隐藏后，可以在选取特征或元件后在浮动工具栏中单击【显示】图标按钮，使该特征或元件可见。

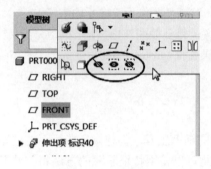

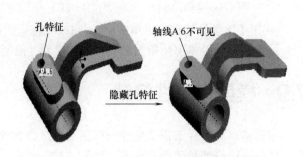

图 7.130 【隐藏】　　　　　　　图 7.131　隐藏孔特征

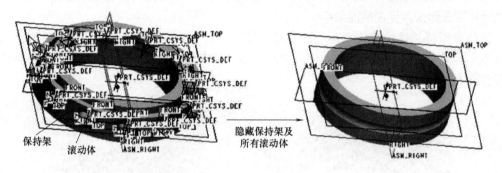

图 7.132　隐藏元件

7.9.2　隐含对象

隐藏操作可使被隐藏的基准特征不可见，但在模型树中仍保留该特征（图标呈灰色）。而被隐藏的含有基准轴、平面和坐标系的实体特征在图形区仍然可见，只是它所包含的基准特征不可见。

与隐藏操作不同，隐含操作将使被隐含的对象被排除在模型之外，因此不仅在图形区看不到该对象，而且在模型树中也不显示该对象的信息。

图 7.133 【操作】下拉菜单

要隐含某一对象，可在选取对象后，在【模型】选项卡【操作】组【操作】下拉菜单（图 7.133）中选取【隐含】选项，弹出如图 7.134 所示【隐含】对话框。单击对话框中的【确定】按钮 确定 即可隐含对象。

需要注意的是，当待隐含的对象含有子特征时，可单击对话框中的【选项】按钮 选项>> ，打开如图 7.135 所示【子项处理】对话框。在对话框【子项】列表框中可选择某一子项，并在【状况】下拉列表中选择处理方式：隐含或挂起。

●【隐含】：为默认选项。子特征也将被隐含。

●【挂起】：选取该项后，子特征将不被隐含，在模型再生时特征会失败，需要随后对失败特征进行处理。

要恢复被隐含的对象，在【模型】选项卡【操作】组【操作】下拉菜单（图 7.136）中选取【恢复】选项，接着在下级菜单中选取相应选项以恢复模型，各选项意义如下。

<table>
</table>

图 7.134 【隐含】对话框 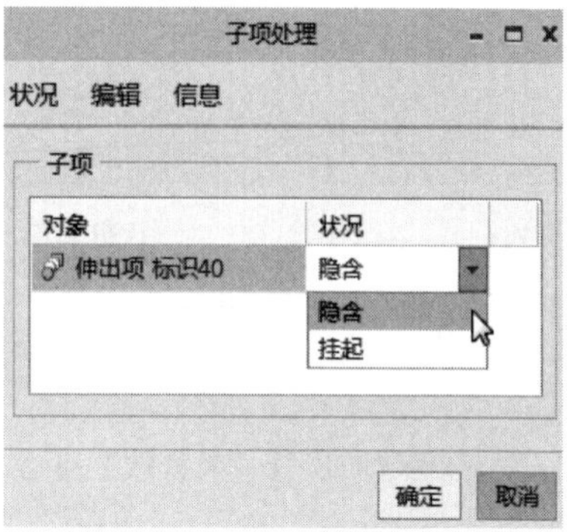　　　　　　图 7.135 【子项处理】对话框

- 【恢复】: 仅恢复选定的项目。
- 【恢复上一个集】: 仅恢复上一个隐含的特征集。
- 【恢复全部】: 恢复所有的隐含特征。

图 7.136 【操作】下拉菜单

7.10　特征再生失败及处理

创建特征或对特征进行重新定义、删除和隐含等操作时，有时会遇到特征再生失败的情况。引起特征再生失败的原因可能是几何关系不良、方向参数错误、父子关系断开、缺少参考等。

在默认情况下，特征失败时的模式设置为 "no_resolve_mode"，即非解决模式。可以在配置编辑器中将配置选项 "regen_failure_handling" 的值设置为 "resolve_mode"，即解决模式。

"no_resolve_mode"（非解决模式）: 该模式下，即使特征失败仍可继续工作，只是在模型树中失败特征名称呈红色显示。单击状态栏中的模型通知图标，可看到如图 7.137 所示通知信息。对于失败特征可随后采用编辑定义、替换参考等操作进行修复。对于镜像、复制 - 粘贴和

图 7.137　通知信息

复制 - 选择性粘贴等操作不支持非解决模式，因此在特征失败时系统将弹出如图 7.138 所示【诊断失败】对话框和图 7.139 所示【求解特征】菜单，可选取相应选项解决特征的再生失败问题。【求解特征】菜单中各选项含义如下。

- 【撤消更改】: 取消失败的操作，返回到模型最后成功再生的状态。
- 【调查】: 单击后展开下级菜单，选取相应选项可调查再生失败原因、显示参考信息或将模型转回至选定位置。

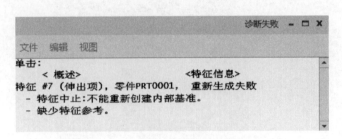

图 7.138 【诊断失败】对话框   图 7.139 【求解特征】菜单

● 【修复模型】：单击后弹出【修复模型】菜单，将模型修复到失败前的状态，并可选取命令来修复模型中存在的问题。

● 【快速修复】：单击后打开如图 7.140 所示【快速修复】菜单对模型进行快速修复。

【快速修复】菜单各选项含义如下：

● 【重新定义】：重新进入失败特征的创建过程定义特征。

● 【重新布设】：弹出【重新布设】菜单，重新定义失败特征的所有参考或缺少的参考。

● 【隐含】：隐含失败的特征及其子特征。

● 【修剪隐含】：隐含失败的特征及其随后的所有特征。

● 【删除】：删除失败的特征。

"resolve_mode"（解决模式）：若将配置选项 "regen_failure_handling" 的值设置为 "resolve_mode"，则特征失败时进入修复模式。此时失败的特征及所有其后的特征均不会重新生成，直到失败的特征解决为止。根据特征的类型不同，再生失败时，有时会弹出【诊断失败】对话框和【求解特征】菜单，有时会弹出如图 7.141 所示【故障排除器】对话框告知失败信息及可能原因，待了解失败信息后，在对话框中单击【确定】按钮 确定，并在【特征】选项卡中单击【解决失败特征】图标按钮，打开【诊断失败】对话框和【求解特征】菜单，选取相应选项解决失败特征。

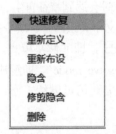

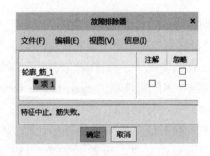

图 7.140 【快速修复】菜单   图 7.141 【故障排除器】对话框

总结与回顾

本章主要介绍了特征的各种操作和编辑方法，包括特征的复制 - 粘贴、复制 - 选择性粘贴、阵列、镜像、修改、插入、删除、模型可见性控制以及特征失败的诊断与处理等。若设计人员能将这些特征操作知识和技巧与特征创建工具的熟练使用相结合，可以高质、高效地完成复杂的设计任务。

思考与练习题

1. 打开本书所附资源文件 "第 7 章 \ 练习题源文件 \ex07-1.prt"，零件模型如图 7.142（a）所示：

（1）使用特征复制方式复制图 7.142（a）中的孔特征，得到图 7.142（b）、（c）所示孔特征。

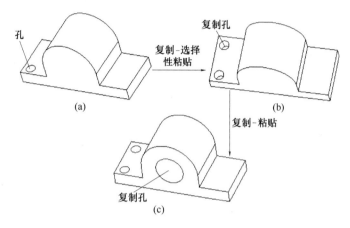

图 7.142　特征复制

（2）将如图 7.143（a）所示孔特征合并为一个组特征，创建如图 7.143（b）所示的镜像特征。

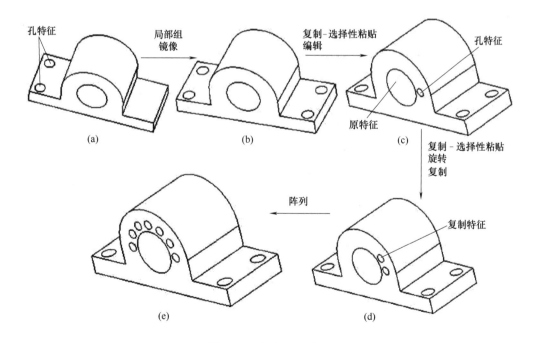

图 7.143　特征复制阵列

（3）使用移动复制方法复制如图 7.143（c）所示孔特征，得到如图 7.143（c）所示平移孔特征。

（4）使用旋转复制方法（旋转30°）复制如图7.143（c）所示的平移孔特征，得到如图7.143（d）所示特征。

（5）使用特征阵列方法创建如图7.143（d）所示的旋转复制孔特征，得到如图7.143（e）所示模型。

最终模型参看"第7章\练习题结果文件\ex07-1_jg.prt"。

2.打开本书所附资源文件"第7章\练习题源文件\ex07-2.prt"，零件模型如图7.144（a）所示：

（1）使用尺寸阵列方式，以图7.144（a）所示的孔"A"为原始特征，创建图7.144（c）所示二维旋转阵列［尺寸下滑面板设定如图7.144（b）所示］。

（2）使用表阵列方式以图7.144（a）所示的孔"B"为原始特征，创建图7.144（e）所示表阵列特征［表尺寸选取如图7.144（d）所示］。

最终模型参看"第7章\练习题结果文件\ex07-2_jg.prt"。

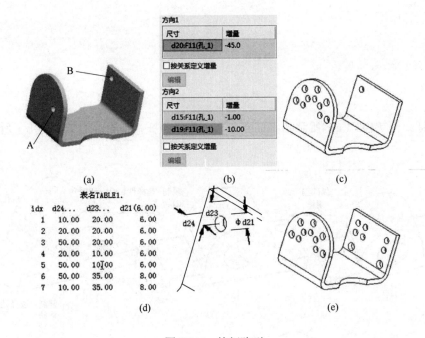

图 7.144　特征阵列

第❽章

基本曲面特征创建与编辑

学习目标：本章主要介绍常用的基本曲面（拉伸曲面、旋转曲面、扫描曲面、螺旋扫描曲面、混合曲面、扫描混合曲面、边界混合曲面和可变截面扫描曲面）以及曲面的编辑等。学习后，应能熟练进行曲面造型和曲面编辑。

曲面造型的功能主要用于创建异型零件。对于简单、规则的零件，直接通过实体建模的方式就可以创建。但对于一些表面不规则的异型零件，通过实体建模方法创建就比较困难。此时便可以构建零件的轮廓曲线，由曲线创建曲面，并将曲面转化为实体。

8.1 基本曲面特征创建

8.1.1 拉伸曲面

拉伸曲面是指在草图平面上的直线或者曲线向垂直于绘图平面的一个或相对两个方向拉伸所生成的曲面。

（1）拉伸曲面的基本操作

在【模型】选项卡的【形状】组中单击【拉伸】命令按钮，此时在绘图区的上方会弹出如图 8.1 所示【拉伸】选项卡。再单击【拉伸为曲面】命令按钮，则开始建立拉伸曲面特征。

图 8.1 【拉伸】选项卡

选项卡下部主要由三个命令组成，分别为【放置】、【选项】和【属性】。其中【放置】选项用来创建草绘图型，单击【放置】选项后，选择定义，会进入设置绘图平面对话框，用来打开"草绘器"以创建或修改特征截面。【选项】用来定义拉伸特征深度，其中包括选取"封闭端"和"添加锥度"来创建拉伸特征。【属性】用来给操作的拉伸特征命名。

下面介绍图 8.1 所示的工具按钮栏中各按钮功能。▢用来创建实体特征。◉用来创建曲面特征。其中创建实体特征和创建曲面特征为开关量，只能二选一。✕用来反转特征创建方向。文本框 216.51 ▾用来定义拉伸的深度，在以指定厚度创建特征时，后一个文本框可以指定要添加的厚度值。点选 ⬆-可以定义拉伸方式。◿以去除材料方式创建拉伸特征。▢通过截面轮廓指定厚度创建特征。▮▮单击后会暂停命令。◠◠用来预览图形，选中会直接显示预览图形。✓用来完成拉伸命令。✕用来终止拉伸命令。

（2）拉伸曲面的深度控制

拉伸的深度主要依靠 ⬆-按钮设置，单击按钮右侧三角，一共有6种拉伸深度的设置方式。

⬆-"盲孔"：直接指定拉伸深度，指定一个负的深度值会反转深度方向。

⊟ "对称"：在草绘平面的两侧对称拉伸。

⬇ "穿至"：从草绘面开始拉伸至指定的终止面。注意其选定的终止面，既可以是零件上曲面或平面，也可以为基准平面（该基准平面可以不平行于草绘平面）；可以是由一个或几个曲面所组成的面组；可以在一个组件中，也可选取另一元件的几何面。

⬒ "到下一个"：从草绘面开始拉伸到下一个实体特征表面。注意：此时基准平面不能被用作终止曲面。

⬓ "穿透"：拉伸实体，使其与所有特征相交。

⬓ "到选定项"：将截面拉伸至一个选定点、曲线、平面或曲面。

（3）拉伸曲面实例

① 进入【拉伸】选项卡，设置草绘平面和参考平面。

单击【放置】选项卡的【定义】按钮，此时，系统弹出如图8.2所示的【草绘】对话框。在该对话框中，用户可以设置草绘平面、草绘参考平面、草绘方向以及草绘参考平面在草绘平面的方位；单击【草绘】按钮后开始进行绘制草绘图形。

例如选取"TOP"平面为草绘平面，系统会自动选取"RIGHT"平面为草绘参考平面并且在"TOP"平面的下方。设置完毕后，单击【草绘】按钮。在【草绘】选项卡的【设置】组中单击 ▫ 参考命令，系统会弹出如图8.3所示的【参考】对话框，用来设置草绘图形参考面，该参考面主要用于草图绘制中的尺寸基准，或者作为轮廓线、对称线来使用，一般都由系统自动设置。

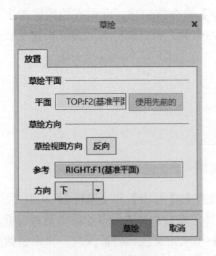

图 8.2 【草绘】对话框

图 8.3 【参考】对话框

② 绘制草绘图形，如图 8.4 所示。单击草绘中的 ![确定] 按钮，完成草绘。

③ 在选项卡中选择拉伸方式为 ![盲孔]（盲孔），输入拉伸深度值 "30"，单击【预览】按钮，进行曲面拉伸特征预览，预览结束，单击 ![✓]，特征创建结束，如图 8.5 所示。结果零件参看所附资源 "第 8 章 \ 范例结果文件 \lashen_fanli01_jg.prt"。

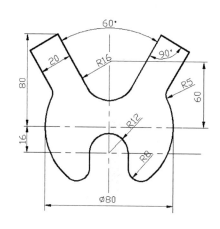

图 8.4　拉伸草图剖面　　　　　　　　　图 8.5　拉伸曲面特征

8.1.2　旋转曲面

旋转曲面是指一条直线或曲线绕一条中心轴线，按特定的角度旋转所形成的曲面。创建步骤与旋转拉伸基本相同。旋转曲面需要首先创建一个草图（剖面图），设定旋转参数就可实现。

（1）【旋转】选项卡

在【模型】选项卡的【形状】组中单击【旋转】命令 ![旋转] 按钮，此时在绘图区的上方会弹出如图 8.6 所示【旋转】选项卡。

图 8.6　【旋转】选项卡

选项卡主要由三项组成，分别为【放置】、【选项】和【属性】。其中【放置】选项用来创建草绘剖面，单击【放置】选项后，选择【定义】，会进入设置绘图平面的对话框，用来打开 "草绘器" 创建或修改特征截面。【选项】用来定义拉伸特征方式、拉伸特征深度或选取 "封闭端" 选项来创建旋转特征。【属性】用来给操作的旋转特征命名。![曲面] 用来创建曲面特征。其中创建实体特征和创建曲面特征为开关量，只能二选一。

（2）旋转角度的设置

旋转的角度主要依靠 ![按钮] 按钮设置，单击按钮右侧三角，一共有三种旋转角度的设置方式。

![变量] "变量"：直接指定旋转角度。

"对称"：在草绘平面的两侧对称按指定角度旋转。

"到选定的"：将截面旋转至一个选定点、曲线、平面或曲面。

（3）旋转曲面的应用

① 进入【旋转】选项卡，设置草绘平面和参考平面。

② 单击【放置】→【定义】按钮，绘制草绘图形。此时，系统弹出如前面图 8.2 所示的【草绘】对话框。在该对话框中，用户可以设置草绘平面、参考平面、特征拉伸方向。选取"FRONT"平面为草绘平面，系统自动选取"RIGHT"平面为参考平面。设置完毕，单击【草绘】按钮退出。绘制草绘图形，如图 8.7 所示。草绘图形结束后，单击 确定 则退出草绘界面。

③ 单击 图标，选择旋转方式，单击【旋转角度】文本框，输入旋转角度值"360"，单击【预览】按钮，进行几何预览和特征预览，预览结束，单击 ，旋转曲面特征创建完成，如图 8.8 所示。结果零件参看所附资源"第 8 章 \ 范例结果文件 \xuanzhuan_fanli01_jg.prt"。

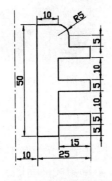

图 8.7　旋转草图剖面

图 8.8　旋转曲面特征

8.1.3　扫描曲面

扫描曲面是截面图形沿着指定轨迹线移动而形成的曲面特征。

建立扫描曲面需要绘制扫描剖面和扫描轨迹线，其中定义轨迹线有草绘轨迹和选择轨迹两种方法。由于草图模式只能绘制二维平面图形，因此草绘轨迹只能绘制平面轨迹线，而选择轨迹可以得到三维轨迹。

建立扫描曲面的步骤是：在【模型】选项卡的【形状】组中单击【扫描】命令按钮 扫描，此时在绘图区的上方会弹出如图 8.9 所示【扫描】选项卡。开始定义扫描的轨迹线。

图 8.9　【扫描】选项卡

（1）草绘轨迹

单击【扫描】选项卡右边的 小三角中【草绘】命令 ，则可以与草绘图形一样绘制轨迹线。绘制的轨迹线只能是平面图形。轨迹线可以是封闭的，也可以是开放的。对于开放的轨迹线，如要扫描实体特征，其扫描的截面图形必须是封闭的；如扫描曲面特征，其扫描的截面图形可以封闭也可以开放，如封闭，此时要定义是否封闭。对于封闭的轨迹线无内表面。

（2）选择轨迹

选择基准曲线或已有实体的边作为扫描轨迹。可以选作轨迹的基准曲线有：草绘、求交曲面、使用剖截面、投影的、成形的、曲面偏距及从位于平面上的曲线的两次投影。

选择的方法有：依次、相切链、曲线链、边界链、曲面链及目的链。

• 依次：用来选取暗红色的曲线，黄色的曲面边界线，白色的实体边界线，同曲线的最大区别就是可以分段或有选择地选取，而曲线选取是相切关系的会一次选完。

• 相切链：选取一线条，其相邻的相切线条会被全部连续选中，仅能选黄色的曲面边界线或白色的实体边界线，不可选暗红色的线。

• 曲线链：选取一条线条，会自动连续选取相邻的线条，该项仅用于选取曲线，不可选取曲面或实体的边界线。

• 边界链：选取一个面组，也就是整体面，可以有选择地选取整体边界或从某一处到另一处。

• 曲面链：对单块面，可以有选择地选取从一处到另一处或整体边界。

• 目的链：选取一条边，把和它相近似的边全部选上，这个命令在倒圆角选取时非常方便。

下面通过典型例子来介绍扫描曲面的一般方法和步骤。

① 单击"快速访问"工具栏中的【新建】图标按钮，新建一个名为"sweep_fanli01_jg.prt"的文件。

② 在【模型】选项卡的【形状】组中单击【扫描】命令 扫描 按钮，此时在绘图区的上方会弹出如图 8.9 所示【扫描】选项卡。

③ 在【扫描】选项卡右边的 单击小三角中【草绘】命令 。

④ 随后系统弹出【草绘】对话框。用鼠标在图形区选择 TOP 标准基准平面，然后在【草绘】对话框中单击【草绘】按钮，进入草绘模式。

⑤ 绘制如图 8.10 所示的扫描曲线，完成草绘轨迹并单击 按钮。

⑥ 在如图 8.11 所示的【选项】菜单中，取消选中【封闭端】复选框。

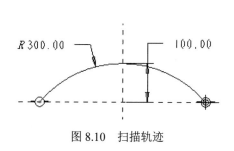

图 8.10 扫描轨迹　　　　　　图 8.11 【选项】菜单

⑦ 绘制如图 8.12 所示扫描截面，单击【确定】按钮 。

⑧ 在【扫描曲面】选项卡中，单击【确定】按钮 ，完成创建的扫描曲面，如图 8.13 所示。

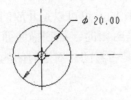

图 8.12　扫描截面　　　　　　　　图 8.13　扫描曲面

在【选项】菜单中，若选择【合并端】选项，则要创建的轨迹两端的几何将于零件合并；若选择【封闭端】选项，则要创建的曲面特征具有封闭的端部，从而形成一个封闭的曲面。

最后结果参看本书所附资源文件"第 8 章 \ 范例结果文件 \sweep_fanli01_jg.prt"。

8.1.4　螺旋扫描曲面

在工程设计中，有许多采用螺旋扫描生成的零件，如弹簧、螺栓等，所谓螺旋扫描就是让剖面沿着螺旋线扫描而生成的特征。在扫描过程中，可以是固定螺距扫描，也可以是变化螺距扫描。截面所在平面可以穿过旋转轴，也可以指向扫描轨迹的法线方向。螺旋可以右旋，也可以左旋。

螺旋扫描曲面是二维剖面沿着一条螺旋线轨迹扫描而成的曲面。螺旋扫描曲面分为恒定螺距的螺旋扫描曲面和可变螺距的螺旋扫描曲面两种。

下面通过典型例子来介绍螺旋扫描曲面的一般方法和步骤。

（1）创建恒定螺距的螺旋扫描曲面

① 单击"快速访问"工具栏的【新建】图标按钮□，新建一个名为"luoxuan_fanli01_jg.prt"的文件。

② 在【模型】选项卡的【形状】组中单击 ●扫描 的小三角，选择【螺旋扫描】选项，弹出【螺旋扫描】选项卡，单击【曲面】按钮□，如图 8.14 所示。

图 8.14　【螺旋扫描】选项卡

③ 在【螺旋扫描】选项卡中单击【参考】中的【定义】按钮。

④ 选择"FRONT"标准基准平面，然后单击【草绘】按钮，进入草绘模式。

⑤ 绘制如图 8.15 所示的中心线和螺旋曲面的轨迹线。

⑥ 单击【继续当前部分】图标按钮✔。

⑦ 在选项卡的【螺距】文本框中输入螺距值为"16.00"，如图 8.16 所示。

⑧ 在选项卡中单击【创建或编辑扫描截面】按钮□，随后，系统自动定位轨迹的起点位置，在起点位置绘制一个圆作为螺旋扫描的截面，如图 8.17 所示。

⑨ 单击【继续当前部分】图标按钮✔，完成草绘并退出草绘器。

⑩ 单击【螺旋扫描】选项卡中的【确定】按钮，完成等螺距螺旋扫描曲面，如图 8.18 所示。

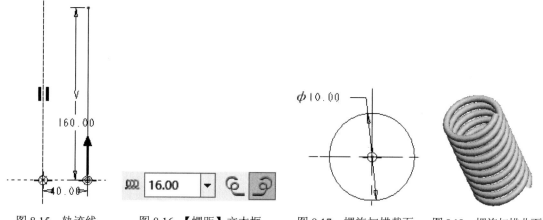

图 8.15　轨迹线　　　　图 8.16　【螺距】文本框　　　图 8.17　螺旋扫描截面　　图 8.18　螺旋扫描曲面

最后结果参看本书所附资源文件"第 8 章 \ 范例结果文件 \luoxuan_fanli01_jg.prt"。

（2）创建可变螺距的螺旋扫描曲面

① 单击"快速访问"工具栏的【新建】图标按钮 ，新建一个名为"luoxuan_fanli02_jg.prt"的文件。

② 在【模型】选项卡的【形状】组中单击 扫描 的小三角，选择【螺旋扫描】选项，弹出【螺旋扫描】选项卡，单击【曲面】按钮 。

③ 在选项卡中单击【参考】中的【定义】按钮。

④ 选择"FRONT"标准基准平面，然后单击【草绘】按钮，进入草绘模式。

⑤ 绘制如图 8.19 所示的中心线和旋转曲面的轨迹。

⑥ 单击【继续当前部分】图标按钮 ✔，完成草绘并退出草绘器。

⑦ 在如图 8.20 所示窗口中单击【添加间距】按钮。

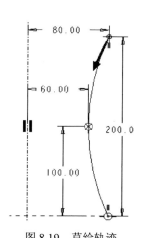

#	间距	位置类型	位置
1	20.00		起点
2	20.00		终点
3	32.00	按值	100.00
添加间距			

图 8.19　草绘轨迹　　　　　　　　　图 8.20　【间距】窗口

⑧ 单击【添加间距】按钮至第三个点时，输入间距为"32"，如图 8.21 所示。

3	32.00	按值	100.00

图 8.21　输入间距

⑨ 此时绘图区窗口中的曲线如图 8.22 所示，在选项卡中单击【创建或编辑扫描截面】按钮 🗹，随后，系统自动定位轨迹的起点位置，在起点位置绘制一个圆作为螺旋扫描的截面。

⑩ 绘制截面，如图 8.23 所示。

⑪ 单击【继续当前部分】图标按钮 ✔，完成草绘并退出草绘器。

⑫ 单击【螺旋扫描】选项卡中的【确定】按钮，完成可变螺距螺旋扫描曲面，如图 8.24 所示。

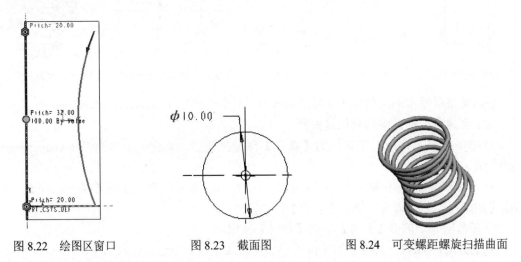

| 图 8.22　绘图区窗口 | 图 8.23　截面图 | 图 8.24　可变螺距螺旋扫描曲面 |

最后结果参看本书所附资源文件"第 8 章 \ 范例结果文件 \luoxuan_fanli02_jg.prt"。

8.1.5　混合曲面

混合曲面是连接两个或多个截面形成的一种特征，截面之间的渐变形状由截面拟合决定，它是一种比较复杂的曲面创建方法。

系统提供 3 种不同的混合方式，分别是：

① 平行混合，所有混合截面都位于一个截面草绘中的多个平行平面上。

② 旋转混合，混合截面绕 Y 轴旋转，最大角度可达 120°。每个截面都单独草绘并用截面坐标系对齐。

③ 常规混合，常规混合截面可以绕 X 轴、Y 轴和 Z 轴旋转，也可以沿这三个轴平移。每个截面都单独草绘，并用截面坐标系对齐。

这 3 种混合方式，从简单到复杂，其基本原则相同，就是每一截面的点数（线段数）完全相同，而且两截面间有特定的连接顺序，起点定为第一点，按箭头方向往后递增编号。改变起点位置和连接顺序，则会产生不同的混合结果。

混合特征的属性有两种：平直连接；光滑连接。此设置可以改变相邻截面之间的连接方式。

（1）平行混合曲面

① 单击"快速访问"工具栏中的【新建】图标按钮 🗋，新建一个名为"blend_fanli01_jg.prt"的文件。

② 在【模型】选项卡的【形状】组单击【形状】下拉列表中的【混合】按钮 🔗 混合，

弹出【混合】选项卡。单击【混合为曲面】按钮 ，如图 8.25 所示。

图 8.25　【混合】选项卡

③ 选择混合曲面类型为【直】。

④ 在选项卡的【截面】选项卡中选择【草绘截面】选项，单击【定义】按钮，此后系统弹出【设置草绘平面】模式。

⑤ 在视图区选择"TOP"标准基准平面，然后单击【草绘】按钮，进入草绘模式。

⑥ 绘制第一个混合剖面，如图 8.26 所示。

⑦ 在选项卡的【截面】菜单栏中，选择"草绘平面位置定义方式"为【偏移尺寸】并输入相对于"截面 1"的距离为"60"，单击【草绘】按钮。

⑧ 草绘第二混合剖面，如图 8.27 所示。

⑨ 在选项卡的【截面】菜单栏中单击【插入】按钮，选择"草绘平面位置定义方式"为【偏移尺寸】并输入相对于"截面 2"的距离为"90"，单击【草绘】按钮。

⑩ 草绘第三混合剖面，与图 8.27 所示的第二剖面完全一样。

⑪ 单击【混合】选项卡中的【确定】按钮，完成平行混合曲面，如图 8.28 所示。

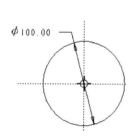
图 8.26　混合剖面 1

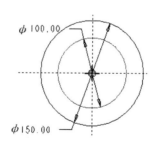
图 8.27　混合剖面 2

图 8.28　平行混合曲面

最后结果参看本书所附资源文件"第 8 章 \ 范例结果文件 \blend_fanli01_jg.prt"。

（2）旋转混合曲面

① 单击"快速访问"工具栏中的【新建】图标按钮 ，新建一个名为"blend_fanli02_jg.prt"的文件。

② 在【模型】选项卡的【形状】组单击【形状】下拉列表中的 旋转混合 按钮，弹出【混合】选项卡。单击【曲面】按钮 。

③ 在选项卡的【截面】选项卡中选择【草绘截面】选项，单击【定义】按钮，此后系统弹出【设置草绘平面】模式。

④ 在视图区选择"TOP"标准基准平面，然后单击【草绘】按钮，进入草绘模式。

⑤ 绘制如图 8.29 所示的剖面 1，务必单击【草绘】组中【创建参考坐标】图标按钮 ，添加一个构造坐标系。单击【继续当前部分】图标按钮 ✔。绘制如图 8.29 所示的剖面 1，

务必单击创建基准【中心线】按钮，添加一个基准中心线。

⑥ 系统默认：截面 2 相对于截面 1 的旋转角为 45°（范围：0°～ 120°）。单击【截面】选项卡中的【草绘】按钮。

⑦ 系统自动进入草绘模式，绘制第二个混合截面，如图 8.30 所示。

⑧ 单击【旋转混合】选项卡中的【确定】按钮。完成旋转混合特征，如图 8.31 所示。最后结果参看本书所附资源文件"第 8 章 \ 范例结果文件 \blend_fanli02_jg.prt"。

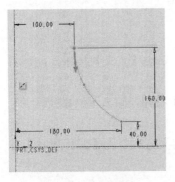

图 8.29 混合剖面 1

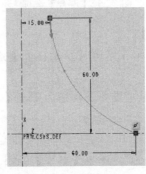

图 8.30 混合剖面 2

图 8.31 旋转混合曲面

（3）常规混合曲面

① 单击"快速访问"工具栏【文件】下拉菜单中的【选项】按钮，系统会弹出一个对话框，如图 8.32 所示。在图 8.32 中单击【配置编辑器】中的【查找】按钮，在系统弹出的对话框中的"输入关键字"文本框中输入"enable_obsoleted_features"，单击【立即查找】按钮，如图 8.33 所示将"设置值"改为"yes"，单击【添加 / 更改】按钮后关闭此对话框。在图 8.34 中单击【功能区】按钮在【过滤命令】文本框中输入"常规混合"，单击对话框中间位置的➡，将"常规混合"添加到操作栏中，单击【确定】按钮即可。

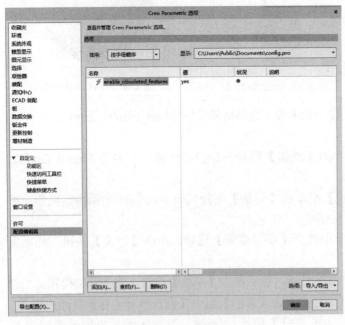

图 8.32 选项图

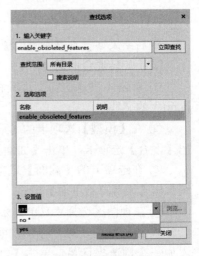

图 8.33 查找选项

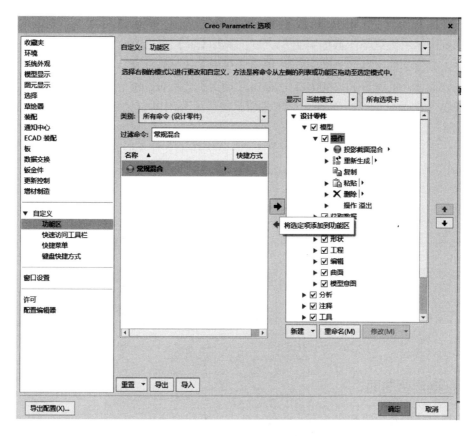

图 8.34　填加选项

② 在【模型】选项卡【形状】组单击【常规混合】→【曲面】，弹出菜单管理器。

③ 在【混合选项】菜单管理器中，选择【草绘截面】→【完成】按钮，出现【曲面：混合，常规，草绘截面】特征定义对话框和【属性】菜单。

④ 在【属性】菜单中，选择【平滑】→【封闭端】→【完成】选项，此后菜单管理器变为【设置草绘平面】模式。

⑤ 在视图区选择 TOP 标准基准平面，然后在菜单管理器中选择【确定】→【默认】选项，进入草绘模式。

⑥ 绘制如图 8.35 所示混合截面 1，注意要在圆心处创建一个参考坐标系。然后单击 ✔ 按钮，退出草绘模式。

⑦ 系统提示：给截面 2 输入 x_axis 旋转角度（范围：−120°～ 120°）。输入旋转角度为 0°，单击【接受】图标按钮✔。

⑧ 系统提示：给截面 2 输入 y_axis 旋转角度（范围：−120°～ 120°）。输入旋转角度为 45°，单击【接受】图标按钮✔。

⑨ 系统提示：给截面 2 输入 z_axis 旋转角度（范围：−120°～ 120°）。输入旋转角度为 45°，单击【接受】图标按钮✔。

⑩ 绘制截面 2，同图 8.35。单击【继续当前部分】图标按钮 ✔。

⑪ 系统提示：继续下一截面吗？（Y/N）。单击【是】按钮。

⑫ 分别输入截面 3 绕 X、Y、Z 轴的旋转角度为 0°、45°、45°。

⑬ 绘制截面 3，同图 8.35。单击【继续当前部分】图标按钮 ✔。

⑭ 系统提示：继续下一截面吗？（Y/N）。单击【否】按钮。

⑮ 输入截面 2 的深度为"300.00"，单击【接受】图标按钮 ✔。

⑯ 输入截面 3 的深度为"300.00"，单击【接受】图标按钮 ✔。

⑰ 单击【曲面：混合，常规，草绘截面】特征定义对话框中的【确定】按钮。完成一般混合特征，如图 8.36 所示。

最后结果参看本书所附资源文件"第 8 章 \ 范例结果文件 \blend_fanli03_jg.prt"。

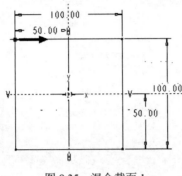 

图 8.35　混合截面 1　　　　图 8.36　一般混合特征

8.1.6　扫描混合曲面

扫描混合曲面是指将扫描和混合两种特征生成方法合成后所生成的曲面，因此这种曲面既有扫描曲面的特征，又有混合曲面的特征。扫描混合曲面需要单个原始轨迹和多个截面，在原始轨迹指定的顶点或基准点处草绘要混合的截面。

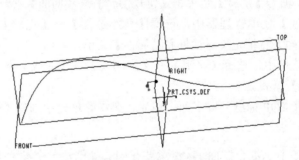

图 8.37　扫描混合轨迹线

① 新建一个图形文件，用草绘绘制如图 8.37 所示轨迹曲线。注意绘制该轨迹曲线时，在需要产生截面处在其上绘制参考点。在【模型】选项卡的【形状】组中单击【扫描混合】按钮，打开【扫描混合】选项卡，出现图 8.38 所示的选项卡。

图 8.38　【扫描混合】选项卡

② 单击选取如图 8.37 所示的曲线，单击选项卡上的【参考】选项卡，如图 8.39 所示。在【截平面控制】下拉列表框中选择默认的【垂直于轨迹】选项。

③ 单击选项卡【截面】选项卡，如图 8.40 所示，在下拉列表框中选择【草绘截面】选项，单击【草绘】按钮。在草绘模式中绘制直径为 50 的圆。

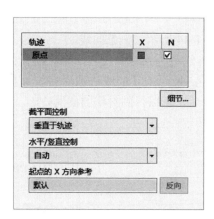

图 8.39　参考选项

图 8.40　截面设定

④ 在【截面】面板中单击【插入】按钮，重复步骤③绘制直径为 90 的圆。

⑤ 如果要在轨迹线中增加其他截面，重复步骤④。可以在预先轨迹有基准点的位置增加新的截面。

⑥ 单击鼠标中键完成，如图 8.41 所示。

⑦ 若在选项卡的【选项】选项卡中勾选【封闭端点】复选框，完成后如图 8.42 所示，曲面两端会封闭。最后结果参看本书所附资源文件"第 8 章 \ 范例结果文件 \saomiaohunhe_fanli01_jg.prt"。

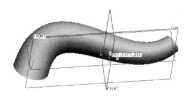

图 8.41　扫描混合结果

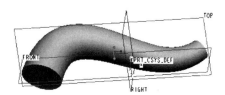

图 8.42　扫描混合封闭端

8.1.7　边界混合曲面

边界混合是一个比较复杂的特征，和本章的其他特征不同，边界混合只能产生曲面特征，而前述命令既可创建曲面又能生成实体。

在很多情况下，并不存在明显的截面和轨迹线，在这种情况下利用边界混合就可解决。所谓边界混合就是以边界线围成曲面，首先选定第一个和最后一个曲线定义曲面的边界。然后，添加更多的参考曲线和控制点来完整地定义曲面形状。最后，可以通过增加厚度或者曲面实体化来得到边界混合实体。

① 新建零件文件后，在【模型】选项卡的【曲面】组中单击【边界混合】按钮，【边界混合】选项卡如图 8.43 所示。

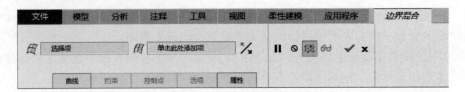

图 8.43 【边界混合】选项卡

② 在【边界混合】控制面板状态下，选择如图 8.44 所示的三条曲线。

③ 一次点选和最后一次点选的曲线为边界。其他的为控制曲线，如果想改变曲线的角色，也可以单击【曲线】按钮，系统会弹出如图 8.45 所示的【曲线选取顺序】面板，在此面板下可以调整曲线的次序。【闭合混合】选项选中后，可以得到封闭的曲面。

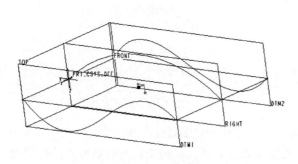

图 8.44 边界混合三条曲线

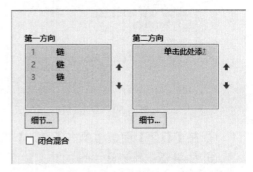

图 8.45 【曲线选取顺序】面板

④ 如果设定第二方向的控制曲线，可以精确地控制第二方向的边界以及控制曲线特征。其控制曲线和生成的混合曲面如图 8.46 所示。最后结果参看本书所附资源文件"第 8 章 \ 范例结果文件 \bianjiehunhe_fanli01_jg.prt"。

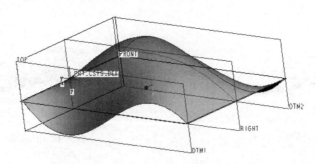

图 8.46 边界混合曲面

8.1.8 可变截面扫描曲面

可变截面扫描主要是指在扫描过程中，截面沿着轨迹线运动逐渐变化，得到所需要的实体或者过程。在变截面扫描过程中，扫描截面可以旋转，也可以同时指定多条轨迹线，还可以利用关系式，改变截面形状扫描。

（1）操作步骤

在【模型】选项卡【形状】组中单击 扫描 按钮。在【扫描】选项卡中单击【曲面】按钮 ，并单击【可变截面】按钮 ，出现如图 8.47 所示的选项卡， 按钮代表扫描为实体，

图按钮代表扫描为曲面，首先选择扫描的轨迹，扫描轨迹确定之后，图变为可用，可以单击此按钮进入截面绘制状态。截面绘制完成，就会出现要生成实体的预览效果，图按钮代表选择切除特征方式，图按钮代表生成薄壁特征。单击 ✔ 按钮，特征生成完毕。

图 8.47　【扫描】选项卡

（2）参考控制

在变化截面扫描命令执行过程中，用户单击【参考】选项，系统会弹出如图 8.48 所示面板，在此面板中，用户可以按下 Ctrl 键，单击鼠标选择多条控制轨迹。选择的第一条轨迹系统默认为原始轨迹，原始轨迹的 N 选项会自动选中（表示法向）。对于其他轨迹，如果选中 X 选项，在扫描过程中，选中的轨迹不仅可以控制截面草图的 X 轴确定，可以得到草图旋转的效果。选中 T 选项，生成的实体与该轨迹相切。

图 8.48　【参考】选项

图 8.49　【相切】选项

截面控制有三个选项，分别是【垂直于轨迹】、【垂直于投影】和【恒定法向】。【垂直于轨迹】指扫描过程中各个截面与该轨迹垂直。【垂直于投影】指扫描过程中截面始终与指定参考的投影相垂直。【恒定法向】指扫描的截面的 Z 轴方向与指定方向保持平行。

（3）相切控制

在变化截面扫描命令执行过程中，用户单击【相切】选项，系统会弹出如图 8.49 所示对话框。如果在参考中设定为无，则禁用相切轨迹。如果设置选取，需要在绘图区中选择截面的相切曲面。

（4）属性

属性用来为特征重新命名。

下面通过典型例子来介绍创建可变截面扫描曲面的一般方法和步骤。

① 单击"快速访问"工具栏中的【新建】图标按钮□，新建一个名为"varsweep_fanli01_jg.prt"的新文件。

② 在【模型】选项卡【形状】组中单击 ⬛ 扫描 按钮。在【扫描】选项卡中单击【曲面】按钮 ◻，并单击【可变截面】按钮 ∠，出现如前面图 8.47 所示的选项卡。

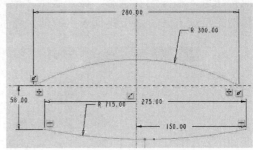

③ 单击选项卡上的 ～ 小三角中【草绘】命令 ⬛，弹出【草绘】对话框。选择"TOP"标准基准平面作为草绘平面，然后单击对话框中的【草绘】按钮，进入草绘模式。

④ 绘制如图 8.50 所示的两条曲线，单击【确定】按钮 ✔。

图 8.50 草绘曲线

⑤ 单击选项卡上出现的【继续】按钮 ▶，退出暂停模式，继续进行可变截面扫描曲面的操作。

⑥ 系统自动将其中一条曲线作为原始轨迹线，按住 Ctrl 键选择另一条曲线作为辅助控制的链曲线，如图 8.51 所示。

⑦ 接受【参考】面板上的默认设置，其中，截面控制选项设置为【垂直于轨迹】。

⑧ 单击选项卡上的【创建或编辑扫描截面】图标按钮 ☑，进入草绘器。

⑨ 绘制如图 8.52 所示的扫描截面，注意扫描截面要过轨迹与草绘平面的交点，单击【确定】 ✔ 按钮。

⑩ 单击选项卡上的【完成】图标按钮 ✔，完成创建可变截面扫描曲面，如图 8.53 所示。最后结果参看本书所附资源文件"第 8 章 \ 范例结果文件 \varsweep_fanli01_jg.prt"。

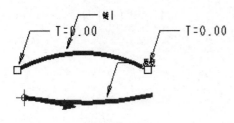

图 8.51 轨迹选取

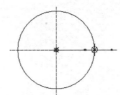

图 8.52 扫描截面

图 8.53 可变截面扫描曲面

8.2 曲面编辑

8.2.1 偏移曲面

曲面在编辑修改的过程中，可以采用偏移原曲面的方式来生成新的曲面，也就是原曲面的平行复制。

① 选取如图 8.54 所示的曲面，单击【模型】选项卡【编辑】组中的 ⬛ 偏移 按钮，选项卡如图 8.55 所示。选择默认偏移类型即标准偏移类型，输入偏移距离"30.00"。单击鼠标中键或单击【完成】按钮。完成后如图 8.56 所示。最后结果参看本书所附资源文件"第 8 章 \ 范例结果文件 \pianyiqumian_fanli01_jg.prt"。

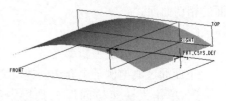

图 8.54 欲偏移曲面

图 8.55　【偏移】选项卡

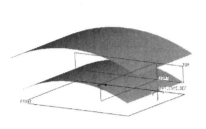

图 8.56　偏移曲面　　　　　图 8.57　【创建侧曲面】选项　　　　图 8.58　偏移曲面时创建侧曲面

② 在图 8.55 中单击【选项】，如图 8.57 所示。选中【创建侧曲面】选项，可以生成封闭的曲面，结果如图 8.58 所示。最后结果参看本书所附资源文件"第 8 章 \ 范例结果文件 \ pianyiqumian_fanli02_jg.prt"。

③ 单击 按钮，会出现偏移类型，共有 4 种，除了默认的【标准偏移特征】之外，还有【具有拔模特征】、【展开特征】和【替换曲面特征】3 个选项。【具有拔模特征】用来建立具有拔模角度的偏移。【展开特征】用来建立封闭曲面和选定曲面间的实体特征。【替换曲面特征】用来将实体特征某表面用选定的曲面替换。

8.2.2　移动曲面

Creo 5.0 移动曲面有多种方法，最简单的就是进行特征的重定义，编辑特征所在的基准平面的位置，可以实现曲面的移动。也可以在曲面特征处单击右键，然后选择编辑，通过修改尺寸来重新定义曲面的位置。这些方法都属于特征的重定义，在后续章节会着重讲述特征的修改，下面介绍利用特征的选择性粘贴实现曲面移动。

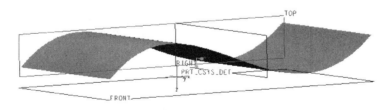

图 8.59　欲移动的曲面

选中如图 8.59 所示的曲面，单击【模型】选项卡【操作】组中的 复制 按钮，再单击【粘贴】小三角下的 选择性粘贴 按钮，弹出如图 8.60 所示的【移动（复制）】选项卡。

移动曲面有两种操作，一种是沿某条轴线旋转，另一种是沿某条轴线平移。如果要平移所选中的曲面，首先选择水平的轴线作为移动的方向参考。在移动的距离选项处输入"60"，则沿水平的轴线方向移 60 单位。也可以单击箭头改变移动的方向。单击【选项】选项卡取消【隐藏原始几何】，移动后的曲面如图 8.61 所示。最后结果参看本书所附资源文件"第 8 章 \ 范例结果文件 \yidongqumian_fanli01_jg.prt"。

图 8.60 【移动（复制）】选项卡

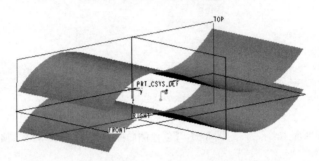

图 8.61 移动后的曲面

8.2.3 修剪曲面

修剪曲面特征是指裁去指定曲面上多余的部分，以获得合适的大小和形状。修剪曲面的方法很多，一般可以选择曲线、曲面等作为曲面的边界进行曲面修剪。在拉伸、旋转等基础特征造型命令中，使用造型命令中的除料选项也可以实现曲面修剪。本节主要介绍第一种方法。

（1）以相交面作为修剪边界

① 打开配套资源文件"第 8 章 \ 范例源文件 \xiujianqumian_fanli01.prt"，单击水平曲面将其选中，如图 8.62 所示，这个曲面将作为被修剪的曲面，单击【编辑】组中的【修剪】按钮，选项卡如图 8.63 所示。

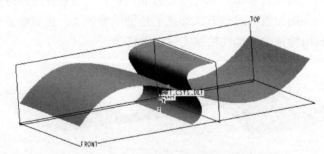

图 8.62 欲修剪的曲面（1）

图 8.63 【曲面修剪】选项卡

② 系统提示"选择 1 个项",单击选取另外一个曲面,这个曲面作为修剪参考曲面。单击箭头或 ⅍ 按钮选取要修剪的部分。完成后如图 8.64 所示。

③ 如果单击操纵板中的【选项】按钮,取消选中【保留修剪曲面】复选框,得到的结果如图 8.65 所示。

最后结果参看本书所附资源文件"第 8 章 \ 范例结果文件 \xiujianqumian_fanli01_jg.prt 和 xiujianqumian_fanli02_jg.prt"。

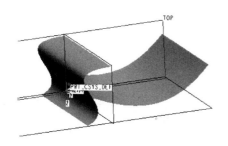

图 8.64　修剪后的曲面

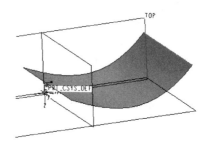

图 8.65　不保留修剪曲面修剪后的结果

注意:基准平面也可以作为曲面修剪的面边界。

（2）以曲线作为修剪分割线实现修剪

打开配套资源"第 8 章 \ 范例源文件 \xiujianqumian_fanli02.prt",在曲面上绘制一封闭曲线。可以首先绘制一个平面图形,然后利用投影的方法将平面图形向曲面上做投影。

先选中如图 8.66 所示曲面,单击【模型】选项卡中【编辑】组中的【修剪】按钮 ⅍,选项卡如前面图 8.63 所示。选取投影曲线作为修剪的边界。单击箭头或 ⅍ 按钮选取要修剪的部分。完成后如图 8.67 所示。最后结果参看本书所附资源文件"第 8 章 \ 范例结果文件 \ xiujianqumian_fanli03_jg.prt"。

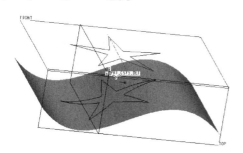

图 8.66　欲修剪的曲面（2）

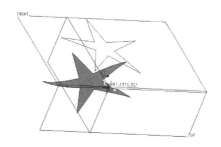

图 8.67　曲面修剪结果

8.2.4　镜像曲面

镜像曲面以一个平面或者基准平面作为参考,进行镜像复制或者移动。这样会在参考平面的另一侧产生一个对称的曲面。

选择如图 8.68 所示的曲面,单击【模型】选项卡中【编辑】组中的【镜像】按钮,选项卡如图 8.69 所示,选取"FRONT"平面作

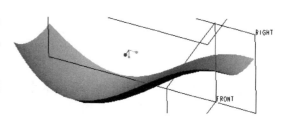

图 8.68　欲镜像的曲面

为镜像参考。

图 8.69 【镜像】选项卡

单击✔按钮，完成曲面镜像，如图 8.70 所示。最后结果参看本书所附资源文件"第 8 章 \ 范例结果文件 \jingxiangqumian_fanli01_jg.prt"。

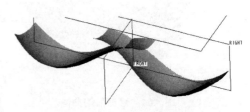

图 8.70 镜像结果图

8.2.5 复制曲面

复制曲面主要用于曲面的复制，复制的曲面形状和大小与源曲面相同。

复制曲面有多种方法，最简单的方法与移动曲面相同，在使用选择性粘贴功能后，在选项中如果选中【隐藏原始几何】，则实现曲面移动命令，否则实现曲面复制命令。

复制曲面也可以利用特征操作方法，选择【复制】选项。然后定义关键尺寸实现曲面复制。

8.2.6 延伸曲面

曲面延伸是将曲面延长一定距离或延伸到指定平面位置。延伸部分曲面可以与原始曲面的定义相同，也可以是其他形式的曲面。

绘制如图 8.71 所示的曲面或打开配套资源"第 8 章 \ 范例源文件 \yanshenqumian_fanli01.prt"，该曲面为圆弧拉伸形成的直纹曲面。

选取图 8.71 所示的曲面的边界链以进行延伸，单击【模型】选项卡中【编辑】组中的【延伸】按钮，系统弹出图 8.72 所示的选项卡。

图 8.71 欲延伸的曲面   图 8.72 【曲面延伸】选项卡

延伸类型一共有 4 个选项，分别是【至平面】、【相同】、【切线】、【逼近】。其中【至平面】是将曲面边线延伸到一个指定的终止平面。选择"FRONT"作为终止平面延伸效果如图 8.73 所示。

默认方式是创建相同类型的延伸作为原始曲面，原始曲面可以为平面、圆柱面、圆锥面或样条曲面。延伸后仍为平面、圆柱面、圆锥面或样条曲面。输入"60"，延伸后如图 8.74 所示。

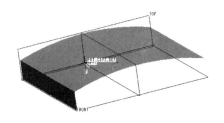

图 8.73　选定终止平面延伸效果

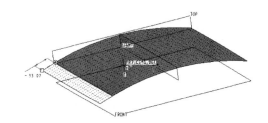

图 8.74　相同类型延伸效果

最后结果参看本书所附资源文件"第 8 章 \ 范例结果文件 \yanshenqumian_fanli01_jg.prt 和 yanshenqumian_fanli02_jg.prt"。

输入尺寸后，单击【选项】按钮，显示有切线和逼近两种延伸方式。切线方式是创建与原始曲面相切的直纹曲面。逼近方式是以逼近选定边界的方式创建边界混合曲面。

8.2.7　合并曲面

对于两个相连的曲面，可以将它们合并为一个面组。使用合并曲面的方法可以将多个曲面合并为单一曲面。合并后的曲面是一个单独的特征，"主面组"是合并后面组的父特征。如果删除"合并"特征，原始面组仍保留。

绘制如图 8.75 所示的 2 个曲面或打开配套资源"第 8 章 \ 范例源文件 \hebingqumian_fanli01.prt"。按下 Ctrl 键选中图示 2 个曲面，单击【模型】选项卡中【编辑】组中的 合并 按钮，弹出如图 8.76 所示的选项卡。

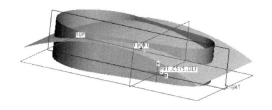

图 8.75　欲合并曲面

图 8.76　【合并曲面】选项卡

单击【选项】选项卡，一共有 2 个选项，分别是【相交】和【连接】。求交又称为交截类型，可以实现 2 个面组的相互修剪。合并 2 个相邻的面组，一个面组的一侧边必须在另一个面组上，实现 2 个面组的连接。

2 个箭头用来选择相交曲面的保留部分。单击【确定】后，如图 8.77 所示。最后结果参看本书所附资源文件"第 8 章 \

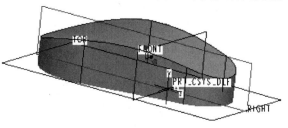

图 8.77　曲面合并结果

范例结果文件 \hebingqumian_fanli01_jg.prt"。

8.3 曲面建模操作实例

8.3.1 洗发水瓶曲面造型

本实例主要采用变截面扫描进行曲面造型，然后利用曲面编辑功能完成整个洗发水瓶造型。

① 建立新文件，文件类型为【零件】，子类型中选择【实体】。

② 单击 ∿ 按钮，系统会弹出【草绘】对话框，如图 8.78 所示，以"TOP"平面作为绘图平面，"FRONT"平面作为参考平面。绘制如图 8.79 所示草图。以该曲线作为第一条轨迹曲线。

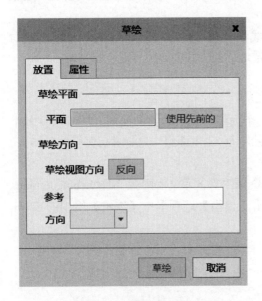

图 8.78 设置草绘平面

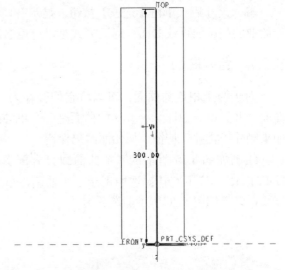

图 8.79 草绘第一条基准曲线

③ 重复上一步骤，得到如图 8.80 所示的第二条轨迹曲线。

④ 重复第二步骤，这次以"RIGHT"平面作为绘图平面，"FRONT"平面作为参考平面。绘制如图 8.81 所示的草图。

⑤ 在【模型】选项卡【形状】组中单击 ● 扫描 按钮。在【扫描】选项卡中单击【扫描为曲面】按钮 ▢，并单击【可变截面】按钮 ∠，出现如前面图 8.47 所示的选项卡。单击【参考】按钮，按住 Ctrl 键，选取刚才建立的三条曲线，选取第一条曲线作为垂直轨迹。

⑥ 单击【创建或编辑扫描截面】按钮，进入草图模式，在此模式下每一个和草图相交的轨迹都会在草图中产生一个交叉点，在绘制草图时，一定要让草图的关键点，如直线的端点、圆的圆心等，与该点重合。这样随着轨迹的移动，可以驱动截面变化。本实例绘制的椭圆圆心、两个半轴端点，就分别过上述三个交叉点，如图 8.82 所示。

⑦ 单击确定，完成变化截面扫描，如图 8.83 所示。

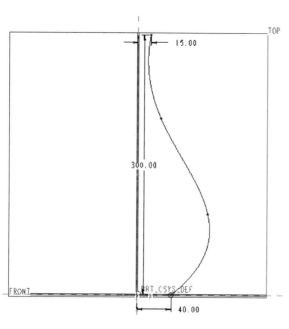

图 8.80　草绘的第二条基准曲线

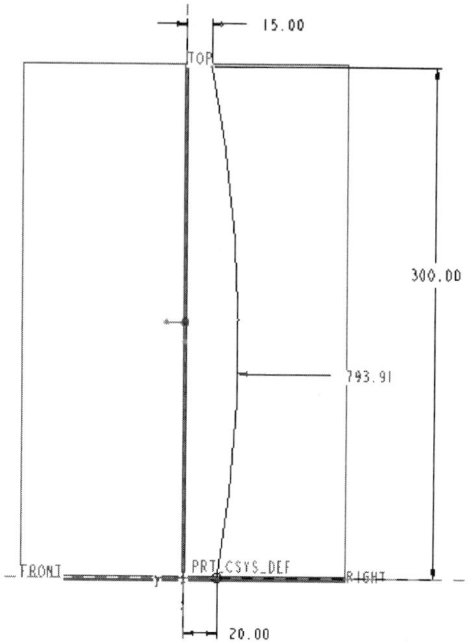

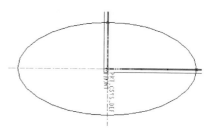

图 8.81　草绘的第三条基准曲线

⑧ 将原曲面向外偏移 5 个单位。

⑨ 以 "TOP" 平面为基准平面，拉伸曲面如图 8.84 所示。

⑩ 利用【曲面合并】命令将偏移曲面与拉伸曲面合并，如图 8.85 所示。

⑪ 将生成曲面与原曲面合并，倒角后得到洗发水瓶如图 8.86 所示。

图 8.82　扫描截面

图 8.83　变化截面
扫描结果

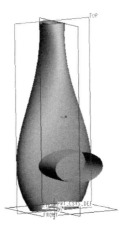

图 8.84　拉伸曲面

图 8.85　合并曲面

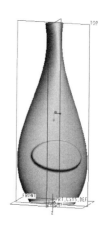

图 8.86　洗发水瓶
造型

最后结果参看本书所附资源文件 "第 8 章 \ 范例结果文件 \xifashui_fanli01_jg.prt"。

8.3.2　心形曲面造型

创建如图 8.87 所示心形曲面模型。

（1）新建零件类型文件

单击"快速访问"工具栏中的【新建】图标按钮 🗋，弹出【新建】对话框。指定为实体零件类型，输入文件名为"xin_fanli02.prt"，使用默认模板。

（2）创建基准曲线

① 单击【模型】选项卡【基准】组中的【草绘】图标按钮 ⌇，打开【草绘】对话框。

图 8.87　曲面模型

② 选择"FRONT"标准基准平面作为草绘平面，默认参考平面，单击【确定】按钮，进入草绘模式。

③ 绘制如图 8.88 所示草绘曲线 1。单击【继续当前部分】图标按钮 ✔。完成第 1 条基准曲线创建。

④ 选择刚创建完的第 1 条基准曲线，然后单击【镜像】图标按钮 🕪。

⑤ 选择"FRONT"标准基准平面为镜像平面，然后单击【镜像】选项卡上的【完成】图标按钮 ✔。完成第 2 条基准曲线的创建。

⑥ 单击【模型】选项卡【基准】组中的【草绘】图标按钮 ⌇，打开【草绘】对话框。

⑦ 选择"RIGHT"标准基准平面作为草绘平面，默认参考平面，单击【确定】按钮，进入草绘模式。

⑧ 绘制如图 8.89 所示草绘曲线 3。单击【继续当前部分】图标按钮 ✔。完成第 3 条基准曲线创建。创建的 3 条基准曲线如图 8.90 所示。

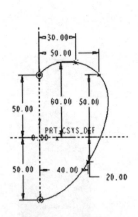

图 8.88　草绘曲线 1

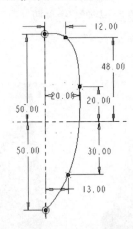

图 8.89　草绘曲线 3

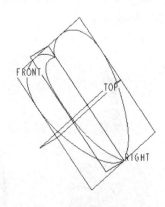

图 8.90　绘制的 3 条基准曲线

⑨ 单击【模型】选项卡【基准】组中的 ⁺ₓ点 图标按钮，打开【基准点】对话框。

⑩ 选择第 3 条基准曲线，然后按住 Ctrl 键选择"TOP"标准基准平面，完成点 PNT0 的创建。

⑪ 依次分别选择第 1 条基准曲线和"TOP"标准基准平面，第 2 条基准曲线和"TOP"标准基准平面，完成点 PNT1 和点 PNT2 的创建，如图 8.91 所示。

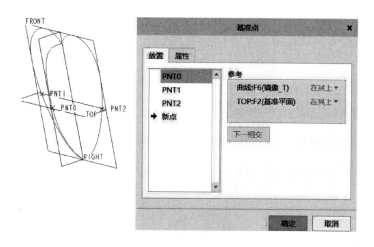

图 8.91 创建基准点

⑫ 单击【模型】选项卡【基准】组中的图标按钮 ，打开【草绘】对话框。

⑬ 选择"TOP"标准基准平面作为草绘平面，单击【确定】按钮，进入草绘模式。

⑭ 绘制如图 8.92 所示的图形。注意选择上步创建的 3 个基准点作为参考，使曲线过这 3 个点参考。单击【继续当前部分】图标按钮 。完成如图 8.93 所示第 4 条基准曲线创建。

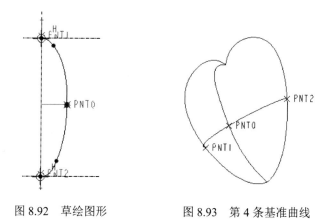

图 8.92 草绘图形   图 8.93 第 4 条基准曲线

（3）创建边界混合曲面

① 单击【模型】选项卡【曲面】组中的 图标按钮，打开【边界混合】选项卡，如图 8.94 所示。

图 8.94 【边界混合】选项卡

② 按住 Ctrl 键依次选择创建的第 1、第 2 和第 3 条基准曲线。

③ 单击选项卡的第二方向链收集器图标按钮 ，将其激活，在图形窗口中

选择创建的第 4 条基准曲线，如图 8.95 所示。

④ 其余选项接受默认设置，单击☑图标按钮，完成边界混合曲面的建立，如图 8.96 所示。

（4）镜像曲面

① 选择刚创建的曲面，然后单击【镜像】图标按钮 ⅡⅠ。

② 选择 "FRONT" 标准基准平面作为镜像平面，然后单击【镜像】选项卡上的【完成】图标按钮☑，完成镜像曲面，如图 8.97 所示。

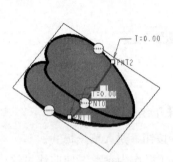

图 8.95　选取的曲线

图 8.96　边界混合曲面

图 8.97　镜像后的曲面

（5）合并曲面

① 选择刚创建的 2 个曲面，然后在【模型】选项卡的【编辑】组中单击【合并】图标按钮 🔲。

② 其余选项接受默认设置，单击【完成】图标按钮☑，完成 2 个曲面的合并。

（6）曲面实体化

① 用鼠标在视图区单击选中前面创建的合并曲面，然后在【模型】选项卡的【编辑】组中单击【合并】图标按钮 🔲。在【模型】选项卡的【编辑】组中单击【实体化】图标按钮 ⚙，系统打开【实体化】选项卡。

② 接受默认系统设置，单击【完成】图标按钮☑，完成曲面的实体化。完成的心型零件如前面图 8.87 所示。

结果参看本书所附资源文件 "第 8 章 \ 范例结果文件 \xin_fanli02_jg.prt"。

8.3.3　花瓶曲面造型

创建如图 8.98 所示的花瓶。

（1）新建零件模型文件

单击 "快速访问" 工具栏中的【新建】图标按钮 🗋，弹出【新建】对话框。子类型为实体，输入文件名为 "huaping_fanli03.prt"，使用默认模板。

（2）草绘创建第 1 条基准曲线

① 单击【模型】选项卡【基准】组中的 〰 图标按钮，打开【草绘】对话框。

② 选择 "FRONT" 标准基准平面作为草绘平面，默认参考平面，单击【确定】按钮，进入草绘模式。

③ 绘制如图 8.99 所示的图形。单击【继续当前部分】图标按钮☑。完成创建第 1 条基

准曲线，如图 8.100 所示。

图 8.98　花瓶模型

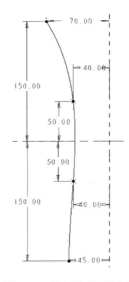

图 8.99　绘制的截面图形

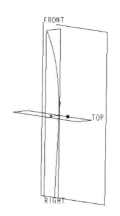

图 8.100　第 1 条基准曲线

（3）创建基准轴

① 单击【模型】选项卡【基准】组中的 ⁄ 图标按钮，打开【基准轴】对话框。

② 选择 "FRONT" 标准基准平面，然后按下 Ctrl 键选择 "RIGHT" 标准基准平面，单击【基准轴】对话框中的【确定】按钮，完成基准轴 A_1 的创建，如图 8.101 所示。

（4）复制创建第 2 条基准曲线

① 在视图区选取第一条基准曲线，单击【模型】选项卡中的【复制】图标按钮 🗎，然后单击【粘贴】下拉菜单中的【选择性粘贴】 🗎，系统打开如前面图 8.60 所示选项卡。

② 在选项卡中单击【旋转】按钮 ↻，选取基准轴 A_1，全输入旋转角度为 "60.00"，单击选项卡上【选项】下拉菜单，取消【隐藏原始几何】前的 ✔，单击【完成】图标按钮 ✔，如图 8.102 所示。

图 8.101　创建基准轴

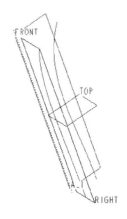

图 8.102　复制曲线

（5）创建可变截面扫描曲面

① 在【模型】选项卡【形状】组中单击 扫描 按钮。在【扫描】选项卡中单击【扫描

为曲面】按钮 🔲，并单击【可变截面】按钮 🖊，出现如前面图 8.47 所示的选项卡。

② 单击【参考】按钮，单击选中创建的第 1 条基准曲线，然后按下 Ctrl 键选择创建的第 2 条基准曲线。

③ 单击选项卡工具栏上的【草绘】工具图标按钮 🖉，系统进入草绘模式。

④ 绘制如图 8.103 所示图形。注意直线的端点应与两曲线的下端点对齐。

⑤ 单击选项卡上的【参考】选项，打开【参考】下滑面板。在【截平面控制】选项中选择【恒定的法向】选项，然后在视图区选择 "TOP" 标准基准平面作为方向参考。

⑥ 单击选项卡上的【完成】图标按钮 ✔，创建的曲面如图 8.104 所示。

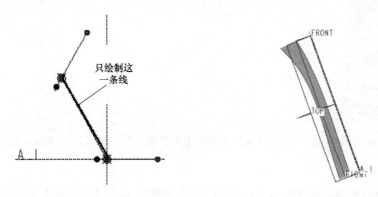

图 8.103　绘制的图形　　　　　图 8.104　可变截面扫描曲面

（6）阵列曲面

① 单击选择步骤（5）中创建的曲面，然后单击特征工具栏中的【阵列】图标按钮 🔳。

② 在打开的【阵列】选项卡上的阵列类型选择框中选择【轴】选项，然后在视图区选取轴线 A_1。

③ 输入第一方向的阵列成员数为 "6"，角度增量为 "60.0"，如图 8.105 所示。

④ 单击【完成】图标按钮 ✔，完成阵列曲面，如图 8.106 所示。

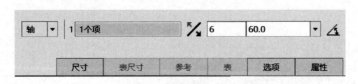

图 8.105　【阵列】选项卡

（7）创建基准平面

① 单击【模型】选项卡中【基准】中【基准平面】图标按钮 🔲，打开【基准平面】对话框。

② 选择 "TOP" 标准基准平面，并在【偏移】文本框中输入值 "–150.00"，单击【确定】按钮，完成基准平面 DTM1 的创建。

（8）创建填充平面

① 单击【模型】选项卡【基准】组中的 🔲 图标按钮，打开【草绘】对话框。

② 选择步骤（7）创建的基准平面 DTM1 作为草绘平面，其他默认，单击【确定】按钮，进入草绘模式。

③ 单击【模型】选项卡【草绘】组中【投影】按钮□，创建如图 8.107 所示的边界曲线（是一个正六边形）。单击【继续当前部分】按钮☑。

④ 单击【模型】选项卡【曲面】组中【填充】按钮□，完成曲面填充，如图 8.108 所示。

图 8.106　阵列曲面图

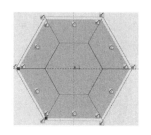

图 8.107　创建的边界曲线

图 8.108　完成的曲面填充

（9）合并曲面

① 按下 Ctrl 键，选中阵列曲面中的任意相邻的两曲面，单击【模型】选项卡【编辑】组中【合并】图标按钮☉，此时视图区显示要合并的 2 个曲面，如图 8.109 所示。

② 单击选项卡上的【完成】图标按钮☑，完成这 2 个曲面的合并。

③ 按下 Ctrl 键，选中上步合并生成的曲面和它相邻的一个曲面，单击【模型】选项卡【编辑】组中【合并】图标按钮☉，然后单击【完成】图标按钮☑，完成这 2 个曲面的合并。

④ 重复步骤③，直到把这 6 个阵列曲面和 1 个填充曲面完全合并为 1 个曲面为止，如图 8.110 所示。

图 8.109　要合并的曲面

图 8.110　合并后的曲面

（10）加厚合并的曲面

在图形区或模型树中选择合并生成的曲面，在【模型】选项卡【编辑】组中单击【加厚】图标按钮▭，在选项卡的【偏移量】文本框中输入偏移量为"3.00"，其他默认，单击【完成】图标按钮☑，完成零件模型如前面图 8.98 所示。

结果参看本书所附资源文件"第 8 章 \ 范例结果文件 \huaping_fanli03_jg.prt"。

总结与回顾

本章主要介绍曲面特征的创建与编辑。与实体特征相比，曲面特征没有质量、体积、厚度等属性。很多实体造型失败的特征，如果采用曲面造型往往能够成功创建。因此，很多工业设计产品，特别是手机、汽车等对外形要求非常高的产品设计中，往往采用曲面造型，最后再通过加厚特征或者实体化转换为实体特征。

思考与练习题

（1）建立曲面与建立实体特征的区别？

（2）通过偏距创建曲面特征时，应该注意哪几个问题？

（3）创建一个可变截面扫描曲面。

（4）绘制如图 8.111 所示 502 胶水瓶造型。最后结果参看本书所附资源文件"第 8 章 \
练习题结果文件 \502_jiaoshuiping_jg.prt"。

图 8.111　502 胶水瓶

第❾章

创建参数化模型

学习目标：本章将介绍 Creo 5.0 中文版中参数化模型的概念，以及如何在 Creo 5.0 中设置用户参数，如何使用关系式实现用户参数和模型尺寸参数之间的关联等内容。

9.1　参数

参数是参数化建模的重要元素之一，它可以提供对于设计对象的附加信息，用以表明模型的属性。参数和关系式一起使用可创建参数化模型。参数化模型的创建可以使设计者方便地通过改变模型中参数的值来改变模型的形状和尺寸大小，从而方便地实现设计意图的变更。

9.1.1　参数概述

Creo 5.0 最典型的特点是参数化。参数化不仅体现在使用尺寸作为参数控制模型，还体现在可以在尺寸间建立数学关系式，使它们保持相对的大小、位置或约束条件。

参数是 Creo 5.0 系统中用于控制模型形态而建立的一系列通过关系相互联系在一起的符号。Creo 5.0 系统中主要包含以下几类参数。

（1）局部参数

当前模型中创建的参数。可在模型中编辑局部参数。例如，在 Creo 5.0 系统中定义的尺寸参数。

（2）外部参数

在当前模型外面创建的并用于控制模型某些方面的参数。不能在模型中修改外部参数。例如，可在"布局"模式下添加参数以定义某个零件的尺寸。打开该零件时，这些零件尺寸受"布局"模式控制且在零件中是只读的。同样，可在 PDM 系统内创建参数并将其应用到零件中。

（3）用户定义参数

可连接几何的其他信息。可将用户定义的参数添加到组件、零件、特征或图元。例如，可为组件中的每个零件创建"COST"参数。然后，可将"COST"参数包括在"材料清单"中以计算组件的总成本。

● 系统参数：由系统定义的参数，例如，"质量属性"参数。这些参数通常是只读的。可在关系中使用它们，但不能控制它们的值。

● 注释元素参数：为"注释元素"定义的参数。

在创建零件模型的过程中，系统为模型中的每一个尺寸定义一个赋值的尺寸符号。用户可以通过关系式使自己定义的用户参数和这个局部参数关联起来，从而达到控制该局部参数的目的。

在零件模型设计模式中，在模型树中右击某一特征，在弹出的快捷菜单中选择【编辑尺寸】命令 🛗 编辑尺寸，或在视图区的模型中双击某一特征，则在屏幕绘图区显示该特征的尺寸值。在【工具】选项卡【模型意图】组中单击 🛐 切换尺寸 图标按钮，可以在屏幕绘图区域切换尺寸的数值显示与符号显示。在屏幕空白处单击，或按键盘的 Esc 键，都可以取消尺寸的显示。零件模型设计模式中尺寸符号显示为"d#"的形式，其中"#"是尺寸的编号，例如："d1"。

图 9.1 所示是在屏幕绘图区显示的尺寸值，通过【切换尺寸】命令，可以切换为尺寸符号显示，如图 9.2 所示。

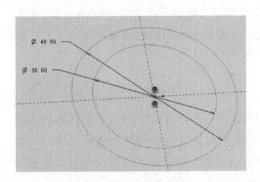

图 9.1　尺寸数值显示

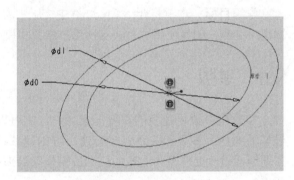

图 9.2　尺寸符号显示

9.1.2　参数的设置

在【工具】选项卡【模型意图】组中单击 {} 参数 图标按钮，就可以打开如图 9.3 所示的【参数】对话框，进行用户参数的设置。

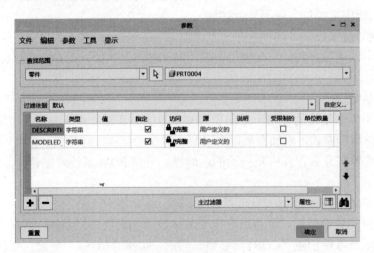

图 9.3　【参数】对话框

如果在进入零件模型设计模式时选择使用模板文件，则系统自带两个字符串参数 "DESCRIPTION" 和 "MODELED_BY"。在数据管理系统、分析特征、关系、Creo/PROGRAM 程序或簇表等其他外部应用程序中设置的参数，在【参数】对话框也会显示出来。

选择【参数】对话框中的【参数】→【添加参数】菜单命令或单击 ➕ 图标按钮，就可以添加一个新参数，系统自动给新添加的参数一个默认名称，不过可以改变参数的名称。在【参数】对话框中还可以对参数进行如下属性设置。

（1）名称

定义的参数名必须以字母开头，不能使用 "d#" "kd#" "rd#" "tm#" "tp#" 或 "tpm#" "PI"（几何常数）、"G"（引力常数）等作为参数名，因为系统需要保留它们和尺寸一起使用，参数名不能包含非字母数字字符，如 "！" "@" "#" "$" 等。建议使用具有一定含义的参数名称。

（2）类型

用鼠标单击需要修改的参数对应的【类型】框，可以选择设置参数的类型，可以选择的参数的类型有整数、实数、字符串、是否四种。

（3）值

用鼠标单击需要修改的参数所对应的【值】框，可以修改参数的值。

（4）指定

可指定所选系统和用户参数作为 Creo/INTRALINK 或另一种 PDM 系统中的属性使用。

（5）访问

定义对参数的访问如下：

• 【完整】：完整访问参数是在参数中创建的用户定义的参数。可在任何地方修改它们。

• 【限制】：可将完全访问参数设置为 "限制" 访问。限制的访问参数不能由关系修改。可通过 "族表" 和 Creo/PROGRAM 修改限制的访问参数。

• 【锁定】：锁住访问意味着参数由外部应用程序（数据管理系统、分析特征、关系、Creo/PROGRAM 或族表）创建。被锁住的参数只能从外部应用程序内进行修改。

（6）源

指示创建参数的位置或其受驱动的位置，反映了参数的来源，如由用户定义产生、由关系创建等。

（7）说明

提供参数的说明。

（8）受限制的

指示其属性由外部文件定义的受限制值参数。

（9）单位

从单位列表中选取定义参数的单位。注意：单位只能为参数类型 "实型" 定义，并且仅在创建参数时定义。

下面通过实例介绍添加用户参数的一般步骤。

① 在【参数】对话框中单击【添加参数】图标按钮 ➕，系统自动添加一个名为 "PARAMETER_1" 的参数，用鼠标单击该参数，将其名改为 "my_parameter"。

② 单击对应的【类型】框，将其数值类型修改为【实数】。

③ 单击【值】框，将其值修改为 "2.78"。新创建的参数如图 9.4 所示。

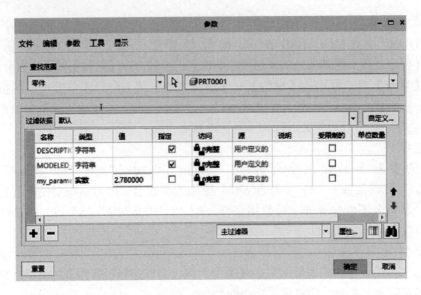

图 9.4　新创建一个参数的【参数】对话框

9.1.3　参数和模型尺寸的关联

尺寸参数和模型尺寸可以通过关系式联系在一起，从而可以用于控制对模型修改的效果。参数之间的关系构成 Creo 5.0 系统的核心，对于 Creo 5.0 的高级设计起着重要作用。

在【工具】选项卡【模型意图】组中单击 d= 关系 图标按钮，就可以打开如图 9.5 所示的【关系】对话框，进行参数之间关系的设置。

图 9.5　【关系】对话框

下面对 Creo 5.0 中文版零件模块中的关系进行介绍。

（1）关系式的类型

关系式可以分为等式和不等式两种类型。

等式关系式通常用于给尺寸参数或自定义参数等参数赋值。例如："d=4.75"，是简单赋值；"d5=d2*（SQRT（d7/5.0+d0））"，是比较复杂的赋值。

不等式关系式通常用作一个约束或用于逻辑分支的条件语句中。例如："d1+d2＞d3+d4"，作为约束；"IF（d0+2）＞=d2"，用于条件语句中。

（2）关系式中使用的数学函数

在关系式中使用的数学函数如表 9.1 所示。

表 9.1　关系式中常用的数学函数

函数	说明	注意事项
sin（ ）	正弦	所有三角函数使用的单位都是度
cos（ ）	余弦	
tan（ ）	正切	
asin（ ）	反正弦	
acos（ ）	反余弦	
atan（ ）	反正切	
sinh（ ）	双曲线正弦	
cosh（ ）	双曲线余弦	
tanh（ ）	双曲线正切	
sqrt（ ）	平方根	
lg（ ）	以 10 为底的对数	
ln（ ）	自然对数	
exp（ ）	e 的幂	
abs（ ）	绝对值	
ceil（参数，小数位数）	指定小数位数	如果未指定小数位数，则默认为 0。该函数采用向上圆整法，如 ceil（0.123，2）值为 0.13
floor（参数，小数位数）	指定小数位数	如果未指定小数位数，则默认为 0。该函数采用向下圆整法，如 ceil（0.126，2）值为 0.12

（3）关系式中使用的运算符

在关系式中可以使用的运算符及说明如表 9.2 所示。

（4）关系式错误的检查与修改

关系式编写完成后，使用关系对话框中的【实用工具】、【校验】菜单命令或单击☑（校核）按钮，系统会自动检查其有效性，如果发现错误，则提示出错，并在显示编辑区错误的关系式下方打上标记，如图 9.6 所示。

在关系式中最常见的错误类型有：

● 横列超过 80 个字符。修改时应把此行用反斜线 "\" 分成两行。

● 参数名称超过 31 个字符。修改时应使参数名称少于 31 个字符。

● 语法错误，出现没有定义的参数或函数。

如果尺寸由关系式驱动，则不能直接修改它，如果试图修改它，则系统显示错误信息。例如，如果已输入关系式 "d0=d1+d2"，则不能直接修改 "d0"；要改变 "d0" 的值，则必须修改 "d1" 或 "d2" 的值，或者重新编辑关系。

表 9.2　关系式中的运算符及说明

类别	符号	说明
算术运算符	+	加
	−	减
	*	乘
	/	除
	^	指数
赋值运算符	=	等于
	==	恒等于
比较运算符	>	大于
	>=	大于或等于
	!=, <>, ~=	不等于
	<	小于
	<=	小于或等于
			或
	&	与
	~, !	非

（5）关系式的排序

关系式的排序是关系式编辑结束后应该进行的步骤，其目的是使关系式中的参数按照被引用、计算的顺序进行排序，避免循环应用，以提高关系式的正确性。

选择【关系】对话框中的【实用工具】→【重新排序关系】菜单命令或单击【排序关系】图标按钮，就可以将已有的关系式进行排序。

例如：在关系对话框中输入下列关系式：

d0=d1+d2*d3

d2=d3+d4

输入结束后，单击【排序关系】图标按钮，进行排序。排序后的结果：

d2=d3+d4

d0=d1+d2*d3

图 9.6　关系校验

下面通过实例介绍参数和模型尺寸关联的一般步骤和方法：

① 在"快速访问"工具栏中单击【新建】图标，弹出【新建】对话框。指定为实体零件文件，输入文件名为"para_fanli01.prt"，使用默认模板。

② 在【工具】选型卡【模型意图】组中单击〖〗参数 图标按钮，此时弹出【参数】对话框。

③ 两次单击【添加】图标按钮，增加两个参数，分别并将其名改为"d""da"，值修改为"30.000000""40.000000"，如图 9.7 所示。

④ 在【模型】选项卡【基准】组中单击 图标按钮，系统弹出【草绘】对话框。

⑤ 草绘两个同心圆，然后在【工具】选项卡【模型意图】组中单击 切换尺寸 图标按钮，在屏幕绘图区显示的尺寸值切换为符号显示，如图 9.8 所示。

图 9.7　添加的参数

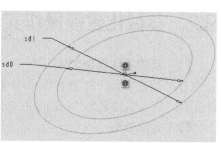

图 9.8　尺寸符号显示

⑥ 在【工具】选项卡【模型意图】组中单击 d= 关系 图标按钮，此时弹出【关系】对话框。

⑦ 在【关系】对话框中输入如图 9.9 所示的关系式，单击【确定】按钮。完成参数"d""da"与模型尺寸"sd0""sd1"之间的关联。

图 9.9　关系式

⑧ 在草绘界面中单击【确定】按钮 ✔，完成草绘曲线，如图 9.10 所示。

⑨ 在【工具】选型卡【模型意图】组中单击 {} 参数 图标按钮，打开【参数】对话框，将参数"da"的值修改为"100.00"，单击【确定】按钮，关闭【参数】对话框。

⑩ 在【模型】选项卡【操作】组中单击 重新生成 图标按钮。生成的模型如图 9.11 所示。

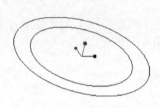
图 9.10　草绘曲线图

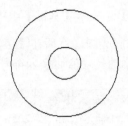
图 9.11　生成的模型图

结果零件参看所附资源"第 9 章 \ 范例结果文件 \para_fanli01_jg.prt"。

9.2　参数化建模操作实例

（1）新建零件模型文件

在"快速访问"工具栏中单击【新建】图标 ⬜，弹出【新建】对话框。指定为实体零件文件，输入文件名为"zhichilun_fanli_jg.prt"，使用默认模板。

（2）定义参数

① 在【工具】选项卡【模型意图】组中单击 {}参数 图标按钮，此时弹出【参数】对话框。

② 单击【添加】图标按钮 ➕ 9 次，从而增加 9 个参数。

③ 分别修改新参数名称和相应的数值，如图 9.12 所示。新参数分别为 M（模数，初值 2.5）、Z（齿数，初值 25）、ALPHA（压力角，20°）、HAX（齿顶高系数，初值 1.0）、CX（顶隙系数，初值 0.25）、X（变位系数，初值 0.0）、B（齿宽，初值 50）、RANG（360/（4*Z），初值 3.6）和 CANG（每个齿占的角度，360/Z）。

④ 单击【确定】按钮，完成用户自定义参数的建立。

图 9.12　创建的参数

（3）创建基准特征

① 在【模型】选项卡【基准】组中单击 ╱ 轴图标按钮，出现【基准轴】对话框，按下 Ctrl 键，分别选取"TOP"和"RIGHT"标准基准平面作为基准轴线的参考，然后单击【确定】按钮，完成基准轴线的创建。

② 在【模型】选项卡【基准】组中单击 ～ 草绘 图标按钮，选择 FRONT 标准基准平面作为草绘平面，单击【草绘】按钮，进入草绘平面，以坐标中心为圆心绘制一个"$\phi90$"的圆，单击【确定】按钮 ✔。

③ 在视图区双击草绘的曲线圆，视图上出现该圆的尺寸特征，然后在【工具】选项卡【模型意图】组中单击 ☒ 切换尺寸 图标按钮。此时视图中的"$\phi90$"转化为"$\phi d0$"，随后用鼠标单击"$\phi d0$"，选中该特性，出现【尺寸】选项卡。

④ 在【尺寸】选项卡中，然后将尺寸名称由"d0"改为"D"，单击右键，关闭【尺寸】选项卡。

⑤ 在绘图区域用鼠标单击该圆，然后右击鼠标，在出现的快捷菜单中选择【重命名】选项，将其特征名改为"分度圆 D"。

⑥ 重复②～⑤步骤，分别绘制三个圆，其对应的尺寸、尺寸名称和特征名称分别为 "$\phi96$、DA、齿顶圆 DA""$\phi83.5$、DF、齿根圆 DF"和"$\phi83.25$、DB、基圆 DB"，如图 9.13 所示。

⑦ 在【工具】选项卡【模型意图】组中单击 d= 关系 图标按钮，打开如图 9.14 所示【关系】对话框。在对话框中输入如下关系式：

D=M*Z

DA=D+2*M*（HAX+X）

DF=D−2*M*（HAX+CX−X）

DB=D*COS（ALPHA）

RANG=360/（4*Z）

CANG=360/Z

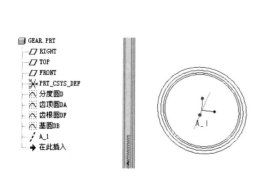

图 9.13　创建的基准曲线　　　　　　　　图 9.14　【关系】对话框

输入完成后，单击【确定】按钮。完成各圆曲线的尺寸与定义的参数之间的关联，如图9.14 所示。

（4）建立渐开线

① 在【模型】选项卡【基准】下拉菜单【曲线】栏中选择【来自从方程的曲线】选项，弹出【曲线：从方程】选项卡。

② 在选项卡中选取【笛卡尔】坐标系，并单击图形中的坐标系"PRT_CSYS_DEF"。单击 方程... 图标按钮，弹出【方程】对话框。

③ 在【方程】对话框中，输入下列函数方程：

theta=t*60

x=DB/2*cos（theta）+DB/2*sin（theta）*theta*pi/180

y=DB/2*sin（theta）−DB/2*cos（theta）*theta*pi/180

z=0

如图 9.15 所示，然后单击【确定】按钮。

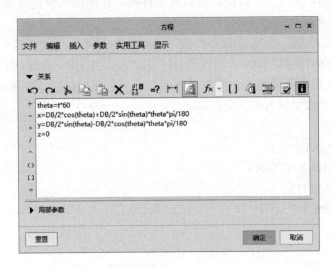

图 9.15 【方程】对话框

④ 在如图 9.16 所示的【曲线：从方程】选项卡中单击【确定】按钮，创建如图 9.17 所示的渐开线。

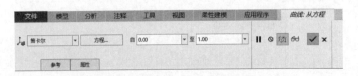

图 9.16 【曲线：从方程】选项卡

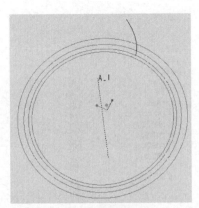

图 9.17 创建的渐开线

（5）创建基准点

① 在【模型】选项卡【基准】组中单击
✖✖点图标按钮，打开【基准点】对话框。

② 选择渐开线，然后按住 Ctrl 键选择分
度圆，如图 9.18 所示。

③ 在【基准点】对话框中，单击【确定】
按钮，完成创建基准点 PNT0。

（6）创建 DTM1 基准平面

① 在【模型】选项卡【基准】组中单击
▱图标按钮，打开【基准平面】对话框。
平面

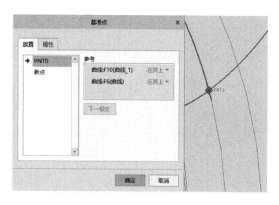

图 9.18　创建基准点

② 选择中心特征轴 A-1，然后按住 Ctrl 键选择基准点 PNT0。

③ 在【基准平面】对话框中，单击【确定】按钮，完成创建基准平面 DTM1，如图 9.19
所示。

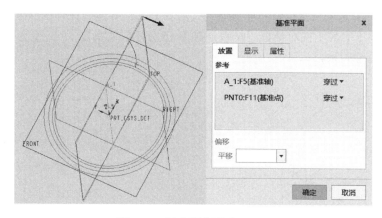

图 9.19　创建基准平面 DTM1

（7）创建 DTM2 基准平面

① 在【模型】选项卡【基准】组中单击▱图标按钮，打开【基准平面】对话框。
平面

② 选择中心特征轴 A-1，然后按住 Ctrl 键选择基准平面 DTM1，并在【旋转】文本框上
输入旋转角度值为 RANG，如图 9.20 所示。在随后弹出的提示性对话框中单击【是】按钮，
从而添加 RANG 作为特征关系。

③ 在【基准平面】对话框中，单击【确定】按钮，完成创建基准平面 DTM2。

（8）镜像渐开线

① 选择渐开线，在【模型】选项卡【编辑】组中单击 〔〕镜像 图标按钮。

② 选择 DTM2 基准平面为镜像平面。

③ 单击【完成】图标按钮☑，完成创建镜像渐开线如图 9.21 所示。

（9）创建实体特征

① 在【模型】选项卡【形状】组中单击 图标按钮，打开【拉伸】选项卡。
拉伸

② 单击选项卡的【放置】按钮，单击面板上的【定义】按钮，打开【草绘设置】对话
框，选择"FRONT"标准基准平面为草绘平面，单击【草绘】按钮，进入草绘编辑器中。

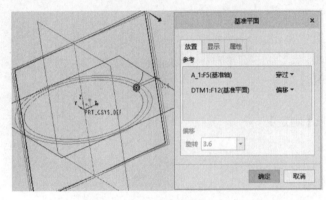 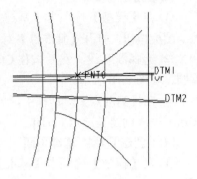

图 9.20　创建基准平面 DTM2　　　　　图 9.21　镜像渐开线

③ 在【模型】选项卡【草绘】组中单击 □ 投影 图标按钮，在【类型】对话框中选择【环】选项，拾取前面绘制的齿顶圆边界，如图 9.22 所示。

④ 单击【确定】按钮✔，完成草绘并退出草绘器。

⑤ 在【拉伸】选项卡上设置拉伸类型为【对称】，并输入拉伸的深度为 B，如图 9.23 所示，在随后弹出的提示性对话框"是否添加 B 作为特征关系"，单击【是】按钮，从而添加齿宽 B 作为特征关系。

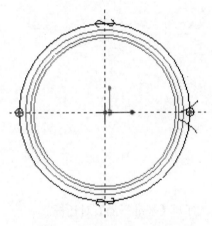

图 9.22　使用实体边线绘制的齿顶圆

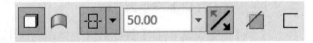

图 9.23　深度设置

⑥ 在【拉伸】选项卡上单击【完成】图标按钮✔。拉伸模型如图 9.24 所示。

（10）倒角

① 在【模型】选项卡【工程】组中单击 ▸倒角 图标按钮。

② 在倒角操控板上，选择边倒角标注形式为 45×D。

③ 在 D 的尺寸框中输入 1.5，即设置当前倒角的尺寸为 45°×1.5。

④ 分别选择两条轮廓边，单击【完成】图标按钮✔。

（11）创建单个齿槽

① 在【模型】选项卡【形状】组中单击 图标按钮，打开【拉伸】选项卡。

② 在【拉伸】选项卡指定要创建的模型为实体□，并单击【去除材料】图标按钮。

③ 单击【放置】按钮，单击【定义】按钮，出现【草绘】对话框。

④ 选择"FRONT"标准基准平面，其他默认，然后单击【草绘】按钮，进入内部草绘器中。

⑤ 草绘如图 9.25 所示图形，注意选择齿根圆与渐开线构成该图形。齿根与渐开线的两处圆角的半径均为"0.50"，单击【确定】按钮☑。

⑥ 在【拉伸】选项卡设置拉伸类型为【对称】⊞，并输入拉伸的深度为 B。在随后弹出的提示性对话框"是否添加 B 作为特征关系"，单击【是】按钮，从而添加齿宽 B 作为特征关系。

⑦ 单击【完成】图标按钮☑。完成单个齿槽的效果，如图 9.26 所示。

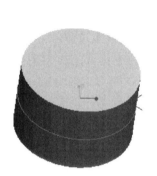
图 9.24　拉伸模型

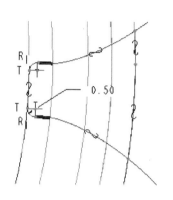
图 9.25　草绘截面图

图 9.26　齿槽特征

（12）阵列齿槽

① 选取上步骤生成的齿槽特征，然后在【模型】选项卡【编辑】组中单击▦图标按钮，打开【阵列】选项卡，如图 9.27 所示。

② 在阵列操控板上的【阵列类型】选择框中选择【轴】，然后在视图区选取轴线 A_1。

③ 随后在"第一方向阵列数目"的文本框中输入"25"，在角度文本框中输入"CANG"，在随后弹出的提示性对话框"是否添加 CANG 作为特征关系"，单击【是】按钮，从而添加每个齿占的圆心角度"CANG"（CANG=360/Z）作为特征关系。

图 9.27　阵列参数设定

④ 单击【完成】图标按钮☑，即创建齿轮全部齿廓，如图 9.28 所示。

⑤ 在绘图区域双击任一阵列的齿槽特征，出现该齿槽的尺寸特征，随后用鼠标单击选中"p19 拉伸"尺寸特征，如图 9.29 所示。

⑥ 出现【尺寸】操控板。

⑦ 将尺寸名称改为"NUM"，关闭操控板。

⑧ 在【工具】选项卡【模型意图】组中单击【关系】按钮，弹出【关系】对话框。

⑨ 在对话框中添加如下关系式："NUM=Z"，然后单击【确定】按钮。完成阵列数参数与齿数参数之间的关联。

图 9.28　阵列齿槽特征

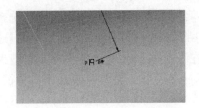

图 9.29　选取的尺寸特征

（13）建立曲线图层并隐藏该图层

① 在导航区中单击【显示】按钮 ▤▾。

② 在下拉菜单中单击【层数】按钮，并在空白处单击右键选择【新建层】按钮。

③ 在出现的【层属性】对话框上，输入名称"Curve"，在模型树中选择的所有曲线（包括渐开线）作为图层的项目，如图 9.30 所示。

④ 在层树上右击"Curve"图层，从出现的快捷菜单中选择【隐藏】命令。

⑤ 返回到模型树的显示状态。隐藏多余曲线后的渐开线直齿轮如图 9.31 所示。

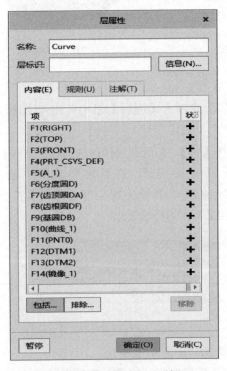

图 9.30　【层属性】对话框

图 9.31　渐开线齿轮模型

（14）参数化程序的建立

① 在【工具】选项卡→【模型意图】→【程序】命令，出现【程序】菜单管理器。

② 在【程序】菜单管理器中选择【编辑设计】命令。系统自动打开【程序编辑】文本框。

③ 在"INPUT"和"ENDINPUT"之间输入以下语句：

Z   NUMBER

"请输入齿轮的齿数（z>0）："

M   NUMBER

"请输入齿轮的模数（m>0）："

B   NUMBER

"请输入齿轮的齿宽（B>0）："

HAX   NUMBER

"请输入齿轮的齿顶高系数（ha*>0）："

CX   NUMBER

"请输入齿轮的顶隙系数（C*>0）："

ALPHA   NUMBER

"请输入齿轮的压力角（α>0）："

X   NUMBER

"请输入齿轮的变位系数："

如图 9.32 所示，然后保存，关闭该文本文件。

④ 系统提示："要将所做的修改体现到模型中？"单击【是】按钮。

⑤ 在菜单管理器中选择【输入】命令，然后在出现的菜单中选择【Z】、【M】、【B】三个复选框，并选择【完成选择】命令，如图 9.33 所示。

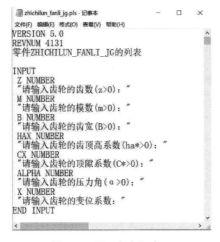

图 9.32 【记事本】窗口

图 9.33 菜单管理器

⑥ 系统提示："请输入齿轮的齿数（Z>0）。"输入值为"25"，单击【完成】图标按钮。

⑦ 系统提示："请输入齿轮的模数（Z>0）。"输入值为"2.50"，单击【完成】图标按钮。

⑧ 系统提示："请输入齿轮的齿宽（B>0）。"输入值为"30.00"，单击【完成】图标按钮，系统生成新的齿轮模型如图 9.34 所示。

图 9.34 齿轮模型

⑨ 在菜单管理器中选择【完成/返回】按钮，保存零件。

结果零件参看所附资源"第 9 章 \ 范例结果文件 \zhichilun_fanli_jg.prt"。

⑩ 对 zhichilun_fanli_jg.prt 中某一参数进行修改，例如将齿数 Z 由 25 变为 30，单击【模型】选项卡中的【重新生成】按钮 🗘，然后出现菜单管理器，提示输入参数值，为了再次单击【重新生成】按钮 🗘 时不出现提示输入参数值的界面，可以将【编辑设计】中在 "INPUT" 和 "ENDINPUT" 之间的语句全部删除，单击【保存】即可。

总结与回顾

参数化是 Creo 5.0 构建模型的基本方法，通过相互关联的参数来驱动模型，从而使这些参数之间存在着一定的父子关系，通过控制这些关系就可以控制模型的形态。通过创建关系式使用户建立的参数和系统参数联系起来，从而可以使用户通过修改自己所建立的参数的值来控制模型形态，减少大量的重复性的工作。在创建用户参数时一定要注意不能和系统专有参数名称相冲突，关系式的书写也一定要符合 Creo 5.0 的格式要求。

思考与练习题

1. 在 Creo 5.0 系统中有哪几类参数？各有什么特点？
2. 哪些参数名不能用于定义用户参数？
3. 是否可以随意删除一个模型中的参数？
4. 在关系中出现的参数，是否可以直接在【参数】对话框中访问？
5. 什么是关系式？它有哪些基本类型？
6. 关系式中最常见的错误类型有哪些？
7. 打开 Creo 5.0，新建一个实体零件文件，在文件中建立如表 9.3 所示参数。

表 9.3　参数表

名称	类型	数值	访问
length	实数	50.00	完全
ratio_of_lentowth	实数	2	完全
width	实数	9.00	完全
leaf_number	整数	5	完全
interval_angle	实数	10	完全
Mould_name	符号	leaf	锁定

8. 在练习题 7 所建立的文件中，建立如下的关系式：

width=length/ratio_of_lentowth

interval_angle=360/leaf_number

然后，打开【参数】对话框，观察一下上面定义的各参数有什么变化。

9. 在 Creo 5.0 中新建一个 "ex9-9.prt" 文件，要求：

① 拉伸建立一个长方体模型。

② 在模型中建立相关参数和关系式，达到能通过修改模型的长度值，而生成一个新尺寸的长方体模型，该模型的长宽比为 2，长高比为 4。

结果零件参看所附资源 "第 9 章 \ 练习题结果文件 \ex9-9_jg.prt"。

10. 创建一个如图 9.35 所示的参数化移动尖顶从动件凸轮模型，已知凸轮的基圆半径 rb=10mm，偏距 e=25mm，从动件行程为 h=30mm，凸轮厚 20mm，从动件的移动规律为等速运动，如图 9.36 所示。要求：通过建立凸轮基圆半径 rb、偏距 e、从动件行程 h 与凸轮轮廓曲线间的关系式从而控制模型形状和尺寸。

（提示：通过定义方程生成凸轮轮廓曲线，然后拉伸生成凸轮实体，凸轮轮廓曲线方程可参考相关机械原理教程）

结果零件参看所附资源"第 9 章 \ 练习题结果文件 \ex9-10_jg.prt"。

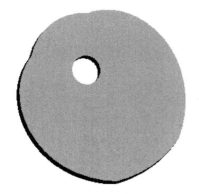

图 9.35　凸轮模型

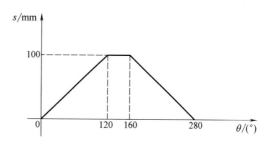

图 9.36　从动件移动规律

第❿章

创建装配体

学习目标： 本章主要介绍 Creo 5.0 中装配体的创建步骤、方法及技巧，学习制作装配组件和模型的爆炸图。

前面介绍的零件模型都是单一的零件，而现实生活中很多产品都是由许多零件（元件）组成的，即装配体（也称为组件）。Creo 5.0 的装配模块就是把零件（元件）装配到一起，形成装配体。

10.1 装配体概述

Creo 5.0 采用单一数据库来完成设计，在完成所有零件设计后，可以使用装配模块将零件组合到一起，建立装配体。

在 Creo 5.0 的装配模块中，可以将元件（零件与子装配）组合成装配件，然后对该装配件进行修改、分析或重新定向。装配的操作依然体现着 Creo 5.0 的参数化特征，装配的过程也基本使用装配工具，将零件或部件按照一定的配合约束位置和连接方式组合到一起，这就是最基本的传统装配设计。

从基本观念上来说，一个"零件"或"元件"是由一个特征或一系列特征，通过叠加、剪切组合在一起的；而一个"装配体"则是由一系列元件或子装配体，按照一定的位置和约束关系组合在一起的。在 Creo 5.0 的装配模式下，可以进行零件的装配，也可以直接新建零件和特征。

10.1.1 进入装配环境

在开始进行装配时，必须合理地选取一个元件作为"基础元件"。基础元件应为整个装配模型中最为关键的一个。在装配过程中，各个元件或子装配均以一定的约束关系和基础元件装配在一起。这样各个装配件和基础元件之间，就形成了"父子关系"。这个基础元件将作为各装配体的装配父元件。若删除此父元件，则与其相连的所有元件或子装配将一起被删除，即在装配过程中，若删除了基础元件，那么整个装配体将被全部删除。所以，在整个装配过程中，决不可以删除基础元件。

确定了基础元件后，就要再选取其余的装配元件或子装配。然后，将元件或子装配以一定的约束关系和基础元件组合在一起，以形成完整的装配体。

　　注意： 在进行装配前最好将所有要装配的元件（零件）放到同一个目录中，并且设置工作目录到要装配的那个目录。

　　使用该功能前必须首先进入装配模块。在"快速访问"工具栏中，选择【新建】命令按钮 或者单击【主页】选项卡上的按钮 ，将在视图中弹出【新建】对话框，如图 10.1 所示，在左侧的【类型】区选择【装配】，在右侧的【子类型】选项栏中选择【设计】单选按钮即可，接着输入新建组件的名称，"装配_1"取消"使用默认模板"前的"√"，单击【确定】按钮，打开【新文件选项】对话框，如图 10.2 所示，选择模板"mmns_asm_design"，单击【确定】按钮，进入装配环境，如图 10.3 所示。

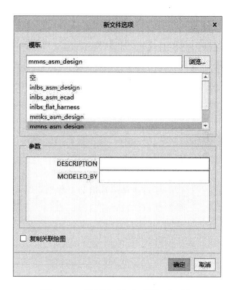

<table>
<tr><td>图 10.1　【新建】对话框</td><td>图 10.2　【新文件选项】对话框</td></tr>
</table>

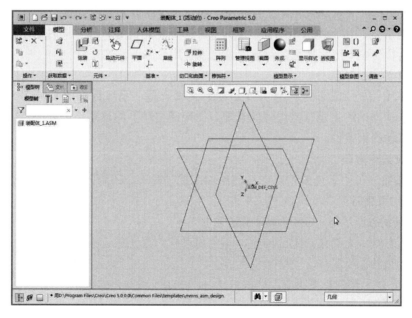

图 10.3　装配工作环境界面

10.1.2　元件装配的基本步骤和流程

Creo 5.0 装配基本步骤如下：

① 启动 Creo 5.0，进入装配环境。

② 在【模型】选项卡中，【元件】组中单击【组装】按钮，打开【元件放置】选项卡，装入基础元件。一般以中心或者能够基本确定装配体及其他元件位置的元件作为基础元件，并在视图中确定其位置。

③ 继续调入其他欲装配的元件，选择合适的约束类型与基础元件配合，完成元件装配。

10.1.3　添加新元件

新建装配件进入装配模块后，在【模型】选项卡中，【元件】组中单击【组装】按钮，在视图中弹出【打开】对话框，从中可以选择需要插入的元件，然后单击【打开】按钮后，弹出【元件放置】选项卡，如图 10.4 所示。

【元件放置】选项卡是一个很重要的操作面板，在此选项卡中，可以用来设置放置元件时显示元件的屏幕窗口、装配的约束类型、参考特征的选择，以及组合状态的显示等。

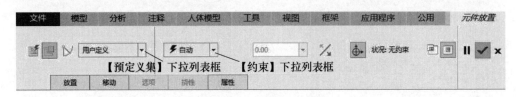

图 10.4　【元件放置】选项卡

下面详细介绍该选项卡的功能。

（1）元件显示按钮部分

● 指定元件约束时，在另一个窗口（子窗口）中显示该导入元件。

● 在主窗口内显示导入元件，并在指定约束时更新导入元件位置。

值得注意的是：当上述两个图标被同时选取时，可将此导入元件同时显示在主视窗口及子窗口中。这样一些不容易选取的对象，就可以使用这种方法实现。

（2）元件约束选项部分

在【约束】下拉列表框中，选择【自动】约束类型，系统将根据所选取的参考和它们的方向来选取适当的约束进行元组件的装配。如果【自动】约束是不需要的，则可选择如图10.5 所示的其他约束条件。

（3）更改约束方向

单击按钮，可用于使偏移反向（使用约束选项时），或用于更改预定义约束集的方向（使用预定义约束集时）。

（4）约束状态显示与【CoPilot 显示开关】

● 约束状态有：无约束、部分约束、完全约束和约束无效。一般元件装配完成时要求元件处于完全约束状态下。

●【CoPilot 显示开关】按钮：切换 CoPilot（3D 拖动器）的显示。

（5）连接类型

如果要设置连接，选择【预定义集】下拉列表框如图10.6 所示。选择合适的连接，可以使组件间产生所需要的运动。本书不介绍连接，连接主要做机构分析使用，有兴趣的读者可以参看 Creo 5.0 机构分析方面的书籍。

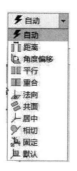

图 10.5　约束类型

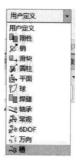

图 10.6　连接类型

（6）【元件放置】按钮

- 使用界面放置元件。
- 通过手动方式来放置元件。
- 约束和连接之间进行相互转换，或相反转换。将一定的约束类型（如对齐、插入等）和连接类型（如销钉等）相互转换。

（7）【放置】上滑面板

单击【放置】按钮，出现图 10.7 所示的【放置】面板。该面板启用和显示元件放置及连接定义。它包含"导航"和"收集"两个区域：显示"集"和"约束"，将为预定义约束集，显示平移参考和运动轴。"集"中的第一个约束将自动激活。在选取一对有效参考后，一个新约束将自动激活，直到元件被完全约束为止。

（8）【移动】上滑面板

单击【移动】按钮，出现【移动】上滑面板，如图 10.8 所示。使用【移动】面板，可移动正在装配的元件，使元件的选取更加方便。当【移动】面板处于活动状态时，将暂停所有其他元件的放置操作。要移动元件，必须要封装或用预定义约束集配置该元件。

运动类型有定向模式、平移、旋转和调整。

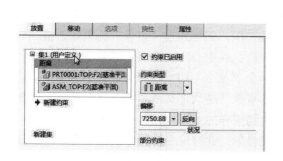

图 10.7　【放置】面板

图 10.8　【移动】上滑面板

（9）工具按钮

- 【暂停】按钮，暂停元件放置来使用其他对象操作工具。

- ✔【确定】按钮，保存特征工具中的所有设置和修改，然后关闭操控板。
- ✖【取消】按钮，放弃特征工具中的所有设置和更改，然后关闭操控板。

10.2 装配约束

装配约束即对元件添加一定的约束条件，来限定元件与其他元件的关系，通过装配约束可以指定一个元件相对于装配体中另一个元件（或特征）的放置方式和位置。装配约束包含自动、距离、角度偏移、平行、重合、法向、居中、相切、固定、默认等几种约束方式来控制元件的位置，将元件通过一定的装配约束添加到装配体中后，它的位置将随着其相邻元件移动而相应改变，而且约束设置值作为参数可随时修改，并可与其他参数建立关系方程。这样整个装配体实际上是一个参数化的装配体。

10.2.1 装配约束类型

打开一个零件后，可以在【元件放置】选项卡中【约束】下拉列表框中选取约束类型。在约束类型中默认设置是【自动】，用户可以通过【约束类型】下拉列表选择需要的约束类型，约束列表包括以下选项。

- 【自动】约束⚡：为系统默认的约束类型。将导入元件放置到装配体中时，系统会从装配体及元件中选择一对有效参考，系统会根据选择的参考，自动选择合适的约束类型。
- 【距离】约束：从装配参考偏移元件参考。
- 【角度偏移】约束：以某一角度将元件定位至装配参考。
- 【平行】约束：将元件参考定向为与装配参考平行。
- 【重合】约束：将元件参考定位为与装配参考重合。
- 【法向】约束：将元件参考定位为与装配参考垂直。
- 【共面】约束：将元件参考定位为与装配参考共面。
- 【居中】约束：居中元件参考和装配参考。
- 【相切】约束：定位两种不同类型的参考，使其彼此相对。接触点为切点。
- 【固定】约束：将被移动或封装的元件固定到当前位置。
- 【默认】约束：用默认的组件坐标系对齐元件坐标系。

关于装配约束，请注意以下几点：

- 一般来说，建立一个装配约束时，应选取元件参考和组件参考。元件参考和组件参考是元件和装配体中用于约束定位和定向的点、线、面。例如通过"重合"约束将一根轴放入装配体的一个孔中，轴的中心线就是元件参考，而孔的中心线就是组件参考。
- 系统一次只添加一个约束。例如不能用一个"重合"约束将一个零件上两个不同的孔与装配体中的另一个零件上的两个不同的孔中心重合，必须定义两个不同的"重合"约束。
- Creo 5.0 装配中，有些不同的约束可以达到同样的效果，如选择两平面"重合"与定义两平面的"距离"为 0，均能达到同样的约束目的，此时应根据设计意图和产品的实际安装位置选择合理的约束。
- 要完整地指定一个元件在装配体中的放置和定向（即完整约束），往往需要定义数个装配约束。
- 在 Creo 5.0 中装配元件时，可以将多于所需的约束添加到元件上。即使从数学的角度来说，元件的位置已完全约束，但还可能需要指定附加约束，以确保装配体达到设计意图。建议将附加约束限制在 10 个以内，系统最多允许指定 50 个约束。

● 一般情况下，装配体的第一个元件均采用默认约束进行装配。

为了让读者真正了解基础的装配，下面结合图例讲解这些放置约束。

（1）【距离】约束

使用【距离】约束可以定义两个装配元件中的点、线和平面之间的距离值。约束对象可以是元件中的平整表面、边线、顶点、基准点、基准平面和基准轴，所选对象不必是同一种类型，例如可以定义一条直线与一个平面之间的距离。当约束对象是两平面时，两平面平行，如图 10.9 所示，当约束对象是两直线时，两直线平行；当约束对象是一直线与一平面时，直线与平面平行。当距离值为 0 时，所选对象将重合、共线或共面。

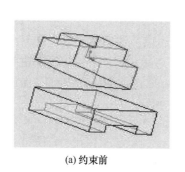 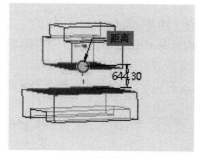

(a) 约束前　　　　　　　　　　　　(b) 约束后

图 10.9　【距离】约束

（2）【角度偏移】约束

用【角度偏移】约束可以定义两个装配元件中的平面之间的角度，也可以约束线与线、线与面之间的角度。该约束通常需要与其他约束配合使用，才能准确地定位角度，如图 10.10 所示。

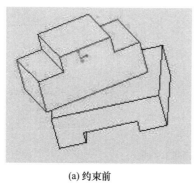 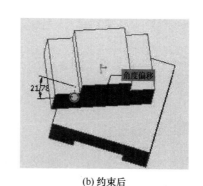

(a) 约束前　　　　　　　　　　　　(b) 约束后

图 10.10　【角度偏移】约束

（3）【平行】约束

用【平行】约束可以定义两个装配元件中的平面平行，如图 10.11 所示，也可以约束线与线、线与面平行。

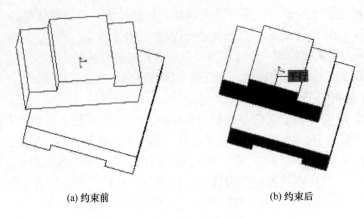

(a) 约束前   (b) 约束后

图 10.11 【平行】约束

（4）【重合】约束

【重合】约束是 Creo 5.0 装配中应用最多的一种约束，该约束可以定义两个装配元件中的点、线和面重合，约束的对象可以是实体的顶点、边线和平面，可以是基准特征，还可以是具有中心轴线的旋转面（柱面、锥面和球面等）。如图 10.12 所示，为面 - 面重合。

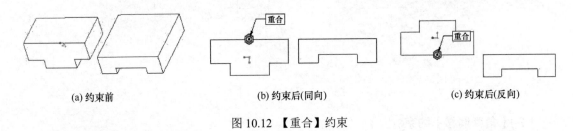

(a) 约束前   (b) 约束后(同向)   (c) 约束后(反向)

图 10.12 【重合】约束

（5）【法向】约束

【法向】约束可以定义两元件中的直线或平面垂直，如图 10.13 所示。

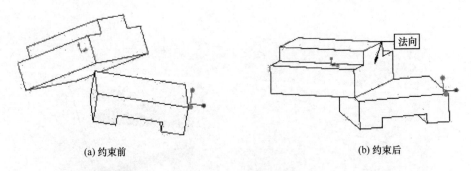

(a) 约束前   (b) 约束后

图 10.13 【法向】约束

（6）【共面】约束

【共面】约束可以使两元件中的两条直线或基准轴处于同一平面，如图 10.14 所示。

（7）【居中】约束

用【居中】约束可以控制两坐标系的原点相重合，但各坐标轴不重合，因此两零件可以绕重合的原点进行旋转。当选择两柱面"居中"时，两柱面的中心轴将重合。当选择两球面"居中"时，球心重合如图 10.15 所示。

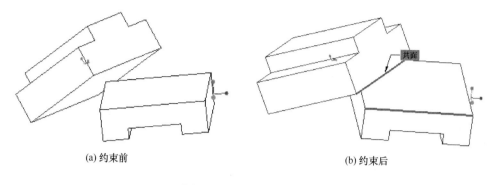

(a) 约束前　　　　　　　　　(b) 约束后

图 10.14　【共面】约束

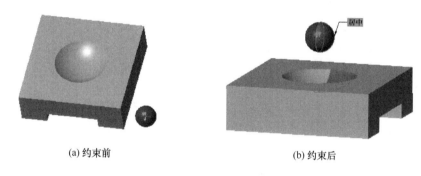

(a) 约束前　　　　　　　　　(b) 约束后

图 10.15　【居中】约束

（8）【相切】约束

用【相切】约束可控制两个曲面相切，如图 10.16 所示。

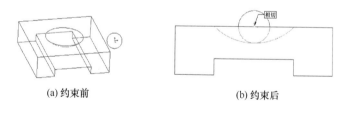

(a) 约束前　　　　　　　　　(b) 约束后

图 10.16　【相切】约束

（9）【固定】约束

【固定】约束也是一种装配约束形式，可以用该约束将元件固定在图形区的当前位置。当向装配环境中引入第一个元件（零件）时，也可对该元件实施这种约束形式。

（10）【默认】约束

【默认】约束也称为【缺省】约束，可以用该约束将元件上的默认坐标系与装配环境的默认坐标系重合。当向装配环境中引入第一个元件（零件）时，常常对该元件实施这种约束形式。

10.2.2　阵列

在装配中，经常需要多次装配有相同关系的装配元件，如果生成这些装配关系的特征是通过阵列生成的，那么在装配中就可以通过阵列元件来简化装配过程。在装配体中放置第一个元件（阵列导引），然后从"模型树"中选取该元件，并阵列多项放置定义。可以使用下列方法向阵列中装配元件的多个实例：

①【参照阵列】：将元件装配到现有元件或特征阵列的导引，然后使用【参照阵列】选项来阵列元件。为了使用此选项，必须存在一个阵列。

②【填充阵列】：在曲面上装配第一个元件，然后使用同一曲面上的草绘生成元件填充阵列。

③【尺寸驱动阵列（非表）】：在曲面上使用"配对"或"对齐"偏移约束装配第一个元件。使用所应用约束的偏移值作为尺寸以创建非表式的独立阵列。

④【轴阵列】：将元件装配到阵列中心。选取一个要定义的基准轴，然后输入阵列成员之间的角度以及阵列中成员的数量。

⑤【方向阵列】：沿指定方向装配元件。选取平面、平整曲面、线性曲线、坐标系或轴以定义第一方向。选取类似的参考类型以定义第二方向。

⑥【曲线阵列】：将元件装配到组件中的参考曲线上。如果在组件中不存在现有的曲线，可以从【参考】面板中打开"草绘器"以草绘曲线。

⑦【表阵列】：在曲面上使用"配对"（Mate）或"对齐"（Align）偏移约束装配第一个元件。使用所应用约束的偏移值作为尺寸。单击【编辑】按钮可以创建表，单击【表】按钮，可以从列表中选取现有的表阵列。

阵列导引用 ◎ 表示，阵列成员用 ◉ 表示。要排除某个阵列成员，可单击相应的黑点。黑点将变为 ◉，且该阵列成员被排除，再次单击该点可以使本成员成为可用的阵列成员。

注意： 不能阵列在组件内使用"创建第一特征"选项创建的元件。

阵列范例如下。

（1）参照阵列

① 打开"第 10 章 \ 范例源文件 \ 参照阵列 \canzhao.asm"，如图 10.17 所示。

② 在【模型】选项卡中，【元件】组中单击【组装】按钮，在【打开】对话框中选择元件"第 10 章 \ 范例源文件 \ 参照阵列 \maoding.prt"，单击 ✔ 后，如图 10.18 所示的零件为需要放置的元件。同时打开【元件放置】选项卡。下面来设置约束，选取铆钉半圆头底面和板的上表面（可以旋转模型以方便选取），系统自动添加"重合"约束；继续选取铆钉轴线和板上孔的轴线，系统自动添加"重合"约束。状态显示为完全约束，如图 10.19 所示。

图 10.17 参照阵列范例

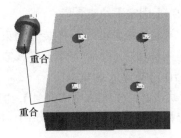

图 10.18 重合约束

③ 如果选择约束出错，或要变更约束，不用打开【放置】上滑面板，直接双击显示的约束文字，如"重合"，"重合"约束的信息就会显示出来，以便修改，如图 10.20 所示。

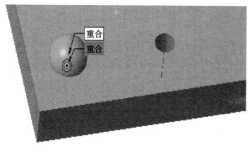

图 10.19　约束铆钉　　　　　　　　　　　　　图 10.20　约束变更

④ 在【元件放置】选项卡中单击【确定】按钮✓，即确定了该元件的位置。

⑤ 阵列铆钉。在视图中选择铆钉，或在模型树中选择 MAODING..PRT。然后单击右键工具栏中【阵列】按钮🞖，弹出【阵列】选项卡，阵列类型显示为"参考"。这是由于在零件 BAN.PRT 中存在孔的阵列。视图中显示阵列引导和阵列成员，如图 10.21 所示。

⑥ 在【阵列】选项卡中单击【确定】按钮✓，完成了该元件的阵列。结果如图 10.22 所示。结果文件参看所附资源"第 10 章 \ 范例结果文件 \ 参照阵列 \canzhao.asm"。

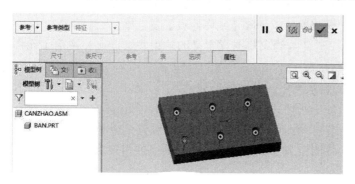

图 10.21　阵列铆钉　　　　　　　　　　　　　图 10.22　铆钉阵列完成结果

（2）尺寸阵列

① 打开"第 10 章 \ 范例源文件 \ 尺寸阵列 \chicun.asm"，如图 10.23 所示。

② 在视图中选择元件 HUAGUI.PRT，或在模型树中选择 HUAGUI.PRT。然后单击【模型】选项卡中阵列按钮🞖，弹出【阵列】选项卡，阵列类型为"尺寸"。视图中显示元件 HUAGUI.PRT 的偏移尺寸 20。双击尺寸 20，弹出输入框，输入"50"，回车，作为尺寸增量，如图 10.24 所示。

注意：尺寸输入后一定要回车确定。

图 10.23　尺寸阵列　　　　　　　　　　　　　图 10.24　输入尺寸增量

③ 在【阵列】选项卡中，输入阵列个数 7，回车，如图 10.29 所示。

图 10.25　输入阵列个数

④ 在【阵列】选项卡中单击【确定】按钮 ✔，完成
该元件的阵列。结果如图 10.26 所示。结果文件参看所附
资源"第 10 章 \ 范例结果文件 \ 尺寸阵列 \chicun.asm"。

图 10.26　完成阵列后结果

10.2.3　封装元件

封装元件在装配体中并不被完全约束。使元件保持
封装状态或使其组件中只受部分约束的原因有两个：

① 向装配体添加元件时，可能不知道将元件放置在哪里最好，或者也可能不希望相对
于其他元件的几何进行定位，可以使用封装作为放置元件的临时措施。若要封装元件，请在
元件受完全约束前关闭【元件放置】操控板，或清除【允许假设】复选框。

② 将元件添加到装配体时，用户定义的约束集或预定义的约束集（连接）决定了元件
在组件中的自由度。

在"模型树"中将使用图标 回 来表示使用封装放置的元件。若元件的父项为封装元件，
则使用图标 回 显示元件为"封装的子项"元件。

随着设计的进行，由于额外自由度的存在，封装元件子项的放置可能不能按原计划保
留。可使用【固定】约束，将封装元件固定或全部约束在与其父项组件相关的当前位置。

以下操作将向装配体中封装新元件：

① 在一个新建或打开的装配中，单击【模型】选项卡中【元件】组，【组装】下【封
装】命令，如图 10.27 所示。在弹出的菜单管理器【封装】菜单中选择【添加】命令。

② 在弹出的【获得模型】菜单（图 10.28）中，单击【打开】，出现【文件打开】对话
框，选择需要的元件，就可以把它封装在装配体。

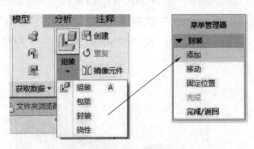

图 10.27　【封装】命令

图 10.28　【获得模型】菜单

10.2.4　干涉检查

Creo 5.0 将提供干涉分析和间隙分析两个基础功能做装配件分析，辅助对产品设计的检
验。在装配模块，单击【分析】选项卡→【检查几何】组中【全局干涉】后的箭头，弹出

【全局干涉】菜单，如图 10.29 所示。菜单包含了模型分析的各个选项。

注意： 对于干涉和间隙检测，其计算精度由零件精度决定。间隙度量或干涉体积的精度由配置选项 measure_sig_figures 控制。

（1）干涉分析

当希望在一个模型中显示每个零件或次组件之间的干涉状况时，可以运行此功能。在【分析】选项卡中，【检查几何】组中【全局干涉】选择【全局干涉】，可对装配模型进行干涉检验，图 10.30 所示为进行干涉分析时的【全局干涉】对话框。使用该对话框，可以计算出零件间、装配件间的干涉数据。

图 10.29　【全局干涉】菜单

图 10.30　【全局干涉】对话框

在【全局干涉】对话框中的【分析】选项卡中，【设置】下选取【仅零件】或【仅子装配】以计算零件或子装配的干涉。【包括面组】和【包括小平面】选项，决定计算时是否包含它们。

【计算】选取【精确】以获得完整且详尽的计算；选取【快速】执行快速检查。选取【精确】时还会加亮干涉体积。【快速】会列出发生干涉的零件或子组件对。

单击 预览(P) 计算分析。发生干涉的元件会在 Creo 5.0 图形窗口中被加亮，并显示在【全局干涉】对话框底部的结果区域中。

如果需要，可单击【特征】选项卡创建或更改当前分析的特征选项。只有在选取特征类型的分析时才能使用特征选项（如参数）。

（2）间隙分析

间隙分析是通过 Creo 5.0 系统寻找和估算出元件间隙所在的位置及间隙值。然后，可以根据这些数据来查看是否符合设计条件。例如在活塞与缸体的配合中，需要一定的配合间隙。利用 Creo 5.0 可以非常方便地检查是否符合设计配合要求。

在模型分析菜单中选择【全局间隙】或【配合间隙】，可以对模型进行间隙分析。选择【配合间隙】选项，系统弹出【配合间隙】对话框如图 10.31 所示，检验两个互相配合的零件的间隙；若选择【全局间隙】选项，则系统弹出【全局间隙】对话框如图 10.32 所示，对整个装配模型进行间隙检验。

需要说明的是，选择【全局间隙】选项后，应设定一个参考间隙值，系统将检测出所有不超过该值的间隙所在。

图 10.31 【配合间隙】对话框   图 10.32 【全局间隙】对话框

下面用一个简单的范例来说明在 Creo 5.0 中干涉与间隙分析的应用。

1）打开文件

单击工具栏中的 按钮，打开本书所附资源文件"第 10 章 \ 范例源文件 \ 分析 \fenxi.asm"文件，如图 10.33 所示。

2）进行间隙分析

① 单击在【分析】选项卡中，【检查几何】组中【全局干涉】菜单中选择【配合间隙】对话框。

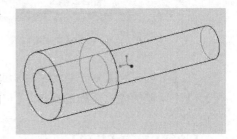

图 10.33 分析范例源文件

② 先单击选择圆柱零件 FENXI2.PRT 的外圆柱面为起始曲面，然后在图 10.31 所示【配合间隙】对话框中单击"至"后面的"选择项"区域，再在视图中选套零件 FENXI1.PRT 的内圆柱面。这时在结果栏中显示"间隙＝0.249563"，在视图中红色高亮标示出间隙位置和注释"0.25 间隙"，如图 10.34 所示。

③ 单击【分析】→【模型】→【全局间隙】，打开【全局间隙】对话框。设定间隙值为 0.5，其他接受系统的默认选项。单击【计算】按钮 ，在结果栏中显示所有符合条件的零件，即存在小于 0.5 间隙的零件对（图 10.35）。

3）干涉分析

① 首先利用 Creo 5.0 参数化设计的优势，在模型树中选中轴零件 FENXI2.PRT，然后单

击右键，在右键菜单中选择【打开】，进入零件模块，将其直径值由 49.5mm 修改为 50.5mm，

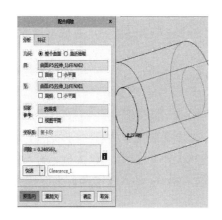

图 10.34 配合间隙

图 10.35 检查全局间隙

单击 按钮，并保存零件。

② 回到组件窗口，单击【分析】→【模型】→【全局干涉】，打开【全局干涉】对话框。单击【预览】按钮 预览(P) ，在结果栏中显示所有存在干涉的零件，视图中红色高亮显示干涉区域。如有多组干涉对象用鼠标选中哪一组，在图形窗口中将红色高亮显示哪一组干涉位置，如图 10.36 所示。

图 10.36 检查全局干涉

10.3 装配体操作范例

通过前面几节的学习，已经基本掌握了 Creo 5.0 装配的操作。总的来说，在完成了各个零件模型的制作之后，就可以把它们按照设计要求组装在一起，成为一个部件或产品。

零件装配的操作步骤如下：

① 新建一个装配类型文件，进入装配模块的工作界面。

② 在【模型】选项卡的【元件】组中单击【组装】按钮，加入零件模型。

③ 在【元件放置】选项卡中，选择适当的约束类型，然后相应选择两个零件的装配参考，使其符合约束条件。

④ 重复步骤③的操作，直到完成符合要求的装配定位，单击☑按钮，完成本次的操作。

⑤ 重复步骤②～④，完成下一个零件的组装。

下面以机械制造中比较常见的齿轮泵来进行 Creo 5.0 装配的演示，巩固前面所学知识。

（1）建立新文件

① 进入 Creo 5.0 工作界面。设置工作目录到"第 10 章 \ 范例源文件 \ 齿轮泵"。

② 单击【新建】图标▢，在【新建】对话框中选择【装配】类型，子类型选择【设计】。输入文件名"chilunbeng"。取消【使用默认的模板】前的勾选。在【新文件选项】对话框中，选 mmns_asm_design 模板。单击对话框的 确定 按钮，进入【组件】工作环境。

（2）装配齿轮泵箱体

① 在【模型】选项卡的【元件】组中单击【组装】按钮📷，系统打开【打开】对话框。在【打开】对话框中打开要进行装配的零件或组件，打开本书资源中的"第 10 章 \ 范例源文件 \ 齿轮泵 \chilunbengxiangti.prt"。

② 在弹出的【元件放置】选项卡中，约束类型默认选择▣，齿轮泵箱体就会在默认位置放置，使其完全约束。在选项卡中单击☑按钮，完成 chilunbengxiangti.prt 元件的装配，如图 10.37 所示。

（3）装配主动轴

① 单击【组装】按钮📷，系统打开【打开】对话框。在【打开】对话框中，选择"第 10 章 \ 范例源文件 \ 齿轮泵 \zhudongzhou.prt"，设置装配约束类型为【重合】约束▥，先选择轴线重合，再选择端面重合，如图 10.38 所示。系统显示"完全约束"。

② 在操控板中单击【确定】按钮☑，完成 zhudongzhou.prt 元件的装配。

注意：【放置】上滑面板中勾选【允许假设】。

图 10.37　齿轮泵箱体

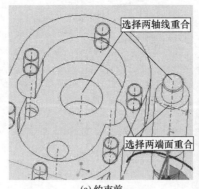

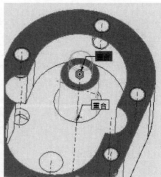

(a) 约束前　　　　　　　　(b) 约束后

图 10.38　装配主动轴

（4）装配主动齿轮

① 单击【组装】按钮📷，系统打开【打开】对话框。在【打开】对话框中，选择"第 10 章 \ 范例源文件 \ 齿轮泵 \zhudongchilun.prt"，设置装配约束【重合】▥，先选择两轴线重合，再选择两端面重合，如图 10.39（a）所示。系统显示"完全约束"。

② 【放置】上滑面板中取消勾选【允许假设】。系统显示"部分约束"。单击【新建约

束】命令，继续设置约束。设置装配约束【重合】▥，选择元件基准面 HF_DTM 和组件基准面 ASM_RIGHT 重合，如图 10.39（b）所示。

③ 系统显示"完全约束"，在选项卡中单击【确定】按钮✔，完成 zhudongchilun.prt 元件的装配，如图 10.39（c）所示。

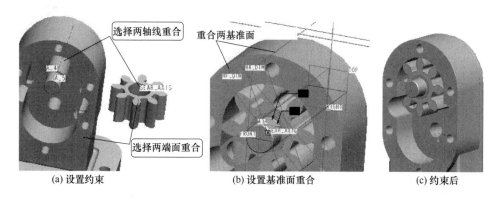

图 10.39　装配主动齿轮

（5）装配从动轴

① 单击【组装】按钮📌，系统打开【打开】对话框。在【打开】对话框中，选择"第 10 章 \ 范例源文件 \ 齿轮泵 \congdongzhou.prt"，设置装配约束【重合】▥，选择两轴线重合，再选择两端面重合，如图 10.40（a）所示。

② 在操控板中单击【确定】按钮✔，完成 congdongzhou.prt 元件的装配，如图 10.40（b）所示。

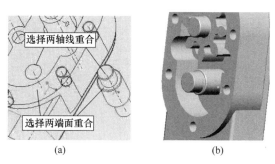

图 10.40　装配从动轴

注意：【放置】上滑面板中勾选【允许假设】。

（6）装配从动齿轮

① 单击【组装】按钮📌，系统打开【打开】对话框。在【打开】对话框中，选择"第 10 章 \ 范例源文件 \ 齿轮泵 \congdongchilun.prt"，设置装配约束【重合】▥，选择两轴线重合，再选择两端面重合。系统显示"完全约束"，如图 10.41（a）所示。

②【放置】上滑面板中取消勾选【允许假设】。系统显示"部分约束"。单击【新建约束】命令，继续设置约束。选择元件基准面 HA_DTM 和组件基准面 ASM_RIGHT 对齐，如图 10.41（b）所示。

③ 系统显示"完全约束"。在选项卡中单击【确定】按钮✔，完成 congdongchilun.prt 元件的装配，如图 10.41（c）所示。两齿轮正好啮合。

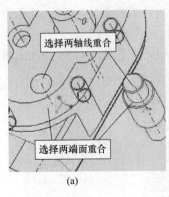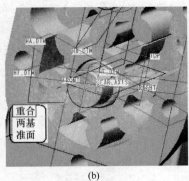

(a)   (b)   (c)

图 10.41　装配从动齿轮

（7）装配齿轮泵盖

① 单击【组装】按钮，系统打开【打开】对话框。在【打开】对话框中，选择"第10 章 \ 范例源文件 \ 齿轮泵 \xianggai.prt"，打开 xianggai.prt 元件。设置装配约束【重合】，选择两端面重合，再选择两轴线重合。系统显示"完全约束"，如图 10.41（a）所示。注意两端面重合时配合的方向。

②【放置】上滑面板中取消勾选【允许假设】。系统显示"部分约束"。单击【新建约束】命令，继续设置约束。设置装配约束为重合，选择第 3 组两轴线重合约束，如图 10.42（a）所示。

③ 系统显示"完全约束"。在操控板中单击【确定】按钮，完成 xianggai.prt 元件的装配，如图 10.42（b）所示。

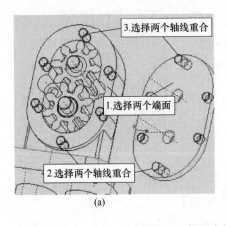

(a)   (b)

图 10.42　装配齿轮泵盖

（8）装配紧固螺钉

① 单击【组装】按钮，系统打开【打开】对话框。在【打开】对话框中，选择"第10 章 \ 范例源文件 \ 齿轮泵 \jinguluoding.prt"。打开"元件放置"选项卡，设置装配约束为【居中】约束，选择两曲面居中，如图 10.45（a）所示。

② 系统显示"完全约束"。在操控板中单击【确定】按钮，完成 jinguluoding.prt 元件的装配，如图 10.45（b）所示。

注意：【放置】上滑面板中勾选【允许假设】。

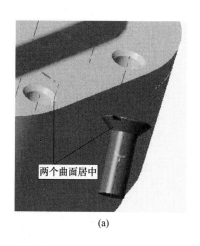　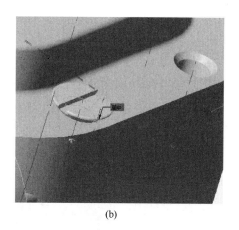

(a)　　　　　　　　　　　　　　　　(b)

图 10.43　装配紧固螺钉

③ 装配其他螺钉。泵上要安装 6 个紧固螺钉，已经安装好了第一个，下面用"重复"方法，快速安装其他螺钉。

在模型树中选中 jinguluoding.prt 元件，单击右键，系统弹出右键菜单。选【重复】命令。系统弹出【重复元件】对话框，如图 10.44 所示。鼠标左键单击"居中"参照类型名，对话框中【添加】按钮变为可用，单击【添加】按钮 添加 ，如图 10.45 所示。在视图中依次选择泵盖其余 5 个螺钉孔的锥面，轻松完成螺钉装配，单击【重复元件】对话框的【确认】按钮 确认 ，完成操作，如图 10.46 所示。

　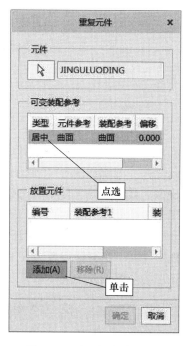　

图 10.44　【重复元件】对话框　　图 10.45　设置对话框参数　　图 10.46　完成螺钉装配

（9）装配主动轴上的键

① 单击【组装】按钮 ，系统打开【打开】对话框。在【打开】对话框中，选择"第

10 章 \ 范例源文件 \zhudongzhoujian.prt", 打开 zhudongzhoujian.prt 元件。系统弹出【元件放置】选项卡。

② 先设置两个【重合】约束，如图 10.47（a）所示。

③ 设置平行约束如图 10.47（b）所示。偏移设置为【定向】。系统显示"完全约束"。

④ 在【元件放置】选项卡中单击【确定】按钮，完成 zhudongzhoujian.prt 元件的装配。至此，齿轮泵安装完成。最后结果如图 10.48 所示。

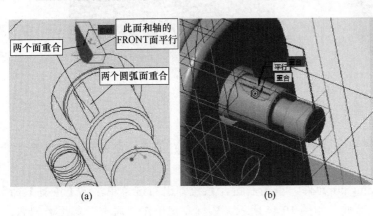

(a)   (b)

图 10.47　装配键

图 10.48　装配完成后的齿轮泵

要点提示：

① 在元件装配之前，将装配模型中的某些已装配零件隐藏，可简化装配过程中的图面，便于捕捉要进行约束的对象。

② 零件装配时，必须合理地选择第一个零件，一般选择整个模型中最为关键的零件。

③ 针对不同的装配要求，合理地选择约束类型，借助【自动】选项，系统可以自动选择某些合适的约束类型，可以加快装配的操作。

10.4　爆炸图

在装配模型生成，而且分析检查无误以后，为了更清楚地表达该模型的结构，常常需要将生成的装配模型分解开，这就称为"分解视图"，也称"爆炸图"，主要用来查看组件中各个零件的位置状态。使用分解操作，系统会根据使用的约束产生默认的分解视图，但是默认的分解视图通常无法贴切地表现出各个元件的相对位置，所以通常我们使用"编辑位置"来修改分解位置，可以为每个组件定义多个分解视图，然后可随时使用任意一个已保存的视图。还可以为组件的每个绘图视图设置一个分解状态。

在 Creo 5.0 中，装配模块下，与分解相关的菜单命令，如图 10.49 所示。

图 10.49　【分解视图】菜单

分解图（爆炸图）的建立步骤如下。

① 运行分解视图。

② 编辑位置。

③ 增加偏移线。

④ 如果有需要，修改偏移线。

10.4.1 自定义爆炸图

当装配完成后，单击【模型】选项卡中，【模型显示】组中【分解视图】命令，就可以得到默认状态下的爆炸图。爆炸图可以用于产品说明书或需要进行产品演示等场合。如图10.50 所示，分别为轴承座的装配图与默认位置的爆炸图。

这种操作方法虽然简单，但是往往不能完全满足用户的要求。如图10.50 所示的爆炸图就没有将连接固定用的六角螺钉表现清楚。这就要求我们自定义爆炸图。

自定义爆炸图的操作为单击【模型显示】组中【分解视图】命令，再单击【编辑位置】命令，打开【编辑位置】选项卡，如图10.51 所示。可以单击■（平移）、■（旋转）、■（视图平面）选择不同的移动类型。单击【参考】栏中的【移动参考】，选取移动参考（可以是平面、边、轴、坐标系等），然后单击【要移动的元件】栏，选取要移动的元件，那么该元件将沿着选取参考的方向移动。

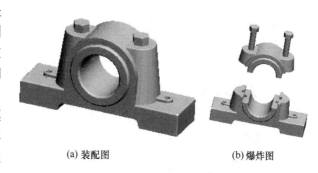

(a) 装配图　　(b) 爆炸图

图 10.50　轴承座的装配图与爆炸图

在该操作中，【编辑位置】选项卡是整个操作的关键，如图10.51 所示。必须在【移动参考】栏中指定要参考的对象，可选择的有：

① 选取平面，单击一个任意平面，以其为基准移动指定的元件。

② 图元 / 边 / 轴，单击任意图形的边线，以其为基准移动指定的元件。

③ 两点，先单击一点，再拖动元件到第二点，以此种方式，移动指定的元件。

④ 坐标系选，以指定的坐标系为基准，移动指定的元件。

图 10.51　【编辑位置】选项卡

如果单击■（视图平面），元件可以在当前视图平面内移动。

总之，【编辑位置】对话框，就是要以指定的方式，将已经装配好的组件拉开到适当的距离。然后才是画出【偏移线】。所谓"偏移线"就是用来显示分解元件的对齐方式，以代表装配的组件和对齐方式。它们将以虚线的形式显示。如图10.52 所示的范例仅仅是一个简单纯粹的范例，在现实中无实际的意义。一般它会通过选取参考（平行于某条边或是垂直于某个曲面）确定直线段两端的方向，中间段和两端直线段相连，然后就可以对其进行修改或删除。

在图 10.53 中单击【分解线】选项卡后，出现如图 10.53（a）所示的下滑面板。主要选项意义如下。

　　：创建修饰偏移线。以说明分解元件的运动。

　　：编辑选定的分解线。

　　：删除选定的分解线。

● 【编辑线造型】：可以改变分解线的颜色及线型等。

● 【缺省线造型】：设置分解线默认的颜色及线型等。

单击　按钮，就进入了如图 10.53（b）所示的对话框。

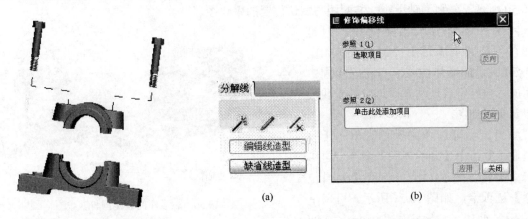

图 10.52　带分解线的爆炸图　　　　　　　　图 10.53　修饰偏移线创建

图 10.53（b）所示对话框中，需要在【参照 1（1）】和【参照 2（2）】栏中分别选择合适的参照，即可创建修饰偏移线（分解线）。

在建立了爆炸图后，再次单击【模型显示】组的【分解视图】按钮 分解视图，就可以使爆炸图显示为非爆炸状态。

在实际应用中，为了设计更加方便和进一步提高工作效率，或为了更清晰地了解模型的结构，可以建立各种视图并加以管理，这就要用到视图管理功能。

在 Creo 5.0 中，管理视图的功能在【视图管理器】中完成，它可以管理、简化表示视图和分解视图等。

新打开一个组件后，选择【模型】选项卡【模型显示】组【视图管理器】 命令，在视图中弹出【视图管理器】对话框，如图 10.54 所示，分别单击各个标签按钮可以进入相应的管理面板，下面将主要结合简单的范例操作，围绕该面板简要介绍分解装配图的操作。

基于同一个装配模型可以建立的多个不同的爆炸图，用来清楚地显示装配图的不同的组件。可以利用在装配环境下的【视图管理器】对话框，来建立与管理多个不同的爆炸图。

单击【视图管理器】中的【分解】选项，接下来选择【新建】，在【名称】中输入合适的爆炸图名称后，单击【属性】后，选择【编辑位置】按钮 ，进入如图 10.51 所示的选项卡，就可以使用与前面类似的操作进行爆炸图的编辑了。

10.4.2　爆炸图的保存

当完成装配体的爆炸图时，在【视图管理器】对话框中，选择【编辑】下的【保存】

后，打开【保存显示元素】对话框，如图 10.55 所示。单击 确定 按钮就可以保存。注意勾选方向，再次打开就会记住保存的方位。

图 10.54　【视图管理器】对话框

图 10.55　【保存显示元素】对话框

再次打开【视图管理器】对话框选择【分解】选项卡。双击该分解视图名，就会直接显示装配图的该分解视图。

最后退出 Creo 5.0 时，一定要保存文件。

范例如下。

① 进入 Creo 5.0 工作界面。设置工作目录到"第 10 章 \ 范例结果文件 \ 齿轮泵"。

② 单击【打开】按钮，打开组件 chilunbeng.asm。

③ 单击【视图管理器】按钮，打开【视图管理器】对话框，选择【分解】选项卡，单击 新建 按钮，输入分解视图名称"baozhatu"，回车，如图 10.56 所示。

④ 单击对话框下方的【属性】按钮 属性》，编辑属性，如图 10.57 所示。单击【编辑位置】按钮，弹出【编辑位置】选项卡，如前面图 10.51 所示。系统默认在【平移】状态。

图 10.56　创建分解视图

图 10.57　编辑属性

⑤ 鼠标左键在视图中单击泵盖或在模型树中选择 xianggai.prt，在此零件上会出现一个坐标系，其中一个轴和主动轴的轴线重合，单击此轴，保持左键按下移动鼠标，*xianggai.prt*

元件随鼠标移动，到合适位置单击左键，放置元件，如图 10.58 所示。

⑥ 按住 Ctrl 键，单击选择主动齿轮和从动齿轮，即 zhudongchilun.prt 和 congdongchilun.prt，在从动轴齿轮上单击和主动轴的轴线方向相同的坐标轴，在视图中按下鼠标左键，移动鼠标，两个元件随鼠标一起移动。在合适的位置单击放置，如图 10.59 所示。

⑦ 同样选择 6 个紧固螺栓移动到合适的位置。

⑧ 继续选择从动轴和主动轴及键，移动到合适的位置，如图 10.60 所示。

图 10.58　放置泵盖

图 10.59　放置齿轮

图 10.60　放置轴和键

⑨ 下面要把键移动出来。单击半圆键，先沿着轴线水平拖动，再沿着垂直轴线拖动，放置后如图 10.61 所示。

⑩ 创建"偏移线（分解线）"。单击【视图管理器】对话框中的【编辑】选项卡下的【编辑位置】按钮，出现如前面图 10.53 所示选项卡，在图 10.53 中单击，然后选择螺钉的轴线和箱体螺钉孔的轴线，创建出一条偏移线。同样创建出其他偏移线，如图 10.62 所示。显示齿轮泵分解视图，视图已经显示"偏移线"。

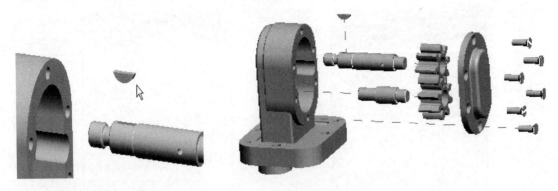

图 10.61　移动键

图 10.62　齿轮泵分解视图

⑪ 在【视图管理器】对话框中单击【切换】按钮 << ... ，在【分解】选项卡中单击【编辑】→【保存】，系统弹出【保存显示元素】对话框，勾选的【分解】后是视图名"baozhatu"。勾选【方向】选项，单击 确定 按钮，保存分解视图。在【视图管理器】对话框中单击 关闭 按钮。单击工具栏中 按钮，保存设置。

总结与回顾

本章介绍了装配体的创建过程，重点是通过范例文件的操作来讲解装配体以及分解视图的创建步骤、方法和技巧，希望读者能通过上机练习，掌握装配体和分解视图的创建方法。

思考与练习题

1. 根据零件装配过程中不同的零件的结构与造型特点可以使用不同的约束类型。【元件放置】选项卡的约束列表共列出了多少种约束类型？各有什么使用特点？

2. 进入装配环境中，怎样加载元件？

3. 在【元件放置】选项卡中的【移动】上滑面板中列出了几种运动类型全各是什么？有何特点？

4. 在对零件进行装配的时候，移动和约束的过程都需要选择参考。这些参考各是什么？有何特点？

5. 为了容易选取和操作，如何对视图进行处理和操作。例如隐藏，或是打开【单独显示零件】窗口。

6. 如何方便地使用阵列装配？

7. 干涉检查的作用及其使用方法是什么？

8. 打开"第 10 章 \ 练习题源文件 \ex10-1"，完成零件 xiti10-1-1.prt 和 xiti10-1-2.prt 的装配。零件如图 10.63（a）和图 10.63（b）所示。完成的装配体参看"第 10 章 \ 练习题结果文件 \xiti10-1.asm"。

9. 打开"第 10 章 \ 练习题源文件 \ex10-2"，完成零件 xiti10-2-1.prt 和 xiti10-2-2.prt 的装配。零件如图 10.64（a）和图 10.64（b）所示。完成的装配体参看"第 10 章 \ 练习题结果文件 \xiti10-2.asm"。

(a)　　　　　(b)　　　　　　　　(a)　　　　　(b)

图 10.63　思考与练习题 8 图　　　　图 10.64　思考与练习题 9 图

10. 打开"第 10 章 \ 练习题源文件 \ex10-3"，完成零件 xiti10-3-1.prt 和 xiti10-3-2.prt 的装配。零件如图 10.65（a）和图 10.65（b）所示。完成的装配体参看"第 10 章 \ 练习题结果文件 \xiti10-3.asm"。

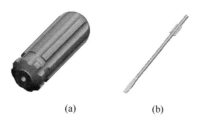

(a)　　　　　(b)

图 10.65　思考与练习题 10 图

11. 打开"第 10 章 \ 练习题源文件 \ex10-4",完成零件 xiti10-4-1.prt 和 xiti10-4-2.prt 的装配。零件如图 10.66（a）和图 10.66（b）所示。完成的装配体参看"第 10 章 \ 练习题结果文件 \xiti10-4.asm"。

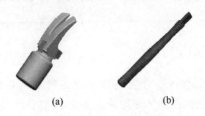

(a)　　　　　　　　　　(b)

图 10.66　思考与练习题 11 图

12. 打开"第 10 章 \ 练习题源文件 \ex10-5",完成零件 xiti10-5-1.prt 和 xiti10-5-2.prt 的装配。零件如图 10.67（a）和图 10.67（b）所示。完成的装配体参看"第 10 章 \ 练习题结果文件 \xiti10-5.asm"。

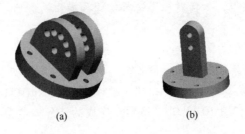

(a)　　　　　　　　　　(b)

图 10.67　思考与练习题 12 图

13. 打开"第 10 章 \ 练习题源文件 \ex10-6",完成零件 xiti10-6-1.prt ～ xiti10-6-5.prt 零件的装配。本练习中，由于零件较多，可以先将其中的几个零件组装成子组件，再将子组件装配在一起，如图 10.68（a）和图 10.68（b）所示。装配结果参看"第 10 章 \ 练习题结果文件 \xiti10-6.asm"。

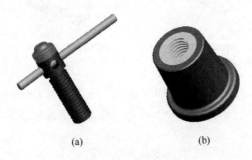

(a)　　　　　　　　　　(b)

图 10.68　思考与练习题 13 图

第11章

二维工程图

学习目标：本章主要介绍工程图模块、创建工程视图、视图调整、标注尺寸、工程图创建实例等。

11.1 工程图模块简介

在 Creo 5.0 中，绘制工程图是在一个专用模块中进行的。用户能够通过该模块绘制出零件实体的工程图，并能够使用注解来注释工程图、处理尺寸。工程图中所有的视图都是相关的，可以使用图层来管理不同项目的显示。如果改变了一个视图的尺寸值，则系统将会相应地更新其他工程图视图。

除此以外，Creo 5.0 中的工程图模块还支持多个页面，允许定制带有草绘几何的工程图，定制工程图格式，并修改工程图的多个修饰，并且还可以利用相关接口命令，将工程图输出到其他系统或将文件从其他系统输入到工程图模块中。

本章主要介绍如何使用工程图模块生成模型的工程图，以及工程图模块中常用的操作。Creo 5.0 不仅能够直接建立零件实体，还可以将其转换为二维平面图，即工程图。工程图主要用来显示零件的三视图、尺寸、尺寸公差等信息，还可以表现装配各元件彼此的关系和组装顺序。虽然现在直接应用三维建模已经成为发展趋势，但工程图在很多情况下还是需要的。

11.1.1 图纸格式的设置

（1）工程图格式概述

Creo 5.0 的工程图格式包括图框（例如 A0、A1 等幅面的图框）、标题栏等要素，另外工程图格式始终有它自己的设置文件（"format.dtl" 文件），独立于工程图设置文件 "detail.dtl"。

系统将工程图格式保存在单独的文件中。修改一个格式后，系统将在使用该格式的所有工程图中自动更新此格式。检索工程图时，如果找不到工程图所使用的格式，系统会在消息区给出一个错误消息。

对于多个页面工程图，可以改变任何页面上的格式（包括第一个页面），而不影响其他页面格式，因此，用户能在工程图的各个页面上使用不同的格式。要在全部已有的工程图页面中增加或替换单个格式，必须将该格式增加到每个单独页面中。

在配置文件"config.pro"中，可用"format_setup_file"选项指定某个目录下的特殊的工程图格式的设置文件"format.dtl"的路径，将该"format.dtl"中的选项值分配给用户创建的每个格式，但是不分配给工程图。

工程图的配置文件是"detail.dtl"，它影响绘图的工作环境以及绘图的标准。系统虽然提供默认的配置文件，但是每个企业都会有自己的特殊要求，要创建自己的配置文件，然后在"config.pro"中指定配置文件的路径和名称。用"drawing_setup_file"指定配置文件名，用"pro_dtl_setup_dir"指定路径。要使这两个设置文件有相同的值，必须单独编辑它们。

（2）创建格式

下面以创建一个 A4 横放的工程图格式为例，说明创建新工程图格式的一般操作过程。

① 新建草绘类型文件。在【主页】选项卡中单击【新建】或左键单击快速工具栏中的【新建】图标按钮，在弹出的如图 11.1 所示对话框中，将【类型】设置为【草绘】，在名称中输入文件名"A4_图框"。单击 确定 按钮。

② 在草图环境，绘制如图 11.2 所示 A4 图框和标题栏。长×宽为 297×210，保存文件，退出。保存为"A4_图框 .sec"文件。

③ 新建工程图格式文件。在主菜单中单击【文件】→【新建】或左键单击工具栏中的【新建】图标按钮，出现【新建】对话框，【类型】设置为【格式】选项。在名称中输入"A4_横放"，单击 确定 按钮。

图 11.1 【新建】对话框

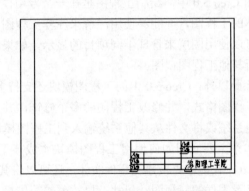

图 11.2 草绘的图框和标题栏

④ 在弹出的【新格式】对话框中选择【截面空】选项，单击 浏览... 按钮，如图 11.3 所示，打开步骤②中保存的"a4_图框 .sec"文件。在【新格式】对话框中单击 确定 按钮。

⑤ 设置配置文件。在主菜单单击【文件】→【准备】→【绘图属性】，在出现的【格式属性】对话框中，单击"详细信息选项"右侧的【更改】命令。系统弹出【选项】对话框，单击【打开】按钮，系统弹出【打开】对话框，选择本书所附资源文件"第 11 章 \FORMAT.DTL"。单击【打开】按钮。回到【选项】对话框单击 应用 按钮，再单击 关闭 按钮。

设置线宽。先单击【布局】选项卡，然后单击【线型】按钮，在菜单管理器中选择【修改直线】。按住 Ctrl 键选择要设置线宽的线段（图框部分）。单击 确定 ，系统弹出【修改线型】对话框，如图 11.4 所示。线宽修改为 0.5，单击 应用 按钮，再单击 关闭 按钮。同样方法设置其他线宽。

添加注解。单击【注释】选项卡，然后单击 注解按钮，在合适位置放置文本。

⑥ 保存文件，完成工程图格式的创建。最后结果参见本书所附资源文件"第 11 章 \ 范例结果文件 \ 格式 \A4_ 横放 .frm"。

图 11.3　【新格式】对话框

图 11.4　【修改线型】对话框

11.1.2　工程图模块的工作环境

Creo 5.0 的工程图操作窗口与零件模块、草绘模块的界面相似，如图 11.5 所示。

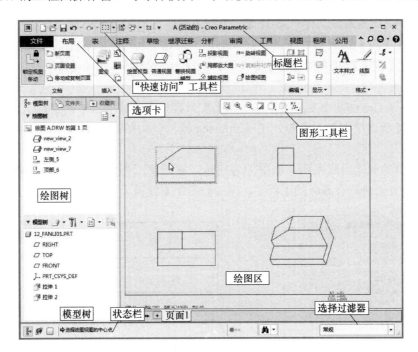

图 11.5　工程图操作窗口

按不同功能可将绘图窗口分为标题栏、"快速访问"工具栏、绘图树、模型树以及绘图区。另外，功能区还有工程图模块中 12 个选项卡，便于大家的实际操作，如图 11.6 所示。

选项卡的组成：选项卡名称，按钮，组，组溢出按钮。

图 11.6　工程图的选项卡

在工程图模块，除了【布局】选项卡，还有【表】、【注释】、【草绘】、【继承迁移】、【分析】、【审阅】、【工具】、【视图】、【框架】和【公用】选项卡。

11.2　创建工程视图

本节介绍如何向工程图中添加视图。包括普通视图、投影视图、辅助视图和局部放大图等。

11.2.1　使用模板创建视图

有一些工程图有相同的要素，如相同的三视图位置、相同的视角、相同的尺寸样式等。有一些零件有相同的（相似的）要素，如轴类零件、圆盘类零件、杠杆类零件、箱体类零件，我们可以为每一类零件制作模板，这样可以大大节约制图时间，提高工作效率。

Creo 5.0 提供几个模板供用户使用。创建步骤如下。

① 打开本书所附资源文件"第 11 章 \ 范例源文件 \12_fanli01.prt"。

② 单击【主页】选项卡中【新建】或单击"快速访问"工具栏中的【新建】图标按钮，在弹出的【新建】对话框中，将【类型】设置为【绘图】，保持【使用默认模板】选项。在名称中输入文件名"drw_fanli01"，单击 确定 按钮。

注意：如果 Creo 5.0 中无模型，则要在【默认模型】区域中，单击 浏览… 找到模型。

③ 设置【新建绘图】对话框，选 d_drawing 模板，如图 11.7 所示，然后单击对话框中 确定 按钮。

④ 系统自动创建出三视图，如图 11.8 所示。它是第三视角制图，和我们熟悉的第一视角不同。如果要创建符合国标的工程图，需要自己配置模板。

图 11.7　【新建绘图】对话框

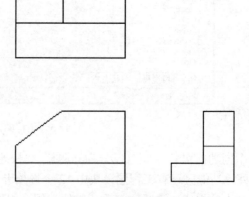

图 11.8　用模板创建的视图

11.2.2　创建普通视图

在 Creo 5.0 中，普通视图是创建其他视图的前提条件，也就是说，如果要创建其他视图，必须先创建普通视图。当前环境中有了零件实体的普通视图后，再以该视图为基础建立投影、辅助以及局部放大图等。

创建步骤如下：

① 打开本书所附资源文件"第 11 章 \ 范例源文件 \12_fanli02.prt"。

② 单击【主页】选项卡中【新建】或单击"快速访问"工具栏的【新建】图标按钮 ，在弹出的【新建】对话框中，将【类型】设置为【绘图】，取消【使用默认模板】选项。在名称中输入文件名"drw_fanli02"，单击 确定 按钮。

注意：如果 Creo 5.0 中无活动模型，则要在【默认模型】区域中，单击 浏览… 找到模型。

③ 设置【新建绘图】对话框如图 11.9 所示，然后单击 确定 按钮。

④ 创建普通视图。在【布局】选项卡中单击【普通视图】按钮 ，系统弹出【选择组合状态】对话框，如图 11.10 所示。默认是"无组合状态"。如果不希望系统对于组合状态的提示，就勾选下面的小框，然后单击 确定 按钮。

图 11.9　【新建绘图】对话框

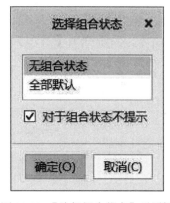

图 11.10　【选择组合状态】对话框

在绘图区域中要放置视图的中心单击，系统将在鼠标单击的位置创建零件的普通视图。同时系统打开【绘图视图】对话框。

创建完普通视图后，可以通过选取【绘图视图】对话框【类型】列表框中的【视图类型】项，来切换它的视图方向。在 Creo 5.0 中，系统默认的普通视图的放置方向是默认方向（该方向为众多方向中的一种，为在零件模块中应用的角度）。如果要切换为其他视图方向，则可以执行以下操作：在绘图区域中双击普通视图，打开【绘图视图】对话框，如图 11.11 所示，从【模型视图名】列表中选择要使用的视图方向，例如 FRONT 视图。然后，单击 应用 按钮，零件即以所选的方向显示。单击 关闭 按钮，退出【绘图视图】对话框，完成视图方向的切换。将普通视图转换为 FRONT 视图作为主视图时【绘图视图】对话框的设置如图 11.11 所示，得到的主视图如图 11.12 所示。

图 11.11 【绘图视图】对话框

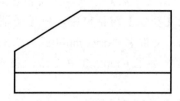

图 11.12 主视图

11.2.3 创建投影视图

投影视图是以水平和垂直视角来建立前、后、上、下、左、右等直角投影视图，如图 11.13 所示三视图是零件实体的主视图、顶视图和右投影视图。该图为第三视角投影。系统默认的投影规则是第三视角投影，我国标准的常用投影规则是第一视角投影。

关于这个标准的设定，用户可在系统工程图配置文件中设定；也可以单击【文件】→【准备】→【绘图属性】选项。系统弹出【绘图属性】对话框。单击"详细信息选项"右侧的【更改】命令。系统弹出【选项】对话框，在如图 11.14 所示【选项】对话框中设置"projection_type"参数为"first_angle"。然后在【选项】对话框中单击【应用】和【确定】按钮。

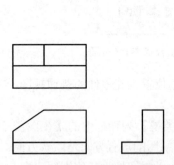

图 11.13 第三视角三视图

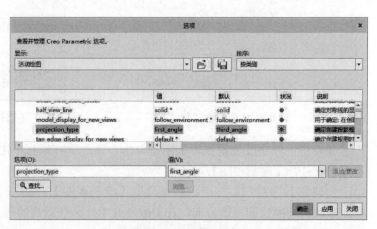

图 11.14 设置投影类型

继续创建投影视图。在【布局】选项卡中单击【投影视图】按钮 投影视图，然后，在绘图区域中选择视图放置位置。如果在当前绘图区域中有多个普通视图，则要求先选择投影视图的父项。然后，单击鼠标左键，投影视图即可放置在绘图区域中，得到如图 11.15 所示第一视角三视图。"12_fanli02.prt"零件三视图参看本书所附资源文件"第 11 章 \ 范例结果文

件 \drw_fanli02_jg.drw"。

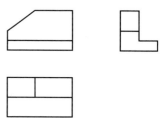

或者更简单的方法是，先选中普通视图（或投影图），右击（单击右键）并保持 1 秒，在弹出的快捷菜单中单击【投影视图】按钮，移动鼠标到合适位置，在绘图区域中单击（单击鼠标左键）同样可以创建投影视图。

另外，在移动投影视图时，系统要求必须始终保持投影关系，如俯视图只能上下移动，而左视图则只能左右移动。

图 11.15　第一视角三视图

注意：本节后面的范例，均采用第一视角。进入工程图环境后，单击【文件】→【准备】→【绘图属性】，在出现的【格式属性】对话框中，单击"详细信息选项"右侧的【更改】命令。系统弹出【选项】对话框，在其中单击【打开配置文件】按钮 。在【打开】对话框中选本书提供的配置文件 detail.dtl，路径为"第 11 章 \detail.dtl"，每个范例都要设置。

11.2.4　创建局部放大图

局部放大图是在一个已有的视图上创建局部视图，即将零件的任一细节放大而形成单独的视图，Creo 5.0 称为局部放大图。创建局部放大图的方法如下。

① 打开本书所附资源文件"第 11 章 \ 范例源文件 \12_fanli04.prt"，打开文件"第 11 章 \ 范例源文件 \drw_fanli04.drw"。已经创建了普通视图作为局部放大视图的父视图（可参照前面叙述创建）。

② 在【布局】选项卡中单击【局部放大图】按钮 局部放大图 。

③ 在现有视图上要创建局部放大图的边上选取一个参照点，并围绕此参照点绘制一条样条曲线（注意：此样条曲线不可与其余样条曲线相交），以作为生成的局部放大视图的轮廓线。完成后，单击鼠标中键以闭合此样条曲线。

④ 在页面上选取一个位置作为新视图的放置中心，在此位置上会出现要生成的局部放大视图以及文字"A"和视图比例，如图11.16 所示。

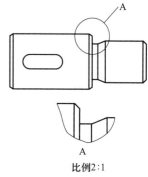

⑤ 双击新生成局部放大视图，弹出【绘图视图】对话框，在【绘图视图】对话框中进行一些常见设置，如比例、剖面、可见区域的设置。

⑥ 在【绘图试图】对话框中单击 确定 按钮。结果参看本书所附资源文件"第 11 章 \ 范例结果文件 \drw_fanli04_jg.drw"。

图 11.16　详细（局部放大）视图

11.2.5　创建辅助视图

如果模型比较复杂，并且通过投影视图无法表现出某些特征时，可以通过建立辅助视图来了解被遮挡的图形特征。实际上，辅助视图是一种特殊投影视图，它以垂直角度向选定曲面或轴进行投影。选定曲面的方向确定投影方向。父视图中的参照必须垂直于屏幕平面。创建辅助视图的步骤如下。

① 打开本书所附资源文件"第 11 章 \ 范例源文件 \12_fanli05.prt"。

② 打开文件"第 11 章 \ 范例源文件 \drw_fanli05.drw"。已经创建了普通视图作为辅助视图的父视图。

③ 在【布局】选项卡中单击 ◇辅助视图 按钮，然后单击鼠标左键选择图 11.17 箭头所示平面，然后在适当的位置放置辅助视图。得到如图 11.17 所示辅助视图。结果参看本书所附资源文件"第 11 章 \ 范例结果文件 \drw_fanli05_jg.drw"。

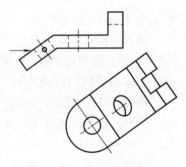

图 11.17　创建辅助视图

11.2.6　创建旋转视图

旋转视图实际上是现有视图的一个剖面，它是围绕切割平面投影旋转 $90°$ 而形成的一个单独视图。Creo 5.0 允许用户使用 3D 模型中创建的剖面作为切割平面，不过，最常用的操作是在放置视图时即时创建一个剖面。旋转视图和剖视图的不同之处在于它包括一条标记视图旋转轴的线。下面是创建旋转视图的方法。

注意： 它和工程制图中的旋转视图概念有所不同，相当于工程图中的"断面图"。

① 打开本书所附资源文件"第 11 章 \ 范例源文件 \drw_fanli06.drw"。已经创建一个普通视图为主视图和俯视图，如图 11.18 所示，已经设置了投影类型，零件已经创建好了剖面 A。

② 在【布局】选项卡中单击 ³³° 旋转视图 按钮。

③ 选取旋转视图的父视图，选主视图。

④ 选择放置旋转视图的中心点。单击中键完成，如图 11.18 所示。同时弹出【绘图视图】对话框如图 11.19 所示。单击【绘图视图】对话框中的【应用】和【确定】按钮。结果参看本书所附资源文件"第 11 章 \ 范例结果文件 \drw_fanli06_jg.drw"。

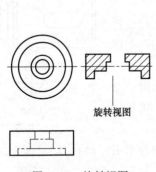

图 11.18　旋转视图

图 11.19　【绘图视图】对话框

11.2.7　创建其他视图

（1）剖视图

用剖面剖开零件并将位于观察者和剖面之间的部分移去，再投影就可得到剖视图。剖视图所用的剖面，建议在零件模块下预先建好。

Creo 5.0 剖视图的类型有：完整（应翻译为全剖）、半倍（应翻译为半剖）、局部、全部（展开）和全部（对齐），如图 11.20 所示。

对应的视图为全剖视图、半剖视图、局部剖视图、展开剖视图和旋转剖视图（和 Creo

5.0 的旋转视图概念不同，此处为工程图意义的旋转剖视图）。

1）创建全剖视图

① 打开本书所附资源文件"第 11 章 \ 范例源文件 \12_fanli71.prt"。其中已经建好了剖面"A"。

② 新建名为"drw_fanli071"的绘图类型文件。参照前一小节设置投影类型为第一视角。

③ 创建普通视图，在【布局】选项卡上单击【普通视图】图标按钮 ⬦，然后在绘图区域中单击，在弹出的【绘图视图】框里设置主视图的名称为"FRONT"。在【绘图视图】对话框中单击 应用 按钮。

④ 在【绘图视图】对话框中在【类别】列表框中选择【截面】项并设置剖面为【2D 横截面】，操作如图 11.21 中 1 ～ 4 所示。"剖切区域"默认为"完整"。

在【绘图视图】对话框的【类别】列表框中选择【视图显示】项，将【显示线型】设置为【无隐藏线】类型，将【相切边显示样式】设置为【无】。

在【绘图视图】对话框中单击 应用 按钮。最后单击 关闭 按钮。

图 11.20　剖切类型

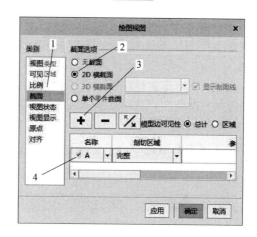

图 11.21　全剖设置

⑤ 在俯视视图的位置插入投影视图，得到如图 11.22 所示剖视图。结果参看本书所附资源文件"第 11 章 \ 范例结果文件 \drw_fanli71_jg.drw"。

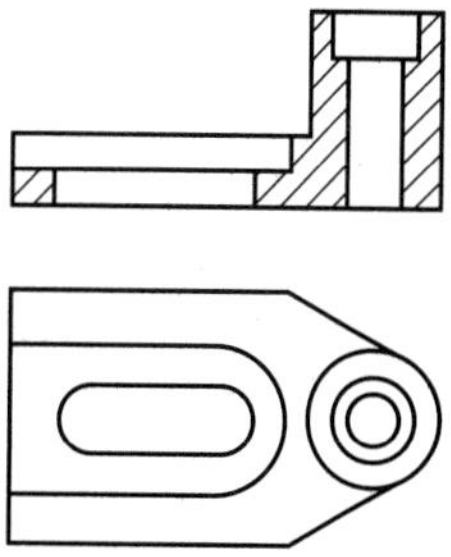

2）创建半剖视图

① 打开本书所附资源文件"第 11 章 \ 范例源文件 \drw_fanli72.drw"。其中零件已经建好了剖面"A"，如图 11.23 所示。下面要把主视图变为半剖视图。

② 单击"图形"工具栏中【基准显示过滤器】按钮 ⧉，勾选将基准面显示在图上。

图 11.22　全剖视图

③ 选中主视图，双击鼠标左键，系统弹出【绘图视图】对话框，分别单击 1 ～ 9 如图 11.24 所示设置半剖视图。其中 6 点选"RIGHT"基准面为半剖分割面。

④ 在【绘图视图】对话框中单击 应用 按钮。最后单击 关闭 按钮。单击工具栏中【基准面显示】按钮 ⬜，将基准面不显示在图上。完成的视图如图 11.25 所示。结果参看本书所附资源文件"第 11 章 \ 范例结果文件 \drw_fanli72_jg.drw"。

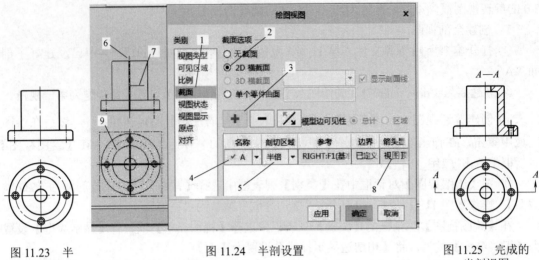

图 11.23 半
剖范例

图 11.24 半剖设置

图 11.25 完成的
半剖视图

3）创建局部剖视图

① 打开本书所附资源文件"第 11 章 \ 范例源文件 \drw_fanli73.drw"。其中零件已经建好了剖面"A"。下面要把主视图变为局部剖视图。

② 选中主视图，双击鼠标左键，系统弹出【绘图视图】对话框，分别单击 1 ~ 7，如图 11.26 所示设置局部剖视图。其中 6 点选为局部剖视的中心点，7 为围绕中心点左键单击画样条曲线，按中键闭合样条曲线作为局部剖视的边界。

③ 在【绘图视图】对话框中单击 应用 按钮。最后单击 关闭 按钮。完成的视图如图 11.27 所示。

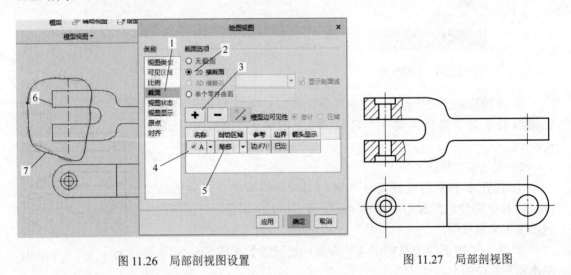

图 11.26 局部剖视图设置

图 11.27 局部剖视图

4）创建旋转剖视图

注意：这里的旋转剖视图为工程制图中的旋转剖，与 Creo 5.0 中的旋转视图概念不同。

① 打开本书所附资源文件"第 11 章 \ 范例源文件 \drw_fanli74.drw"。其中零件已经建好了剖面"A"。工程图已经创建了主视图和左视图。下面要把左视图变为旋转剖视图。

注意："绘图选项"中"show_total_unfold_seam"一定要设置为"no"。

② 选中左视图，双击鼠标左键，系统弹出【绘图视图】对话框，分别单击 1 ～ 7，如图
11.28 所示设置旋转剖视图。其中 5 点选【全部（对齐）】。6 选择旋转轴"A_1（轴）"。7 点
击【箭头显示】下的文本框，将其激活。8 点选主视图来放置剖面箭头。

③ 在【绘图视图】对话框中单击 应用 按钮。最后单击 关闭 按钮。

单击【注释】选项卡中【显示模型注释】按钮，将中心线显示出来。完成的视图如
图 11.29 所示。

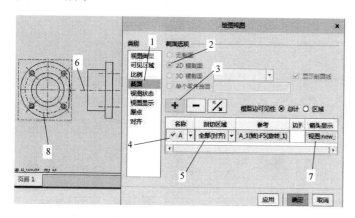

图 11.28 设置旋转剖视图

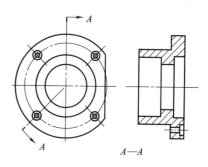

图 11.29 完成的旋转剖视图

5）创建全部（展开）剖视图

剖面显示普通视图的平整区域剖面，而"全部
（展开）"剖面显示普通视图的全部展开的剖面。

注意：全部（展开）剖面图是"普通视图"。
这和工程制图的概念是有区别的。全部展开后，已
经失去投影关系。

① 打开本书所附资源文件"第 11 章 \ 范例源
文件 \drw_fanli95.drw"。其中零件已经建好了剖面
"A"。工程图已经创建了主视图。下面要创建全部
（展开）剖视图。

注意："绘图选项"中"show_total_unfold_
seam"设置为"no"。

② 插入普通视图。在【布局】选项卡上单击
【普通视图】图标按钮，然后在绘图区域中放置
视图的中心单击，在弹出的【绘图视图】框里进行
设置 1 ～ 3。【视图类型】设置如图 11.30 所示。

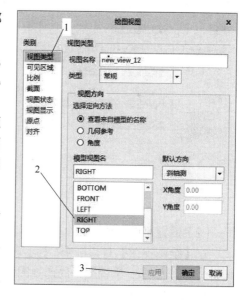

图 11.30 【视图类型】设置

③ 设置剖面。剖面设置如图 11.31 所示，鼠标单击 1 ～ 9，其中 7 为点选主视图。如果
剖面投影方向不对，点击 8 按钮，调整方向。9 单击【应用】。

④ 旋转视图。上一步得到的视图是横放。如图 11.32 所示。调整视图方向，单击 1 ～ 3。
其中 2 输入角度值"270"。

⑤ 设置视图显示，如图 11.33 所示。单击 1 ～ 3，在【绘图视图】对话框中单击 应用
按钮。最后单击 关闭 按钮。

⑥ 单击【注释】选项卡中 按钮，将中心线显示出来。单击【布局】选项卡中【边显示】按钮 。选【拭除直线】菜单。按住 Ctrl 键选不需要显示的直线将拭除。单击【注释】按钮 ，插入注释"展开"。调整视图位置。完成的视图如图 11.34 所示。

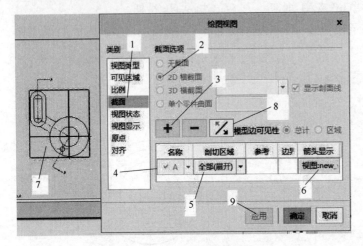

图 11.31 设置【截面】

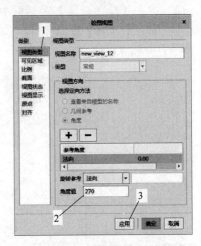

图 11.32 旋转视图

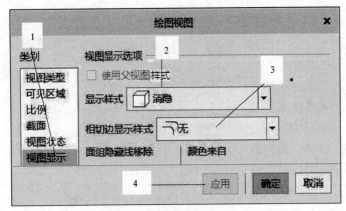

图 11.33 设置视图显示

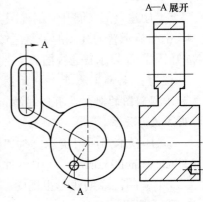

图 11.34 完成的展开剖视图

（2）设置可见区域

在【绘图视图】对话框中，【可见区域】选项中指定视图的可见区域，共 4 种类型：全视图（默认选项）、半视图、局部视图和破断视图。

1）半视图

半视图在平面出切割模型，拭除一半，并显示余下的部分，它需要指定一个参考面。此参考面必须垂直于屏幕。

① 打开本书所附资源文件"第 11 章 \ 范例源文件 \drw_fanli75.drw"。工程图已经创建了主视图。下面要把主视图变为半视图。

② 选中主视图，双击鼠标左键，系统弹出【绘图视图】对话框，分别单击 1 ～ 4，如图 11.35 所示设置半视图。其中 2 点选"半视图"。3 选择基准面"TOP"。4 点击选择【对称线标准】为【对称线】。

对称线标准有没有直线、实线、对称线、对称线 ISO 和对称线 ASME。

③ 在【绘图视图】对话框中单击 应用 按钮。最后单击 关闭 按钮。

单击【注释】选项卡中 按钮，将中心线显示出来。将中心线显示出来。完成的视图如图 11.36 所示。

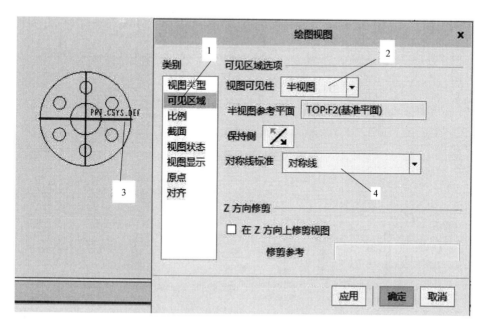

图 11.35 设置半视图

2）局部视图

局部视图只显示模型的特定部分，它需要绘制一条封闭的曲线作为显示区域的边界。

① 打开本书所附资源文件"第 11 章 \ 范例源文件 \drw_fanli76.drw"。工程图已经创建了主视图和俯视图。下面要创建局部视图。

② 在【布局】选项卡中单击【辅助视图】按钮 辅助视图。如图 11.37 所示，选择主视图中 1 所指处单击，然后在 2 所指处放置视图。双击此视图，系统弹出【绘图视图】对话框，分别单击 1～5，如图 11.38 所示设置局部视图。其中 2 点选【局部视图】。3 选择局部视图的中心点。4 点击绘制样条曲线（局部视图的边界）。5 取消【在视图上显示样条边界】前的勾选。

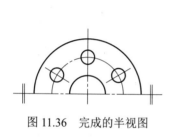

图 11.36 完成的半视图

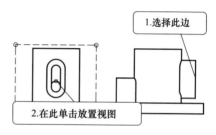

图 11.37 加入辅助视图

③ 继续设置。如图 11.39 所示，6 勾选【在 Z 方向上修剪视图】。7 选择修剪参照"DTM3"（在主视图上选）。

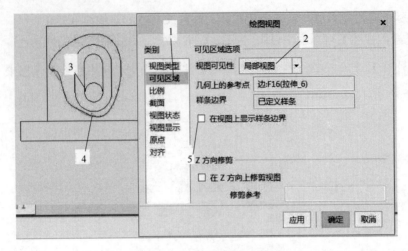

图 11.38 设置局部视图

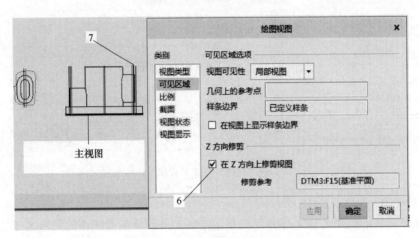

图 11.39 继续设置局部视图

④ 在【绘图视图】对话框中单击 应用 按钮。最后单击 关闭 按钮。

⑤ 移动视图到主视图的左边。在【注释】选项卡中，单击 注解 按钮，插入注释"B"。单击 注解 按钮，插入注释"B 向"。调整视图位置。显示视图名和投影方向。完成的视图如图 11.40 所示。

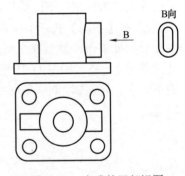

图 11.40 守成的局部视图

3）破断视图

针对较长的模型，将其无变化的部分破断缩短画出。

① 打开本书所附资源文件"第 11 章 \ 范例源文件 \drw_fanli77.drw"。工程图已经创建了主视图。下面要创建破断视图。

② 双击主视图，系统弹出【绘图视图】对话框，分别单击 1 ～ 7，如图 11.41 所示设置破断视图。其中 2 点选【破断视图】。4 单击元件边，5 单击指定【第一破断线】。6 单击元件边，指定【第二破断线】。继续设置，7 选取【几何上的 S 曲线】作为【破断线样式】。

③ 在【绘图视图】对话框中单击 应用 按钮。最后单击 关闭 按钮，如果如图 11.42 所示。

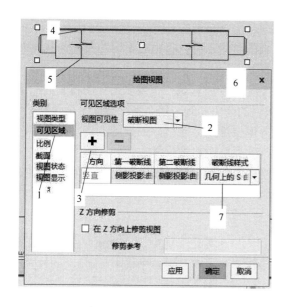

图 11.41 设置破断视图

图 11.42 设定好的破断视图

11.3 视图调整

11.3.1 移动视图

视图有两种状态：锁定和未锁定。单击视图右键菜单中【锁定视图移动】，可在这两种状态间切换。

创建好主视图和左视图后，如果它们在图纸上的位置不合适，用户可以移动视图。要移动视图时，请先单击【布局】选项卡上【锁定视图移动】按钮，选取要移动的视图，此时视图边界以虚框显示（默认颜色为绿色），同时鼠标在视图上变为移动光标，按下鼠标左键就可以拖动视图。

移动视图时应注意：

① 若移动的视图是另一个视图的子视图，则此视图（包括投影视图、辅助视图或旋转视图）将与其父视图保持一定的位置关系。

② 若移动的视图是其余视图的父视图，那么，移动父视图时，其子视图也将随着该视图作相应的位置变化。

③ 若移动的是普通视图或局部放大图，那么它们可以移动到图面的任意位置。

11.3.2 删除和拭除

（1）删除视图

删除视图是永久性的，一旦删除将无法恢复。

方法 1：先单击该视图，然后在系统弹出的工具栏中单击【删除】按钮，如图 11.43 所示。

方法 2：先单击该视图，然后在键盘按 Delete 键。

图 11.43 系统工具栏

（2）拭除视图

在复杂的绘图中，为了缩短视图再生或重画的时间，可以将暂时不用的视图，从画面中拭除，等其余操作完成后，再恢复显示。方法如下。

在【布局】选项卡中，单击【拭除视图】按钮 📄 拭除视图，选一个或多个视图将它们从绘图页面中暂时去处。如果该视图上有与其他视图关联的箭头和圆，那么系统会提示是否要拭除。

从绘图中拭除视图，不会影响到其他视图。但要注意：若拭除的视图上连接有导引，当拭除视图时此导引也将被拭除，当恢复试图时，此导引也将被恢复。另外在拭除视图时，其上的尺寸也将被拭除，且这些尺寸不能在其他视图上显示。最后拭除的视图不能够进行打印输出。

（3）恢复视图

在工程图中拭除的视图可以恢复显示。方法是：在【布局】选项卡中单击【恢复视图】按钮 📄 恢复视图，选取要恢复的视图名，再在菜单管理器中选择【完成选取】选项即可恢复视图显示。

11.3.3 指定视图比例

在一个工程图中视图比例有全局比例和单独比例两种。

双击视图，弹出【绘图视图】对话框。在【类型】区选择【比例】项，并在如图 11.44 所示对话框右侧的【比例和透视图选项】区修改视图比例。

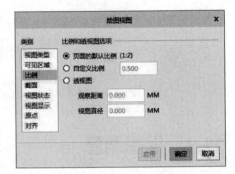

图 11.44　定制比例

- 【页面的默认比例】：全局比例。
- 【自定义比例】：手动为某个视图定制比例，将位于视图的注释中。

另外，页面的比例在页面的下方，双击比例数值也可进行更改。

11.3.4 修改剖面线

在需要修改剖面线的视图中，双击该视图中的剖面线，将弹出【修改剖面线】菜单，如图 11.45 所示。在该菜单中可以修改剖面线的方向、角度、间距等。

图 11.45　修改剖面线

11.4 标注尺寸

11.4.1 显示及拭除尺寸

由于 Creo 5.0 是利用已经创立的三维模型投影生成工程图，因此视图中的零件可以直接利用创建模型时的尺寸来生成。由模型的尺寸直接传达到绘图的各个视图上，这些尺寸称为驱动尺寸。由于 Creo 5.0 的相关性，若修改工程图的尺寸值，系统也将改变模型。

在【注释】选项卡中单击【显示模型注释】按钮 📄，将弹出【显示模型注释】对话框，如图 11.46 所示。使用该对话框添加尺寸步骤如下：

　　① 打开本书所附资源文件"第 11 章 \ 范例源文件 \drw_fanli41.drw"。

　　② 在【注释】选项卡中，单击【显示模型注释】按钮 ，在【显示模型注释】对话框中选取【尺寸】(↦) 选项卡，类型为【全部】，然后单击图形，则所有尺寸都显示出来，要显示某一个尺寸，需要在图 11.46 所示的【显示】标签下的方框中勾选。

　　在【显示模型注释】对话框中，单击注释类型选项卡，有以下类型：

- ↦ 列出模型尺寸。
- 列出几何公差。
- 列出注解。
- 列出表面光洁度。
- 列出符号。
- 列出基准。

　　③ 用鼠标单个选取尺寸，按住左键移动，把尺寸放在合适位置，得到如图 11.47 所示工程图。结果参看本书所附资源文件"第 11 章 \ 范例结果文件 \draw_fanli41_jg.drw"。

图 11.46　【显示模型注释】对话框

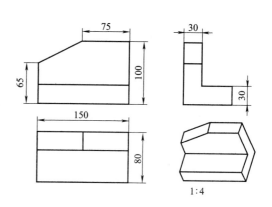

图 11.47　尺寸标注

11.4.2　手动标注

　　在工程图中有一些特定的标注需要手动标注，这些尺寸被称为从动尺寸。不能对这些尺寸的值进行修改。在【注释】选项卡单击【尺寸】按钮，可以手动标注尺寸。同时弹出选择参考对话框如图 11.48 所示。选择合适的附着类型即可进行标注。标注时，选择图元，移动鼠标到合适位置，按下鼠标中键即可。

　　选择多个图元需要按下 Ctrl 键。

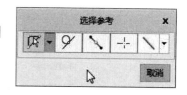

图 11.48　【选择参考】对话框

11.4.3　公差标注

　　工程图配置文件"detail.dtl"中的"tol_display"选项以及配置文件"config.pro"中的"tol_mode"向下均与工程图中的尺寸公差标注有关，如果要在工程图中显示和处理公差，需要对这两个选项进行相应配置。

将工程图配置文件"detail.dtl"中的"tol_display"值设为"yes",表示尺寸标注时要显示公差;而将其值设为"no"则表示尺寸标准将不显示公差。

将配置文件"config.pro"中的"tol_mode"值设为"nominal",表示尺寸只显示名义尺寸值,不显示公差;设为"limits",表示公差尺寸显示为上限和下限;设为"plusminus",表示公差为正负值,正值和负值是独立的;而设为"plusminssym"则表示公差为正负值,正负公差值相同。

11.4.4　尺寸的调整

（1）删除和拭除尺寸

用户自己建立的尺寸即手动标注的尺寸,可以随时删除。方法是在选中尺寸后,按键盘上 Delete 键即可。

系统自动标注的尺寸,只能通过拭除方法将其隐藏。方法是在选中尺寸后,在右键菜单中选取【拭除】选项。

拭除后的尺寸,如果想恢复,到绘图树下单击注释,就可以看到拭除的尺寸,选中要恢复的,单击工具栏上【取消拭除】按钮即可,如图 11.49 所示。

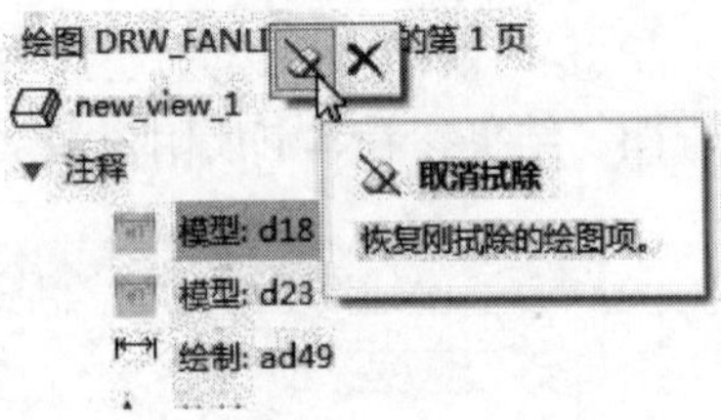

（2）整理尺寸

对于显示出的杂乱无章的尺寸,Creo 5.0 系统提供了一个整理尺寸工具,即【清理尺寸】对话框。在【注释】选项卡下,单击【清理尺寸】图标按钮，弹出【清理尺寸】对话框,如图 11.50 所示。图 11.51 所示为【清除尺寸】对话框的【修饰】选项卡。

图 11.49　取消拭除

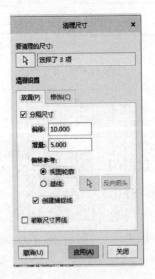

图 11.50　【清除尺寸】对话框

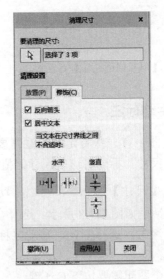

图 11.51　【修饰】选项卡

11.4.5　创建注释文本（注解）

如果要为工程图添加文字来进行补充说明,就要创建注释文本。

在【注释】选项卡中，单击【创建注解】图标按钮 $\mathbf{A}_{\equiv}^{\mathbf{S}}$ 后的溢出箭头，弹出各种注解类型供选择，如图 11.52 所示。选择【独立注解】，接着系统打开【选择点】对话框，如图 11.53 所示，选取适当的方式获取注解的参照点，随后在系统提示文本框中输入注解内容即可。

利用菜单选项可以创建出各种类型的注解，还可以插入特殊的文本符号等。

图 11.52　【注释类型】菜单

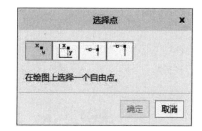

图 11.53　【选择点】对话框

11.5　工程图创建实例

（1）工程图范例一

以下通过实例介绍工程图的创建过程。

由于 Creo 5.0 采用第三视角投影法，且标注也不符合我国标准，所以应对工程图配置文件进行修改。本书在附资源"第 11 章"目录下提供了一个符合国标的配置文件 detail.dtl。

① 打开本书所附资源文件"第 11 章 \ 范例源文件 \12_fanli51.prt"。新建名为"drw_fanli51.drw"的绘图类型文件。在【新建制图】对话框中，在【指定模板】栏中选【格式为空】。如图 11.54 所示进行设置。在【格式】设置栏中，单击 浏览… 按钮，找到格式文件"第 11 章 \ 范例结果文件 \ 格式 \A4_ 图框 .frm"。单击对话框中的 确定 按钮。

② 在主菜单中单击【文件】→【准备】→【绘图属性】，弹出【绘图属性】对话框，单击"详细信息选项"右侧的【更改】命令。系统打开【选项】对话框。单击【打开配置文件】按钮 。在【打开】对话框中选本书提供的配置文件 detail.dtl，路径为"第 11 章 \detail.dtl"。

③ 创建主视图。在【布局】选项卡中，单击【普通视图】按钮 ，在绘图区域选取放置视图的中心点后单击鼠标左键，弹出【绘图视图】对话框，在【视图类型】→【模型视图名】中选取【FRONT】项，并在【视图显示】中【线型显示】中选取【消隐】选项，【相切边显示样式】中选取【无】，最后单击【应用】，再单击【关闭】按钮，如图 11.55 所示。

④ 创建俯视图。选中主视图（主视图出现红色虚线框，即选中），单击右键选【插入投影视图】，将鼠标移到俯视图的位置单击，生成俯视图。双击俯视图弹出【绘图视图】对话框，在【视图显示】中【线型显示】中选取【消隐】选项，【相切边显示样式】中选取【无】，最后单击【应用】，再单击【关闭】按钮，得到如图 11.56 所示俯视图。

⑤ 将主视图转换为剖视图。双击主视图，弹出【绘图视图】对话框。分别单击 1 ～ 6，如图 11.57 所示，进行设置。其中剖面 A 为零件已经设置好的阶梯剖面。6 为点选俯视图作为放置剖面箭头的视图。

注意：Creo 5.0 中虽然没有专门的阶梯剖视命令，通过合理设置同样可以得到阶梯剖视。

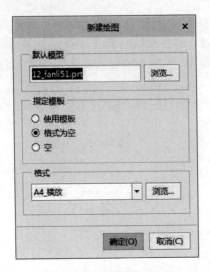

图 11.54　设置格式

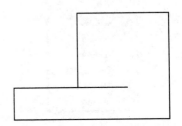

图 11.55　主视图（1）

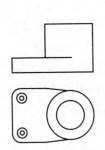

图 11.56　俯视图

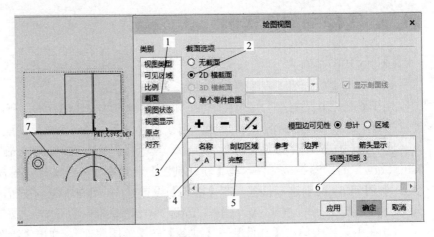

图 11.57　设置剖面

⑥ 标注尺寸、显示中心线。

先设置公差不显示：在主菜单，选择【文件】。选【绘图选项】，弹出【选项】对话框。设置选项 "tol_display" 值为 "no"。

在【注释】选项卡中，单击【显示模型注释】按钮 ![btn]，在【显示模型注释】对话框中选取【尺寸】选项卡，类型为【全部】，然后单击图形，则所有尺寸都显示出来。选【基准】选项卡将模型需要的中心线显示出来。

⑦ 整理尺寸和中心线。选中不要的尺寸，单击右键选【拭除】。调整尺寸位置。调整中心线长度。完成的工程图如图 11.58 所示。结果参看本书所附资源文件 "第 11 章 \ 范例结果文件 \drw_fanli51_jg.drw"。

（2）工程图范例二

下面来作一个轴的工程图。

① 打开本书所附资源文件 "第 11 章 \ 范例源文件 \12_fanli52.prt"。

② 在主菜单中单击【文件】→【新建】，在弹出的【新建】对话框中，【类型】设置为

【绘图】，取消勾选【使用默认模板】选项。在名称中输入文件名"drw_fanli52"，单击 确定 按钮。

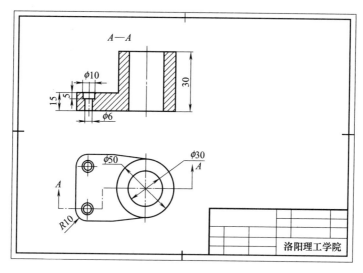

图 11.58 完成的工程图（1）

在【新建绘图】对话框中【格式】选【空】，【方向】选【横向】;【大小】选【A4】，然后单击 确定 按钮。

③ 在主菜单中单击【文件】→【准备】→【绘图属性】，弹出【绘图属性】对话框，单击"详细信息选项"右侧的【更改】命令。系统打开【选项】对话框。单击【打开配置文件】按钮 ，如图 11.59 所示。在【打开】对话框中选本书提供的配置文件 detail.dtl，路径为"第 11 章 \detail.dtl"所示，然后单击【打开】按钮。在【选项】对话框中单击下方的【应用】按钮，再单击【关闭】按钮。最后单击【完成 / 返回】选项。

④ 创建主视图。在【布局】选项卡中，单击【普通视图】按钮 ，在绘图区域选取放置视图的中心点后单击鼠标左键，弹出【绘图视图】对话框，在【视图类型】→【模型视图名】中选取【TOP】项，单击【应用】。在【视图显示】中【线型显示】中选取【消隐】选项，【相切边显示样式】中选取【无】，最后单击【应用】，再单击【关闭】按钮，得到如图 11.60 所示主视图。

⑤ 创建左视图。选中主视图，单击右键选择【插入投影视图】选项，将鼠标移到左视图的位置并单击，生成左视图。双击左视图弹出【绘图视图】对话框，做如图 11.61 所示设置。7 单击【箭头显示】下的选择框，然后鼠标单击主视图 8，放置箭头。设置剖面完成后单击【应用】、【关闭】按钮。完成的视图如图 11.62 所示。

⑥ 调整页面比例。双击页面下的比例数值"1"，出现输入栏后输入值"2"。

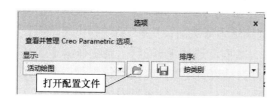

图 11.59 【选项】对话框

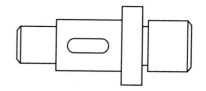

图 11.60 主视图（2）

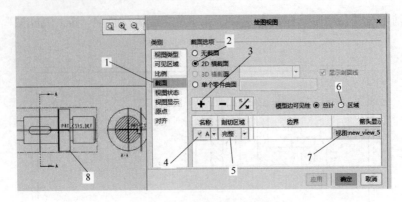

图 11.61　左视图剖面设置

⑦ 创建局部放大图。在【布局】选项卡中，单击【局部放大图】按钮 局部放大图。在已有视图要创建局部放大图的边上选取一个参照点，并围绕此参照点绘制一条样条曲线，以作为生成的局部放大图的轮廓线。完成后，按下鼠标中键以闭合此样条曲线。在页面上选取一个位置作为新视图的放置中心，在此位置上会出现要生成的局部放大图以及文字"A"和视图比例，如图 11.63 所示。

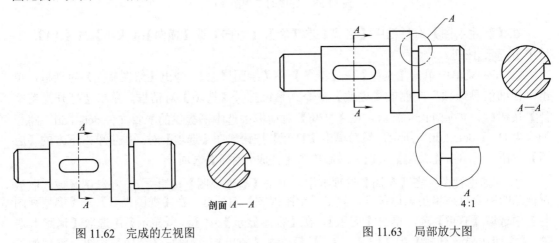

图 11.62　完成的左视图　　　　　　　　　　图 11.63　局部放大图

⑧ 标注尺寸，显示中心线。在【注释】选项卡中，单击【显示模型注释】按钮 ，在【显示模型注释】对话框中选取【尺寸】选项卡，类型为【全部】，然后单击图形，则所有尺寸都显示出来。选【基准】选项卡将模型需要的中心线显示出来。

选中不要的尺寸，单击右键选【拭除】。调整尺寸位置。选中尺寸单击右键，选择右键菜单【将项目移动到视图】，左键选择要放置尺寸的视图，即可移动尺寸到指定的视图。然后调整中心线长度。

手动标注尺寸。其中左视图尺寸"12"是手动标注的。每一个尺寸都要调整公差显示。

⑨ 插入图框。鼠标单击右键，选择右键菜单中【页面设置】。系统弹出【页面设置】对话框，如图 11.64 所示。单击【格式】下的文本框，选择【浏览】。系统弹出【打开】对话框，选择"a4_hx.frm"。路径为"第 11 章 \ 范例结果文件 \ 格式 \a4_hx.frm"。单击【页面设置】对话框中【确定】按钮。完成工程图如图 11.65 所示。结果参看本书所附资源文件"第 11 章 \ 范例结果文件 \drw_fanli52_jg.drw"。

图 11.64　设置页面

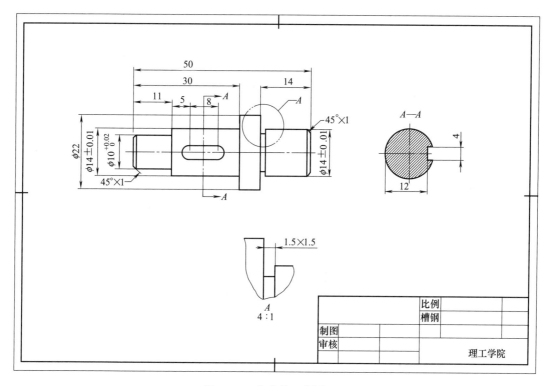

图 11.65　完成的工程图（2）

总结与回顾

　　工程图是每一个工程技术人员要掌握的基本技能，Creo 5.0 的工程图还有很多内容需要研究。它的许多设置和概念与国标工程图有区别，要作出符合国标的工程图，需对软件的多个细节熟悉和掌握。工程图的内容非常多，限于篇幅无法再作详细介绍，读者可以参考专门的工程图书籍，进一步对工程图模块进行学习。

　　如果熟悉 AutoCAD，则可将 Creo 5.0 的"*.drw"工程图另存为"*.dwg"格式，在 AutoCAD 中修改工程图。

思考与练习题

1. 试述如何创建一个局部放大图。

2. 如何创建三视图?

3. 打开本书所附资源文件"第 11 章\练习题源文件\ex12-3.prt",创建如图 11.66 所示工程图。结果参看本书所附资源文件"第 11 章\练习题结果文件\ex12-3_jg.drw"。

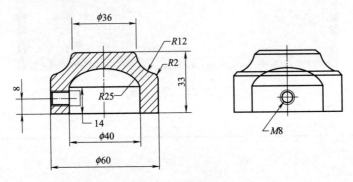

图 11.66　工程图（1）

4. 打开本书所附资源文件"第 11 章\练习题源文件\ex12-4.prt",创建如图 11.67 所示工程图。结果参看本书所附资源文件"第 11 章\练习题结果文件\ex12-4_jg.drw"。

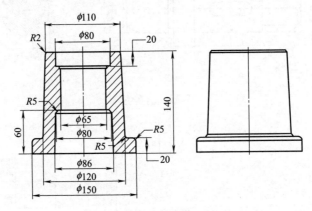

图 11.67　工程图（2）

第12章

实体造型综合实例

学习目标： 本章通过对常见箱体类零件（减速器上箱体）以及烟灰缸造型方法的介绍，使读者进一步熟悉前述章节中基本特征的创建方法以及特征操作的基本方法，同时了解和掌握复杂零件的造型方法，从而能够独立完成较复杂零件的造型。

12.1 减速器上箱体设计

箱体类零件是机械产品的主要零件类型，在机械中一般起支承、容纳、定位和密封等作用。箱体类零件内、外部形状较为复杂，由于主要用于包容运动及其他零件，多数为中空壳体结构；为了方便其他零件安装以及能够方便地将自身安装到机械中，通常还设计安装底板、法兰、螺栓孔等结构；箱体零件的内腔中常用来安装传动轴、齿轮等运动零件，因此常设计有轴承孔、凸台等结构；为了进行润滑，需要设计油槽、加油孔及放油孔等结构；箱体类零件在使用时通常需要合箱，所以箱体上有较多连接孔；由于箱体零件箱壁较薄，为了增加箱体的刚性，还需要设计加强筋；此外，箱体类零件多为铸造件，需要设计较多的铸造工艺结构，如铸造圆角、拔模斜度等。

箱体类零件的复杂结构使其零件模型的组成特征较多，主要包括拉伸加材料特征、拉伸减材料特征、壳特征、筋特征、扫描特征、孔特征、拔模特征、阵列特征和镜像特征等。

机械产品中常见的箱体类零件有阀体、减速器箱体、泵体等。本节介绍如图 12.1 所示减速器上箱体的创建过程。

图 12.1　减速器上箱体

12.1.1　减速器上箱体的创建过程

减速器上箱体的创建过程如图 12.2、图 12.3 所示。

图 12.2   减速器上箱体创建过程（1）

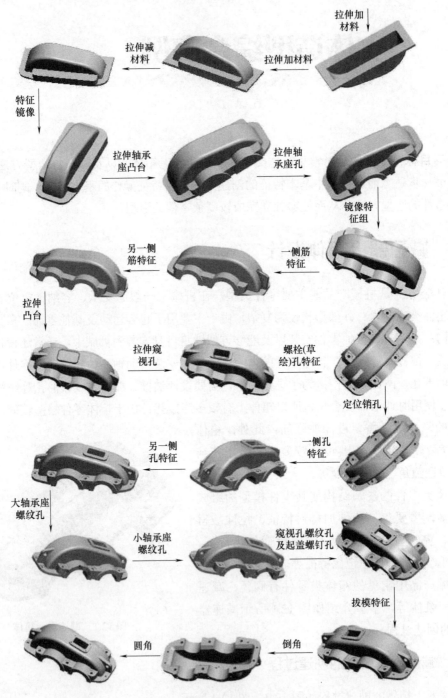

图 12.3   减速器上箱体创建过程（2）

12.1.2　减速器上箱体的创建步骤

按照上节所述创建过程，减速器上箱体创建步骤具体如下。

（1）新建文件

运行 Creo 5.0，新建一个零件类型的文件，名称为"shanggai_jg.prt"。注意在【新建】对话框中不使用默认模板，并在随后的【新文件选项】对话框中选取【mmns_part_solid】选项，以采用公制单位。

（2）创建基本拉伸特征

① 在【模型】选项卡的【形状】组单击【拉伸】工具图标，弹出【拉伸】选项卡。在选项卡中单击【放置】按钮，并在【草绘】下滑面板中单击【定义】按钮，弹出【草绘】对话框。

② 选取"TOP"基准平面为草绘平面，接受系统默认的草绘视图方向和草绘参考，在【草绘】对话框中单击【草绘】按钮进入二维草绘环境。

③ 在【草绘】选项卡下选取相应草绘工具绘制如图 12.4 所示截面，单击【关闭】组中的【完成】图标按钮 退出草绘模式。

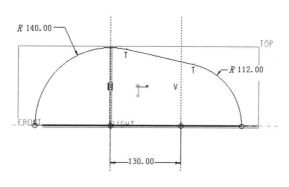

图 12.4　草绘截面

④ 在选项卡【深度方式】下拉列表框中选取【两侧对称拉伸方式】图标，并在【深度】文本框中输入拉伸深度值"102.00"，然后单击【完成】图标按钮（或在图形区单击鼠标中键），完成如图 12.5 所示拉伸特征。

图 12.5　拉伸特征

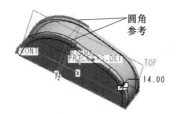

图 12.6　圆角参考

（3）创建顶部圆角特征

① 在【模型】选项卡的【工程】组中单击【倒圆角】工具图标 ，弹出【倒圆角】选项卡。在选项卡中设置圆角半径为"14.00"。

② 按下 Ctrl 键在图形区依次选取如图 12.6 所示两条边线为圆角参考，随后单击中键，完成的圆角特征如图 12.7 所示。

（4）创建壳特征

① 在【模型】选项卡的【工程】组中单击【壳】工具图标 ▦ 壳，弹出【抽壳】选项卡。在选项卡的【厚度】文本框中输入壳特征厚度为"8.00"。

② 在图形区选取如图 12.8 所示曲面为移除的曲面，然后单击鼠标中键，完成如图 12.9 所示壳特征创建。

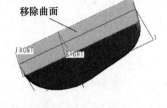

图 12.7　圆角特征　　　　图 12.8　移除曲面　　　　图 12.9　壳特征创建

（5）创建箱盖凸缘特征

① 在【模型】选项卡的【形状】组单击【拉伸】命令图标 ，弹出【拉伸】选项卡。在选项卡中单击【放置】按钮，在【草绘】下滑面板中单击【定义】按钮，弹出【草绘】对话框。

② 选取"FRONT"基准平面为草绘平面，接受默认的草绘视图方向和草绘参考，在【草绘】对话框中单击【草绘】按钮进入二维草绘环境。

③ 在【视图控制工具栏】中选取【消隐模型显示方式】图标 ，并利用【草绘】组中草绘工具绘制如图 12.10 所示截面，然后单击【完成】按钮 ✔ 确定 退出草绘模式。绘图时注意绘制中心线并采用对称约束。此外在绘制内部带圆角矩形时，可单击【草绘】选项卡的【投影】图标 ▢ 投影，并在弹出的【类型】菜单中选取【环】方式，然后在图形区进行选取，若需要的环线加亮显示（以蓝色显示），则在【选取链】菜单中选取【接受】选项，否则选取【下一个】选项。

④ 在【拉伸】选项卡的【深度】文本框中输入拉伸深度值"12.00"，并单击文本框右侧的【改变拉伸方向】图标按钮 ，使特征生成方向如图 12.11 箭头所示，然后单击【完成】图标按钮 ✔。完成的拉伸特征如图 12.12 所示。

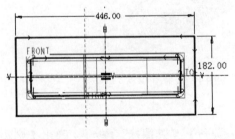
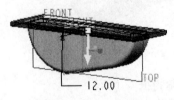

图 12.10　凸缘草绘截面　　　　图 12.11　移除曲面　　　　图 12.12　拉伸凸缘

（6）创建联接螺栓凸台

① 在【模型】选项卡的【形状】组单击【拉伸】命令图标，在选项卡中单击【放置】按钮，在【草绘】下滑面板中单击【定义】按钮，弹出【草绘】对话框。

② 选取如图 12.13 所示凸缘上表面为草绘平面，接受默认的草绘视图方向和草绘参考，在【草绘】对话框中单击【草绘】按钮进入二维草绘环境。

③ 绘制如图 12.14 所示二维截面，单击【完成】图标按钮，退出草绘模式。注意使用约束使截面下边线与凸缘边线重合。

④ 在【拉伸】选项卡【深度】文本框中输入拉伸深度值"33.00"，然后单击鼠标中键。完成的拉伸特征如图 12.15 所示。

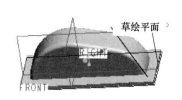
图 12.13　草绘平面

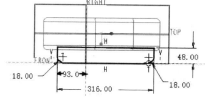
图 12.14　凸缘草绘二维截面

图 12.15　拉伸凸缘

（7）创建凸缘外形

① 在【模型】选项卡的【形状】组单击【拉伸】命令图标，并在【拉伸】选项卡中单击【减材料】图标，然后单击【放置】按钮，在【草绘】下滑面板中单击【定义】按钮，弹出【草绘】对话框。

② 在【草绘】对话框中单击【使用先前的】按钮，以便使用和第（6）步相同的草绘平面及草绘视图参考。系统自动进入二维草绘模式。

③ 在草绘状态下绘制如图 12.16 所示二维截面，单击【完成】按钮，退出草绘模式。绘制截面时可选取【投影】图标 □ 投影，将已有特征的边线投影到草绘平面作为截面中的图元，并可在绘制完成后利用【检查】组中的草绘器诊断工具进行截面排错和诊断。

④ 接受如图 12.17 中箭头所示材料侧方向和特征生成方向，在选项卡【深度方式】下拉列表框中选取【拉伸至与所有曲面相交】图标，然后单击鼠标中键，完成如图 12.18 所示拉伸减材料特征。

⑤ 重复第①、第②步，进入二维草绘环境。

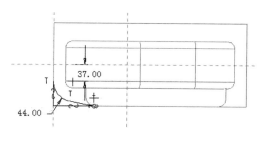
图 12.16　草绘二维截面

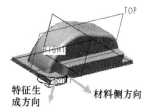
图 12.17　材料侧方向和特征
生成方向（1）

图 12.18　减材料
特征（1）

⑥ 在草绘模式下绘制如图 12.19 所示截面，然后单击【完成】图标按钮 ✓，退出草绘模式。

⑦ 接受如图 12.20 箭头所示材料侧方向和特征生成方向，并在选项卡【深度方式】下拉列表框中选取【拉伸至与所有曲面相交】图标 ￪￪，然后单击鼠标中键，完成如图 12.21 所示拉伸减材料特征。

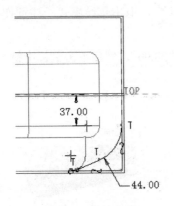

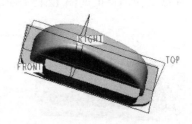

图 12.19　草绘截面　　　图 12.20　材料侧方向和特征　　　图 12.21　减材料特征（2）
　　　　　　　　　　　　　　　生成方向（1）

（8）特征镜像

① 按下 Ctrl 键，在模型树上依次选取第（6）步、第（7）步创建的三个拉伸特征，然后在如图 12.22 所示右键菜单中选取【分组】选项，从而将这三个特征添加到特征组"组 local_group"中。

② 选取上步创建的特征组，在【编辑】组中单击【镜像】图标按钮 ◻◻ 镜像，打开【镜像】选项卡。

③ 在图形区或模型树中选取"TOP"基准平面作为镜像平面，然后单击鼠标中键，再生后的模型如图 12.23 所示。

（9）创建一侧轴承座凸台

① 在【模型】选项卡的【形状】组单击【拉伸】命令图标 ，在选项卡中单击【放置】按钮，在【草绘】下滑面板中单击【定义】按钮，弹出【草绘】对话框。

② 选取如图 12.24 所示平面为草绘平面，接受系统默认的草绘视图参考，单击【草绘】对话框中的【草绘】按钮，进入二维草绘模式。

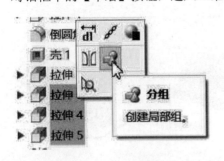

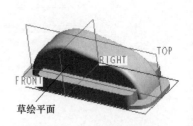

图 12.22　右键菜单　　　图 12.23　镜像后的　　　图 12.24　草绘平面选取
　　　　　　　　　　　　　　　模型

③ 在草绘状态下绘制如图 12.25 所示截面，完成后单击【完成】图标按钮 ✔，退出草绘模式。

④ 接受如图 12.26 箭头所示特征生成方向，在【拉伸】选项卡的【深度】文本框中输入拉伸深度值"45.00"，然后单击鼠标中键，得到如图 12.27 所示模型。

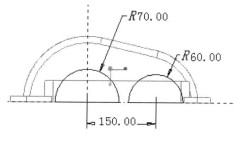

图 12.25　二维截面（1）

图 12.26　特征生成方向

图 12.27　拉伸特征

⑤ 再次在【模型】选项卡的【形状】组单击【拉伸】命令图标 ，在选项卡中依次单击【减材料】图标按钮 和【放置】按钮，在下滑面板中单击【定义】按钮，弹出【草绘】对话框。

⑥ 选取如图 12.28 所示平面为草绘平面，接受系统默认的草绘视图方向和草绘视图参考，单击【草绘】对话框中的【草绘】按钮，进入二维草绘模式。

⑦ 在草绘状态下绘制如图 12.29 所示截面，然后单击【完成】图标按钮 ✔，退出草绘模式。

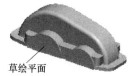

图 12.28　草绘平面选取

⑧ 接受如图 12.30 箭头所示材料侧方向及特征生成方向，在选项卡上选取【拉伸至下一曲面】图标 ，然后单击鼠标中键，得到如图 12.31 所示模型。

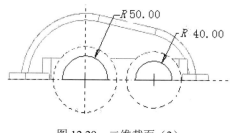

图 12.29　二维截面（2）

图 12.30　材料侧方向及拉伸方向

图 12.31　轴承座凸台特征

（10）镜像另一侧轴承座凸台

① 按下 Ctrl 键，在模型树上依次选取第（9）步创建的两个拉伸特征。

② 在【编辑】组中单击【镜像】图标按钮 ，打开【镜像】选项卡。

③ 在图形区或模型树中选取"TOP"基准平面为镜像平面，并单击鼠标中键，得到如图 12.32 所示模型。

图 12.32　镜像特征

(11) 创建加强筋

① 在【工程】组中单击 ⚒ 轮廓筋 工具图标，在【筋】选项卡中单击【参考】按钮，在下滑面板中单击【定义】按钮，弹出【草绘】对话框。

② 选取 "TOP" 基准平面为草绘平面，接受系统默认的草绘视图方向及草绘视图参考，单击对话框中的【草绘】按钮，进入二维草绘模式。

③ 在草绘状态下绘制如图 12.33 所示开放截面，然后单击【完成】图标按钮 ✔️ ，退出草绘模式。

④ 接受如图 12.34 箭头所示筋特征生成方向，在选项卡的【筋厚度】文本框中输入筋厚度值 "11.20"，然后单击鼠标中键，完成如图 12.35 所示一侧筋特征。

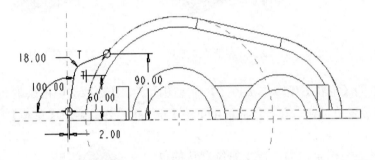

图 12.33　筋草绘截面（1）　　　　　　　　图 12.34　筋特征生成方向（1）

⑤ 重复第①、第②步操作，进入二维草绘模式。

⑥ 在模型的另一侧绘制如图 12.36 所示开放截面，然后单击【完成】图标按钮 ✔️ ，退出草绘模式。

⑦ 接受如图 12.37 箭头所示筋特征生成方向，在选项卡的【筋厚度】文本框中输入厚度值 "11.20"，单击鼠标中键，完成如图 12.38 所示筋特征。

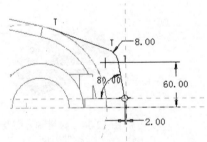

图 12.35　一侧筋特征　　　　图 12.36　筋草绘截面（2）　　　　图 12.37　筋特征生成方向（2）

(12) 创建基准轴及投影曲线

① 在【基准】组中单击【基准轴】工具图标 ╱ 轴 ，弹出【基准轴】对话框。

② 在图形区选取如图 12.39 所示曲面为基准轴参考，单击对话框中的【确定】按钮，得到如图 12.40 所示和参考曲面轴线重合的基准轴 "A_1"。

③ 在【编辑】组中单击 🗾 投影 命令图标，弹出【投影曲线】选项卡。

④ 在选项卡中单击【参考】按钮，在下滑面板的下拉列表框中选择【投影草绘】选项，

然后单击【定义】按钮，弹出【草绘】对话框。

图 12.38　筋特征

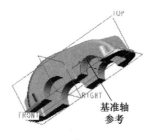
图 12.39　选取的参考

图 12.40　基准轴

⑤ 选取 "FRONT" 基准平面为草绘平面，接受系统默认的草绘视图方向和草绘视图参考进入二维草绘模式。

⑥ 在【设置】中单击 参考命令图标，打开【参考】对话框。

⑦ 在图形区选取创建的基准轴 "A_1"，将其添加为草绘的标注及约束参考。添加完成的【参考】对话框如图 12.41 所示。随后单击【关闭】按钮，关闭对话框。

⑧ 在草绘状态下使用直线工具绘制如图 12.42 所示截面，完成后单击【完成】图标按钮，退出草绘模式（绘制的直线与基准轴参考 "A_1" 重合）。

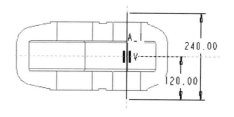

图 12.41　【参考】对话框

图 12.42　二维截面图

⑨ 在图形区选取如图 12.43 所示平面作为投影曲面，接着单击【参考】下滑面板的【方向参考】文本框，将其激活（呈黄色），并选取 "FRONT" 基准平面为投影的方向参考，设置好投影方向，然后单击鼠标中键，得到如图 12.44 所示投影曲线。该曲线即第⑧步中 "FRONT" 面上的草绘曲线，沿着 "FRONT" 平面的法线方向投影到本步选取的投影曲面上得到的。

图 12.43　投影曲面

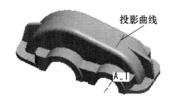
图 12.44　投影曲线

（13）创建窥视窗

① 在【模型】选项卡的【形状】组单击【拉伸】命令图标 ，在选项卡中单击【放置】按钮，在【草绘】下滑面板中单击【定义】按钮，弹出【草绘】对话框。

② 选取如图 12.45 所示平面为草绘平面，接受系统默认的草绘视图方向及草绘视图参考，单击【草绘】按钮，进入草绘模式。

③ 在【设置】组中单击 参考，弹出【参考】对话框。

在【参考】对话框中选取列表中的"曲面：F5（拉伸 _1）"和"PRT_CSYS_DEF：F4（坐标系）"，然后单击【删除】按钮，删除这两个参考，如图 12.46 所示。

图 12.45　草绘平面（1）

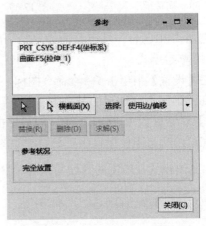

图 12.46　原【参考】对话框

④ 在图形区选取第（12）步中创建的投影曲线"投影 1"和"TOP"基准平面，从而将它们添加为竖直和水平方向的标注及约束参考，完成的【参考】对话框如图 12.47 所示。

⑤ 在草绘状态下绘制如图 12.48 所示二维截面图，然后单击【完成】图标按钮 ，退出草绘模式。注意截面的右侧边与投影曲线参考重合。

图 12.47　完成的【参考】对话框

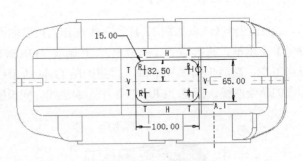

图 12.48　草绘截面（1）

⑥ 接受如图 12.49 箭头所示特征生成方向，并在选项卡中输入拉伸深度值"8.00"，然后单击鼠标中键，得到如图 12.50 所示特征。

⑦ 再次在【模型】选项卡的【形状】组单击【拉伸】命令图标，在选项卡中依次单击【减材料】图标按钮和【放置】按钮，并在下滑面板中单击【定义】按钮，弹出【草绘】对话框。

⑧ 选取如图 12.51 所示平面为草绘平面，选取 "TOP" 基准平面为草绘视图参考，并在【方向】下拉列表框中选取【底部】选项，使 "TOP" 基准平面的法线方向朝底，然后单击【草绘】按钮，进入二维草绘模式。在【设置】组中单击 参考，弹出【参考】对话框。

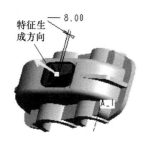

图 12.49 特征生成方向

图 12.50 完成的拉伸特征

图 12.51 草绘平面（2）

⑨ 在图形区或模型树中选取投影曲线作为竖直方向参考，关闭【参考】对话框。

⑩ 在图形区绘制如图 12.52 所示二维截面图，完成后单击【完成】图标按钮，退出草绘模式。注意可使用【草绘】组中的【偏移】命令图标 偏移，以【环】方式选取①至⑥步创建的凸台边界环，然后在消息框中输入偏移距离 "−15.00"，接着再绘制 R5 倒角。

⑪ 接受如图 12.53 所示特征生成方向，在选项卡的【深度方式】下拉列表框中选取【拉伸至下一曲面】图标，然后单击鼠标中键，得到如图 12.54 所示窥视窗。

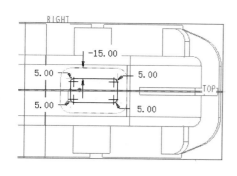

图 12.52 草绘截面（2）

图 12.53 完成的拉伸特征

图 12.54 窥视窗

（14）创建连接螺栓孔

① 在【工程】组中单击【孔】工具图标按钮 孔，在【孔】选项卡中单击【定义草绘孔轮廓】图标按钮，接着单击【创建孔剖面】图标按钮，进入二维草绘模式。

② 在草绘状态下绘制如图 12.55 所示截面，然后单击【完成】图标按钮，退出草绘模式。注意绘制中心线。

③ 在【孔】选项卡中单击【放置】按钮，弹出【放置】下滑面板。在图形区选取如图

12.56 所示平面为孔的放置参考。在下滑面板的【类型】下拉列表框中选取【线性】选项。

④ 鼠标单击【偏移参考】文本框，将其激活，然后按下 Ctrl 键在图形区依次选取 "TOP" 和 "RIGHT" 基准平面作为放置参考，并设定偏移距离分别为 "35.00" 和 "154.00"。设定完成的【放置】面板如图 12.57 所示。

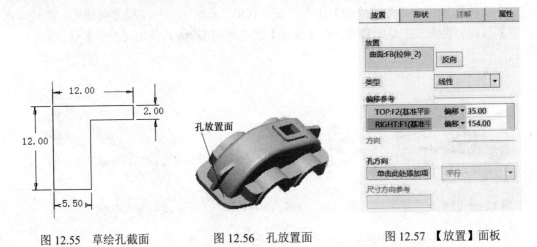

图 12.55　草绘孔截面　　　　图 12.56　孔放置面　　　　图 12.57　【放置】面板

⑤ 单击鼠标中键，得到如图 12.58 所示孔特征。

⑥ 重复第①步，并在草绘状态下绘制如图 12.59 所示截面，单击【完成】图标按钮，退出草绘模式。

⑦ 重复第③步，选取如图 12.60 所示孔放置面为放置参考，然后激活【偏移参考】文本框，按下 Ctrl 键在图形区依次选取如图 12.60 所示实体表面为偏移参考，并设定偏移距离均为 "20.00"。完成后单击鼠标中键得到如图 12.61 所示特征。

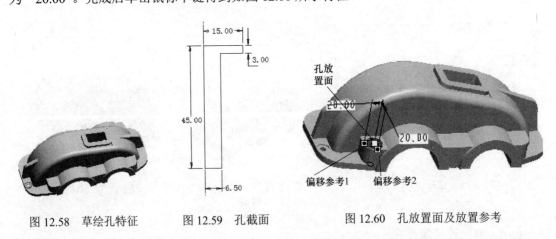

图 12.58　草绘孔特征　　　　图 12.59　孔截面　　　　图 12.60　孔放置面及放置参考

⑧ 选取第⑦步创建的草绘孔特征，在【编辑】组中单击【阵列】工具图标按钮，弹出【阵列】选项卡。

⑨ 在选项卡【阵列类型】下拉列表框中选取【表】选项，然后单击【表尺寸】按钮，在图形区选取如图 12.62 所示水平定位尺寸，将其添加为阵列驱动尺寸，接着单击【编辑】按钮，弹出表编辑器窗口。

⑩ 在表编辑器中设置如图 12.63 所示实例孔参数，然后关闭表编辑器窗口。

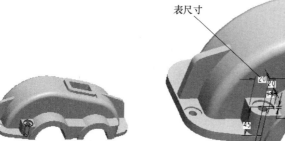

表尺寸

Pro/TABLE TM 5.0 (c) 2018 by PTC Inc. All Rig
文件(F) 编辑(E) 视图(V) 格式(T) 帮助(H)

	C1	C2	C3
R1	!		
R2	! 给每一个阵列成员输入放置尺寸和模型名。		
R3	! 模型名是阵列标题或是族表实例名。		
R4	! 索引从1开始。每个索引必须唯一，		
R5	! 但不必连续。		
R6	! 与导引尺寸和模型名相同，默认值用"*"。		
R7	! 以"@"开始的行将保存为备注。		
R8	!		
R9	! 表名TABLE1.		
R10	!		
R11	! idx	d96(20.00)	
R12	1	173.00	
R13	2	300.00	
R14			

图 12.61 草绘孔特征   图 12.62 表尺寸   图 12.63 孔参数

⑪ 单击鼠标中键得到如图 12.64 所示阵列孔特征。

⑫ 在模型树中选取第⑤步创建的草绘孔特征和第⑪步创建的阵列特征，在【编辑】组中单击【镜像】图标 镜像，然后选取"TOP"基准平面为镜像平面，单击鼠标中键得到如图 12.65 所示镜像特征。

图 12.64 阵列孔特征   图 12.65 镜像特征

（15）创建定位销孔和起吊孔

① 在【工程】组中单击【孔】工具图标按钮 孔，类型选择简单孔，在【孔】选项卡中输入孔直径"8.00"，深度"12.00"。

② 单击【放置】按钮，选取如图 12.66 所示孔放置面（凸缘上表面）和偏移参考（"TOP"基准面和箱盖右边缘面），并设定偏移距离分别为"35.00"和"16.00"。

③ 单击鼠标中键完成右侧定位销孔的创建。

④ 采用第①至第③步所示方法创建左侧定位销孔，其参考选取如图 12.67 所示（放置参考为凸缘上表面，偏移参考分别为左侧凸缘面和"TOP"基准面），偏移距离分别为"50.00"和"65.00"。

⑤ 在【基准】组中单击【基准轴】工具图标 轴，弹出【基准轴】对话框。在图形区选取如图 12.68 所示曲面为基准轴参考，单击对话框中的【确定】按钮，完成基准轴创建。

⑥ 在【工程】组中单击【孔】工具图标按钮 孔，类型为简单孔，在选项卡的【深度

方式】下拉列表框中选取【钻孔至与所有曲面相交】图标，并输入孔直径"18.00"。

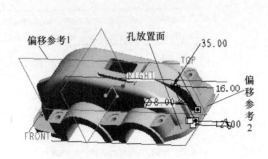

图 12.66 孔参考选取（1）

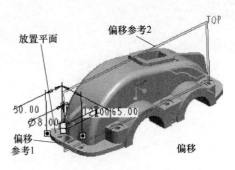

图 12.67 孔放置参考

⑦ 单击【放置】按钮，弹出【放置】下滑面板。在图形区选取第⑤步中创建的基准轴为孔的一个放置参考，然后按下 Ctrl 键选取如图 12.69 所示平面为另一参考，接着单击鼠标中键，完成左侧起吊孔特征的创建。

⑧ 采用第⑤至⑦步相同方法创建如图 12.70 所示基准轴和与该基准轴同轴的右侧起吊孔特征。

图 12.68 镜像特征

图 12.69 孔参考选取（2）

图 12.70 右侧起吊孔

（16）创建螺纹孔

① 在【工程】组中单击【孔】工具图标按钮，在【孔】选项卡中单击【创建标准孔（螺纹孔）】图标，在【孔类型】下拉列表框中选取【ISO】选项，在【螺纹孔尺寸】下拉列表框中选取"M6×1"，在【螺纹深度类型】下拉列表框中选取【钻孔与所有曲面相交】图标。

② 单击【放置】按钮，选取如图 12.71 所示孔放置面（凸台上表面）和偏移参考（"TOP"基准面及凸台左侧边线），偏移距离分别为"22.50"和"10.00"。

③ 单击【形状】按钮，在下滑面板中选取【全螺纹】选项，然后单击鼠标中键完成螺纹孔创建。

④ 选取上步创建的螺纹孔，在【编辑】组中单击【阵列】工具图标按钮，在弹出的选项卡的【阵列类型】下拉列表框中选取【尺寸】选项。

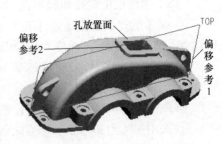

图 12.71 螺纹孔参考

⑤ 单击【尺寸】按钮，弹出【尺寸】下滑面板，分别选取如图 12.72 所示尺寸为【方向 1】和【方向 2】上的参考，并分别设定增量值为"-45.00"和"80.00"，设置完成的面板如图 12.73 所示。此处增量为负值是为了改变阵列特征的生成方向。

⑥ 单击鼠标中键得到如图 12.74 所示阵列螺纹特征。

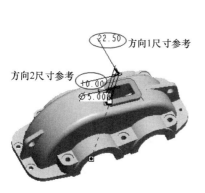

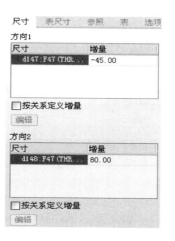

图 12.72　方向参考　　　　　图 12.73　面板设置　　　　图 12.74　阵列螺纹孔

⑦ 采用第①步至第③步所示方法创建起盖螺钉孔。螺纹孔尺寸为 "M10×1.25"，孔深度为 "12.00"，螺纹放置参考如图 12.75 所示。孔放置面为凸缘上表面，偏移参考分别为 "TOP" 基准平面和凸缘右侧面，偏移距离分别为 "35.00" 和 "16.00"。

⑧ 在【基准】组中单击【基准轴】工具图标 轴，弹出【基准轴】对话框。在图形区选取如图 12.76 所示曲面为基准轴参考，单击对话框中的【确定】按钮，完成基准轴创建。

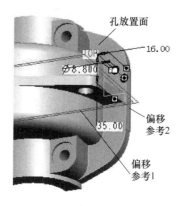

图 12.75　阵列方向参考　　　　　　图 12.76　参考曲面设置

⑨ 再次创建螺纹孔，尺寸为 "M8×1.25"，深度为 "15.00"。在放置下滑面板中设置孔的放置方式为【径向】，放置平面及参考如图 12.77 所示（放置平面为大轴承座端面，偏移参考为第⑧步创建的基准轴和 "FRONT" 基准平面），偏移距离分别为：径向 "60.00"，角度值 "30.00"。

⑩ 阵列第⑨步创建的螺纹孔，在选项卡的【阵列方式】列表框中选取【轴】选项，在图形区选取第⑧步中创建的基准轴为轴参考，在选项卡中设置阵列数目为 "3"，阵列成员角度值为 "60"，单击鼠标中键完成如图 12.78 所示阵列螺纹孔特征。

⑪ 采用第⑨步同样的方法创建小轴承座上的一个螺纹孔特征。其中孔的放置参考为小轴承座端面，偏移参考为小轴承座孔轴线和 "FRONT" 基准平面，偏移距离分别为：径向

"50.00"，角度值"30.00"。

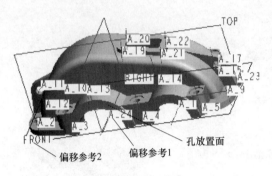

图 12.77　螺纹孔参考 　　　　　　　　图 12.78　阵列螺纹孔特征（1）

⑫ 选取第⑪步创建的螺纹孔，以小轴承座孔轴线为参考，采用第⑩步同样的方法和参数创建轴阵列特征，最后得到的阵列螺纹孔特征如图 12.79 所示。

（17）创建拔模特征

① 在【工程】组中单击【拔模】工具图标 ▣拔模 ▾，在选项卡中单击【参考】按钮，弹出【参考】下滑面板。在图形区选取如图 12.80 所示轴承座曲面为拔模曲面。

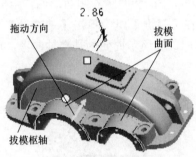

图 12.79　阵列螺纹孔特征（2）　　　　图 12.80　拔模曲面

② 单击下滑面板中的【拔模枢轴】文本框，将其激活，在图形区选取如图 12.80 所示曲面为拔模枢轴。单击【拖拉方向】文本框后的【反向】按钮，将拖拉方向调整为如图 12.80 箭头所示方向。

③ 在选项卡的【拔模角度】文本框中输入拔模角度值"2.86"，然后单击鼠标中键，完成一侧轴承座的拔模。

④ 采用同样方法完成另一侧轴承座曲面的拔模。

⑤ 采用同样方法完成联接螺栓凸台及凸缘的拔模。拔模曲面、拔模枢轴、拖拉方向及拔模角度的设置如图 12.81 所示。

（18）创建倒角特征

① 在【工程】组中单击【倒角】工具图标 ▾倒角 ▾，在选项卡中选取"45×D"倒角方式，并设定倒角值为"13.00"。

② 按下 Ctrl 键，在图形区依次选取如图 12.82 所示边线。

③ 单击选项卡上的【集】按钮，在下滑面板的【倒角集】列表框中单击【新建集】，在【倒角值】文本框中输入倒角集 2 的倒角值"2.00"，并在图形区选取如图 12.83 所示轴承座孔边线为倒角集 2 的参考，接着单击鼠标中键完成倒角特征创建。本步创建的倒角特征中包

括两个倒角集。

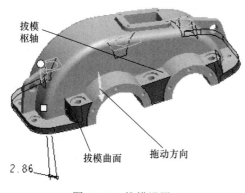

图 12.81　拔模设置

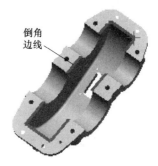

图 12.82　倒角边线

（19）创建圆角特征

① 在【工程】组中单击【圆角】工具图标 ◉倒圆角 ▾，在选项卡中输入圆角半径为 "2.00"。

② 按下 Ctrl 键，在图形区依次选取如图 12.84 所示边线为圆角参考。

③ 单击鼠标中键完成圆角特征。最终的零件模型如图 12.85 所示。

图 12.83　倒角参考　　　　　　图 12.84　圆角参考　　　　　　图 12.85　零件模型

12.2　烟灰缸设计

12.2.1　烟灰缸模型的创建过程

烟灰缸模型的创建过程如图 12.86 所示。

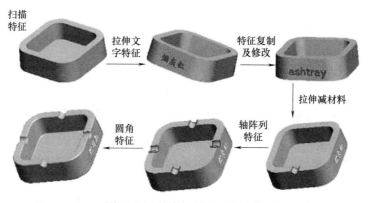

图 12.86　烟灰缸模型创建过程

12.2.2　烟灰缸模型的创建步骤

按照上节所述创建过程，烟灰缸具体创建步骤如下。

（1）新建文件

运行 Creo 5.0，使用"mmns_part_solid"模板，新建一个零件类型的文件，名称为"yanhuigang_jg.prt"，可以输入"烟灰缸"汉字名称。

（2）创建扫描特征

① 在【模型】选项卡的【形状】组中单击 扫描，弹出如图 12.87 所示【扫描】选项卡。

图 12.87　【扫描】选项卡

② 单击选项卡最右边的 图标，然后单击其中的【草绘】图标 ，在图形区选取"TOP"基准平面为草绘平面，其他采用默认选项，单击【草绘】按钮进入草绘模式。

③ 在图形区绘制如图 12.88 所示扫描轨迹，然后单击 图标按钮，退出二维草绘状态。单击选项卡上的 ▶ 按钮，单击【参考】下滑面板，如图 12.89 所示，可以看到扫描轨迹线作为原点轨迹，其他选项保持默认。

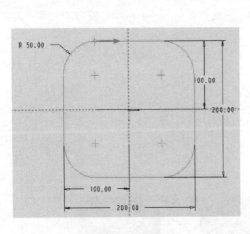

图 12.88　扫描轨迹

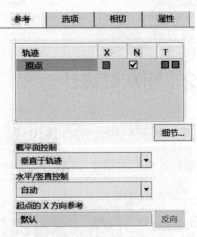

图 12.89　【参考】下滑面板

④ 在图 12.87 所示选项卡上单击【创建或编辑扫描截面】按钮 ，系统再次进入二维草绘状态，并以棕色十字线表明扫描轨迹的起始点。

⑤ 在扫描起始点绘制如图 12.90 所示扫描截面，完成后单击 图标按钮，退出二维草绘状态。注意扫描截面为开放截面，所以先生成曲面模型。

⑥ 在选项卡上单击【确定】按钮 ，得到如图 12.91 所示的曲面模型。

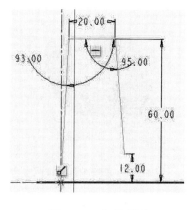

图 12.90　扫描截面

图 12.91　扫描曲面模型

⑦ 在【基准】组中单击【草绘】按钮，选取"TOP"为草绘平面，"RIGHT"为右参考面，草绘视图反向，单击【草绘】按钮进入草绘环境。

⑧ 利用【草绘】组中的 投影 按钮，将下表面（最大的面）外形投影到草绘平面创建图元，完成后单击 图标按钮，退出二维草绘状态。

⑨ 单击【曲面】组中的 填充 按钮，弹出如图 12.92 所示的选项卡，在【草绘】选项右边的草绘收集器中单击，然后在模型树中单击第⑧步创建的"草绘 3"，单击【确定】按钮，完成填充曲面的创建。

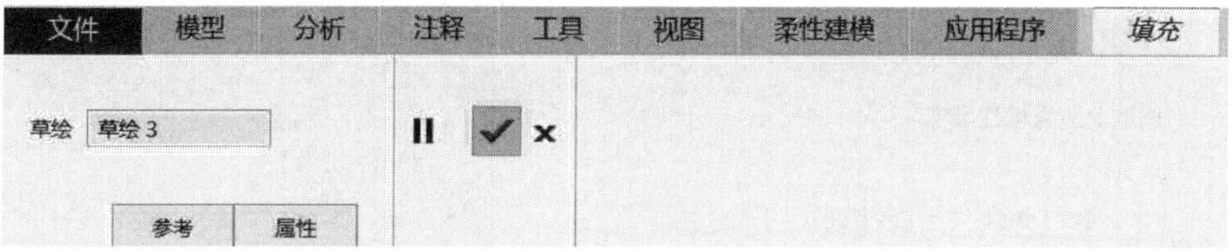

| 文件 | 模型 | 分析 | 注释 | 工具 | 视图 | 柔性建模 | 应用程序 | 填充 |

草绘 草绘 3　　　Ⅱ ✓ ✗

参考　属性

图 12.92　【填充】选项卡

⑩ 以同样的方法将扫描曲面的内下边线填充。

⑪ 合并曲面，先在模型树中按下 Ctrl 键，选择创建的扫描曲面和填充曲面，然后单击【曲面】组中的 合并 按钮，在选项卡上单击【确定】按钮，完成曲面合并。将合并后的曲面与第⑩步创建的填充曲面进行合并，形成一个完全封闭的曲面。

⑫ 实体化曲面，将合并后的曲面实体化，形成实体。先在模型树中选取最后合并后的曲面，然后单击【曲面】组中的 实体化 按钮，在选项卡上单击【确定】按钮，完成曲面的实体化，如图 12.93 所示。

（3）创建拉伸文字特征

① 在【模型】选项卡的【形状】组单击【拉伸】命令图标，在【拉伸】选项卡中单击【放置】按钮，在【草绘】下滑面板中单击【定义】按钮，弹出【草绘】对话框。

② 在图形区选取如图 12.94 所示平面为草绘平面，箭头所示为草绘视图方向，选取"RIGHT"基准平面为向右的草绘视图参考，单击对话框中的【草绘】按钮进入二维草绘状态。

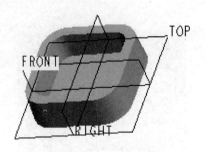

图 12.93　曲面实体化

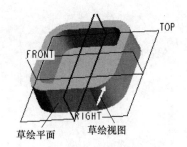

图 12.94　草绘平面及视图参考

③ 在【设置】组中单击 📭 参考，弹出【参考】对话框。在【参考】对话框中选取参考列表中的参考 "PRT_CSYS_DEF：F4 坐标系"，然后单击【删除】按钮，删除这个参考。在图形区选取如图 12.95 所示边线为水平方向标注和约束参考，单击对话框中【求解】按钮，然后单击【参考】对话框中的【关闭】按钮关闭对话框。

④ 在【草绘】组中单击【文字】工具图标，在图形区绘制如图 12.96 所示文字，完成后单击 ✔图标按钮，退出草绘状态。绘制时，注意在如图 12.97 所示【文本】对话框的【选择字体】下拉列表框中选取 "chfntk" 字体样式。

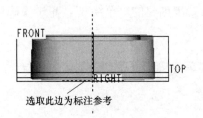

图 12.95　选取边线

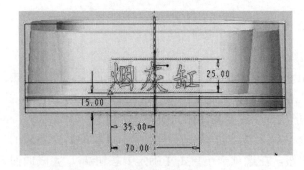

图 12.96　绘制文字

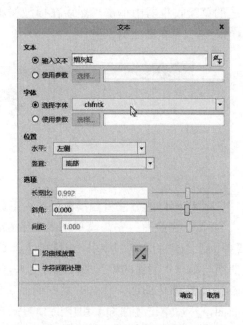

图 12.97　【文本】对话框

⑤ 接受如图 12.98 所示特征生成方向，在选项卡【深度】文本框中输入深度值 "3.00"，单击鼠标中键，得到如图 12.99 所示文字特征。

（4）创建基准轴特征

① 在【基准】组中单击【基准轴】工具图标，弹出【基准轴】对话框。

② 按下 Ctrl 键，在图形区或模型树中依次选取 "FRONT" 和 "RIGHT" 基准平面为基准轴参考，然后单击对话框中的【确定】按钮，即在两个基准平面的交线处得到基准轴

特征。

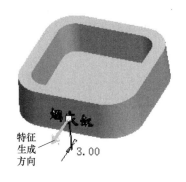

图 12.98　特征生成方向　　　　　　　　　　图 12.99　文字特征

（5）复制文字特征

① 在模型树中选取前面创建的文字特征，单击【操作】中的 复制 命令图标，接着单击如图 12.100 所示的【选择性粘贴】命令，弹出如图 12.101 所示对话框，按图 12.101 进行设置，单击【确定】按钮。

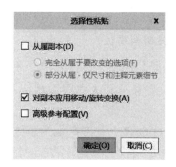

图 12.100　【选择性粘贴】命令　　　　图 12.101　【选择性粘贴】对话框

② 系统弹出如图 12.102 所示的选项卡，按图 12.102 进行设置，完成后单击 ✔ 按钮完成文字复制（旋转了 90°），得到如图 12.103 所示特征。

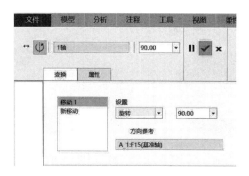

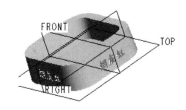

图 12.102　旋转复制设置　　　　　　　　图 12.103　旋转复制特征

（6）修改旋转复制特征

① 在模型树中单击第 4 步创建的特征前的 ▶ 将该特征展开，然后选取如图 12.104 所示拉伸特征，在右键菜单中选取【编辑定义】选项，打开【拉伸】选项卡。

② 在选项卡中单击【放置】按钮，在下滑面板中单击【草绘】按钮，进入二维草绘模式。

③ 在图形区双击草绘的文字，打开【文字】对话框，在【文本行】栏的文本框中将文字更改为 "ashtray"，在【字体】栏的【字体】下拉列表框中选取 "font3d" 字体，然后单击对话框中的【确定】按钮。

④ 在图形区按如图 12.105 所示修改文字的高度尺寸和定位尺寸，完成后单击 图标按钮，退出草绘模式。接着单击鼠标中键得到如图 12.106 所示修改后特征。

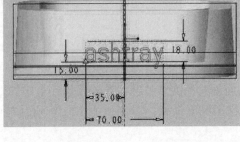

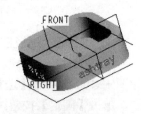

图 12.104　右键菜单　　　图 12.105　修改后的截面　　　图 12.106　修改后的特征

（7）创建减材料特征

① 在【模型】选项卡的【形状】组单击【拉伸】命令图标 ，在选项卡中依次单击【减材料】图标按钮 和【放置】按钮，在【草绘】下滑面板中单击【定义】按钮，弹出【草绘】对话框。

② 选取 "FRONT" 基准平面为草绘平面，接受默认草绘视图方向，选取 "RIGHT" 基准平面为向右的草绘视图参考，单击对话框中的【草绘】按钮进入二维草绘状态。

③ 在图形区绘制如图 12.107 所示圆心在模型上边线上的圆，然后单击 图标按钮，退出草绘模式。

④ 接受如图 12.108 箭头所示特征生成方向和材料侧方向，并在选项卡的【深度方向】下拉列表框中选取【拉伸至与所有曲面相交】图标 ，单击鼠标中键得到如图 12.109 所示特征。

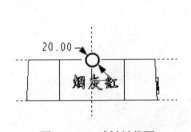

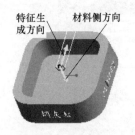

图 12.107　减材料截面　　　图 12.108　特征生成方向　　　图 12.109　减材料特征
　　　　　　　　　　　　　　　　　及材料侧方向

（8）创建阵列特征

① 在模型树中选取第（7）步创建的拉伸减材料特征，在【编辑】组中单击【阵列】工具图标 ，弹出【阵列】选项卡。

② 在选项卡的【阵列类型】下拉列表框中选取【轴】选项。

③ 在图形区或模型树选取第（4）步创建的基准轴作为阵列参考，在选项卡的【阵列成员数目】文本框和【阵列成员间角度】文本框中分别输入值"4"和"90"。

④ 单击鼠标中键得到如图 12.110 所示阵列特征。

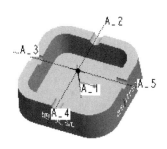

图 12.110　阵列特征

（9）创建圆角特征

① 在【编辑】组中单击【圆角】工具图标 ⌐倒圆角 ▼，弹出【圆角】选项卡。

② 按下 Ctrl 键在图形区依次选取如图 12.111 所示边线为圆角边参考。

③ 在选项卡【圆角半径】文本框输入圆角半径值"3.50"。

④ 单击鼠标中键得到如图 12.112 所示零件模型。

模型造型完毕后，可以应用【视图】选项卡的【外观】组中的【外观】命令，为模型添加材质与颜色。

图 12.111　圆角边参考

图 12.112　零件模型

总结与回顾

本章主要介绍了几个实例模型的创建思路及具体的创建过程。

在模型的创建过程中不仅涉及了拉伸特征、旋转特征、扫描特征等基础实体特征、孔特征、筋特征、倒角特征、拔模特征、圆角特征等工程实体特征的创建方法，还涉及基准轴、基准面等基准特征的创建方法，以及特征的镜像、阵列、旋转、修改、曲面的合并、曲面实体化等特征操作方法。

通过对本章内容的学习，一方面可以巩固前述章节学习过的特征创建和编辑的基本知识，另一方面可以增强对 Creo 5.0 软件建模思想的理解，从而能够在实践中灵活运用 Creo 5.0 软件提供的各种建模方法与手段，较好地完成复杂零件的创建。

参 考 文 献

[1] 詹友刚. Creo 4.0 机械设计教程. 北京：机械工业出版社，2018.

[2] 谭雪松，甘露萍. Pro/ENGINEER 中文野火版 4.0 项目教程. 北京：人民邮电出版社，2009.

[3] 韩先征. Pro/ENGINEER Wildfire 5.0 应用实践. 北京：化学工业出版社，2011.

[4] 薄继康. Pro/ENGINEER 基础教程. 北京：人民邮电出版社，2005.

[5] 谭雪松，胡瑾. Pro/ENGINEER 中文野火版 4.0 基础教程. 北京：人民邮电出版社，2009.

[6] 李月风. Pro/ENGINEER 4 Wildfire 5.0 基础实例教程. 北京：化学工业出版社，2013.

[7] 黄建峰. 中文版 Creo 4.0 从入门到精通. 北京：机械工业出版社，2018.